Robert Ardrey:
Adam und sein Revier
Der Mensch im Zwang des Territoriums

Deutsch von Ilse Winger

Deutscher
Taschenbuch
Verlag

dtv

Von Robert Ardrey
ist im Deutschen Taschenbuch Verlag erschienen:
Adam kam aus Afrika (577)

Im Text ungekürzte Ausgabe
November 1972
Deutscher Taschenbuch Verlag GmbH & Co. KG,
München

Lizenzausgabe des Verlages Fritz Molden, Wien-
München-Zürich · ISBN 3-217-00077-3
Titel der englischen Originalausgabe: ›The
Territorial Imperative‹
Umschlaggestaltung: Celestino Piatti
Gesamtherstellung: C. H. Beck'sche Buchdruckerei,
Nördlingen
Printed in Germany · ISBN 3-423-00811-3

Inhalt

Henry Eliot Howard zum Gedenken

Einleitende Gedanken

Vor einigen Jahren – es war im Februar 1955, gegen Ende des südlichen Sommers – wurde ich von Professor Raymond A. Dart im Medizinischen Institut von Johannesburg in ein Zimmer geführt, in dem sich nur Knochen befanden. In diesem Zimmer fand ich jedoch mehr als nur Knochen – ich begegnete einer Vielzahl von Dingen, von denen ich nie zuvor gehört hatte. Noch nie hatte ich von der Entstehung des Menschen in Afrika gehört. Noch nie hatte ich von unseren wahrscheinlichen Vorfahren, den *Australopithecinen*, gehört – einer zoologischen Gruppe aufrecht gehender Geschöpfe mit kleinen Gehirnen, zögernd zwischen der Rolle des Affen und der des Menschen –, die vor ein, zwei Millionen Jahren die afrikanischen Savannen bevölkerten. Und noch nie hatte ich gehört, daß die letzten tierischen Vorfahren des Menschen Jäger waren und jahrhunderte- oder jahrtausendelang andere Arten getötet hatten, um zu überleben, bevor wir einander zum Zeitvertreib zu töten begannen.

Ich wußte nichts von diesen Dingen. In den dreißiger Jahren hatte ich anläßlich der *World Fair* von Chicago einige Vorlesungen über Anthropologie gehalten. Doch kurz darauf schrieb ich ein Stück und landete beim Theater.

Zwanzig Jahre zwischen Broadway und Hollywood ließen mich jeden Kontakt mit den Naturwissenschaften verlieren. Und in diesen Jahren hatte sich viel ereignet. Als ich Darts Kellerraum betrat, war ich ein blutiger Ignorant der Anthropologie.

Normale Menschenwesen behalten neue Informationen, überwältigt von ihrem eigenen Unwissen, für sich; Schriftsteller schreiben, bar jeder Scham, sofort alles nieder. Aber mein Unwissen war so grenzenlos und die wissenschaftlichen Fortschritte so enorm, daß das eilige Aufschreiben sechs Jahre erforderte, und auch dann konnte ich mich gerade nur zurechtfinden. Denn es handelte sich ja nicht allein um den *Australopithecus* und die räuberische Übergangsperiode; da gab es Alphafische und Hackordnung, Genpoole und Ersatzhandlungen, Verhaltensdeutungen und ritualisierte Aggression – und alles hatte Bezug auf den Menschen. Vor allem war da das Territorium.

Einen Vorteil muß man – glaube ich – der Schamlosigkeit zubilligen; denn berichtet man von Dingen, über die man nichts weiß, so stellt man bald fest, daß auch sonst niemand eine

Ahnung davon hat. Das Erscheinen meines ersten Buches im Jahre 1961 zeigte mir, wie viele Menschen in vielen Ländern nicht nur meinen Schock über die Entdeckungen, sondern auch die Aufregungen meiner sechsjährigen Safari durch die unbekannten Länder der Wissenschaft mit mir teilten. Ein Ausflug, der eine Generation vorher nur einige wenige Intellektuelle interessiert hätte, interessierte jetzt eine Vielzahl von Menschen. Wir vergessen gerne, daß es in unserer heutigen Zeit nicht nur Bevölkerungs- und Kernexplosionen gibt. Es gibt auch eine Explosion der Wissenshungrigen.

Vielleicht war das die schönste Belohnung meines laienhaften Bemühens. Ich hätte mir nicht träumen lassen, daß so viele Menschen an meinem Tun interessiert sein könnten. Meine langen Wanderungen durch die verlockenden, aber gefährlichen Gefilde der neuen Biologie hatte ich aus persönlicher Begeisterung unternommen. Ein Stückeschreiber ist ein Spezialist der menschlichen Natur, und als Stückeschreiber war ich davon überzeugt, daß diese Spezialisten in lebenden und ausgestorbenen Tierarten auch etwas über den Menschen auszusagen hatten. Was ich suchte, war mein persönliches Anliegen. Als Dramatiker sehnte ich mich nach vertrauteren Dingen als Fossilienbetten und Fischaquarien. Ich hatte nicht die geringste Absicht, meine Untersuchungen weiter als bis zu den allgemeinen Überlegungen meines ersten Buches zu führen.

Doch ich hatte nicht mit meinen Mitmenschen gerechnet. Während ich geschlafen hatte, war von der neuen Anthropologie nicht nur eine revolutionäre Interpretation der menschlichen Entwicklung aus der Tierwelt ausgearbeitet worden; es wurde nicht nur eine revolutionäre Interpretation des Tierverhaltens in jener Welt, aus der wir kommen, begonnen; ich stellte fest, daß unsere unruhige Zeit auch eine revolutionäre Menschenklasse hervorgebracht hatte. Eine neue menschliche Kraft – namenlos und unerkannt, informiert und wissensdurstig, unabhängig von Reichtum oder Armut, Privilegien oder Beschränkungen – macht sich auf der Welt bemerkbar. Und diese Menschenklasse ist groß.

Nichts berührt einen Menschen mehr – nicht einmal Akte der Liebe oder des Hasses – als die Entdeckung, daß er nicht allein ist. Daß er sich so verhält, verdanken wir unserem evolutiven Erbe, und die uralte chemische Formel verfehlte ihre Wirkung auch nicht auf mich. Theater und Film müssen nicht für immer aufgegeben werden; man kann ihnen einen gelegentlichen Besuch abstatten wie dem Ort, an dem man geboren wurde. Aber das weite Land des großen Abenteuers der Wissenschaft läßt sich nicht beiseite schieben, ebensowenig wie die Zukunft selbst. Es faszinierte mich, und da es auch andere zu interessieren schien, begann ich weiterzuarbeiten.

›Adam und sein Revier‹ ist ein ähnliches Buch wie ›Adam kam aus Afrika‹. Es ist ebenfalls eine persönliche Untersuchung der neuen, kaum bekannten Forschungsarbeiten der Naturwissenschaften und eine persönliche Auslegung der Bedeutung dieser revolutionären Ergebnisse für unsere Erkenntnis des Menschen. Aber anders als das erste Buch, das den Versuch darstellte, das ständig wachsende Beweismaterial für die stammesgeschichtliche Abhängigkeit der menschlichen Natur zusammenzufassen und einen allgemeinen Überblick zu geben, gleicht die vorliegende Untersuchung dem, was wir beim Film als Nahaufnahme bezeichnen. Sie konzentriert sich auf einen einzigen Aspekt des menschlichen Verhaltens, der mir charakteristisch für unsere ganze Spezies scheint – einen Aspekt, der durch Umwelt und Erfahrung wohl beeinflußt, aber nicht bestimmt wird, weil er nicht eine Folge menschlicher Entscheidungen, sondern eine Konsequenz des evolutiven Erbes ist.

Irgendwie ist es schade, aus dem reichen Gewebe menschlicher Impulse einen einzigen Faktor zur Betrachtung herauszugreifen. Mensch und Tier leben ein Leben der Ganzheit. Bin ich ein dominierender Löwe mit herrlicher Mähne, so bin ich auch ein Raubtier auf der Suche nach einem Kandidaten für meine nächste Mahlzeit, andernfalls würde ich verhungern. Ich bin aber auch ein Beutetier auf der Hut vor einem Menschen mit Gewehr, andernfalls würde ich als Wandschmuck enden. Ich bin ein Besitzer, der die Rivalen von seinem Jagdterritorium fernhält, andernfalls wird das Wild zu rar. Ich bin ein Ehemann, und wenn meine Frauen in Hitze kommen, muß ich sie befriedigen. Ich bin ein Vater und darf bei meinen Kindern keinen Unsinn dulden, während ich sie soviel wie möglich lehren muß; und ich bin auch ein soziales Wesen, denn ich bin – das Geständnis fällt mir nicht leicht – sehr unbeholfen und nur aus nächster Nähe ein guter Jäger. Ich bin also abhängig von der Hilfe meiner Frauen und Freunde, und, ob ich will oder nicht, ich muß irgendwie mit ihnen auskommen.

Als Löwe bin ich viele Dinge gleichzeitig, und das gilt noch viel mehr, da ich ein Mensch bin. So scheint der Versuch, einen einzigen Aspekt der *condition humaine* herauszugreifen, zu einer unrealistischen Vereinfachung zu führen. Die Gefahr ist vorhanden. Viele Forscher haben den Menschen auf diese Weise zu einem sexuellen Symbol degradiert; einige haben ihn ausgegraben, als wäre er nichts anderes als eine Anhäufung kultureller Überreste; manche haben versucht, ihn in einem wirtschaftlichen Determinismus einzubalsamieren, zum Beispiel unsere Freunde auf beiden Seiten des Eisernen Vorhangs. Werden wir nicht am Ende unserer Untersuchung den Menschen zu einem wandelnden territorialen Prinzip reduziert haben? Nun, ich kann nur versichern, daß ich mich der Erhöhung des Menschen verschrieben habe, nicht seiner Erniedrigung; nicht einer Vereinfachung und nicht einer Destillierung seines Wesens zu einer blassen, farblosen Flüssigkeit. Ich werde mein möglichstes tun.

Dennoch müssen wir unsere Aufmerksamkeit auf ein bestimmtes Gebiet konzentrieren. Hunderte von fähigen Spezialisten haben sich in den letzten Jahrzehnten mit dem territorialen Verhalten der Tiere beschäftigt. Ihre Beobachtungen und Schlußfolgerungen wurden in unzugänglichen wissenschaftlichen Fachzeitschriften festgehalten. Das Thema ist dem Tierpsychologen so vertraut wie die Mutter-Kind-Beziehung dem Humanpsychologen. Außerdem teilen – wie wir noch sehen werden – viele dieser Wissenschaftler meine Überzeugung, daß der Mensch einer territorialen Art angehöre und daß das bei Tieren beobachtete Verhalten auch für den Menschen charakteristisch sei. Dennoch existiert in der gesamten wissenschaftlichen Literatur nur ein einziges Buch, das ausschließlich diesem Thema gewidmet ist. Das Buch wurde 1920 geschrieben und beschäftigt sich mit dem Leben der Vögel. Sein Verfasser prägte den Begriff des Territoriums, und ich habe ihm das vorliegende Buch gewidmet. Seit damals wurde kein Versuch mehr unternommen, für den Wissenschaftler, für den Laien oder den Studenten eine Arbeit herauszugeben, die dieses für das Verständnis des Menschen vielleicht essentielle Thema des Territoriums übersichtlich behandelt.

Das vorliegende Buch muß also verschiedene Dinge gleichzeitig tun: Es muß eine hinreichende Anzahl wissenschaftlicher Beobachtungen des Territorialverhaltens der Tiere sammeln und ordnen. Es muß die wesentlichsten Interpretationen, Kontroversen und Entwicklungen festhalten, die für den Begriff von Bedeutung sind. Und es muß untersuchen, ob sich aus den Schlußfolgerungen der Biologie Erkenntnisse über den Menschen ableiten lassen. Das ist mehr als genug für ein Buch, und so müssen wir die Untersuchung ebenso wichtiger anderer Aspekte der vergleichenden Verhaltensforschung auf einen späteren Zeitpunkt zurückstellen.

Mit anderen Worten, ›Adam und sein Revier‹ ist nur ein Schritt auf dem Wege zum Verständnis der evolutiven Natur des Menschen – zu einem Verständnis, das im Einklang mit den revolutionären Entdeckungen der Biologie und unserer uralten menschlichen Erfahrung steht. Aber Leser wie Verfasser dürfen nicht vergessen, daß wir ein Neuland betreten und die Erforschung eines fast unbekannten intellektuellen Gebietes nicht nur ein faszinierendes, sondern auch ein gefährliches Abenteuer darstellt. Manche Behauptung, die ich in meinem Buch ›Adam kam aus Afrika‹ aufgestellt habe, ist heute dem erbarmungslosen Ansturm neuer Erkenntnisse zum Opfer gefallen. Ich werde meine Irrtümer offen bekennen. Und mit der gleichen Ehrlichkeit müssen wir von vielen unserer liebsten Vorstellungen Abschied nehmen, wenn sie den neuen Wahrheiten nicht standhalten.

Bevor ich diese Einleitung abschließe, muß ich noch meinen Dank abstatten. Viele Wissenschaftler haben mir in großzügigster Weise geholfen; vor allem mein Freund, Berater und Trinkkumpan, der verstorbene Professor K. R. L. Hall von der Universität in Bristol. Mir fehlen die Worte und die Möglichkeit, ihm meinen Dank zu sagen, da ihn der Tod ereilt hat, bevor dieses Buch fertig wurde. Ich hoffe, ich kann den übrigen Wissenschaftlern meinen Dank abstatten, indem ich ihre Arbeiten so gewissenhaft wie möglich schildere. Zwei alten Freunden, Dr. Kenneth P. Oakley vom British Museum of Natural History und Professor Raymond A. Dart – bis zu seiner Pensionierung Vorstand des Anatomischen Instituts von Witwatersrand –, muß ich meinen ganz besonderen Dank aussprechen. Sie waren es, die mich vor zehn Jahren veranlaßten, meine Untersuchungen zu beginnen.

Diese Arbeit wäre ohne die Hilfe und den Beistand vieler Menschen gar nicht möglich gewesen. Vor allem war es meine Frau, die am Zustandekommen dieses Buches wesentlich beteiligt war. Ich darf auch nicht einen amerikanischen Geschäftsmann aus dem Mittleren Westen vergessen, der Dart in einem kritischen Augenblick seines Lebens wie ein amerikanisches Kavallerieregiment in einem alten Wildwestfilm zu Hilfe eilte. Es ist Leighton Wilkie, derselbe Mann, der zu einem ähnlich kritischen Zeitpunkt auch mein Retter war und die beachtlichen Kosten der Felduntersuchungen für das vorliegende Buch auf sich nahm. Wo wir alle ohne ihn wären, weiß ich nicht zu sagen.

Rom 1966 *Robert Ardrey*

I
Von Menschen und Vögeln

1

Ein Territorium ist ein Raum – im Wasser, auf der Erde oder in der Luft –, welcher von einem Tier oder einer Tiergruppe als ureigenstes Reich verteidigt wird. Mit dem Ausdruck »Territorialtrieb« bezeichnet man den Drang bestimmter Lebewesen, ein derartiges Gebiet zu besitzen und zu beschützen. Eine territoriale Tierart ist demnach eine Spezies, bei der alle Männchen und manchmal auch die Weibchen den angeborenen Trieb besitzen, ein eigenes Revier zu erwerben und zu verteidigen.

Bei den meisten Spezies, allerdings nicht bei allen territorialen, richtet sich die Verteidigung nur gegen Artgenossen. Ein Eichhörnchen sieht in einer Maus keinen Eindringling. Bei den meisten Spezies, allerdings nicht bei allen territorialen, zum Beispiel nicht beim Chamäleon, ist das Weibchen gegenüber einem besitzlosen Männchen sexuell uninteressiert. Als allgemeine Verhaltensregel kann man sagen, daß der Rivalenkampf bei territorialen Spezies nicht, wie man bisher annahm, um den Besitz des Weibchens, sondern um den Besitz des Territoriums geführt wird.

Wir dürfen auch behaupten, daß der Besitz eines Territoriums dem Besitzer bei allen territorialen Arten ohne Ausnahme vermehrte Kräfte verleiht. Verhaltensforscher wissen keine gültige Erklärung dafür, aber es ist fast immer so, daß der Herausforderer besiegt, der Eindringling vertrieben wird. Irgendein geheimnisvoller Kraftstrom scheint von dem heimatlichen Gebiet auszugehen, der den Besitzer praktisch unbezwingbar macht; anderseits zeigt der Eindringling so deutliche Hemmungen, fremdes Territorium zu betreten, daß wir uns fragen müssen, ob nicht bei den territorialen Spezies eine allgemeine Anerkennung territorialer Rechte vorhanden sei, die viel tiefer wurzelt, als dies bei einer einfachen Erlernung der Fall wäre.

Die Naturwissenschaft hat den Begriff der Territorialität als eine genetisch determinierte Verhaltensform vieler Spezies heute allgemein anerkannt. Aber die Beobachtungen und die sich aus ihnen ergebenden Schlußfolgerungen sind so jungen Datums, daß wir die Bedeutung des Territoriums in bezug auf den Menschen noch keineswegs erfaßt haben. Ist der Homo sapiens eine territoriale Spezies? Umgrenzen wir unseren Besitz, vertreiben wir Eindringlinge, verteidigen wir unser Land, weil wir vernunftbegabt oder weil wir Tiere sind? Weil wir es so wollen oder weil wir müssen? Gelten bestimmte Gesetze des Territorialverhaltens ebenso unerbittlich im Leben der Menschen wie im Leben der Eichhörnchen? Das ist die wesentlichste Frage dieser Untersuchung, und ihre Beantwortung ist meiner Ansicht nach unerläßlich für ein Verständnis der menschlichen Natur. Aber sie muß im Licht unserer heutigen Erkenntnisse, unbeeinflußt von überholten Ansichten, betrachtet werden.

Wie neu die Erkenntnisse sind, welche wir über das territoriale Verhalten gewonnen haben, läßt sich am besten an Hand eines Ausspruches illustrieren, den der Anthropologe Julian H. Steward (heute an der Universität von Illinois tätig) noch vor dreißig Jahren machte: »Warum sind menschliche Lebewesen die einzigen landbesitzenden Tiergruppen?« lautete seine Frage. Er beobachtete vierundzwanzig verschiedene jagende Stämme, die alle so primitiv waren, daß sich ihre Lebensgewohnheiten wahrscheinlich kaum von denen der Menschen im Paläolithikum unterschieden. Ihre Wohnorte waren isoliert und weit verstreut – auf den Philippinen und in den Wäldern des Kongo, auf Tasmanien und Feuerland, in Kanadas Mackenziebecken, auf den Andamanen im Indischen Ozean und im Südwesten der Kalahari. So weit waren sie voneinander entfernt, daß sie ihre Lebensformen sicherlich nicht voneinander übernommen haben konnten. Aber sie alle bildeten soziale Gruppen, die feste und dauernde Reviere besaßen.

Wie ist es möglich, daß so viele primitive Stämme in so verschiedener Umwelt, so weit voneinander entfernt, ähnliche soziale Gruppen bilden, deren Basis eine scheinbar menschliche Erfindung ist, nämlich der Landbesitz? Steward suchte verschiedene Erklärungen, aber eine Überlegung mußte ihm versagt bleiben; 1936 konnte er nicht wissen, daß seine Voraussetzung falsch war, da viele Tiere landbesitzende Gruppen bilden. Löwen und Adler, Wölfe und Eulen – sie alle sind Jäger und besitzen ein alleiniges Jagdrevier. Außerdem jagen Löwen und Wölfe in Rudeln, die sich nicht wesentlich von den Jagdverbänden der primitiven Menschen unterscheiden. Der Landbesitz ist ebensowenig eine menschliche Erfindung wie die Anhänglichkeit an das Territorium eine menschliche Besonderheit ist.

Ich werde in dem vorliegenden Buch zu beweisen versuchen, daß der Mensch ein ebenso territoriales Geschöpf ist wie die Nachtigall, deren Lied uns erfreut. Unsere Verhaltensformen werden nicht von unserer gegenwärtigen Kultur, sondern von unserer entwicklungsgeschichtlichen Vergangenheit geprägt; sie sind ebenso ein Kennzeichen unserer Spezies wie die Form des menschlichen Hüftknochens oder eine Nervenkonfiguration des menschlichen Gehirns. Wenn wir unseren Besitz oder unser Land verteidigen, so sind die Gründe hierfür die gleichen, ebenso angeboren und unausrottbar wie bei den niederen Tieren. Der Hund, der hinter dem Zaun hervor den Fremdling anbellt, tut dies aus den gleichen Motiven, aus denen sein Herr diesen Zaun errichten ließ.

Mensch, Hund und Nachtigall sind auch keineswegs Besonderheiten der Tierwelt. Lemur und Haubentaucher, Präriehund, Rotkehlchen, Bisamratte, Rohrsänger und Lachs, Eidechse und Stichling, Nachtigall, Silbermöwe und Springäffchen – sie alle sind bereit, ihr Letztes zu opfern, um ein eigenes Reich zu besitzen. Im Tierreich ist das Verlangen nach einem Territorium vielleicht sogar älter als der Geschlechtstrieb.

Der Überlebenswert, den das Territorium einer Art bringt, variiert ebenso stark wie die Lebensform der Spezies selbst. Manchen bietet es Schutz vor dem Raubtier, anderen gesicherte Nahrungsversorgung. Bei einigen dürfte der Hauptwert in der Auswahl eines tauglichen Geschlechtspartners bestehen oder in der Verschmelzung zu einer Gemeinschaft, und bei vielen, zum Beispiel bei den Meeresvögeln, scheint sein Sinn einfach in der Erregung und dem Stimulus zu Grenzkämpfen zu liegen. Natürlich gibt es auch Arten, für die eine territoriale Bindung nachteilig wäre. Grasende Tiere müssen zumeist mit den Jahreszeiten wandern. Elefantenherden kennen keine territorialen Bindungen, sondern bewegen sich wie eine urzeitliche Armada durch den weiten afrikanischen Raum. Auch der Gorilla ist in einem beschränkten Gebiet ein Wanderer, der jede Nacht ein neues Nest errichten muß, wo immer ihn seine Nahrungssuche hingeführt hat.

Aber bei den zahllosen Spezies, welche nach einer langen Entwicklungsgeschichte ein territoriales Verhalten in das Wirkungsgefüge ihrer Instinkte einbauten, werden wie eine erstaunliche Gleichförmigkeit finden. Auch wenn die Arten noch so entfernt verwandt sein mögen, werden einzelne Verhaltensformen endlos wiederholt. Wir werden zum Beispiel im nächsten

Kapitel das »Arenaverhalten« untersuchen, bei welchem ein einziges Männchen den Paarungsort verteidigt, den das Weibchen ausschließlich zum Zweck der Kopulation aufsucht. Ganz gleich, ob es sich um Antilopen oder Präriehühner handelt, der Vorgang ist fast identisch. Im übernächsten Kapitel werden wir uns mit dem »Paarterritorium« beschäftigen, jenem Gebiet, welches von einem Paar in Erwartung von Nachkommenschaft in Besitz genommen und verteidigt wird; Rotkehlchen, Biber und auch die Menschen gehören hierher. So werden wir die verschiedensten territorialen Aspekte in der Tierwelt kennenlernen, wie sie von der modernen Wissenschaft beobachtet wurden.

Von all diesen Erkenntnissen haben wir im Laufe unserer Schulbildung kein Wort gehört, weil sie damals noch nicht vorhanden waren. Aus reiner Nachlässigkeit sind diese Erkenntnisse auch heute weder in den Schulbüchern unserer Kinder noch in unserer Gedankenwelt zu finden. Mir scheint dies eine Nachlässigkeit, die wir uns nicht leisten können. Wären wir in der Lage, unser Wissen um die menschliche Natur als ausreichend anzusehen, gelänge es uns, mit den menschlichen Gegebenheiten fertig zu werden, hätten wir menschliche Übel wie Verbrechen und Krieg, Rassenhaß und soziale Vereinsamung erfolgreich ausgemerzt, so könnten wir es uns leisten, uns schlicht und einfach an den faszinierenden Aspekten der Tierwelt zu erfreuen. Leider sehe ich keinerlei Anlaß zu einer derartigen Selbstzufriedenheit. Wir müssen daher in dem Reichtum neuer Beobachtungen des tierischen Verhaltens, welchen die moderne Naturwissenschaft vor uns ausbreitet, einen unerwarteten Glücksfall sehen.

Wenn meine Annahme richtig ist, daß die zahllosen Beispiele territorialen Verhaltens menschliche Reaktionen auf ein Gebot sind, das im Menschen ebenso fest verankert ist wie in der Nachtigall, dann ist eine radikale Revision der menschlichen Selbsterkenntnis fällig. Wir anerkennen einige allmächtige Triebe, aber nur sehr wenige: den Selbsterhaltungstrieb, den Geschlechtstrieb, vielleicht noch die Mutter-Kind-Beziehung. Unser unzulängliches Wissen von der Natur hat uns nicht weiter suchen lassen. Es mag uns höchst sonderbar erscheinen, daß die Bindung des Mannes zu seinem Grund und Boden stärker sein sollte als die Bindung zu der Frau, mit der er schläft. Wir können die Stichhaltigkeit der Behauptung vorläufig mit einer einzigen Frage erproben: Wie viele Männer kennen wir, die für ihr Land gestorben sind? Und wie viele starben für eine Frau?

Wir befinden uns heute an einem so gefährlichen Zeitpunkt der Geschichte, daß jede Kraft, die imstande ist, unser Handeln konträr zum Selbsterhaltungstrieb zu beeinflussen, gründlich untersucht werden muß, und zwar nicht mittels überholter Informationen. Der Ausgangspunkt der vorliegenden Untersuchung ist meine Überzeugung, daß diese Kraft einen Teil unserer evolutiven Natur bildet und eine Verhaltensform von so großem Überlebenswert für die Entwicklung des Menschen darstellt, daß sie in unserem genetischen Erbe ebenso fest verankert ist wie die Form unserer Füße oder die Muskulatur unseres Gesäßes. Wie die Verhaltensform, die wir als Sexualität bezeichnen, sich in vielen Organismen als die beste Antwort der Natur auf das Problem der Vermehrung entwickelte, so entwickelte sich die »Territorialität« genannte Verhaltensform in vielen Organismen als eine Art Verteidigungsmechanismus und als die beste Antwort der Natur auf eine Reihe von Überlebensproblemen.

Ich betrachte den territorialen Imperativ für die Existenz des heutigen Menschen als ebenso wichtig wie für jene Gruppen von Protomenschen mit kleinen Gehirnen, die vor Millionen Jahren die Savannen Afrikas bevölkerten. Ich sehe in ihm eine Kraft, die unser Leben auf zahllosen, oft gänzlich unerwarteten Gebieten formt und unsere Existenz nur dann gefährden kann, wenn wir sie nicht begreifen. Wir können diese meine Voraussetzung aber nur nach Prüfung der neuen wissenschaftlichen Erkenntnisse über das Tier in seiner natürlichen Umwelt akzeptieren oder ablehnen und ihre Folgen analysieren. Und da diese Erkenntnisse zur gleichen Zeit erworben wurden, als sich auch unser Verständnis der Entwicklungsgeschichte grundlegend veränderte, werden wir lieber erst im nächsten Kapitel mit unserer Untersuchung der verschiedenen Aspekte der Territorialität beginnen. Bevor wir uns dem Verhalten des Tieres zuwenden, wollen wir das Verhalten eines ebenso faszinierenden Geschöpfes betrachten – das des Wissenschaftlers.

2

Ein Vogel fliegt nicht, weil er Flügel hat; er hat Flügel, weil er fliegt.

Eine derartige Feststellung mag, von verschiedenen Gesichtspunkten aus betrachtet, als der Gipfel des Absurden und Belanglosen erscheinen. Überlegt man aber eine Weile, so beginnt etwas zu bohren; die Feststellung wird zu einer jener in der Psychologie verwendeten Würfeldarstellungen, welche dem Beobachter auf den ersten Blick eine bestimmte Gestalt präsentieren, um nach einer gewissen Zeit plötzlich eine andere anzunehmen. Was für eine Beziehung besteht zwischen dem Körper und dem Verhalten? Denken wir, weil wir ein Gehirn haben, oder haben wir ein Gehirn, weil wir denken? Die Frage ist völlig belanglos, wenn wir gerade zu einem Rendezvous eilen oder eine Ferienreise planen, aber sie ist von ungeheurer Wichtigkeit für das entwicklungsgeschichtliche Denken der letzten dreißig Jahre, und *sie* muß uns daher beschäftigen.

In dieser Zeitspanne haben sich – während wir mit anderen Dingen beschäftigt waren – verschiedene Zweige der Naturwissenschaften mit drei wesentlichen Fragen auseinandergesetzt. Welche Beziehung besteht zwischen dem Verhalten und dem Körper, zwischen dem Wie unseres Handelns und dem Womit unseres Handelns? Welche Beziehung besteht zwischen dem Lernen und dem Instinkt, zwischen dem, was wir im Laufe des Lebens erwerben, und dem, womit wir geboren wurden – vorausgesetzt, daß wir mit irgend etwas geboren wurden? Und letztlich, was ist der beherrschende Faktor unseres täglichen Lebens: die Forderungen unserer unmittelbaren Umwelt oder das innere Gebot unserer evolutiven Vergangenheit? Die beiden letzten Fragen mögen wie eine unterschiedliche Formulierung desselben Problems klingen, aber das ist nicht ganz richtig. Jedenfalls wurde jeder der drei Fragen, die das Verhalten, den Instinkt und die Vererbung betreffen, eine unglaubliche Anzahl von Untersuchungen gewidmet, jede hat erbitterte Diskussionen ausgelöst, und jede ist nicht nur für unsere neue Auffassung der Evolution essentiell, sondern auch für unsere Betrachtung der Territorialität. Obwohl es richtig ist, daß die Probleme des Instinkts und des Lernens mit allen Schlußfolgerungen, die wir in bezug auf den Menschen ziehen können, enger verwandt sind, wollen wir uns zuerst der Frage von Körper und Verhalten zuwenden, weil sie eindeutiger geklärt ist und außerhalb aller Kontroversen steht.

Liest man ein älteres Lehrbuch der Zoologie, so findet man entweder nur spärliche oder gar keine Hinweise auf das Tierverhalten. Der Text beschränkt sich auf jene tierischen Attribute, welche die Zoologen morphologische oder physiologische nennen, das heißt körperliche Merkmale und Vorgänge. Bis 1930 beschäftigte man sich hauptsächlich mit dem Tierkörper – was ist ein Tier und wie sieht es aus? – im Gegensatz zu der Frage nach dem Verhalten – wie und warum verhält sich das Tier so und nicht anders? Blättert man in einem Zoologiebuch, das heute in den Schulen verwendet wird, so findet man auch hier, daß der Lehrstoff hauptsächlich aus der anatomischen Klassifizierung von Tieren in Arten, Gattungen und Stämme besteht, ein Thema, das die Zoologen zu Ende des neunzehnten Jahrhunderts faszinierte. Ökologie, die Beziehung zwischen dem Tier und seiner Umwelt, wird am Rande gestreift, das Verhalten hingegen überhaupt nicht erwähnt. Aber die Biologen sind sich heute allgemein darin einig, daß es das Verhalten ist – zum Beispiel die Territorialität oder die Art und Weise, in der sich ein Tier vor dem Raubtier schützt –, welches entscheidet, ob bestimmte Körpermerkmale einen selektiven Vorteil bringen oder nicht. Mit anderen Worten: Es ist das Verhalten, das sich entwickelt und daher im allgemeinen Evolutionsprozeß eine zentrale Stellung einnimmt. Unsere Kinder lernen heute eine Darstellung der Entwicklungsgeschichte, die von der modernen Biologie bereits seit einiger Zeit abgelehnt wird.

Wir wollen die Angelegenheit genauer betrachten. Ich habe den Wolf erwähnt. Ein Rudel arktischer Wölfe besitzt ein Jagdterritorium von etwa hundert Quadratmeilen. Die Grenzen sind ziemlich genau festgelegt, und die erwachsenen Tiere machen in bestimmten Zeitabständen die Runde, um ihre Markierungen als Warnung für jeden Eindringling aufzufrischen. Der Wolf bezeichnet sein Gebiet ebenso wie der Hund mit Urin, dessen Geruch durch das Sekret einer besonderen Drüse noch verstärkt wird. Da der Hund der Promiskuität ergeben ist, könnten wir seine Duftmarken als Anreiz für ein Weibchen auslegen. Aber der Wolf ist monogam. Er paart sich auf Lebenszeit, ist unverbrüchlich treu und wird sich, wenn verwitwet, wahrscheinlich nicht wieder paaren, sondern bis zum Ende seiner Tage Junggeselle bleiben. Derartige Mengen sexuell anziehender Düfte über so viele Meilen zu verteilen schiene bei einem temperamentvollen Tier wie dem Wolf eine unglaubliche Zeitverschwendung. Die Drüse hat sich als ein Körpermerkmal von selektivem Wert für das territoriale Verhalten entwickelt; durch die Markierung der Grenzen reduziert der Wolf die Wahrscheinlichkeit tödlicher Konflikte um Besitzrechte.

Der Brüllaffe, ein anderes leidenschaftlich mit seinem Revier verbundenes Geschöpf, hat ebenfalls eine anatomische Besonderheit entwickelt, die keinen anderen Sinn hat, als seinen Lebensgewohnheiten zu dienen. Da die Affen viele Millionen Jahre lang fast ausschließlich auf den Bäumen gelebt haben, ist bei ihnen der für das Bodenleben wichtige Geruchssinn verkümmert; räumliches und Tiefensehen erlangten besondere Bedeutung, die Gesichter wurden flacher, die Schnauze bildete sich zurück, und die Duftdrüsen verschwanden. So hat der Brüllaffe nicht die Möglichkeiten des Wolfes, sein Territorium zu markieren. Aber er besitzt etwas anderes. Wie schon sein Name andeutet, verfügt er über eine Stimmintensität, die jede Luftschutzsirene in den Schatten stellt. Wenn der Morgen dämmert, stimmt die Brüllaffenherde ihren ohrenbetäubenden Chor an. Jede andere Herde im Umkreis von einer Meile wird über die Lage des Territoriums informiert. Sollten zwei Herden ihrer täglichen Wanderungen einander an einem Ort begegnen, wo die unmarkierten Grenzen unbestimmbar sind, so wird jeder Zwist in der Form ausgetragen, daß man den Gegner niederbrüllt. Auch hier hat sich ein körperliches Merkmal entwickelt, welches einer bestimmten Verhaltensform zum Vorteil gereicht.

Als letztes Beispiel möchte ich von einer Gruppe gefangener Lemuren, und zwar von den Kattas mit ihrem schönen, schwarzweiß geringelten Schwanz berichten, denen ich vor einigen Jahren im Laboratorium des Institut de Recherche Scientifique de Madagascar in Tanarive begegnet bin. Die Lemuren gehören zu den primitivsten Primaten. Ihre Stammesgeschichte reicht um so viel weiter zurück als die der Affen, daß sie der schnüffelnden Lebensweise nicht untreu geworden sind. Die Kombination von spitzer Schnauze, zarten Händen und einem langen, schön gezeichneten Schwanz macht sie zu einem der bezauberndsten Tiere, die wir kennen. Ich wußte nur wenig von ihnen, als ich sie zum erstenmal sah, und führte es auf die nervösen Auswirkungen der Gefangenschaft zurück, daß einer der Katta bei meinem Anblick mit dem Schwanz im Arm davonlief, während ein anderer sein Hinterteil gegen die Käfigdecke preßte und zu reiben begann. Es kam mir nicht der Gedanke, daß sie als Warnung ihr Territorium, den Käfig, markieren könnten.

Etwas später lieferte mir Professor Heini Hediger, der weltberühmte Direktor des Zürcher Zoos und Professor für Tierpsychologie an der Universität Zürich, die Erklärung. Der Katta hat an der Innenseite seiner Arme Drüsen, die er mit dem Schwanz reibt, wenn er gestört wird. Soweit hatte ich recht.

Aber er besitzt auch eine andere Drüse nahe dem Anus, welche *zur Markierung von Gebietsgrenzen* benützt wird. Hediger hielt eine Gruppe dieser Tiere jahrelang in einem großen Käfig, um seinen Studenten ihr sonderbares Verhalten zu demonstrieren. Wenn sich die Studenten näherten, begab sich das ranghöchste Tier unweigerlich an eine bestimmte Stelle der linken, unteren Käfigecke, vollführte einen Handstand und preßte seine Drüse mit hocherhobenem Schwanz gegen das Gitter. Hierauf begab sich der Katta zu acht weiteren Punkten einschließlich solcher links und rechts von der Tür, um seine Warnmarken anzubringen. Daß diese Warnungen ernst gemeint waren, mußte ein Besucher erfahren, der gemeinsam mit dem Wärter den Käfig betrat. Die kleinen Tiere waren an den Wärter gewöhnt. Der Besucher aber mußte sich mit einer durchgebissenen Arterie für einige Wochen in Spitalpflege begeben.

Für uns ist es nicht wichtig, daß der gefangene Katta sein Territorium nicht nur gegen Artgenossen, sondern auch gegen alle anderen Lebewesen verteidigt. Für uns ist die Feststellung interessant, daß der Gruppenführer ein Weibchen war. Sowohl Männchen wie Weibchen besitzen die gleiche Drüse, der trotz ihrer Lage keine sexuelle Bedeutung zukommt. Sie hat sich, ebenso wie die Duftdrüse des Wolfes, als anatomisches Merkmal entwickelt, das nur den einzigen Zweck hat, Eindringlinge zu warnen.

Zum Abschluß möchte ich ein Beispiel für eine Körperstruktur zitieren, welche zur Unterstützung einer ganz anderen Verhaltensform entwickelt wurde. Konrad Lorenz, der österreichische Naturforscher, ist der Vater der Ethologie, der modernen Lehre des Tierverhaltens. Zu den vielen Geschöpfen, die seine ständig wache, kritische Neugierde erregten, gehört der Nachtreiher. Drei verschiedenen Gattungen von Nachtreihern ist der gleiche Verhaltenstypus eigen; wie ein Hund mit dem Schweif wedelt, um seine freundliche Gesinnung kundzutun, so wackelt der Nachtreiher mit dem Kopf. Um dieses Kopfnicken zu unterstreichen, besitzen die drei Gattungen Federbüschel, die sie bei einem freundlichen Anlaß wie Flaggen hissen. Die Muster der Flaggen sind unterschiedlich. Nickt der Nachtreiher mit dem Kopf, um seinen Federschmuck zur Schau zu stellen? Oder besitzt er ein Federbüschel, weil er auf jeden Fall mit dem Kopf wackelt? Da die drei Büschel zwar verschiedenartig sind, die Bewegung jedoch gleichartig ist, vermutet Lorenz, daß einem Urahn dieser Familie die Geste als nützlich zur Vermeidung von

Streitigkeiten erschienen sein muß und daß sich die Körperstruktur in den Nachkommen entwickelt habe, um den Ausdruckswert der Bewegung zu verstärken. Seine Ableitung wird von den Reiherkindern bestätigt, die noch keinen Federschmuck besitzen, jedoch bereits mit dem Kopf nicken.

Wie jeder Lorenz-Verehrer weiß, kamen viele seiner bezauberndsten Experimente durch Zufall zustande. Ein solcher Zufall war es auch, der die Bedeutung des Kopfnickens im Leben der Nachtreiher erkennen ließ. Zu seinen Studienobjekten gehörte eine Reiherfamilie, die ihr Nest auf einem Baum nahe seinem Haus errichtet hatte. Kehrte der Reihervater von einem Ausflug zu seinem Nest zurück, so pflegte er sich mit außerordentlicher Höflichkeit, so schien es wenigstens, vor seinen Jungen zu verneigen. Aber hier handelte es sich nicht allein um gute Manieren. Eines Nachmittags, als der Vater abwesend war, erkletterte Lorenz den Baum, um zu sehen, wie sich die Jungen entwickelten. Sie kannten ihn und verhielten sich ruhig. Doch während Lorenz noch die Kinder inspizierte, kehrte der Vater unerwartet zurück und machte, empört über die Störung, einige Drohbewegungen in Richtung des Naturforschers. Unglückseligerweise vergaß der zerstreute Vater darüber, seine freundlichen Verbeugungen auszuführen, und wurde sofort von seinen eigenen Kindern attackiert.

Ernst Mayr von der Harvard University ist eine unerreichte Autorität auf dem Gebiet der biologischen Systematik, das heißt der entwicklungsgeschichtlichen Klassifikation der Arten. Anläßlich eines Symposiums im Jahre 1958 sagte er: »Allgemein darf man die Behauptung aufstellen, daß Verhaltensbewegungen phylogenetisch oft der speziellen Struktur vorangehen, welche diese Bewegung besonders auffällig machen. Auch von Lorenz wurde dies bereits betont.« Mit anderen Worten: Im Fall des Nachtreihers war es wahrscheinlich so, daß einer seiner schmucklosen Vorfahren mit dem Kopf zu nicken begann. Da dieser Verhaltensform ein arterhaltender Wert zukommt, förderte die natürliche Auslese bei den Nachkommen zufällige, aber wirkungsvolle Ornamente. Fünf Jahre später ging Mayr in seinem Werk ›Animal Species and Evolution‹ noch einen Schritt weiter: »Ein Überwechseln in eine neue ökologische Nische oder einen neuen Lebensraum wird fast ausnahmslos durch eine Verhaltensveränderung eingeleitet. Die anderen Anpassungen an das neue Habitat, insbesondere die strukturellen, werden erst später erworben.«

Es ist also das Verhalten, welches den Entwicklungsprozeß steuert. Nehmen wir an, daß eine kleine Nagetierart Millionen Jahre im Schutz einer Graslandschaft lebt. Nun tritt eine Klimaveränderung ein. Jahrzehnt um Jahrzehnt, Jahrhundert um Jahrhundert versengt die erbarmungslose Dürre das Gras und verwandelt das Land in eine Wüste. Das kleine Nagetier muß sein Leben vollkommen umstellen oder zugrunde gehen. Es muß sich an eine neuartige Nahrung gewöhnen und vielleicht eine Methode des Vorratsammelns und -aufbewahrens erfinden, für die in der üppigen Graslandschaft keinerlei Notwendigkeit bestand. Durch Hunderte Generationen der Auslese werden diejenigen, welche Vorräte sammeln, ihre Jungen mit Erfolg aufziehen, diejenigen, welche in den Tag hineinleben, zugrunde gehen. Es wird eine Verhaltensform des Vorratsammelns festgelegt werden und, damit verbunden, die Notwendigkeit einer Vorratskammer. Das kleine Nagetier muß graben. Und mit dieser grabenden Lebensweise wird der Selektionsdruck jene fördern, deren Pfoten zufällig am besten zum Graben geeignet sind, deren Fell sich am besten in einem unterirdischen Leben bewährt. Aus dem zartfüßigen Grastier mit dem weichen Pelz wird eine vollkommen neue Spezies mit rauhem Pelz, mit kräftigen Pfoten und Krallen.

Aber die grabende Lebensweise in der Wüste hat neue Überlebensrisiken gebracht. Seit Beginn seiner neuen Laufbahn ist das kleine Tier dem Habicht ausgesetzt, und kein schützendes Grasland verbirgt es vor dessen Blicken. So werden die dunklen Mitglieder der Graslandart generationenlang zu Leckerbissen der Habichtspeisekarte, während die neue Wüstenspezies eine unauffällige Farbe annimmt, die aus der Luft kaum auszunehmen ist. Doch der Habicht ist klug, und die Bedrohung ist immer noch vorhanden. Nur der unterirdische Gang bietet Sicherheit. Er bedeutet auch Rettung vor der grauenvollen, ausdörrenden Sommerhitze, welche Tiere und Nahrung gleichermaßen vernichtet. So bleibt der kleine Nager während des glühenden Sommers immer länger in seinem Bau, um zu schlafen und eine physiologische Veränderung mitzumachen, die es ihm erlaubt zu »übersommern«, so wie der Bär überwintert.

Nagetier und Bau sind zu einer Einheit geworden. Eine Lebensweise, die in dem engdurchwurzelten Grasland unmöglich gewesen wäre, hat Veränderungen des Körpers und der Körperprozesse hervorgebracht, die eine Rückkehr zu der ursprünglichen Lebensform nicht mehr zulassen. Der unterirdische Bau ist zum Königreich und zum alleinigen Besitz des Nagers geworden; keinem Artgenossen ist es gestattet, zu nahe heranzukommen. Dieses neue territoriale Verhalten kann eines Tages ebenfalls physiologische Auswirkungen haben. Im Laufe einer endlosen Generationenfolge wird der Zufall eines Tages einem Nager einen besonders scharf riechenden Urin bescheren oder eine Drüse mit einer besonders anhaltenden Sekretion. Innerhalb der Spezies wird sich eine unterschiedliche Überlebensrate herausbilden. Die »altmodischen« Tiere, welche jeden Eindringling verjagen müssen, weil ihnen ein Warnsignal fehlt, werden dem immer wachsamen Habicht öfter zum Opfer fallen. Die Überlebenschancen der neuen, duftverbreitenden Art aber, die an den Grenzen ihres Territoriums Warnmarken hinterlassen kann, anstatt sich selbst als Wächter zu postieren, werden wesentlich steigen; eine besser ausgestattete Spezies wird ihre Gene weitergeben.

Vögel fliegen nicht, weil sie Flügel haben; sie haben Flügel, weil sie fliegen. Die neue Auffassung der Evolution und der Beziehung zwischen Verhalten und Körperbau schiene wie eine amüsante Gedankenspielerei, eine Gesellschaftsunterhaltung ohne Bezug auf unser Verständnis der territorialen Aspekte des Menschen, wäre nicht der Würfel des Psychologen 1953 plötzlich umgefallen. In diesem Jahr gelang es den vereinten Bemühungen von Oxfords J. S. Weiner, Sir Wilfrid Le Gros Clark und Kenneth P. Oakley vom Britischen Museum, zu beweisen, daß der Welt berühmtestes Fossil eines frühen Menschen, der Piltdown-Schädel, ein Betrug war. Und aus den Überlegungen über Vögel und Flügel ergab sich plötzlich eine Frage von ungeheurer Bedeutung: Denken wir, weil wir ein Gehirn haben, oder haben wir ein Gehirn, weil wir denken? Die Logik der neuen Biologie diktiert die Antwort, aber bis heute haben nur wenige Biologen oder Soziologen ihre Aufmerksamkeit den sich daraus ergebenden Folgen zugewandt.

Erinnern wir uns, daß der Schädel des Piltdown-Menschen zu Beginn des zwanzigsten Jahrhunderts im Uferkies in Sussex gefunden wurde. Der Schädel vereinte eine große, relativ moderne Gehirnschale mit einem ausgesprochen affenartigen Kiefer. Rund um den Schädel waren Fossilien bestimmter ausgestorbener Tiere verstreut, die auf ein Datum hinwiesen, das weiter zurücklag als alle anderen damals bekannten Funde menschlicher Überreste. Einige Skeptiker ließen ein unbefriedigtes Gebrumm hören, aber die Wissenschaft einschließlich fast aller einflußreichen Anthropologen anerkannte den Piltdown-Menschen als einen echten Vertreter des frühen Menschen.

Wäre dies richtig, dann würde der Piltdown-Schädel mit seinem großen Gehirn das bestätigen, was wir so gerne glauben möchten: daß wir in unserer Entwicklung aus den äffischen Vorfahren das große menschliche Gehirn, welches uns von allen tierischen Belangen befreit, durch einen göttlichen oder durch einen mutationsbedingten Eingriff erhalten haben. Sir Crafton Elliot Smith, eine der berühmtesten Autoritäten seiner Zeit, interpretierte den Fund auf diese Weise; er sprach von »jenem wunderbaren Schädel« und sagte klipp und klar: »Die außerordentliche Bedeutung des Piltdown-Schädels liegt in der durch ihn gelieferten Bestätigung der Ansicht, daß das Gehirn der Führer in der Evolution des Menschen war. Es ist eine Binsenwahrheit, daß der Mensch dank der Bereicherung seiner geistigen Struktur das affenartige Stadium hinter sich gelassen hat.«

Wir denken, weil wir ein Gehirn haben. So standen die Dinge, bis Oakley mittels seines Fluortests nachwies, daß Gehirnschale und Kiefer nicht zusammengehörten. Ein unbekannter Spaßvogel mit einer hervorragenden Kenntnis nicht nur der menschlichen Paläontologie, sondern auch der menschlichen Leichtgläubigkeit hatte die ganze Knochensammlung zusammengestellt und im Kies von Sussex vergraben. Nicht der Schimmer eines Beweises blieb für die Behauptung übrig, daß das große Gehirn die Voraussetzung des menschlichen Verhaltens sei. Der Piltdown-Mensch ertrank in den Säuren von Oakleys Test, aber das »Piltdown-Denken« blüht noch heute und wird zweifellos morgen ebenso blühen, unberührt von den schlagendsten Gegenbeweisen, welche die Entwicklungsgeschichte präsentiert.

Die Konsequenzen des Oakley-Tests machten sich, soweit sie unser Verständnis der menschlichen Stammesgeschichte betreffen, schlagartig und höchst eindrucksvoll bemerkbar. Ich habe sie in meinem Buch ›Adam kam aus Afrika‹ ausführlich beschrieben. Sie ermöglichten die Anerkennung von Raymond Darts Theorie über die Evolution seiner mit einem kleinen Gehirn ausgestatteten *Australopithecinen*, die durch den Selektionsdruck des Jagdlebens zu dem mit einem großen Gehirn begabten Homo wurden; letzterer besaß die anatomischen Voraussetzungen, mit den komplexen Anforderungen jenes Lebens fertig zu werden. In den Jahren, die seit dem Erscheinen meines Buches im Jahre 1961 vergangen sind, haben die sensationellen

Entdeckungen von L. B. Leakey und seiner Familie in Ostafrika Darts Theorie so großartig untermauert, daß ich keine wissenschaftliche Schule kenne, die sie heute noch ablehnt. Aber die Konsequenzen von Oakleys Test für ein Verständnis der menschlichen Natur im weitesten Sinn waren keineswegs spektakulär; ja man könnte meinen, daß sich überhaupt nichts geändert habe.

Es hatte sich gezeigt, daß das menschliche Gehirn ebenso entstanden war wie jedes andere strukturelle Merkmal, wie der hübsche bläuliche Schopf des Nachtreihers oder die weniger hübschen Stinkdrüsen des Wolfes: um besser mit den vorhandenen Gegebenheiten fertig zu werden. Sollen wir annehmen, daß jene frühen Formen protohumanen Verhaltens keinen Einfluß auf Form und Struktur unseres Gehirns hatten? Können wir glauben, daß das Verhaltensgefüge, welches vor 500000 Jahren essentiell für die Arterhaltung war und die Vergrößerung des Gehirns zu seiner heutigen Dimension und Komplexität mit sich brachte, keine Spuren hinterlassen hat? Das vergrößerte menschliche Gehirn mit seinen Möglichkeiten der Erinnerung und der Voraussicht, der Selbsterkenntnis und des begrifflichen Denkens stellt ohne Zweifel etwas Neuartiges in der Welt dar, das vorher nur in schwachen Andeutungen vorhanden war. Wenn aber unser Gehirn etwas Neues in einer sehr alten Welt ist, dann bleibt es ebenso etwas sehr Altes in einer neuen Welt.

Der anatomische Aufbau unseres Gehirns erinnert an die zum Zeitpunkt der letzten Vergrößerung aufgetretenen Anforderungen an das Verhalten. Etwas anderes zu glauben hieße leugnen, daß die Flügelform des Kolibris durch den Selektionsdruck der Funktion des Fliegens angepaßt wurde. Unserem Gehirn mag sich infolge seiner Vergrößerung der Zugang zu Sphären erschlossen haben, die weder der *Australopithecine* noch sein Ahne aus dem Miozän, der *Proconsul*, ahnen konnten. Aber den Einfluß unserer tierischen Vergangenheit auf unsere menschliche Natur zu leugnen hieße unsere gesamte heutige Auffassung des entwicklungsgeschichtlichen Prozesses ablehnen. Es steht uns frei – zum Guten oder zum Schlechten –, auf einer derartigen Ablehnung zu beharren, wenn wir uns von den in der Kindheit gelernten Vorstellungen nicht lösen können. Wir dürfen aber in einer ernsthaften Untersuchung nicht von der Wahrscheinlichkeit ausgehen, daß jene tierischen Verhaltensweisen, die unseren Geist geformt haben, spurlos in unserer Natur verschwunden seien.

3

Ich habe bisher den Gebrauch des Wortes »Instinkt« vermieden, und zwar mit gutem Grund: weil offensichtlich niemand eine Ahnung hat, was der Instinkt ist. In meinem Buch ›Adam kam aus Afrika‹ habe ich von dem Wort recht unbekümmert Gebrauch gemacht, und bei einer so weitläufigen Untersuchung war dies vielleicht berechtigt. Wollen wir uns aber ernstlich mit den angeborenen Verhaltensformen beschäftigen, so können wir das Wort weder vermeiden, wie es viele Psychologen gerne tun, noch dürfen wir wie mit einem zweischneidig geschliffenen Schwert fröhlich damit herumschlagen.

Was kann man im Handeln eines Individuums, sei es Mensch oder Tier, dem Instinkt zuschreiben? Und was dem Lernen? Diese Frage bildet, ausgesprochen oder unausgesprochen, den Kern vieler unserer hitzigsten Debatten. Es fällt schwer, irgendeines unserer heutigen Probleme – Kriminalität, Rassendiskriminierung, Technik, Erziehung, Hilfe für unterentwickelte Länder oder Kinderpsychologie – zu untersuchen, ohne früher oder später auf dieses vieldeutige Monstrum zu stoßen, das immer in zwei Richtungen gleichzeitig zu weisen scheint. Auf manchem modernen Diskussionsforum ist das Wort »Instinkt« verpönter als jedes obszöne Schimpfwort. Ein seiner Natur nach objektives Problem wurde in so subjektive Tiefen gedrängt, daß Abraham Maslow, der kluge Vorstand des Psychologischen Institutes der Brandeis-Universität, dafür eine politische Erklärung vorschlug: Von menschlichen Instinkten zu sprechen hieße sich als reaktionär, ja vielleicht gar als faschistisch deklarieren. Unbegrenzter Glaube an das Lernen aber spreche für eine liberale, fortschrittliche, demokratische Gesinnung.

Ich glaube, unsere Schwierigkeiten mit dem Instinkt begannen mit dem Studium der Insekten, welches das heutige Interesse für das Tierreich im allgemeinen wachrief. Gewisse Eigenschaften eines Schmetterlings namens *Hoplitis milhauseri* kann man weder übergehen noch vergessen. Seine weichen, kleinen Puppen liegen in Kokons so hart wie Nußschalen. Wie kommen sie heraus? Nun, jede Puppe besitzt auf dem Kopf einen eingebauten Dosenöffner, und wenn der Augenblick naht, schneidet sie ein rundes Loch in die Schale, um daraus als Schmetterling aufzutauchen. Hier ist offensichtlich sowohl ein natürliches Werkzeug wie ein Instinkt beteiligt. Um diesen Instinkt genauer untersuchen zu können, entfernte ein schweizerischer Forscher einmal sorgfältig zwei Puppen ein paar Tage vor dem Zeitpunkt des Ausschlüpfens aus ihrer Schale und legte sie auf den Boden eines kleinen Brutkastens. Ruhig blieben sie liegen. Plötzlich aber gebot die Natur den Puppen Bewegung. Sie rührten sich, ja sie kletterten bis zur Wand des Brutkastens, wo sie eine Stunde lang allerlei kreisförmige Bewegungen des Kopfes ausführten. Erst als der Instinkt befriedigt war, machten sie sich an die Ausbildung der Flügel.

Als die gesammelten Arbeiten des französischen Entomologen Jean Henri Fabre zu Anfang dieses Jahrhunderts in dem Werk ›Souvenirs Entomologiques‹ erschienen, waren die darin beschriebenen Vorgänge so verblüffend, daß wir noch heute nicht darüber hinwegkommen. Ein gutes Beispiel ist der Borkenkäfer, dessen tüchtiges Kind den Neid jedes Elternpaares erwecken muß und dessen Instinkte die Puppen mit den Dosenöffnern direkt primitiv erscheinen lassen.

Die Larve des Borkenkäfers ist ein winziges, wurmartiges Etwas, nicht dicker als ein Strohhalm. Sie gräbt sich in einen Eichenstamm, indem sie am Vorderende Holz aufnimmt und am Hinterende ausscheidet, so daß sie einen Tunnel hinter sich läßt. Ähnliche Gänge kennt man bei alten Möbeln. Drei Jahre lang wandert die Larve, ganz allein und ohne elterliche Führung, in der Eiche umher, bis sie ungefähr fingergroß ist. Zu diesem Zeitpunkt ist sie bereit, sich in einen Käfer zu verwandeln, und sie tut dies innerhalb des Eichenstammes. Fabre wollte wissen, wie es dem Käfer gelingt, ins Freie zu kommen. Nur die Larve ist imstande, Eichenholz zu verspeisen; der Käfer ist es nicht.

Fabre beschäftigte sich lange mit dem Problem und konnte feststellen, daß die Larve, die sich während der drei Wanderjahre niemals der Rinde nähert, am Ende der Reise, einen langen Tunnel hinter sich lassend, direkt auf sie zusteuert. Sie hält erst an, wenn sie nur noch durch eine hauchdünne Schicht von der Außenwelt getrennt ist. Jetzt weicht sie wieder etwas zurück und beginnt in einem bestimmten Abstand vom Ausgang einen Raum auszuhöhlen, der nicht ihrer eigenen Größe angemessen ist, sondern der eines Käfers, den es noch gar nicht gibt. Aber noch ist die Schicksalsstunde der Larve nicht vorüber. Sie versiegelt die Kammer an beiden Öffnungen mit einem zementartigen Stoff, der in ihrem Magen erzeugt wird. Sind alle Ausgänge ordentlich geschlossen, schabt sie die Wände ihrer Kammer ab, um den Boden mit einer weichen Masse zu bedecken.

Mittels der gleichen Holzspäne dekoriert sie alle Wände mit einer einen Millimeter dicken Polsterung. Jetzt endlich sind alle Vorbereitungen für die Niederkunft getroffen; sie kann sich beruhigt niederlegen, ihre Haut abwerfen und zu einer Puppe werden, aus der wiederum ein Käfer wird. Aber noch immer sind die Wunder des Instinktes nicht beendet: Die Larve legt sich immer mit dem Kopf gegen den Ausgang gerichtet nieder. Würde sie sich anders legen, könnte sich der Käfer nicht mehr umdrehen.

Der Instinkt der Larve des Borkenkäfers läßt sich mit der Programmierung eines Elektronengehirns vergleichen. Und vielleicht werden wir eines Tages, wenn wir vertrauter im Umgang mit diesen modernen Ungetümen geworden sind, durch Analogieschluß Naturwunder, wie sie uns Fabre gezeigt hat, besser begreifen können. Noch fehlt uns ein derartiges Verständnis. Die Biologie kann über den Borkenkäfer heute genauso wenig aussagen wie vor fünfzig Jahren.

Lehnen wir den Instinkt ab, weil wir ihn nicht begreifen? Die menschliche Natur wäre dazu durchaus imstande, und in manchen Fällen mag die Vermutung zutreffen. Ich glaube aber, daß die Ablehnung im allgemeinen durch andere Prozesse ausgelöst wurde. Die Form der Instinkthandlung, wie wir sie in der Insektenwelt sehen – eine vollkommene Programmierung, die mit Lernen nichts zu tun hat –, kommt in der Welt der Wirbeltiere nur selten vor und niemals in der Welt der Menschen. Wenn sich unser Verständnis des Begriffes auf das Beispiel der Insekten beschränkt, wird man den Instinkt als Faktor menschlicher Motivierungen wahrscheinlich negieren.

Die radikale Abkehr vollzog sich um 1920, als sich in den Vereinigten Staaten eine wissenschaftliche Lehre von kurzem Ruhm breitmachte, die man als *Behaviorismus* bezeichnet.

Ihr Begründer, J. B. Watson, suchte, ausgehend von dem Speicheln der Pawlowschen Hunde, zu beweisen, daß das menschliche Wesen nur aus einigen gestreiften Muskeln und bedingten Reflexen bestünde. Heute hat Watson, ebenso wie Jean-Jacques Rousseau mit seinen extremen Anschauungen über die angeborene Güte des Menschen, nur noch wenige Anhänger. Aber beide hinterließen tiefe Spuren im menschlichen Gedankengut. Der Vorrang, den die amerikanische Psychologie dem bedingten Reflex einräumte, fügte ihr dauernden Schaden zu, und wie ein gewaltiger Sturm, der um so heftiger wird, je weiter er sich von seinem Zentrum entfernt, richtete er auf anderen Wissensgebieten katastrophale Verheerungen an. Wir Amerikaner sind uns nicht darüber im klaren, wie treu ergeben wir dem bedingten Reflex sind, wenn wir nach Erklärungen für das menschliche Verhalten suchen. Nur bei einer einzigen anderen Nation, bei der Sowjetunion, läßt sich eine ähnlich tiefe, einhellige Ergebenheit feststellen.

In den zwanziger Jahren also verwarfen wir den Instinkt und das Erbe der Vergangenheit als belanglos für das menschliche Verhalten und wandten uns der unmittelbaren Gegenwart zu. In jenem bedingten Reflex, den wir Erfahrung nennen, sahen wir die beste Antwort auf die Fragen, warum die Menschen heute so sind, wie sie sind, und wie sie morgen sein werden. Unsere voreiligen Schlußfolgerungen in bezug auf den tierischen Instinkt basierten auf dem Termitenbau, dem Bienenhaus, dem Ameisenhügel. Erst ein Jahrzehnt später wandte sich die Biologie den Wirbeltieren zu.

Ethologie ist eine neue Wissenschaft, und ihre Pioniere waren um 1930 Konrad Lorenz in Österreich und Niko Tinbergen in Holland. Heute sind viele maßgebende Forscher auf diesem Gebiet Amerikaner, aber ihre Arbeiten sind in Europa besser bekannt als in den Vereinigten Staaten. Der Forschungszweig hat sich einen unglückseligen Namen zugelegt, denn das Wort geht in dem wissenschaftlichen Irrgarten von Ethnologie, Entomologie und Etymologie fast verloren. Außerdem könnte man meinen, die Ethologie habe etwas mit der Ethik zu tun, während sie sich hauptsächlich mit dem sorgfältigen Studium der angeborenen Verhaltensweisen von Tieren beschäftigt. Aber mit der Zeit wird die Bedeutung des Wortes wahrscheinlich alle Hindernisse überwinden, denn die Ethologie läßt uns allgemeingültige Verhaltensgefüge erkennen, und vielleicht wird sie eines Tages mit vollkommen objektiven Mitteln einen Ethos in der Natur aller Lebewesen entdecken.

Das Vorhandensein einer angeborenen, klar umrissenen Verhaltensstruktur wurde, meines Wissens, zum erstenmal von C. O. Whitman, einem Amerikaner, im Rahmen einer Vortragsreihe in Woods Hole, Massachusetts, im Jahre 1898 erwähnt. Unabhängig davon untersuchte Oskar Heinroth zehn Jahre später in Berlin das mögliche Vorhandensein von Verhaltensweisen, die durch Lernen erweitert werden können, aber an sich genetisch gesteuert sind. Das ernsthafte Studium des genetisch bestimmten Verhaltens setzte allerdings erst um 1930 ein, als Biologen und vergleichende Verhaltensforscher endlich ihre Aufmerksamkeit von Zoo und Laboratorium abkehrten und dem Tier in freier Wildbahn zuwandten. In Wäldern und Sümpfen, an Meeresküsten, in Wüsten und Steppen eröffnete sich diesen Abenteurern eine Welt, von der niemand etwas geahnt hatte.

Daß die Handlungsweise eines Tieres in Gefangenschaft nur wenig mit derjenigen in freier Wildbahn gemein hat, ist logisch. Nur in der Freiheit wird es mit den Bedrohungen und Gelegenheiten konfrontiert, die den totalen Ausdruck seines Wesens erlauben. Wir bemitleiden das gefangene Tier, und manchmal ist dies durchaus berechtigt. Aber wir vergessen dabei, daß die Gefangenschaft vor dem wesentlichsten Merkmal eines Lebens in Freiheit schützt, nämlich vor dem leeren Magen – sei es dem eigenen oder dem des Raubtieres, das nach einer Mahlzeit sucht. Ein Großteil der natürlichen Energie des Tieres ist darauf gerichtet, mit dem täglichen und stündlichen Problem der Natur fertig zu werden: zu fressen ohne gefressen zu werden. Die Gefangenschaft eliminiert die Furcht aus dem Tierleben und ersetzt sie durch Langweile. Aus diesem Grund müssen wir die gefangenen Tiere bemitleiden.

Erst als eine neue Generation von Forschern in die freie Natur zog, konnten wir zum Beispiel die komplexe Organisation jener natürlichen Tiersozietäten verstehen lernen, die im Zoo nicht existieren. Erst als wir das ganze Spektrum der Verhaltensweisen beobachten konnten, das ein Tier zeigt, wenn es dem vollen Umfang der Möglichkeiten und Gefahren eines freien Lebens gegenübersteht, begannen wir die Prozesse zu erahnen, durch welche die Evolution seine erstaunlichen Fähigkeiten hervorgebracht hat. Für die Durchführung von Experimenten kommt dem Laboratorium natürlich noch immer Bedeutung zu, aber in der Gefangenschaft gefundene Resultate können nur durch Gegenüberstellung mit den in freier Wildbahn gemachten Beobachtungen richtig bewertet werden.

Um das neue, aufsehenerregende Material zu bewältigen, entstanden neue Theorien und neue Hypothesen. 1937 veröffentlichte Konrad Lorenz seine bahnbrechende Abhandlung ›Der Kumpan in der Umwelt des Vogels‹, in welcher er feststellte, daß sich die Instinktprobleme im Leben der Wirbeltiere nicht auf die Programmierung von Besonderheiten wie im Insektenleben reduzieren lassen. 1951 veröffentlichte Tinbergen sein Buch ›The Study of Instinct‹, eine Arbeit von so eiskalter Objektivität, daß kein Wissenschaftler, wie immer seine emotionelle Einstellung sein mag, sie vollkommen übergehen kann. (Daß es manchen dennoch gelang, läßt sich allerdings aus der Tatsache ableiten, daß das Werk heute weder in England noch in Amerika mehr erhältlich ist.) 1955 veröffentlichte Tinbergens Rivale Adriaan Kortlandt von der Universität in Amsterdam, ebenfalls Holländer, seine Arbeit ›Aspects and Prospects of the Concept of Instinct‹, in welcher er glänzend auseinandersetzte, daß die Ethologie nicht einen gemütlichen Klub für gleichgesinnte Wissenschaftler darstelle, sondern mehr Stoff für hitzige Debatten biete als irgendein anderes Gebiet.

Die Ethologie hat in ihrem kurzen Dasein bereits viele Aspekte des Instinktbegriffes untersucht. Wir wollen uns im Augenblick nur mit dem Vorhandensein ererbter, genetisch bestimmter Verhaltensweisen beschäftigen, die sowohl auf offenen wie geschlossenen Programmen beruhen. Die Larve des Borkenkäfers kann mit Hilfe eines inneren Computers ihren gesamten Lebenszyklus ausführen. Der Webervogel kann sein kompliziertes Nest auch bauen, wenn ihm vier Generationen lang die dazu nötigen Materialien und jede Möglichkeit des Bauens verwehrt wurden. Das sind geschlossene Verhaltensweisen, denen nichts durch Erfahrung hinzugefügt werden muß, um den Anforderungen der Art zu genügen. Jetzt wollen wir aber einen kurzen Abstecher zum Vogelgesang machen.

Jede Singvogelspezies besitzt einen Gesang, der nur ihrer Art eigen ist. Im neunzehnten Jahrhundert nahm man allgemein an, daß der Vogel seinen Gesang von den Eltern lernt. 1926 stellte Heinroth diese Ansicht in Frage. Fünfundzwanzig Jahre später gelang es einem Dänen namens Holger Poulsen, durch eine Reihe von Beobachtungen und Versuchen nachzuweisen, wie verschiedenartig das Instinktverhalten beschaffen sein kann.

Poulsen zog Vogelkinder entweder allein oder nur gemeinsam mit anderen Spezies auf und stellte zum Beispiel fest, daß das Hänflingskind lernen muß; mit artfremden Vögeln aufgezogen, wird es alles andere, nur nicht den typischen Hänflingsgesang anstimmen. Auch die Lerche muß lernen, aber hier liegt der Fall etwas anders als beim Hänfling. Mit anderen Vögeln aufgezogen, lernt die Lerche den Gesang des Buchfinken, des Gelbfinken oder der Goldammer. Aber dazwischen schleichen sich immer einige Lerchennoten oder Lerchentriller ein, die sie von niemandem gelernt hat. Am anderen Ende des Bogens steht die Rohrammer, die, völlig unberührt von anderem Gesang, zu gegebener Zeit ihr perfektes Rohrammerlied anstimmt. Poulsen fragte sich, ob eine derartige angeborene Fähigkeit ein Merkmal von Vögeln mit einfachen Ruflauten sei. Er konnte aber feststellen, daß auch der Gesang des Baumläufers – sein Lied ist äußerst kompliziert – ebenso angeboren ist wie der Ruf der Ammer.

Das beste Beispiel für einen offenen Instinkt bietet der Buchfink. In Dänemark beginnt er um den 15. Februar zu singen. Poulsen zog die Männchen vollkommen isoliert auf. Mitte Januar schon begannen sie zu zwitschern, und zwei Wochen später produzierten sie, etwas unsicher in Stimmlage und Rhythmus, einen verkürzten Buchfinkengesang. Als Mitte Februar der »Buchfinktag« herankam, ließ er die Vögel frei, erlaubte ihnen aber vorerst nur, mit Hänflingen zusammenzukommen. Sie ahmten den Hänfling nach, und es gelang ihnen, einige seiner Töne hervorzubringen. Dann aber hörten sie zum erstenmal einen Buchfinken. Sofort perfektionierten sie ihr Buchfinkenlied, und niemals wieder fiel es ihnen ein, einen Hänfling nachzuahmen.

Der Instinkt besitzt einen weiten Variationsbereich: von dem geschlossenen Programm des Baumläufers, bei dem nichts gelernt wird, über das etwas offenere Programm des Buchfinken, bei dem eine allgemeine Veranlagung vorhanden ist, nur von der eigenen Art zu lernen, aber viel durch Erfahrung ergänzt werden muß, über die Lerche, deren genetisches Erbe nur einige vage Andeutungen enthält, wie eine Lerche singen sollte, bis zum Hänfling, dem der Instinkt nur befiehlt, zu einer bestimmten Zeit zu singen, der alles andere aber lernen muß.

Wenn wir Verhaltensweisen wie zum Beispiel das Territorialverhalten besprechen, haben wir es mit einem offenen Instinktprogramm zu tun. Die Veranlagung, ein Territorium zu besitzen, ist angeboren. Auch das Gebot, den Besitz zu verteidigen, ist angeboren. Aber seine Lage und seine Grenzen werden aus der Erfahrung bestimmt. Teilt man das Territorium mit einem Partner oder einer Gruppe, so lernt man, wen man zu dulden und wen man zu vertreiben hat. Dem menschlichen Auge scheinen alle Silbermöwen gleich. Das Silbermöwenmännchen aber wird niemanden in seinem kleinen Reich dulden als nur das Weibchen und wird es auf eine Entfernung von zwanzig Meter unter Tausenden Möwen erkennen.

Diese Fähigkeit, die Struktur einer angeborenen Verhaltensweise durch Lernen zu ergänzen, scheint ebenfalls irgendwie mit dem Instinkt verwandt zu sein. Es ist zum Beispiel nicht einfache Erfahrung, durch welche ein Tier die territorialen Grenzen kennenlernt, die es nur unter Gefährdung der eigenen Sicherheit überschreiten kann. Die Eskimohunde Ostgrönlands leben in Rudeln, deren jedes sein soziales Territorium energisch verteidigt. Schon zu Beginn seiner Studien stellte Tinbergen fest, daß noch nicht ausgewachsene Rüden bei ihren Wanderungen gelegentlich Grenzverletzungen begehen und dafür hart bestraft werden. Trotzdem scheinen sie unfähig zu erlernen, wohin sie gehen und wohin sie nicht gehen dürfen. Tritt aber die Geschlechtsreife ein, so wissen sie sofort alle Grenzen. Tinbergen berichtet von zwei Fällen, bei denen sich die erste Kopulation, die erste territoriale Verteidigung und die erste Respektierung des benachbarten Reviers im Laufe einer Woche abspielten.

Auch bei Insekten sind keineswegs alle Instinkte geschlossen. Die Honigbiene lernt den Auffindungsort und die Verschiedenartigkeit vieler Nektararten. Aber es gibt eine Grabwespe, *Philanthus triangulum*, der diese Fähigkeit abgeht. Sie lebt nur von Honigbienen, und keine Umerziehung, auch nicht der schlimmste Mangel an eßbaren Bienen kann sie veranlassen, etwas anderes zu fressen. In einem Geschöpf mit einem so festgelegten Verhalten wird man keine besondere Lernfähigkeit vermuten. Aber Tinbergen legte bei einem seiner Experimente einen Ring von Tannenzapfen um ein Nestloch, aus dem die Wespe noch nicht ausgeflogen war. Sie tauchte auf, umkreiste das Gebiet genau sechs Sekunden lang und begab sich auf Bienenjagd. Tinbergen verschob den Zapfenkreis um etwa einen halben Meter. Eineinhalb Stunden später kehrte die Wespe zurück und ließ sich ohne Zögern in der Kreismitte nieder. Hilflos suchte sie nach ihrem Nest und war vollkommen außerstande, es zu finden, bevor nicht die Tannenzapfen in ihre alte Lage zurückgebracht wurden. *Philanthus triangulum* mag unfähig sein, irgend etwas anderes als Bienen zu jagen, aber sie kann die Markierung rund um ihr Nest in genau sechs Sekunden erlernen.

Alle höheren Tierarten besitzen im allgemeinen einen offenen Instinkt, eine Kombination (oder Verschränkung) aus verschieden großen Anteilen genetischer Veranlagung und ergänzender Erfahrung. Wenn wir von der Grabwespe zu höher und höher entwickelten Tierordnungen übergehen, verschwindet der geschlossene Instinkt fast vollkommen, und der offene Instinkt schließt immer größere Anteile von Erworbenem mit ein. Beim Menschen steht ein Maximum an Erlerntem einem Minimum an Veranlagung gegenüber. Die Kombination von Tausenden verschiedenen Erfahrungsmöglichkeiten und Tausenden verschieden gearteten Persönlichkeiten hat dem Menschen »die größte Variationsbreite aller Wildformen« beschert, um einen berühmten Ausspruch zu wiederholen. So verstehen wir auch, warum die natürliche Auslese dem Menschen, zumindest vorübergehend, eine führende Stellung eingeräumt hat: Jene der ganzen Welt des Lebendigen eigenen Verhaltensstrukturen weisen beim Menschen den breitesten Anpassungsspielraum an die Umwelt auf. Wir haben ein genetisches Grundschema und bereichern es durch eine Vielfalt an Erfahrung. Der selbstherrliche moderne Mensch aber vergißt gerne, daß – mag der Instinkt auch noch so offen und der Erfahrungsanteil auch noch so groß sein – die Summe dieser Faktoren, das heißt der totale Einfluß auf das individuelle Verhalten, letztlich fast in der Form eines geschlossenen Programms wirkt, welches einem Insekt den Weg im Eichenstamm weist. Er bleibt ein Instinkt.

Wenn wir über menschliche Motivierungen sprechen, so fällt heute sehr oft das beliebte Wort »Triebe«. Dieses Wort ist eine Verlegenheitslösung, da wir einerseits den Instinktbegriff fallengelassen haben, anderseits aber gewisse Tatsachen nicht gut leugnen können. Diese Ausflucht gleicht jenen Worten und Phrasen, die in der Viktorianischen Ära gebräuchlich waren, um mit der Sexualität im Zusammenhang stehende Handlungen zu umschreiben. Aber für derartige Euphemismen ist in der Wissenschaft auf die Dauer kein Platz. Der Zyniker Professor Cyril Burt bemerkte einmal, ein Trieb sei ein Instinkt unter einem neuen Namen: »An der Vordertür hinausgeworfen, erlaubt man den alten Instinkten unter einem neuen Namen und in einer angedeuteten Verkleidung durch die Hintertür wieder hereinzuschlüpfen.« Dem Verhaltensforscher, der um ein Verständnis des Mitmenschen bemüht ist, hilft es wenig, daß die Psychologie den offenen Instinkt, eine angeborene Verhaltensform bei Tieren und Menschen, mit einem falschen Bart geschmückt und einen »Trieb« genannt hat und sich nun von der Untersuchung der Triebe großartige, neue Ergebnisse erwartet.

Aber es bleibt das nicht wegzuleugnende Problem, daß wir keine Ahnung haben, wie der Instinkt arbeitet. Die Ethologen nehmen an, daß im Zentralnervensystem eine Art von neurologischer »Schalttafel« vorhanden sein müsse, die Nachrichten übernimmt und weiterleitet. Aber niemals gelang es einem Neurologen, diese Schaltstelle zu isolieren. Eine der größten Kapazitäten auf diesem Gebiet, T. H. Bullock, kam auf einem vor kurzem abgehaltenen Symposium zu einem verzweifelten Schluß:

»Im Grunde haben wir nicht die geringste Vorstellung von dem neuronalen Mechanismus des Lernens oder dem physiologischen Substratum instinktiver Verhaltensformen... Betrachtet man die übrigen großen Probleme der Naturwissenschaft, so scheint es klar, daß der Abgrund, der zwischen unserem neurophysiologischen Wissen und unserem Wissen über Verhaltensformen klafft, mindestens so groß ist wie irgendein anderer, den wir kennen.«

So sieht also die Lage ungefähr aus. Es gibt viele amerikanische Psychologen wie Harry Harlow, J. B. Calhoun und Jay Boyd Best, deren Laboratoriumsuntersuchungen sich ausschließlich mit den Beziehungen zwischen Instinkt und Lernen beschäftigen. In Cambridge hat der Engländer W. H. Thorpe ein Buch, ›Learning and Instinct in Animals‹, veröffentlicht, welches die vollständigste Behandlung des Themas in einem einzigen Band darstellt. Viele andere – in Amerika und Europa – haben ihre Experimente und Überlegungen von dem Problem der genetisch festgelegten Verhaltensweisen ab- und den genetisch festgelegten Notwendigkeiten zugewandt; ein reiches Feld, mit dem wir uns in einem viel späteren Zeitpunkt unserer Untersuchung beschäftigen werden. Im allgemeinen aber gehen die amerikanischen Psychologen an ihre Untersuchungen des Lernvorganges heran, als ob es keinen Instinkt gäbe, während die Ethologen in Europa die Verhaltensformen der Tiere in freier Wildbahn beobachten und sich nur selten mit dem Problem des Lernens abgeben. Abgesehen von einigen rühmlichen Ausnahmen, ist keine Seite genau informiert, was die andere tut. Und noch niemals hat jemand das verborgene Bindeglied zwischen Organismus und Organisation, zwischen Körper und Verhalten gefunden. Man hofft allerdings allgemein, die noch junge Wissenschaft der Molekularbiologie werde uns einen Hinweis darauf bringen, daß Lernen und Instinkt ebenso wie der genetische Code auf molekularen Strukturen innerhalb der Zelle basieren. Dann werden wir endlich wieder neue Arbeitshypothesen haben, während wir uns heute mit vagen Ahnungen begnügen müssen.

Unter den gegebenen Umständen wissenschaftlicher Ignoranz auf diesem Gebiet kann man es dem Psychologen nicht verübeln, wenn er den Instinkt irgendwo zwischen den Engeln und den mittelalterlichen Scholaren einordnet. Dessenungeachtet gibt es einen Instinkt, und wir können ihn nicht einfach verbannen, weil wir nicht wissen, wo er wohnt. Der Instinkt existiert, und er nimmt Erfahrung auf, wie ein Schmelzofen Luft einsaugt. Man kann ruhig den Wissenschaftler selbst als Beispiel heranziehen. Viele Physiker und Chemiker, denen es keineswegs an humanitären Idealen oder Tugenden fehlt, haben heute ihre höchsten Errungenschaften der Kriegsmaschinerie zur Verfügung gestellt. Das Gewissen schweigt, jede philosophische Überzeugung, jede religiöse Lehre über die Unmoral des Tötens verschwindet angesichts des mächtigeren Gebotes der Landesverteidigung. So stellt der Wissenschaftler die geheimsten Erkenntnisse seiner Profession der Kunst des Mordens zur Verfügung. In der Terminologie der vorliegenden Untersuchung müssen wir sagen, daß er eine allgemeine Veranlagung, jenen offenen Instinkt des territorialen Imperativs, durch die Besonderheiten des erlernten Verhaltens ausfüllt; und wenn der erste Schritt getan ist, sind seine weiteren Handlungen ebenso voraussagbar wie die des Borkenkäfers.

4

Wie eine Libelle tanzen wir über die Oberfläche der stillen, tiefen Gewässer unserer neuen Biologie.

Wir können sagen, daß das Verhalten – der Rahmen der Möglichkeiten, der den Handlungen jedes Tieres gesetzt ist – ebenso ein Merkmal aller Arten und Unterarten ist wie die Länge der Krallen oder die Form des Schulterblattes. Körper und Verhalten bilden eine organische Einheit, die innerhalb einer Spezies bei Individuen und Populationen eine normale Variationsbreite aufweist und von der natürlichen Auslese im Hinblick auf ihren Wert getestet wird.

Wir haben gesehen, daß der Instinkt – die genetisch festgelegte Verhaltensweise, welche ein Tier bestimmt, auf eine bestimmte Situation in einer bestimmten Art zu reagieren – in der Evolution der Wirbeltiere immer mehr zu einem offenen Instinkt wurde. Im Laufe der Entwicklung einer immer vielschichtigeren Lebensweise unterstützte der Selektionsdruck jene Instinkte, welche Erfahrung und Lernen verwerten können. Man kann aber nicht behaupten, daß die *Art* des Instinktes, welche den Menschen motiviert, qualitativ verschieden sei von der *Art* des Instinktes, welche höhere Tiere motiviert; ebensowenig wie man das fossile Material der allmählichen Menschwerdung betrachten und behaupten kann: Hier, in diesem anatomischen Augenblick, endete das Tier und der Mensch begann.

Jetzt endlich kommen wir zu dem allgemeinen Problem von Vererbung und Umwelt. Mein guter Rat: Lehnen Sie sich bequem zurück, füllen Sie Ihr Glas, halten Sie sich fest, denn an dieser gefährlichen Ecke kommt es zum Zusammenstoß zwischen der Naturwissenschaft und der Soziologie.

In den letzten dreißig Jahren war die vorherrschende Schule des Studiums der Menschheit in Amerika, etwas weniger stark in anderen Ländern, die kulturelle Anthropologie. Sie wurde von Franz Boas und einer Gruppe hervorragender Mitarbeiter an der Columbia University begründet. Eine der Mitarbeiterinnen war Margaret Mead, heute unsere bekannteste Anthropologin, und sie hat ihr Gebiet in einer ihrer jüngsten Arbeiten genauer und überzeugender umrissen, als ich dies tun kann:

»Die Auffassung unserer Kultur, wie sie von Boas und seinen Schülern entwickelt wurde, sieht die Menschenwesen nicht abhängig von Instinkten oder bestimmten genetisch weitergegebenen Fähigkeiten, sondern von erworbenen Lebensformen, die allmählich durch endlose Prozesse des Nachahmens, Anpassens und Erneuerns angesammelt wurden ... Das gewaltige Panorama, welches Boas 1932 in seiner Behandlung der Ziele der anthropologischen Forschung entwarf, ist noch heute die Basis der amerikanischen Anthropologie.«

An diesem Punkt meiner Erzählung angelangt, ziehe ich es vor, die Autoritäten selbst sprechen zu lassen. M. F. Ashley Montagu ist ein anderer wortgewandter Schüler von Boas, sowohl Genetiker wie Anthropologe. 1962 schrieb er in seinem Vorwort zu ›Culture and the Evolution of Man‹:

»Es ist vor allem der kulturelle Druck, der im Falle des Menschen seine Primatennatur in die menschliche Natur verwandelt hat. Es muß betont werden, daß diese Veränderung nicht, unter anderem, durch Unterdrückung der instinktiven Triebe der Primaten vollzogen wurde, sondern durch ihre allmähliche Ersetzung durch ein adaptiv geeigneteres Mittel, den Anforderungen der Umwelt erfolgreich zu begegnen, nämlich durch die Entwicklung der Intelligenz ... Im Laufe der menschlichen Evolution ist die Macht der instinktiven Triebe allmählich dahingeschwunden, bis der Mensch praktisch alle seine Instinkte verloren hat. Wenn es noch irgendwelche Überreste des Instinktes im Menschen gibt, so sind es wahrscheinlich die automatischen Reaktionen auf ein plötzliches

Geräusch oder auf einen plötzlichen Verlust des Gleichgewichtes; sonst aber besitzt der Mensch keine Instinkte.«

Ich habe im letzten Abschnitt erwähnt, daß sich Watson und seine gestreiften Muskeln in der Psychologie nicht lange gehalten haben und heute, ebenso wie Rousseau, kaum auf Anhänger zählen können, daß aber die Thesen der Behavioristen einen nachhaltigen Einfluß auf anderen Gebieten hatten. Es war Watson, der die menschliche Ausstattung auf zwei instinktive Angstreaktionen reduzierte: Angst vor lautem Geräusch und plötzlichem Fallen. Vielleicht sollte es uns gar nicht wundernehmen, daß sich die kulturelle Anthropologie mehr oder minder offen auf das Gedankengut eines anderen abgelehnten Meisters stützt und dazu neigt, zumindest *implicite* Rousseaus Auffassung von der ursprünglichen Güte des Menschen zu bejahen. In einem anderen, 1962 erschienenen Buch, ›The Humanization of Man‹, sagt Montagu klar und deutlich: »Das Böse ist nicht ein Teil der menschlichen Natur, es ist erworben ... Aggressivität wird gelernt, ebenso wie alle andern Formen der Gewalttätigkeit, welche Menschenwesen zeigen.«

Zur Verteidigung der Anthropologie muß gesagt werden, daß sich nicht alle ihre Vertreter gegenüber der modernen Auffassung der Evolution so negativ verhalten. W. Irving Hallowell, emeritierter Professor für Anthropologie an der Universität von Pennsylvania, stellt folgendes fest:

»Während die Gegner der menschlichen Evolutionslehre im neunzehnten Jahrhundert natürlich jene Argumente hervorhoben, welche auf eine scheinbare Diskontinuität zwischen dem Menschen und seinen Primatenvorfahren hinweisen, haben die Anthropologen des zwanzigsten Jahrhunderts, obwohl sie die morphologische Evolution bejahen, durch die besondere Bedeutung, welche sie der Kultur als spezifisch menschlichem Merkmal beimessen, eine unüberbrückbare Kluft zwischen unserem Verhalten und dem unserer engsten Verwandten aufgerissen.«

Mit anderen Worten: Ebenso wie das letzte Jahrhundert zu einem göttlichen Eingreifen Zuflucht nahm, um die evolutive Verwandtschaft zwischen dem Menschen und seinen tierischen Vorfahren zu leugnen, so verschanzt sich unser Jahrhundert hinter dem Primat der Kultur. Um der Anthropologie und meinen Landsleuten gerecht zu werden, kann ich nicht umhin, noch eine Feststellung anzuführen, die von einem Engländer stammt und das weitere Gebiet der Soziologie betrifft. Der Aussage kommt großes Gewicht zu. Vor einigen Jahren erschien in London ein Werk mit dem Titel ›A Century of Darwin‹, in welchem fünfzehn weltbekannte Autoritäten den Einfluß von Darwins ›Entstehung der Arten‹ auf die verschiedensten Wissensgebiete darlegten. Donald G. McRae, Professor für Soziologie an der Universität von London, behandelt in diesem Buch mit bewunderungswürdiger Offenheit den heutigen Einfluß der Evolutionstheorie auf die Sozialwissenschaften:

»Die Tendenz der Sozialwissenschaftler, um Theorien aus den Naturwissenschaften zu buhlen – seien es physikalische oder biologische –, hat eine lange Geschichte. Einiges wurde dabei gewonnen, aber die vielen folgenschweren Irrtümer weisen darauf hin, daß der Preis zu hoch war. Heute ist es sicherlich so, daß die moderne Sozialwissenschaft sowohl spezifisch Darwinistischen als auch allgemeineren evolutiven Ideen weniger Gewicht beimißt als zu irgendeinem Zeitpunkt des letzten Jahrhunderts. Man pflegte zu sagen, das letzte Wort in der Biologie sei das erste Wort in der Soziologie. Das sollte logischerweise der Fall sein, aber dazu muß die Biologie den Sozialwissenschaften etwas anderes als Darwinismus bieten – oder zumindest etwas Zusätzliches.«

Ich persönlich empfinde nur Dankbarkeit für McRaes intellektuellen Mut, die Wahrheit in einem derartigen Werk so unmißverständlich auszusprechen. Daß während der letzten fünfunddreißig Jahre eine Revolution im entwicklungsgeschichtlichen Denken stattgefunden hat und daß fast jede Seite des Buches ›A Century of Darwin‹ dem Soziologen das zusätzliche Etwas bietet, nach dem er verlangt und es gleichzeitig ignoriert, tut nichts zur Sache. McRae macht die Kluft deutlich, von der auch Hallowell spricht: Die Evolution ist gut und recht für die Tiere, aber mit den Menschen hat sie nichts zu tun. Und der Laie muß sich fragen: Wie war es möglich, daß die Wissenschaft, in der, wenn nirgends sonst, Vernunft walten sollte, eine derart schizophrene Persönlichkeit entwickelt hat?

Natürlich ist es der Einfluß der Vererbung, den man leugnet, während der Einfluß der Umwelt ungeheuer überschätzt wird. Aber dieses Leugnen ist ein Ding der Unmöglichkeit, weil sich die beiden Faktoren die Waage halten. Durch die Vermischung des Erbgutes, durch die normale Variation der Individuen und Populationen, durch sexuelle Kombinationen, durch eine neue Mutation, durch eine Nacht mit einem Fremden wird und wurde seit eh und je eine Unzahl von Lebensmöglichkeiten geschaffen; ihr Wert wird seit eh und je durch die Umwelt getestet.

Diese Umwelt ist vielgestaltig. Es gibt sie innerhalb des Körpers, wo physiologische Kombinationen mit den Bazillen und Parasiten aus der Außenwelt im Kampf liegen; einige Kombinationen werden sich bewähren, andere werden versagen. Die Überlebenden einer Population werden nach vielen Generationen eine vererbliche genetische Struktur erhalten, die ihren Nachkommen eine gewisse Immunität verleiht. Seuchen wie die Pest haben unsere Bevölkerung jahrhundertelang dezimiert. Aber die Pest verlor ihre Virulenz lange vor dem Beginn der modernen Medizin. Wir entwickelten eine Immunität. Wäre sie nicht erblich gewesen, wir hätten heute keine Generation von Soziologen, welche die Bedeutung der Vererbung leugnen könnte.

Es gibt eine soziale Umwelt. Ein jugendlicher Chacmapavian von ausgesprochen aggressiver Veranlagung wird wieder und wieder mit den Mitgliedern seiner Herde in Streit geraten. Eines Tages wird er wahrscheinlich verletzt werden und zurückbleiben müssen, während seine Kumpane auf Nahrungssuche gehen. Er bleibt zurück, und der Leopard wird ihn verspeisen. Für die Herde ist das nur günstig, denn die Paviane könnten ohne ihre gutorganisierte, kooperative Sozietät nicht überleben. Die Fähigkeit, disziplinierte Gesellschaften zu bilden, ist das wertvollste genetische Merkmal des Pavians. Unser Pavian war ein Außenseiter; zum Glück wird er keine Nachkommen hinterlassen.

Kulturelle Überlieferungen bilden ebenfalls einen Teil unserer Umwelt. Wenn es, wie bei fast allen afrikanischen Stämmen, zur Tradition gehört, Zwillinge sofort nach der Geburt zu töten, wird es nur wenige Zwillinge geben, und wenn sich diese Tradition durch eine genügende Anzahl von Generationen erhält, wird die genetische Möglichkeit, Zwillinge zu gebären, erheblich vermindert werden. In diesem Sinn hat der kulturelle Anthropologe recht: Verschiedenheiten zwischen den kulturellen Überlieferungen menschlicher Populationen müssen, wenn sie eine genügende Anzahl Generationen andauern, eine selektive Wirkung auf die Beschaffenheit des genetischen Materials haben. Die Fähigkeit menschlicher Populationen, kulturelle Traditionen zu bilden, welche in einer bestimmten Umwelt zu einer bedeutenden selektiven Kraft werden, hat wahrscheinlich zu dem schnellen Fortschreiten der menschlichen Stammesgeschichte beigetragen. Die auf lange Sicht wirkenden genetischen Konsequenzen einer kulturellen Tradition zu unterschätzen ist ebenso gefährlich, wie die Bedeutung eines kulturellen Faktors auf kurze Sicht zu überschätzen.

Die Umwelt stellt uns auf vielerlei Weise auf die Probe, und sogar die Zeit selbst mag einen Faktor darstellen. Es gab Perioden wie das Pliozän, in denen die Zeit so unveränderlich war, daß sie stehenzubleiben schien. Solche Perioden erproben die Beharrlichkeit von Lebewesen, denn die Wahrscheinlichkeit ist groß, daß man überleben wird, wenn man heute ebenso handelt wie gestern und vorgestern. Aber es gab auch Epochen von ganz anderer Art. Das Pleistozän, in dem wir noch immer leben, ist eine solche; Klimata veränderten sich wieder und wieder, die große Kälte breitete sich über die Kontinente, Regengüsse machten Wüsten zu Wäldern, und die Dürre machte sie wieder zu Sand. Durch dieses nicht enden wollende Panorama wechselnder, stürmischer Zeiten huschten kleine Gruppen von Lebewesen, die eines Tages zu Menschen werden würden, wie Schattenfiguren aus einem wirren Traum. Ihr Überleben verdankten sie dem Mut angesichts des Unheils, der Ausdauer angesichts der Not; sie überlebten, weil sie, wie die Paviane, wußten, daß sie aufeinander angewiesen waren; sie überlebten dank einem ungeheuren Selektionsdruck, der die Ausweitung des normalen Primatenverstandes förderte. Aber vor allem überlebten sie dank ihrem Anpassungsvermögen, dank der zunehmenden Fähigkeit, neue Erfahrungen in starre, alte Verhaltensweisen einzubauen und zu begreifen, daß das Heute in wechselvollen Zeiten anders ist als das Gestern und vielleicht anders als das Morgen.

Ohne Zweifel waren die meisten konservative Geschöpfe. Sie starben an plötzlich austrocknenden Flußläufen, sie erfroren an plötzlich aufkommenden Stürmen. Offensichtlich waren sie nicht unsere Vorfahren. Die anderen waren es – die klugen, die bildsamen, welche eine veränderte Umwelt erkennen und ihrem Instinktinventar neue Erfahrungen hinzufügen konnten; sie waren es, die langsam, unendlich langsam ein neues, bemerkenswertes genetisches Erbe ansammelten – das unsere.

Ich kann als Laie den akademischen Standpunkt verstehen, der meine Schilderung zwar akzeptiert, aber hinzufügt: »Sie haben zwei Dinge vergessen: Erstens, daß eine Zeit kam, in der die offenen Instinkte unter dem Selektionsdruck vollkommen verschwanden, um durch eine unbelastete Vernunft ersetzt zu werden. Zweitens, daß es dem Menschen allmählich gelang, seine Umwelt so gründlich zu beherrschen, daß sie keinen selektiven Faktor mehr darstellt.«

Auf den ersten Einwand kann ich nur erwidern: »Soll ich wirklich glauben, daß die Geschichte des Menschen bis zum heutigen Tag von der unbelasteten, reinen Vernunft geschrieben wurde? Und auch wenn ich, um der Diskussion willen, eine so haarsträubende Möglichkeit gelten lasse, bleibt immer noch die Frage offen, wie wir entstanden sind. Jedes Lebewesen – ob Mensch oder Moskito – besitzt eine durchlaufende Ahnenreihe, die mindestens zwei Milliarden Jahre zu den ersten Regungen des Lebens zurückgeht. Kein ernst zu nehmender Wissenschaftler wird behaupten, daß unsere Vorfahren seit mehr als höchstens zehntausend Jahren – jenem Zeitpunkt, als der Mensch durch den Anbau von Getreide und die Zähmung von Tieren seinen Nahrungsbedarf erstmals sicherstellen konnte – von den soeben beschriebenen natürlichen Prozessen ausgenommen gewesen seien. Sollen wir also ernstlich annehmen, daß wir im Laufe von zehntausend Jahren, ohne göttlichen Eingriff, jene Naturgesetze aufgehoben haben, die während der vorangegangenen 1999990000 Jahre geherrscht und uns erschaffen haben?"

Ich bin durchaus bereit, zuzugeben, daß alles möglich sein kann, aber die Wahrscheinlichkeit scheint mir dagegenzusprechen. Und auf den zweiten Einwand, bezüglich der Beherrschung unserer Umwelt, muß ich erwidern: »Wenn Sie von Umwelt sprechen, beziehen Sie sich auf die Errungenschaften unserer Zivilisation. Sie denken an Bewässerungsanlagen und Antibiotika, an Siedlungshäuser und Vitamine. Etwas aber vergessen Sie – daß das wichtigste Element in der menschlichen Umwelt der Mensch selbst ist. Solange wir in einer Zeit leben, in der einige wenige Menschen durch das Drücken verschiedener Knöpfe binnen weniger Stunden unsere Umwelt so verändern können, daß das Leben auf unserem Planeten unerträglich wird, solange bin ich von der Behauptung, wir beherrschten unsere Umwelt, nicht beeindruckt.«

Wir wollen überlegen. Daß der Mann von der Straße dem Gelehrten ein Argument von so simpler Logik vorhalten muß, ist fast beschämend. Was ist mit uns los? Von welcher Hemmung sind viele unserer größten Geister so befangen, daß sie nicht zwei und zwei addieren können? Ich glaube, ich weiß es; allerdings erfordert die Erklärung meiner Vermutung ein kurzes Abschweifen von unserem Thema. Es wird auch guttun, an Maslows Bemerkung zu denken, daß eine Erwähnung des

Instinktes oder der Vererbung heutzutage bedeute, sich als politischer Reaktionär zu deklarieren. Ich glaube, daß die Hintergründe noch tiefer sind und weiter reichen als in die Politik.

Die entscheidenden Jahre vieler Repräsentanten unserer heutigen Geisteswelt fielen, ebenso wie die meinen, in die dreißiger Jahre. Es war, wie jedem erinnerlich, eine von herrlichen schöpferischen Kräften und erdrückenden Umweltsbedingungen gekennzeichnete Zeit. Die Armut war ein normaler Zustand. Zu Beginn dieses Jahrzehnts graduierte ich an der Universität Chicago mit einem *Phi Beta Kappa* und einer Auszeichnung. Keines von beiden trug mir als Assistent der Anthropologie einen besseren Lohn als fünfzig Cent pro Stunde ein. Nach sieben, acht Jahren hatte ich glücklich ein Einkommen von achtzehnhundert Dollar im Jahr, aber da ich es von der Guggenheim-Stiftung erhielt, kann es auch nicht ganz als ehrlicher Verdienst gewertet werden. Ich muß allerdings schnell berichtigen, daß die große Depression nicht für alles verantwortlich gemacht werden kann. Vielleicht wäre es mir finanziell besser gegangen, wäre ich nicht von den unvergeßlichen Forderungen literarischer Perfektion erfüllt gewesen, welche mir Thornton Wilder, mein Mentor während fünf herrlicher Jahre, eingeflößt hatte.

Jedenfalls waren die dreißiger Jahre eine äußerst beeindrukkende Zeit. Für den Amerikaner bedeuteten sie nicht enden wollende Arbeitslosigkeit im eigenen Land und Adolf Hitler jenseits des Ozeans. Für den Europäer bedeuteten sie nicht enden wollende Arbeitslosigkeit im eigenen Land und Adolf Hitler vor der Tür. So sah unsere Umwelt aus. Und sie war so allumfassend, so lähmend für jede menschliche Hoffnung, so unerhört vielfältig in ihren unheilvollen Auswirkungen, daß man als junger, beeindruckbarer Mensch nur zu dem Schluß kommen konnte, die Umwelt sei für jedes menschliche Übel verantwortlich.

Ich gehörte zu jener Handvoll junger Stückeschreiber, welche das »Theater des sozialen Protestes« in Mode brachte. Sidney Kingsley schrieb ›Dead End‹, und das Publikum verliebte sich in seine Kinder des Elends. Das Stück behauptete, nur die Armut sei schuld an der Kriminalität. Lillian Hellman schrieb ›The little Foxes‹, und ihr beispielloses Inventar an Bösewichtern begeisterte uns alle. Das Stück behauptete, Geld sei die Wurzel allen Übels. Dann gab es Clifford Odets und sein Stück ›Golden Bay‹, die Tragödie der Kommerzialisierung der Kunst. Wir alle beneideten Clifford, denn er hatte den größten kommerziellen Erfolg am Broadway zu verzeichnen. Da war auch Irwin Shaw und das erschreckende Stück ›Bury the Dead‹, das uns davon überzeugte, ohne Propaganda gäbe es keine Kriege. (Einige Jahre später wurde Irwin der beste Soldat, den die *Dramatic Guild* besaß. Zu diesem Zeitpunkt hatte er ›Bury the Dead‹ bereits zurückgezogen und weitere öffentliche Aufführungen des Stückes untersagt.)

Mein bester Beitrag zu dieser Art von Stücken war ›Jeb‹. Es handelte von amerikanischen Negern und behauptete, daß ein Weißer mit der Frage »Möchtest du, daß ein Neger deine Schwester heiratet?« in Wahrheit meint: »Möchtest du, daß ein Neger deine Stellung bekommt?« Allgemein hielt man es für ein recht gutes Stück, obwohl das Thema der Zeit vielleicht etwas voraus war. Es hielt sich nicht lange, war aber typisch für den Blickwinkel, unter dem wir in den dreißiger Jahren die Dinge betrachteten.

Nun, was läßt sich über derartige Stücke sagen? Daß sie unwahr sind? Daß ökonomische Erwägungen bei der Rassendiskriminierung keine Rolle spielen? Daß der Kampf um materiellen Vorteil der Gier und Grausamkeit keinen Vorschub leistet? Daß Armut nicht Kriminalität züchtet? All das ist wahr, aber es sind Halbwahrheiten. Und Halbwahrheiten, die man für die ganze Wahrheit ausgibt, werden bald ganze Lügen. Wie konnten wir ahnen, daß sich die Umwelt so rasch verändern und eine Prosperität beginnen würde, wie sie die Menschheit noch niemals gesehen hat? Und daß diese Zeit der Wohlhabenheit und materiellen Sicherheit ein Ausmaß an Jugendkriminalität erleben würde, wie es in den Jahren der Depression unbekannt war, und ein Ansteigen der Verbrechen über alle Vorstellungen hinaus? Solange die Armut ihr Zepter schwang, konnte man die Kriminalität nicht als schwerwiegendes Problem schildern.

Eine veränderte Umwelt hat uns bewiesen, daß unsere Ableitungen falsch waren. Einige von uns spürten es vielleicht schon bald. Das »Theater des sozialen Protestes« verschwand um 1940 und wurde von dem Theater des Selbstmitleids abgelöst, das noch immer aktuell ist. Aber wir haben unser Teil dazu beigetragen, das Zeitalter des Alibis modern zu machen und eine Einstellung zu propagieren, die überall Fehler sucht, nur nicht bei sich selbst, und jede andere Denkungsart als unmoralisch ablehnt. Einem arbeitslosen englischen Arbeiter im Juli 1934 zu sagen: »Niemand anderer trägt die Schuld als du selbst«, wäre einem moralischen und intellektuellen Verbrechen gleichgekommen. Dieselbe Feststellung im Juli 1964 zu machen, als in

England zum erstenmal mehr Arbeitsplätze als Arbeitsuchende vorhanden waren, hätte eine gewisse vernunftmäßige Berechtigung gehabt, zumindest als Hypothese; aber sie wäre auf die gleiche moralische Ablehnung gestoßen.

Wäre es denkbar, daß die Härte der Umweltbedingungen der dreißiger Jahre in manchen Menschen – und besonders in den wachsten und empfindsamsten unter ihnen – eine Moralauffassung entstehen ließ, die heute jeder Grundlage entbehrt? Wäre es möglich, daß einige von uns – wie die liebenswerten Enten von Konrad Lorenz, auf die wir noch zurückkommen – durch Einstellungen geprägt wurden, die damals vernünftig waren, heute aber nur mehr als leere, moralische Pose weiterdauern? Ist es diese Geisteshaltung, die es so vielen unmöglich macht, die Beschaffenheit der neuen Umwelt, in der wir heute leben, zu begreifen, während sie die Bedeutung der Umwelt und der Vernunft in den Himmel heben?

Sollte dies der Fall sein, dann werden wir vielleicht wieder die unbarmherzige Hand der natürlichen Auslese zu spüren bekommen, ähnlich wie in der großen Zeit des Pleistozäns. Wieder werden, wie in einem wirren Traum, kleine, sich abmühende Gruppen vor einem Hintergrund sich verändernder Lebensbedingungen umherhuschen. Wieder werden wir beobachten, wie gefühllose Gewalten wählen und verwerfen, annehmen und ablehnen. Die anpassungsfähigen, bildsamen Wesen, deren Instinkte offen genug sind, neue Erfahrungen einzubauen, die, welche genetisch begabt sind, die Zeichen am Himmel zu lesen und eine neue Umwelt zu erkennen, werden ermutigt werden. Und es wird wieder jene kleinen Gruppen konservativer Lebewesen geben, die dem Heute begegnen, als wäre es noch das Gestern, die durch verwirrende, ihnen fremde Gebiete stolpern und müde Hymnen auf die ungebundene Vernunft singen, während sie, den Insekten gleich, ihre abgeschlossenen Programme ausführen. An einem plötzlich austrocknenden Flußbett werden sie sterben, ein unvermuteter Sturm wird sie hinwegraffen. So arbeitet die Evolution.

Hoffen wir, daß die Wissenschaft ihre Toten rechtzeitig begraben wird.

5

Im Gegensatz zu den Vögeln ist den Menschen die Fähigkeit systematischer Selbsttäuschung eigen. Auch wir ahmen einander mit der gleichen Präzision, der gleichen Beredsamkeit und der gleichen Überzeugung nach. Aber die Nachtigall im Schutze eines dunklen Sommerhimmels setzt die Zukunft ihrer Art nicht durch lustvolle Übertreibung ihres Gesanges aufs Spiel.

Ich glaube, ich habe auf den vorangegangenen Seiten genug angedeutet, um den Beginn unserer Untersuchung zu erlauben. Wir haben einen kurzen Blick auf die Auffassungen der neuen Biologie geworfen, die wir für den Anfang benötigen. Ich habe versucht, den immer größer werdenden Konflikt zwischen Anhängern und Gegnern der Evolutionslehre innerhalb der Wissenschaften zu skizzieren, der aus den laufenden Zeitungsberichten noch nicht ersichtlich ist. Als langjähriger Beobachter dieses Konfliktes bin ich überzeugt, daß wir alle in naher Zukunft ein Wiederaufleben jener leidenschaftlichen Auseinandersetzungen des letzten Jahrhunderts – in der Zeit von T. H. Huxley und Bischof Wilberforce – erleben werden, wie sie nach dem Erscheinen von Darwins ›Ursprung der Arten‹ begannen. Damals besaß die Biologie noch nicht die Möglichkeit, die Logik der natürlichen Auslese auf Vorgänge jenseits der Evolution des Körperlichen zu übertragen. Heute hat sie diese Möglichkeit. Meiner Ansicht nach steht uns diese Auseinandersetzung unausweichlich und unmittelbar bevor. Zwischen den Gegnern wird allerdings ein Unterschied vorhanden sein. Während sich im neunzehnten Jahrhundert die gesamte Wissenschaft für die Kontinuität aller Lebewesen aussprach und nur die Religion an der Einzigartigkeit des Menschen festzuhalten suchte, sind es heute zwei Richtungen innerhalb der Wissenschaften selbst, die einander gegenüberstehen.

Was meine eigene Stellung betrifft, möchte ich gerne glauben, daß sie in der Nachbarschaft eines Ausspruches von George Gaylord, dem beliebten Biologen der Harvard University, liegt, der in der Einführung zu einem seiner Bücher schreibt: »Ich versuche eine Wissenschaft zu betreiben, die viele Schüler, aber noch keinen Namen besitzt: die Wissenschaft der vierdimensionalen Biologie der Zeit und des Lebens.« Das ungefähr wäre es. Ich glaube nicht, daß wir wie Städte ohne Geschichte, wie Schiffe ohne Kompaß, wie Augenblicke ohne Vergangenheit sind. In der Region, die man das Unbewußte nennt, liegen bestimmte, aus uralten Tagen stammende Strukturen eingebettet. Es sind Strukturen, die der Arterhaltung dienen; wir wären sonst nicht hier. Sie sind ein Vermächtnis alles Lebens, das uns vorangegangen ist und uns die Gewißheit gibt, nicht allein zu sein.

Ich glaube auch, daß das Zeitalter der Angst, wie wir es nennen, nur eine Übergangsperiode ist, ein Augenblick des Zögerns in der Jugendzeit einer Spezies, wenn Trugbilder und imaginäre Identifikationen nicht mehr ausreichen, die Erkenntnisse der Reife aber noch nicht faßbar sind. In dieser hilflosen, gefühlsbetonten Periode verlieren wir den Glauben an unsere Väter – leibliche wie göttliche – und sehnen uns nach anderen Leitsternen. Wir verlieren die Sicherheit, wir fühlen uns als Spielball wahlloser Zufälle, als von fremden Winden umhergewehte Blätter, als Opfer einer Welt, die wir nicht erschaffen haben. Aber die Selbsterkenntnis wird kommen, und mit ihr die Reife.

Es ist nicht lange her, nur eine Generation, daß die Physik ihren dreidimensionalen Berechnungen von Materie und Energie eine vierte Dimension, die Zeit, hinzugefügt und mit einem einzigen mathematischen Sprung das Atomzeitalter betreten hat. Es ist ein erregendes und gefahrvolles Zeitalter, ein Zeitalter, das auch die schläfrigste Phantasie gefangennehmen muß, wie es die kühnsten Seelen mit Schrecken erfüllt. Aber vor allem hat die Physik den Menschen mit dem Bewußtsein erfüllt, der Beherrscher der Materie zu sein.

Ich glaube, jetzt ist die Biologie an der Reihe, unser Verständnis des Menschen durch Hinzufügen derselben vierten Dimension zu erweitern. Und wie mir scheint, wird es ein Sprung von ähnlich gewaltigen Konsequenzen sein. Entsetzen wird sich davor einstellen, ein für allemal jene gemütliche, versponnene Kammer der menschlichen Einzigartigkeit verlassen zu müssen – der einzigen Welt, die wir jemals gekannt haben. Eine Gefahr, eine ganz besondere Gefahr wird in dem Risiko liegen, daß wir uns als blasse Gefangene einer bestimmbaren Vergangenheit sehen, während wir bisher höchstens die nervösen Opfer einer unbestimmbaren Zukunft waren. Aber ich glaube, das Risiko lohnt; teils weil ich mit gutem Grund annehme, daß die Antwort der Biologie anders ausfallen wird; teils weil ich überzeugt bin, daß ein echtes Verstehen unseres Selbst jedes Risiko wert ist; letztlich, weil ich keine andere Wahl habe – denn die Wahrheit steht vor der Tür und verlangt Einlaß.

Herbert Spencer, einer der am stärksten von Darwin beeinflußten Denker des neunzehnten Jahrhunderts, wird heute meist verachtet. In einer kleinen, längst vergessenen Schrift legte er einmal einen großen, ewig gültigen Gedanken nieder: »Die größte aller Feigheiten ist die Angst, die Wahrheit könne schlecht sein.« Ich mag zittern und zagen, aber ich hätte niemals den Mut, die Gefahren eines Spieles gegen die Wahrheit auf mich zu nehmen.

Das Urtierchen (oder ist es das Ei, das ich einmal war?) sieht mich an. Es weiß alles von mir, alle meine Geheimnisse, denn es war da, als ich begann, und es weiß, wenn ich lüge, und es beobachtet mich, gerade jetzt, wie es jeden von uns beobachtet.

II
Das Arenaverhalten

1

Der Uganda-Wasserbock gehört zu den schönsten Exemplaren der Antilopenwelt – ein fotografischer Leckerbissen für jeden Antilopenliebhaber. Weniger graziös als die Impala, weniger majestätisch als der Kudu mit seinem schraubenförmigen Gehörn, besitzt er eine eigentümliche, stämmige Eleganz. Sein Fell ist goldbraun wie gutgerösteter Toast, sein Kopf ist schwarzweiß gezeichnet, und zwar so verschiedenartig, daß sich zwei Uganda-Wasserböcke, wie zwei Menschen, nur selten gleichen. Seine Schulterhöhe beträgt etwa einen Meter, aber sein Hals ist so lang, seine leierförmigen Hörner sind so ausladend, und der Blick seiner dunklen Augen ist so gebieterisch, daß er um vieles größer wirkt. Er ist ein herrliches Tier, und 1960 dachte ich, ich wüßte alles über ihn.

Den Juni dieses Jahres verbrachte ich im östlichen Kongo und im Westen Ugandas, dem Standort des Uganda-Wasserbocks. Es war der letzte Monat der belgischen Herrschaft, und obwohl der Kongo noch ruhig war, bedurfte es keines Medizinmannes, um zu prophezeien, was sich in Bälde abspielen würde. Die Touristen verschwanden. Im Albertpark, dem großartigen Tierreservat des Kongo, waren meine Frau und ich die letzten Gäste. Er gehörte uns allein. Mit meinen heroischen Qualitäten ist es allerdings nicht weit her, und so verließen wir, als der Unabhängigkeitstag nahte, das Land und erreichten die Hauptstadt von Uganda, bevor hinter uns der Kongo in Flammen aufging.

Während dieses Monats der Einsamkeit konnten wir oft das Gefühl nicht loswerden, die letzten beiden Menschen auf der Welt zu sein oder die ersten beiden. Mit unseren Gastgebern, dem Elefanten und dem Büffel, dem Flußpferd, dem Löwen und der Antilope, teilten wir den afrikanischen Himmel, die fahle, endlose Savanne, die schmalen Waldstreifen entlang der dahineilenden Flüsse und die graublauen Seen Zentralafrikas. Wir waren ihre einzigen Gäste, und so wurden wir schnell mit ihnen vertraut. Der Uganda-Wasserbock braucht täglich Wasser, und daher bevorzugt er die Gegend um den Albert- und den Eduardsee. Stundenlang beobachteten wir die grasenden Herden auf irgendeiner Anhöhe – Familiengruppen, wie bei den Impalas, mit zwölf bis vierzehn weiblichen Tieren und einem Bock, oder eine Junggesellengruppe, wie sie die Impalas ebenfalls kennen. Die Antilopendamen sahen uns an, streckten ihre langen Hälse mit den schmalen, gehörnlosen Köpfen aus dem hohen Gras und spitzten die Ohren V-förmig wie das Victory-Zeichen Churchills. Nicht anders taten es die Böcke mit ihren herausfordernden Blicken und den in einer kühnen S-Kurve nach hinten geschwungenen Hörnern. Meine Vertrautheit mit den Tieren erweckte in mir das Gefühl, bereits eine Autorität in bezug auf Antilopen zu sein. Beim Verlassen des Landes hatte ich mit dem Leiter des Uganda-Nationalparkes ein ausführliches Gespräch über die Uganda-Wasserböcke. So kehrte ich an meinen Schreibtisch in Rom mit der Überzeugung zurück, über alles, was den Uganda-Wasserbock betrifft, bestens informiert zu sein.

Drei Jahre vergingen, bevor sich mir wieder die Gelegenheit bot, nach Uganda zurückzukehren. Als wir Rom verließen, schmorte die Stadt wie ein Brathuhn am Grill. In dem hochgelegenen, kühlen Kampala angekommen, verließen wir das Flugzeug wie Gefangene, die dem elektrischen Stuhl entronnen sind. Die Luft von Kampala, dieser schönsten aller afrikanischen Hauptstädte, gleicht der eines schattigen, frisch gewässerten Gartens. Gierig verschlangen meine Blicke das Panorama: die Tempel und Kirchen auf den Hügeln, die blühenden Bäume, hinter denen sich die großen Bankgebäude verbargen; indische Kaufleute, afrikanische Politiker in schwarzen Jacken mit schwarzen Seidenkrawatten, Baganda-Studenten auf den grünen Rasenflächen der Universität. Auf der Terrasse des »Grand Hotel« (bei meinem letzten Besuch hatte es noch »Imperial« geheißen, aber das war vor der Unabhängigkeit Ugandas) traf ich einen alten Freund, einen Anthropologen, der es kaum erwarten konnte, die Begrüßungsfloskeln zu erledigen, um mir mitzuteilen, daß ich seit ungefähr einem Jahr von einem amerikanischen Wissenschaftler gesucht werde. Dieser behaupte, er habe mit mir ein Hühnchen zu rupfen, da alles, was ich in ›Adam kam aus Afrika‹ über die Uganda-Antilope geschrieben habe, falsch sei.

Ich war empört. Meine Berufsehre war getroffen, und ich zitierte meine eigenen Beobachtungen sowie die Kapazitäten, mit denen ich gesprochen hatte, doch mein Freund schüttelte nur den Kopf und behielt sein Geheimnis für sich. Erbittert, daß Freunde so treulos sein konnten, wünschte ich ihm alles

Schlechte. Ja ich war mehr als erbittert, denn ich hatte erst vor zwei Stunden afrikanischen Boden betreten, und schon wurde ich angegriffen; meine gute Stimmung war dahin, und ich konnte nichts dagegen unternehmen. Ärgerlich erkundigte ich mich, was es war, das ich so falsch geschildert hätte. »Territoriales Verhalten«, antwortete Merrick Posnansky vergnügt. Ich fragte nach dem Namen des Amerikaners, der angeblich so viel wisse. »Buechner«, sagte mein Freund und fügte bedauernd hinzu: »Schade, er mußte vor zwei Wochen in die Vereinigten Staaten zurückkehren. Aber«, meinte er boshaft, »sein Schweizer Assistent ist noch hier.«

Am selben Nachmittag lernte ich Walter Leuthold kennen, den Assistenten aus Zürich. Er sah jung, rosig und scheinbar harmlos aus. Aber als er bei einer Tasse Tee seine Geschichte erzählte, war meine Selbstsicherheit dahin. Die Familiengruppen, die ich so lange beobachtet hatte, waren in Wahrheit vollkommen zufällige soziale Verbindungen. Auch in tausend Jahren würde keiner der herrischen Böcke mit einem Mitglied seines »Harems« – oder was ich für einen solchen hielt – sexuelle Beziehungen haben. Nach der Sitte dieser Spezies wird die Kopulation ausschließlich zwölf bis fünfzehn Böcken aus einer Population von achthundert bis tausend Tieren überlassen, die sich ihrer anstrengenden Aufgabe auf dem sogenannten Stampfplatz *(stamping ground)* entledigen. Es war einer dieser Stampfplätze, den Buechner entdeckt hatte. Daß ich ebenso getäuscht worden war wie einige Generationen von Wildhütern, Jägern und Naturforschern, war nur ein bescheidenes Pflaster für meine Wunden. Da ich auf jeden Fall in einigen Tagen nach Westuganda zu fahren beabsichtigte, schloß ich die Stampfplätze in meine Reiseroute ein. Ich mußte sie mit eigenen Augen sehen, bevor ich mich überzeugen ließ.

Helmut K. Buechner ist Zoologieprofessor an der Washington State University. Eigentlich war es nicht Buechner, sondern seine Frau, die zum erstenmal den Uganda-Wasserbock beobachtete. Ungefähr zu derselben Zeit, als ich zu meinen Schlußfolgerungen kam, arbeitete Buechner an einer Felduntersuchung in den Semliki Flats, einem weiten, abgelegenen Gebiet, teils in Uganda, teils im Kongo, welches den Albert- und den Eduardsee durch das heiße, flache Rift Valley trennt. Hier erschien seine Frau eines Tages und berichtete, daß etwas mit den Uganda-Wasserböcken vorgehe. Da die Semliki Flats ungefähr zwölftausend Exemplare dieser Spezies beherbergen, war es kein schlechter Platz, um den Dingen auf den Grund zu gehen. Die Folge war, daß der Ethologie eine ebenso elegante wie aufsehenerregende Untersuchung geschenkt wurde; daß ein Autor wieder einmal lernen mußte, nichts als gegeben hinzunehmen, und daß die vorliegende Arbeit ein Beispiel territorialen Verhaltens enthält, welches, wenn auch von ganz besonderer Art, einen ausgezeichneten Ausgangspunkt bildet.

Ein Stampfplatz, die Paarungsarena einer Antilopenpopulation, ähnelt am ehesten einem kleinen Golfplatz, der zur Unterhaltung müßiger Gäste hinter einem Luxushotel angelegt wurde. Mit etwas Beistand fand ich einen in den südlichsten Ausläufern der Mondberge, und ganz ohne Hilfe stieß ich auf einen anderen einige hundert Kilometer weiter nördlich, am Ufer des Albertnils. Buechners sorgfältige Untersuchungen ergaben, daß die Mitglieder der beiden Populationen keinen Kontakt miteinander haben konnten. Trotzdem folgten die komplizierten Liebesspiele in meinen weit voneinander entfernten Arenen, ebenso wie in Buechners Arena in den Semliki Flats, den gleichen Riten. Ein Lernen war ausgeschlossen.

Hier haben wir es mit einem offenen Instinkt zu tun, bei welchem das endgültige Verhalten von einer genetisch festgelegten Veranlagung, ergänzt durch soziale Überlieferung und individuelle Erfahrung, bestimmt wird. Die Veranlagung, welche die Motivierung und die »Spielregeln« festlegt, ist der ganzen Art eigen und instinktgebunden. Sie ist immer gleichartig. Die Lage des Stampfplatzes wird bei jeder Population von der Tradition festgelegt. Wahrscheinlich waren ursprünglich Zufall und umweltbedingte Vorzüge ausschlaggebend. Wie sich die besten Tennisspieler in Wimbledon zusammenfinden, so finden sich die tüchtigsten Böcke auf dem Stampfplatz zusammen, weil es seit Generationen so Brauch ist. Schließlich muß der einzelne Teilnehmer die Territorien und seine Rivalen – jene, die er besiegen kann und jene, denen er unterliegt – durch eigene schmerzvolle oder triumphierende Erfahrung kennenlernen. So ergibt es sich also, daß der offene Instinkt des Uganda-Wasserbocks in all seiner Stärke und verblüffenden Komplexität die Traditionen der Gemeinschaft und die Erfahrung des Individuums einschließt, um seine endgültige, unverletzliche Ausdrucksform zu erhalten.

Ein Stampfplatz ist nicht groß, eine Eigenschaft, die alle Tierbeobachter zu schätzen wissen, die, wie ich, jeder anstrengenden körperlichen Tätigkeit abhold sind. Jedes kleine Grün mit seinem kurzen Gras und einem Durchmesser von etwa achtzehn Meter stellt das Territorium eines einzigen Bocks dar, dem es gehört und der es verteidigt. Eine Ansammlung von zwölf bis achtzehn solcher Territorien auf einem Platz nimmt kaum einen Raum von mehr als zweihundert Meter im Durchmesser ein. Hier führen die Champions aus einer Population von fast tausend Tieren – eine Art olympischer Equipe – ihre Kampfspiele durch und erwerben ihren Rang. Hier kommen die Weibchen her, um Befriedigung zu finden.

Manche Aspekte im Alltagsleben dieser Gladiatoren sind für den menschlichen Beobachter von großem ästhetischem Reiz. Eine Antilope allein ist schön; fünfzehn Antilopen inmitten ihrer grünen Reiche sind fünfzehnmal schöner. Auch liegt der Platz immer in einer weiten, offenen Graslandschaft, die genügend Nahrung, Wasser und wenn möglich auch eine Salzlecke bietet. Am beliebtesten ist eine Hügellage, von der das umliegende Terrain ein, zwei Kilometer weit übersehen werden kann; der Löwe, der ebenso wie ich eine Abneigung gegen überflüssige körperliche Anstrengung hat, verspürt wenig Lust auf ein schnelles Beutetier, das ihn zuerst erblickt. Daß das berühmte Ruwenzorigebirge mit seinen schneebedeckten Gipfeln genau hinter meinem ersten Stampfplatz aufragte, muß als glücklicher Zufall, nicht als sexuelle Notwendigkeit im Leben eines Uganda-Wasserbocks gewertet werden.

Die Institution eines Stampfplatzes aber ist eine lebenswichtige ökologische Notwendigkeit für den Wasserbock. Er gehört einer äquatorialen Spezies an, die nur in jenen Gebieten Afrikas anzutreffen ist, wo jahreszeitliche Schwankungen des Wetters und der Weideplätze minimal sind. Da die Herden nicht mit den Regenfällen wandern müssen, kann der Stampfplatz unveränderlich sein. Ein wichtiger physiologischer Faktor verleiht der Institution ihre Eigenart: Die Hitzeperiode der Geiß ist unabhängig von den Jahreszeiten. Im Gegensatz zu den meisten Säugetierweibchen kommt sie immer in Hitze, wenn das jüngste Kind abgestillt ist, wann immer das auch sein mag. Sofort begibt sie sich in die Arena, um auf ihre Rechnung zu kommen. Für den Bock bedeutet diese weibliche Eigentümlichkeit eine erdrückende Verantwortung; die Gladiatoren müssen dreihundertundfünfundsechzig Tage im Jahr im Dienst sein. Buechner beobachtete in den Semliki Flats fünfzehn Stampfplätze, und es gelang ihm der Nachweis, daß mindestens sieben von ihnen während der letzten dreißig Jahre am gleichen Ort ohne Unterbrechung in Betrieb waren. Da er bemerkte, daß seine Gegenwart das muntere Treiben keineswegs beeinträchtigte, errichtete er zu seiner und seiner Gäste Bequemlichkeit neben einem dieser Plätze einen Hochsitz.

Beobachtet man vom Auto oder vom Hochsitz aus die sexuellen Spiele der Uganda-Böcke, so hat man den Beweis vor Augen, daß ein einmal perfektionierter offener Instinkt einen Vorgang so streng ritualisieren kann, wie man es in der Natur sonst selten findet. Die Geiß ist sexuell uninteressiert, solange ein Männchen kein Grün erobert hat. Sie mag schutzsuchend bei einem der Böcke verweilen, die wir in dem hohen, gelben Gras sahen, doch ist sie unfähig, mit ihm zu kopulieren. Auch er ist unfähig zur Paarung; der Bock, der kein Territorium auf dem Stampfplatz erworben hat, ist sexuell unmotiviert. Diese Männchen vereinen sich meist zu ausschließlichen Junggesellengruppen, die Weibchen ebensowenig beachten wie Besucher einer spanischen »Tienta« die Mädchen.

Die sexuelle Aktivität einer ganzen Population ist also auf die kleine Anzahl vor uns liegender Grünflächen beschränkt. Doch die Annahme, der Handlungsablauf sei einfach – der Bock kämpft um das Territorium, die Geiß kopuliert mit dem Sieger –, ist nicht richtig, denn es gibt noch andere Regeln. Zum Beispiel sind innerhalb der Arena bestimmte Grundstücke von größerer sexueller Anziehungskraft als andere. Wie in einer Stadt der Wert der Grundstücke steigt, je näher sie dem Stadtkern liegen, so nimmt auch der sexuelle Wert auf dem Stampfplatz von der Peripherie zum Zentrum zu. Junge, ehrgeizige Böcke kämpfen um ein bescheidenes Plätzchen in den Vororten; Peripheriebewohner fordern die Besitzer bevorzugter Plätze im Zentrum heraus, und auf einigen wenigen zentralen Territorien – vielleicht auf dreien oder vieren – stehen die Sieger des Tages, von allen Rivalen beneidet, von allen Frauenherzen begehrt.

Die Weibchen wollen Zärtlichkeit, aber sie wollen auch eine gute Adresse. Ob unser menschliches Feingefühl es wahrhaben will oder nicht, es ist eine bittere Tatsache, daß die Geiß von den Qualitäten des Besitztums und nicht von den Qualitäten des Besitzers angezogen und erregt wird. George Bartholomew wunderte sich einmal über eine ähnliche Verhaltensweise der Pelzrobben Alaskas auf der einsamen Insel St. Paul. Auf dem Territorium des einen Bullen versammelte sich ein Harem von mehr als hundert Weibchen, auf dem eines andern waren es nur zwei bis drei. Dem Bullen gegenüber aber zeigten sie in jedem Fall eine verächtliche Gleichgültigkeit. Was reizte sie an dem einen Territorium, was hielt sie von dem anderen ab? Bartholomew meinte, daß sie von der Anwesenheit der anderen Weibchen angezogen würden, ähnlich wie eine Menschenansammlung auf der Straße Passanten anlockt.

Nach dem selektiven Wert der weiblichen Vorliebe für gute Grundstücke bei den Uganda-Böcken müssen wir nicht lange suchen. Da die Liebe mit dem Wertinstinkt des Männchens parallel läuft, ergibt sich ein außerordentliches Schema der natürlichen Auslese. Nur ein ganz besonderer Bock hält sich auf einem zentralen Territorium. Verläßt er sein Grundstück, um Wasser oder Nahrung zu suchen, wird er es bei seiner Rückkehr besetzt finden und muß es neuerlich erobern. Auf seinem Grün ist er der fortwährenden Herausforderung ehrgeiziger Rivalen ausgesetzt. Eines Nachmittags beobachtete ich einen Champion, der fünf derartige Angriffe zurückschlagen mußte; einer davon war ein zwanzig Minuten währender Stoßkampf mit dem Gehörn, der ihn völlig ermattet zurückließ. Die Antilopendame mag trotz ihrer scheinbaren Zartheit am Höhepunkt der Brunftzeit zehnmal im Tag nach Kopulation verlangen. So muß sich der Besitzer eines zentralen Territoriums in der Hochsaison nicht nur mit den Invasionsabsichten seiner Kollegen, sondern auch etwa zwanzigmal täglich mit den erotischen Anliegen seiner Verehrerinnen auseinandersetzen.

Ein Mann, der zum erstenmal einen Stampfplatz sieht, kann nicht umhin, sich in die Lage der Wettkämpfer zu versetzen. Trotz aller geheimen Wünsche nach sexuellen Orgien und Aufruhr, wird er der Entwicklungsgeschichte dankbar sein, die ihn einen Mann und nicht einen Uganda-Bock werden ließ; das Leben wäre einfach zu mühsam. Eine Frau wird allerdings ganz anders reagieren; identifiziert sie sich mit den Geißen, muß sie sich für die ganze Weiblichkeit schämen!

Man steht einem kleinen Grasflecken, einem winzigen Ausschnitt der afrikanischen Weite gegenüber. Allmächtige Männchen halten ihre Stellung; kleine Scharmützel gehen schnell vorbei. Dann beginnt das eigentliche Schauspiel. Vier oder fünf schlanke, langbeinige Geißen kommen herangeschlendert wie Schulmädchen auf dem Weg in den Eissalon. Eine Weile grasen sie außerhalb der Arena, scheinbar um zu zeigen, wie wenig sie das alles anginge. Dann löst sich ein Tier aus der Gruppe, betritt die Arena und geht an den peripheren Territorien vorbei, ohne die Bewohner der Außenbezirke auch nur eines Blickes zu würdigen. Auf einem zentralen Territorium angekommen, beginnt es eifrig, das Gras abzukauen. Plötzlich versteht man, daß die Grüns nicht so auffallend abgeäst sind, weil die belagerten Besitzer das letzte Grasbüschel gefressen haben, sondern weil die Weibchen, denen ganz Westuganda als Vorratskammer zur Verfügung steht, eine besondere Vorliebe für gerade diese Grasplätzchen haben.

Aber unsere anthropomorphisierenden Sympathien für den Bock sind verschwendet. Während sein letzter Grashalm verzehrt wird, scheint ihm nur eines wichtig zu sein: daß er umworben wird. Er streckt sich, er bläht sich auf. Mit weit zurückgeworfenem Kopf und himmelwärts gerichteten Nüstern stolziert das prächtige Tier vor seiner Zukünftigen auf und ab. Bewegung und Gesten erinnern ein wenig an den Trommler, der einer Feuerwehrmannschaft auf der Dorfstraße vorangeht. Er trägt seinen Kopf hoch, um der Grasfresserin seinen langen, starken, erotisch unwiderstehlichen Hals zu zeigen. Sie fährt fort zu grasen. Allmählich kommt etwas Leben in die Handlung. Das Männchen, anscheinend überzeugt, daß ihr Herz bereits entflammt sei, nähert sich ihr und beriecht ihre Genitalien. Sie läßt das Grasen sein und beriecht die seinen. Langsam umkreisen sie einander. Dem uneingeweihten Beobachter scheint das Spiel gewonnen, die Entscheidung gefallen. Er nähert sich ihr von hinten und hebt mit einer letzten ritualisierten Geste seine Vorderbeine zwischen ihre Hinterbeine. Nun bespringt er sie. Und sie beginnt sofort wieder zu grasen.

Der wissenschaftliche »Voyeur« traut seinen Augen nicht. Eine leichte Bewegung ihrer schlanken Hüften, und der Bock gleitet herunter. Überall auf dem Stampfplatz, wo andere Weibchen ankommen, sind jetzt ähnliche Scharaden im Gang; Männchen stolzieren auf und ab und stellen ihre Hälse zur Schau, während gierige kleine Weibchen das Gras auffressen. Auf anderen Grüns stehen gleichgültige Böcke umher, zeigen sich völlig uninteressiert an den Vorgängen, fahren in ihren Angriffs- und Verteidigungsspielen fort oder starren einfach ins Leere. Auf unserem Grün macht der Bock einen neuerlichen Versuch. Er besteigt sie. Sie bewegt sich. Er versucht auf seinen Hinterbeinen das Gleichgewicht zu halten – ein Manöver, das seiner Würde nicht zuträglich ist. Prompt fällt er herab. Aber noch einmal versucht er es. Und jetzt kommt der seltsame Höhepunkt: Die Geiß überschreitet die Grenze zum nachbarlichen Territorium.

Es ist, als hätte ein Millionen Jahre alter Zauberstab, für diese

Gelegenheit aus einer verstaubten Sammlung tierischer Zauberrequisiten hervorgeholt, die Szene berührt. Alles verändert sich schlagartig. Jetzt stolziert der Nachbar auf und ab und stellt den herrlichen, zimtfarbenen Hals zur Schau, während die Geiß des Nachbarn Gras abkaut. Und unser Bock?

Er trägt es mit Fassung. Ist man Mitglied einer Tierelite, so ist man nicht nur Besitzer, sondern man respektiert auch fremde Besitzrechte. Ist man Mitglied eines Klubs mit sexuellen Privilegien, dessen Vorschriften bis zum fernen Beginn des Antilopendaseins zurückreichen, dann hält man sich an diese Regeln. In einem Augenblick hat er seine Angebetete vergessen. Elegant und voll der Grazie steht er inmitten seines kleinen Reiches und sieht mit leerem Blick zu den fernen, wolkenumhüllten Mondbergen hin. Als sie sein Territorium verlassen hatte, hatte sie seine Welt verlassen.

2

Buechners Beobachtungen des Uganda-Bocks stellen eine der jüngsten und fortschrittlichsten Studien territorialen Verhaltens dar. Und da ich sie mit den ersten Gedanken über das territoriale Prinzip vergleichen möchte, wollen wir einige von Buechners Schlußfolgerungen festhalten.

1. Die Rivalenkämpfe der Männchen gelten niemals dem Weibchen, immer dem Besitz. Die territorialen und sexuellen Instinkte des Antilopenmännchens sind so eng verquickt, daß die Kämpfe einen sexuellen Stimulus darstellen. Der Champion, den wir zwanzig Minuten lang während der Verteidigung seines Gebietes beobachten konnten, hatte fast die ganze Zeit hindurch eine Erektion. Betritt die Geiß das Territorium, so wird sie, wenn auch nur kurzzeitig, zum Eigentum des Männchens, dessen Gras sie frißt. Kein Rivale wird sich einmischen. Eine gutbesuchte Arena gleicht einer Breughelschen Szene von zahlreichen Antilopenpaaren in den verschiedensten Stadien intimer Bereitschaft zwischen zahlreichen einsamen Männchen, die sich nicht im mindesten darum kümmern.

2. Trotz seiner exponierten Stellung wird der Besitzer fast immer den Angreifer besiegen. Die Auslese innerhalb der Herde bringt nur die besten Exemplare in die Arena, so daß ihre Kräfte ungefähr gleich sind. Der Besitz eines Territoriums verleiht

einen geheimnisvollen zusätzlichen Vorteil, der zumeist ausreicht, den Verteidiger zum Sieger zu machen. Während seiner ersten fünfzehn Monate intensiver Beobachtungen sah Buechner nur etwa ein dutzendmal einen Angreifer gewinnen. Natürlich verlieren Champions gelegentlich ihr Territorium, aber meistens aus Erschöpfung. Entweder kehren sie nicht von der Futtersuche zurück, oder es gelingt ihnen nach der Rückkehr nicht mehr, ihr Gebiet zu erobern.

3. So mächtig ist die psychologische Überlegenheit des Besitzers, daß es kaum jemals zu gefährlichen Kämpfen kommt. Meist genügt ein Zurücklegen der Ohren, ein Senken des Gehörns oder eine andere Drohgebärde, um den Angriff abzuwehren. Leuthold erzählte mir von einem Männchen mit einem gebrochenen Bein, das – höchster Triumph einer psychologischen Kriegführung – imstande war, acht Tage lang sein Territorium zu halten.

4. Außerhalb der Arena zeigen die Rivalen keinerlei Feindseligkeit. Erscheint ein hungriger Löwe, so gibt das erste Tier, das ihn entdeckt, durch ein Aufhüpfen ein Signal, um die andern Tiere zu warnen. Alle ziehen sich auf den gewohnten Wegen zurück und warten gemeinsam, bis der Löwe verschwunden ist.

5. Das Hochgefühl des Besitzerwerbes scheint nötig, um bei Männchen wie Weibchen den Sexualtrieb zu stimulieren. Außerhalb des Stampfplatzes kommt es niemals zu einer Kopulation, nur selten zu Kopulationsversuchen.

6. In den Semliki Flats bleibt jede Herde der großen Population einem bestimmten, traditionellen Platz treu. Buechner kennzeichnete zahlreiche Böcke und fand sie bei zweitausend Gelegenheiten wieder. Nur sieben der wiedergefundenen Tiere hatten sich fünf Kilometer von ihrem heimatlichen Gebiet entfernt.

7. Leuthold widmete seine besondere Aufmerksamkeit einer vom Normalen abweichenden Lebensform der Antilope. Die meisten Böcke, denen es nicht gelingt, zu den Auserwählten zu zählen, oder die ihre Stellung nicht halten können, gesellen sich zu den Junggesellenherden. Aber es gibt auch Außenseiter. Ein solcher gründet irgendwo ein eigenes Territorium; bei diesem Busch, unter diesem Baum wird er immer anzutreffen sein. Eine Gruppe von Geißen mag sich zu ihm gesellen – zwölf, fünfzehn, zwanzig Tiere –, um sich seiner erlauchten Gegenwart oder seines Schutzes zu erfreuen. An einem schläfrigen Nachmittag mag man sie beisammen sehen, wie ich sie 1960 sah – die weiblichen

Tiere im Gras liegend, das männliche mit seinem köstlichen Gehörn auf Wache stehend, scheinbar eine übliche Antilopenfamilie. Aber in etwa einer Woche werden die weiblichen Tiere weiterziehen und das Männchen bei seinem Felsen oder seinem Busch zurücklassen.

»Die Verbundenheit mit dem Boden«, schreibt Buechner, »ist stärker als die Verbundenheit mit den Weibchen.«

Eine derartige Verbundenheit mit einem Revier ist in der Naturwissenschaft seit 1920 das Thema systematischer Untersuchungen. In diesem Jahr veröffentlichte Eliot Howard sein denkwürdiges Buch ›Territory in Bird Life‹ und führte das Wort und den Begriff in die wissenschaftliche Sprache ein. Aber schon Jahrhunderte vor Howard hatten Beobachter flüchtig oder eingehend über die besondere Verbundenheit eines bestimmten Tieres mit einem bestimmten Ort nachgedacht.

Aristoteles verwunderte sich über die Raubvögel: »Ein Adlerpaar braucht einen ausgedehnten Lebensraum und kann daher andern Adlern nicht gestatten, sich in enger Nachbarschaft niederzulassen.« Auch Plinius zerbrach sich in Rom über das Verhalten des Adlers den Kopf: »Ein Adlerpaar benötigt einen beträchtlichen Raum, um genügend Nahrung zu finden; aus diesem Grund markiert es die Grenzen seines Gebietes. Die Vögel gehen nacheinander auf Beute aus.« Friedrich II., im dreizehnten Jahrhundert deutscher Kaiser, war wie viele seiner königlichen Zeitgenossen ein begeisterter Anhänger der Falkenjagd, und seine Aufzeichnungen wurden einige Jahrhunderte später veröffentlicht: »Nachdem junge Falken das Fliegen und Beuteschlagen erlernt haben, werden sie von den Eltern nicht nur vom Horst, sondern aus dem ganzen Nistgebiet vertrieben. Jagten Mutter und Jungvogel in demselben Territorium, würden die Beutevögel bald verschwinden, und es bliebe nicht genug Nahrung für die ganze Familie übrig.«

In unserer heutigen Terminologie würden wir sagen, daß sich Aristoteles, Plinius und Friedrich II. alle zu der Nahrungstheorie des Territoriums bekannten. Sie waren nicht die letzten, die die Anhänglichkeit an ein Revier mit der zwingenden Notwendigkeit der Nahrungsversorgung zu erklären suchten – eine Art von Motivierung, die dem Uganda-Bock vollkommen fernliegt.

Andere Vogelbeobachter vergangener Zeiten beschäftigten sich mit dem Rotkehlchen. Zenodot, im dritten Jahrhundert vor Christus, scheint der erste gewesen zu sein. Von ihm stammt die lapidare, unwiderlegbare Feststellung: »Zwei Rotkehlchen leben niemals im selben Busch.« 1622 schrieb G. P. Olina in seinem Werk ›Uccelliera‹ über die Unverträglichkeit dieses Vogels: »Es gehört zu seinen Eigentümlichkeiten, daß der Vogel an seinem Wohnort keinen Kumpanen verträgt und jeden, der sein Besitzrecht in Frage stellt, mit aller Kraft attackiert.« Soviel ich weiß, erwähnte niemand vor 1772 das Geschlechtsproblem. Zu diesem Zeitpunkt schrieb Gilbert White: »Während der Paarungszeit macht sich zwischen den Vogelmännchen eine solche Eifersucht bemerkbar, daß sie es nicht ertragen können, gemeinsam auf derselben Hecke oder auf demselben Feld zu sein ... Ich schreibe es dieser Eifersucht zu, daß die Vögel im Frühling ziemlich gleichmäßig über die ganze Landschaft verteilt sind.« Whites berühmter Zeitgenosse Graf Buffon schloß sich dieser Meinung nicht an, sondern machte ökonomische Motive für die Lebensweise der Nachtigall verantwortlich: »Nachtigallen wählen bestimmte Gebiete und verwehren den Artgenossen Zutritt zu ihren Territorien. Aber dieses Verhalten ist nicht, wie manche behaupten, von Rivalität bestimmt; es wird von der Brutsorge und dem für eine ausreichende Nahrungsversorgung nötigen Raum motiviert.«

Über die verschiedenen Standpunkte der Naturforscher des ausgehenden achtzehnten Jahrhunderts wird heute noch gestritten. Aber erst 1868 unterzog sich der deutsche Ornithologe Barnard Altum der Mühe, in seinem Buch ›Der Vogel und sein Leben‹ eine Theorie auszuarbeiten. Altum stellte im wesentlichen zwei Hypothesen auf, die auch heute noch nicht ihre Gültigkeit verloren haben: 1. Vogelmännchen kämpfen um Besitz, nicht um Weibchen. 2. Vögel singen nicht aus Lebenslust, sondern um Eindringlinge, die Absichten auf ihr Privateigentum haben könnten, zu warnen. Es waren revolutionäre Gedanken, die heute in den Aufzeichnungen Tausender von Wissenschaftlern ihre Bestätigung gefunden haben. Aber damals blieben Altums Überlegungen unbeachtet. Nur auf ein paar Seiten eines Vogelbuches waren sie festgehalten worden, und niemand schien sie zu lesen.

Ein anderer Pionier, vielleicht noch mehr verkannt, war der irische Ornithologe C. B. Moffat. Wir finden seine merkwürdigen Beobachtungen in einem 1903 erschienenen Aufsatz ›The Spring Rivalry of Birds‹ in der obskuren Zeitschrift ›Irish Naturalist‹ vergraben. Erst heute begreifen wir seine Gedankengänge. Wie Altum vor ihm hatte er festgestellt, daß Vögel, die einen Besitz erworben haben, nicht singen, um das Weibchen zu beeindrucken, auch nicht aus Freude über ihren Reichtum, sondern um jeden abzuschrecken, der etwaige dunkle Absichten auf ihr Eigentum haben könnte. Diese Beobachtungen gehören heute zum festen Bestand der Ornithologie. Aber Moffat ging noch einen Schritt weiter. In kühnem Gegensatz zu Darwins schönsten Theorien meinte er, die bunte Färbung des Vogels diene dem gleichen Zweck: »Haben wir hier nicht Grund zu der Annahme, daß das bunte Gefieder ursprünglich als Kriegsbemalung entstanden ist? Mit anderen Worten: als eine Art Warnsignal für die Rivalen und nicht als hübscher Schmuck, um das Weibchen zu betören?"

Noch heute haben wir diese provozierende Behauptung Moffats nicht ganz verdaut. Wer ist für das Männchen wichtig? Der Rivale oder das Weibchen? Darwin entwickelt in seinem zweiten großen Werk, ›The Descent of Man‹, viele Kapitel lang seine Theorie der sexuellen Auslese; der Brennpunkt des männlichen Lebens sei das Weibchen, und die Dynamik des Evolutionsprozesses beruhe auf dem Erfolg oder dem Versagen des Männchens gegenüber dem Geschlechtspartner. Moffat sagte nein. Was das Männchen beschäftigt, sei das andere Männchen. Das Weibchen trifft seine Wahl; gut und schön. Aber die ununterbrochene Sorge des Männchens gilt nicht der weiblichen Wertschätzung, sondern dem Ansehen, das es bei seinen Artgenossen genießt. Gewisse zeitgenössische Richtungen mögen hierin homosexuelle Tendenzen erblicken; nun, das kümmert die Natur wenig.

Vorsichtig wagte sich Moffat in seiner kleinen Arbeit auch an eine zweite große Theorie heran (erstaunlich, daß sie gerade in Irland zum erstenmal ausgesprochen wurde), daß nämlich das Territorium als natürliche Geburtenregelung fungiere. Diese Auslegung kann für Arenaarten wie den Uganda-Bock keine Geltung haben, aber bei Spezies, deren soziale Ordnung auf dem brütenden Paar aufgebaut ist, scheint die Wirkung klar. Durch die Feindseligkeit und die Verteidigungsbereitschaft des territorialen Besitzers wird ein bestimmtes Gebiet zwischen einer bestimmten Anzahl von Paaren aufgeteilt; die überschüssige Population ist zu sexueller Abstinenz verdammt, und die sich vermehrende Population wird auf ein Landstück beschränkt, das ausreichende Ernährung gewährleistet. Dies scheint eine etwas harte Methode der Geburtenkontrolle, aber der schottische Ökologe und Ornithologe V. C. Wynne-Edwards wies in seiner monumentalen Arbeit ›Animal Dispersion in Relation to Social Behaviour‹ (Die Verteilung der Tiere in bezug auf das soziale Verhalten) nach, daß sie funktioniert.

Wenn wir unsere Untersuchung des Arenaverhaltens verschiedener Arten beendet haben, möchte ich auf den meiner Ansicht nach revolutionärsten Gedanken des irischen Ornothologen zurückkommen; daß nämlich das Territorium nicht sosehr im Interesse des Individuums wirkt als in der *Beschränkung* des Individuums zum Wohl der Gruppe, der Population und der Spezies. Hier wollen wir nur den Wunsch äußern, irgendeinmal möge irgend jemand das Leben von C. B. Moffat aufzeichnen. Anscheinend war er ein Mitglied des *Dublin Naturalists Field Club*. Unter seine Arbeit schrieb er: „Ballyhyland, Wexford." Sonst weiß ich nichts über ihn zu berichten, außer daß er, wie einstmals Cortez am Golf von Darien, auf eine blaue, unergründliche Weite blickte, die es noch zu erforschen galt.

Altum starb, und seine Ideen starben mit ihm. Moffat starb, und seine Ideen verschwanden. Andere machten hier eine Beobachtung, dort eine Bemerkung. Ein amerikanischer Ornithologe namens Brewster war beeindruckt, wie genau ein Vogel die „Rechte" des andern Vogels respektiere. Er war tief beeindruckt, aber er verfolgte den Gedanken nicht weiter. Ein anderer Amerikaner namens Herrick studierte Möwensozietäten und grübelte über die Beziehungen zwischen Gesellschaft und Territorium. Wieder öffnete sich einen Augenblick lang ein Weg, aber schon schloß sich das Tor wieder. Es ist kaum anzunehmen, daß Eliot Howard, der in den Worcesterhügeln seine Laubsänger beobachtete, etwas von Altum, Moffat, Brewster oder Herrick wußte. In der nüchternen Sprache der natürlichen Auslese besteht der Unterschied zwischen Howard und seinen Vorgängern darin, daß ihre Ideen kinderlos starben, während die seinen auf fruchtbaren Boden fielen.

Henry Eliot Howard war ein Geschäftsmann, der seine Karriere als Direktor von Stewarts & Lloyds, einer der größten Stahlrohrerzeugungen Englands, beschloß. Sein Büro war nahe von Birmingham, er selbst wohnte auf dem Lande in einem Haus namens Clareland. Täglich stand er lange vor Tagesanbruch auf, zog einen möglichst unscheinbaren Sportanzug an und schulterte seinen Feldstecher. Eliot Howard gehörte jener ungewöhnlichen Menschengattung an, die fast eine Spezies für sich bildet: den englischen Vogelbeobachtern. Gegen acht Uhr pflegte er von seinen Wanderungen zurückzukehren und zu frühstücken. Um acht Uhr dreißig fuhr er zur Arbeit, um 1890 mit Fahrrad oder Zug, in späteren Jahren mit dem Auto. Zum Tee war er wieder zu Hause. Er hatte fünf Kinder, einen Sohn und vier Töchter. Mit ihnen spielte er Tennis oder Schach, gelegentlich diskutierten sie über Plato. Nach dem Abendessen pflegte sich die Familie im sogenannten Rauchzimmer einzufinden, eine seltsame Bezeichnung, da außer dem Vater niemand rauchte. Die Mutter saß zur Linken des Kamins, der Vater zur Rechten. Er machte Notizen über seine morgendlichen Beobachtungen oder starrte vor sich hin. Von Zeit zu Zeit sagte die Mutter zu den Kindern: »Pst, Vater denkt nach!«

Wie sich zeigte, war Vaters Gedankenarbeit nicht zu verachten. Durch eine Reihe von zu Beginn dieses Jahrhunderts veröffentlichten Büchern wurde er auf einem beschränkten Gebiet zu einer anerkannten Autorität, auf dem des britischen Laubsängers. Im Jahre 1920 aber publizierte er einen dünnen Band, der seinen Namen unsterblich machen sollte: ›Territory in Bird Life‹. Es war das erste und ist bis heute das einzige Buch geblieben, das sich ausschließlich mit den angeborenen Beziehungen zwischen Besitz und Tierverhalten beschäftigt.

Howard war ein schweigsamer Mann mit einem schmalen, scharfgeschnittenen Gesicht und einem kleinen Schnurrbart – gutaussehend auf eine typisch englische Art. Zu seinen Freunden gehörten einige illustre Männer der Wissenschaft, unter ihnen Lloyd Morgan und der junge Julian Huxley. In seiner Korrespondenz finden sich auch Briefe eines andern jungen Naturforschers, des Österreichers Konrad Lorenz. Howard war ein Amateur, aber er verfügte über eine wissenschaftliche Disziplin, um die ihn viele Fachleute beneiden müssen. Niemals erlaubte er sich in seinen Büchern eine Schlußfolgerung, die sich nicht ausschließlich auf das Gebiet beschränkte, mit dem er so vertraut war, auf die Welt der Vögel. Nicht ein einziges Mal gestattete er sich, Vermutungen über die Bedeutung des Territoriums im Menschenleben anzustellen. Mit seiner Familie unterhielt er sich kaum jemals über seine Beobachtungen, denn das war nicht seine Art. Doch ich habe mit einer alten Frau gesprochen, die heute im Norden von Wales lebt und die in Clareland Kinderfrau war, als die Kinder noch klein waren. Sie erinnert sich einer sonderbaren Nacht, als der schweigsame Mann in die Kinderstube kam, sich niedersetzte und sie wortlos anstarrte. Nach dem Alter der Kinder zu schließen, muß es im Jahre 1904 oder 1905 gewesen sein. Ganz unvermittelt sagte er plötzlich: »Nanny, es ist das Territorium. Alles dreht sich nur um das Territorium. Territorium!« Es machte auf sie einen bleibenden Eindruck.

Eliot Howard starb um die Weihnachtszeit des Jahres 1940. Die Schlacht um England hatte seine Landsleute zu einer der denkwürdigsten Demonstrationen des territorialen Imperativs aufgerufen. Howard war jetzt ein alter Mann, aber bis ans Ende seiner Tage zog er jeden Morgen aus – mit seinen Stiefeln, seinem Feldstecher, seinem schäbigen Anzug. In dieser Zeit waren natürlich manch andere Engländer auf den Feldern und Hügeln unterwegs, ebenfalls mit Feldstechern bewaffnet, aber nicht, um nach Vögeln, sondern um nach feindlichen Bombern und etwaigen Fallschirmspringern Ausschau zu halten. Eines Morgens kehrte Howard tief in Gedanken versunken zurück. Etwas schien ihn zu beschäftigen. Endlich erkundigte er sich mit kleinlauter Stimme: »Wofür, meint ihr, halten mich diese Menschen?« Einige Tage später war er tot.

Ich habe mein Buch ›Adam kam aus Afrika‹ dem Andenken Eugène Marais' gewidmet, einem südafrikanischen Pionier der Naturwissenschaften. Wäre es die Aufgabe eines Dramatikers, einen Charakter zu erfinden, der die genaue Antithese zu Marais verkörpert, er müßte nur Eliot Howard beschreiben. Die beiden waren Zeitgenossen. Als Marais um die Jahrhundertwende in der Waterbergeinöde des Transvaals die Paviane beobachtete, beobachtete Howard die Laubsänger am Severnfluß. Marais war Morphinist, ein einsamer, innerlich zerrissener Mensch. Howard führte ein höchst geruhsames Leben. Marais war Anwalt, Arzt, Journalist, Dichter und Lehrer. Howard ging ins Büro. Marais war ein Genie, von Dämonen besessen, ein van Gogh der Naturwissenschaften, dessen Karriere leidenschaftliche Höhen und Tiefen kannte und der seinem Leben selbst ein Ende machte. Howard besaß klare Augen und einen klaren Verstand. Er starb im Bett. Eines Tages wird jeder Mensch zu seinen Erben zählen.

Laut James Fisher und Sir Julian Huxley, welche die Einführung zu der Neuauflage des Buches ›Territory in Bird Life‹ schrieben – das Buch ist jetzt zum Glück sowohl in England wie in den Vereinigten Staaten erhältlich –, erregte das Werk bei seinem Erscheinen keinerlei Aufsehen. (Ich glaube sogar, daß die einzige Auflage des Buches nicht abgesetzt werden konnte.) ›Ibis‹, die Zeitschrift der englischen Ornithologie, bezeichnete es als eine »nette, gut durchdachte, kleine Arbeit«. Es ist durchaus normal, daß es eine Weile dauert, bis eine neue Idee, die von einem außerordentlichen Geist geboren wurde, in den Durchschnittsgehirnen der anderen Aufnahme findet. Zu Ende der zwanziger Jahre war man endlich zur Aufnahme bereit, zumindest in der Ornithologie. Allerdings dauerte es noch eine ganze Weile, bevor der neue Begriff auch auf andere Tiere Anwendung fand.

In einem gewissen Sinn war das territoriale Prinzip gar nicht so revolutionär, da Howard kaum Behauptungen aufstellte, die als überraschend oder unerwartet bezeichnet werden können. Auch muß man sagen, daß das Produkt, das von seinem intellektuellen Fließband kam, nicht ganz vollendet war; nirgends gab er eine Definition des Begriffs »Territorium«. Vielleicht ist es ganz gut, daß er es unterließ, da bis heute niemand in der Lage war, eine Definition zu geben, die nicht von Zweifeln überschattet oder von Ausnahmen durchlöchert wäre. Howards Leistung bestand in dem Nachweis, daß ein Territorialitätsinstinkt existiert, und er erbrachte ihn mit Beispiel um Beispiel aus dem Leben jener Vögel, die er so gut kannte. Rohrammer und Lumme, Rabe und Moorente, Kuckuck und Waldsänger, Baumpieper und Krähe, Nachtigall und Lerche – ihnen allen setzte er ein liebevolles Testament, sie alle legen Zeugnis ab, daß die Aussagen des Autors auf Wahrheit beruhen.

Howards Buch zu lesen ist wie ein Waldspaziergang an einem Frühlingstag. Die Ruhe des Mannes nimmt uns gefangen. Wir hören die Vögel singen, und unsere Herzen werden froh. Kommen theoretische Überlegungen, so nehmen wir sie in uns auf wie die Erinnerung an den Duft des letzten Herbstlaubes.

In dieser bescheidenen Art wurde das Wort »Territorium« in das naturwissenschaftliche Vokabular eingeführt. Andere entdeckten später seine Bedeutung im Leben der Eidechsen und Löwen, der Grillen und Menschen, aber Howard hatte keine derartigen Ambitionen. Er war in der Vogelwelt zu Hause, und nur was sie betraf, lag ihm am Herzen. Wir aber können heute einige Schlußfolgerungen Howards aus seinen 1920 in Worcestershire gemachten Beobachtungen mit jenen von Buechner vergleichen, die dieser 40 Jahre später aus seinen Untersuchungen in Zentralafrika ableitete. Durch eine derartige Übung in vergleichender Ethologie werden wir das Territorium nicht nur als eine bestimmte Gegebenheit, sondern auch als ein im Tierverhalten verankertes Merkmal zu erkennen beginnen. Es wird gut sein, im Auge zu behalten, daß wir Vögel mit Antilopen vergleichen, also Lebewesen, die so entfernt miteinander verwandt sind wie Vögel und Menschen.

Ich habe sieben von Buechners Ergebnissen festgehalten:

1. Die Rivalenkämpfe des Antilopenbocks gelten niemals dem Weibchen, immer dem Besitz.

Es war Eliot Howards wichtigste Einsicht, daß Vögel, im Gegensatz zu Darwins Ansichten und all unseren romantischen Vorstellungen, niemals um Weibchen kämpfen.

2. Auf einem Stampfplatz der Antilopen gewinnt fast immer der Gebietsbesitzer.

Eine weitere wichtige Feststellung Howards besagt, daß die Unverletzlichkeit des Besitzes (in der völlig anders gearteten Situation eines nistenden Paares) der wesentlichste Garant für die Sicherheit des Nestes und der Brut ist.

3. Die psychologische Überlegenheit des Besitzers vermindert die Häufigkeit und den Ernst etwaiger Kämpfe.

Ebenso wie Altum vor ihm, schloß Howard, daß der Vogelgesang ein territoriales Merkmal sei und, obwohl scheinbar eine Herausforderung zum Kampf, eigentlich die Unverletzlichkeit des Reviers dokumentiere; er entmutige also den Angreifer.

4. Die Gegnerschaft zwischen den Uganda-Wasserböcken beschränkt sich auf den Stampfplatz. Überall sonst bestehen freundschaftliche Beziehungen.

Eliot Howard besaß eine äußerst scharfe Beobachtungsgabe. Es gelang ihm, alle unwichtigen und verwirrenden Details beiseite zu lassen, welche die Klarheit seiner Folgerungen beeinträchtigen könnten. Vielleicht ist dieses Talent dem eines Artillerieoffiziers vergleichbar, der sorgfältig alle Hindernisse aus der Feuerlinie räumt.

Howard beobachtete Moorhühner. Das Moorhuhn ist ein Wasservogel, der in sumpfigen, von Schilf umrandeten Teichen lebt und seine Nahrung häufig auf den umliegenden Feldern sucht. Ein Moorhuhn ist die längste Zeit des Jahres ein freundlicher Geselle, der in seiner kleinen, feuchten Welt schwimmt oder watschelt. Aber Mitte Februar ändert sich alles. Die Paare errichten ihre Territorien in dem vormals so friedlichen Teich, jedes Territorium ein Stück Ufer miteinschließend. Feindseligkeit herrscht, wohin man sieht, denn die erwachende Streitlust des Moorhuhnes beschränkt sich nicht allein auf das Männchen. Paare bekämpfen Paare und rasen auf dem Wasser und am Ufer umher wie kleine, moderne Amphibienfahrzeuge, die zu Wasser und zu Land kämpften. Das bemerkenswerteste bei diesen territorialen Auseinandersetzungen ist, daß sich die Feindseligkeit nicht auf die Artgenossen beschränkt. Die Intoleranz des Moorhuhnes gegenüber jedem Eindringling ist so groß, daß ein Paar auch harmlose Fremde angreift, die ahnungslos vorbeikommen, um einen Schluck Wasser zu finden – Drosseln, Kiebitze, Stare, ja sogar eine Rebhuhnkette, die sich zu nahe an den Teich wagt. Aber auf den Feldern, wo es seine Nahrung sucht, oder in jedem anderen Gebiet außerhalb des Schilfufers wird das Moorhuhn sofort wieder zu einem verträglichen Tier. Paare fressen Seite an Seite; die Feindseligkeiten verschwinden, die Drossel wird ignoriert.

5. Kopulationen finden nur auf dem Stampfplatz statt.

Eine weitere grundlegende Feststellung von Howard besagt, daß sich die Anzahl der nistenden Paare bei territorialen Arten auf jene Paare beschränkt, die einen eigenen Besitz erworben haben. Ein Vogelmännchen ohne Territorium findet kein Weibchen. Sogar der merkwürdige Kuckuck muß ein Territorium besitzen, obwohl sein Weibchen die Eier in fremde Nester legt.

6. Antilopenpopulationen vermischen sich nicht, obwohl es manchmal den Anschein hat. Jede Population bleibt ihrem eigenen Stampfplatz treu, womit eine Vermischung unwahrscheinlich wird. So kommt es zu einer genetischen Isolierung.

Laubsänger sind meistens Zugvögel, die jeden Frühling von ihren Winterquartieren zu den Nistplätzen im Norden zurückkehren. Obwohl der Nachweis nicht leicht zu erbringen war, gewann Howard die Überzeugung, daß dieselben Vögel Jahr um Jahr zu denselben Brutplätzen zurückkehren. Ist dies richtig, so wäre damit dieselbe Isolierung erreicht wie in den Semliki Flats. (Spätere, außerordentlich sorgfältige Untersuchungen zeigten, daß zum Beispiel der Laysan-Albatros, der auf der Insel Midway im nördlichen Pazifik brütet, sein Nest Jahr für Jahr am selben Ort errichtet. Obwohl alle Nester jeweils von den Winterstürmen vernichtet werden und es kaum Orientierungspunkte gibt, gelingt es fünfzig Prozent der Vögel, das Nest nicht weiter als einen Meter vom letztjährigen Standort zu bauen.)

7. Die Verbundenheit mit dem Boden ist stärker als die Verbundenheit mit dem Weibchen.

Wieder und wieder betont Howard die Verbundenheit des Vogelmännchens mit seinem Revier und die Anziehung, die diese Verbundenheit auf das Weibchen ausübt. Aber meines Wissens beobachtete er niemals etwas, das dem einsamen Territorium der Junggesellenantilope entspricht. Vielleicht war sein Blick dieses eine Mal durch vorgefaßte Meinungen getrübt. Howard sah in dem Territorium unweigerlich einen Faktor des Fortpflanzungsprozesses; weitere Untersuchungen zeigten, daß dies oft, aber nicht immer zutrifft. Vielleicht gibt es auch Junggesellen mit einem Revier, die Howard übersah. Ich halte es aber für wahrscheinlicher, daß sie auf der Entwicklungsstufe der Vögel einfach nicht vorhanden sind. Jedenfalls müssen wir festhalten, daß ein Aspekt territorialen Verhaltens im westlichen Uganda zutage tritt, den Eliot Howard vierzig Jahre vorher in den Feldern und Wäldern der gepflegten englischen Landschaft nicht finden konnte.

Vielleicht liegt der Geschichte dieses stillen englischen Geschäftsmannes eine Moral zugrunde: daß es nicht immer nötig ist, an Trunksucht zu sterben, die Haare in Schulterlänge zu tragen, seine Frau zu prügeln und in einer Dachkammer zu hungern, um die Zauberwälder des menschlichen Abenteuers zu betreten und mit erstaunlichen Schätzen zurückzukehren.

3

Die Kraft namens »Territorium", welche die Welt der Lebewesen beeinflußt, ist zumindest in einer Hinsicht der Kraft namens Elektrizität ähnlich, welche die Welt der Materie beeinflußt: Beider Substanz ist ebenso unfaßlich, wie ihre Wirkung spektakulär ist. Die meisten von uns werden sterben, ohne imstande zu sein, genau zu beschreiben, was vor sich geht, wenn wir den kleinen weißen Schalter an der Wand drücken und das Licht aufflammt. Ebenso sprechen wir von offenen Instinkten und angeborenen Verhaltensweisen, obwohl kein heute lebender Biologe imstande ist, uns zu sagen, welche genetischen Anordnungen einem territorialen Geschöpf befehlen, sich nach Art seiner Spezies zu verhalten. Vielleicht werden wir es eines Tages erfahren. In der Zwischenzeit scheint es am besten, Spezies um Spezies zu betrachten, um mit der Territorialität vertraut zu werden, wie man Schalter um Schalter andreht, um mit der Elektrizität vertraut zu werden.

Es ist ein großer Sprung von einem Stampfplatz in Zentralafrika zu einem Sportplatz in Brooklyn, und es ist – was die Evolution betrifft – ein noch größerer Sprung von einer Antilopenspezies zu einer Spezies räuberischer Wespen. Simpson schätzt, daß die gemeinsamen Vorfahren von Säugern und Insekten mindestens fünfhundert Millionen Jahre zurückliegen – wahrscheinlich fast eine Milliarde Jahre. Trotzdem zeigt ein Vergleich der beiden Spezies, ungeachtet des verschiedenartigen Erbes und der unterschiedlichen Umwelt, daß ihr Arenaverhalten den gleichen Regeln folgt.

Es gibt Hunderte von Wespengattungen und Tausende von Arten. Tinbergens Grabwespe, die nur Bienen frißt, ist in ihrer Starrheit durchaus keine Seltenheit. Nur wenige Spezies suchen ihre Beutetiere unter mehreren Insektenarten, und viele jagen ihre bestimmten Opfer nur unter ganz bestimmten Umständen. Eine nur an Fliegen interessierte Art wird Pferdewespe genannt, weil sie unaufhörlich um die Flanken der Pferde kreist. Die Art der Bembiden lebt ebenfalls von Fliegen, jagt aber nur in der Dämmerung, wenn sich die Fliegen bereits zur Ruhe begeben haben. Eine Art der Grabwespen – ihre Veranlagung muß einer Mischung aus Karl Marx und dem Marquis de Sade ähneln – jagt ausschließlich Ameisenköniginnen, niemals Arbeiterinnen, und stürzt sich nur auf beflügelte Tiere im Augenblick ihres Hochzeitsfluges. Man mag daher annehmen, daß auch der Zikadentöter *(Sphecius speciosus)* nichts bieten kann, was aus dem Wespenrahmen fiele. Und doch ist er, soweit wir wissen, in seiner leidenschaftlichen Anhänglichkeit an das Territorium eine einzigartige Erscheinung unter den Wespen und eine höchst bemerkenswerte unter den Insekten.

Im allgemeinen ist das territoriale Verhalten ein Merkmal der Wirbeltiere, und mir ist keine andere Insektenspezies bekannt, die einen so spezialisierten Territorialinstinkt, wie das Arenaverhalten ihn voraussetzt, entwickelt hätte. Aber anscheinend ist alles möglich. Als ein Mann namens Norman Lin vor einigen Jahren entlang eines Gitters wanderte, das einen Sportplatz in Brooklyn umgab, fand er ein von Zikadentöterwespen bevölkertes Pendant zu dem Stampfplatz des Uganda-Wasserbocks. Da im Abstand von 3 Meter Gitterpfosten vorhanden waren, war es für Lin ein leichtes, ein bestimmtes Gitterstück zur Beobachtung abzustecken. Mit etwas Farbe und einer Spritzpistole markierte er seine Tiere.

Zikadentöter sind Grabwespen, deren einige hundert Mitglieder zählende Kolonien in Löchern wohnen, aus denen das Weibchen nach der Reife auskriecht. Die Männchen gruppieren sich auf Territorien, die den Grüns der Antilopen nicht unähnlich sind, eng aneinandergrenzend und klein. Die Ausmaße der Grundstücke auf Lins Untersuchungsplatz betrugen durchschnittlich ungefähr einen Quadratmeter, doch gab es auch größere Reviere bis zu 2 mal 5 Meter. Auf jedem Grundstück besitzt das Männchen einen festen »Hockplatz«, wie zum Beispiel einen Kieselstein, zu dem es nach der Jagd immer wieder zurückkehrt. Man weiß, daß das Vogelmännchen seinen bevorzugten Zweig, seinen bestimmten Zaunpfahl hat, von dem aus es verkündet, daß es heimgekehrt und bereit sei, es mit jedem Eindringling aufzunehmen. Die Zikadentöterwespe hat, einen völlig anders gearteten evolutiven Weg nehmend, durch einen ähnlichen Selektionsdruck dasselbe Merkmal entwickelt.

Die Verbundenheit mit dem Territorium ist so eng wie bei irgendeiner anderen Spezies. Hat die Wespe einen Eindringling vertrieben, kehrt sie sofort zu ihrem Stammplatz zurück. Lin experimentierte mit gekennzeichneten Wespen. Er setzte ein Tier 300 Meter von seinem heimatlichen Gebiet aus. 20 Minuten später war es wieder auf seinem gewohnten Platz. Ein anderes trug er fast 700 Meter weit weg. Es war in 15 Minuten zurück. Wie fanden sie heim? Die Frage gehört zu den faszinierendsten Problemen der Naturwissenschaft.

Was die Verteidigung betrifft, so ist sie fortdauernd und unermüdlich. Die Wespe wehrt jeden Eindringling ab, sei es durch eine Drohbewegung, sei es durch Verfolgung oder durch einen Stoß in der Luft, wenn die Verfolgung nicht genügt, wenn nötig auch durch einen regelrechten Kampf, der sich auf der Erde abspielt und bei dem sie versucht, dem Gegner die Augen auszubeißen. Es herrschen rauhe Sitten. Lin stellte fest, daß in fünf von sechs Fällen der Konflikt zwischen den Besitzern angrenzender Gebiete ausbrach, ebenso wie die Möwen ihre erbitterten Kämpfe immer nur mit den Nachbarn austragen. Die laut brummende Wespe verteidigt ihr Territorium gegen jedermann, sei es ein vorbeifliegender Schmetterling oder ein Vogel; entweder ist sie von Natur aus unverträglich oder etwas schwachsinnig veranlagt. Außerhalb der Territorien aber kommt es niemals zu Konflikten. Auch die Wespe weiß – ebenso wie die Antilope, wenn der Löwe naht –, was für sie gut ist; wenn der Nachmittag drückend heiß wird, ziehen sich alle Wespen zu einer gemeinsamen Siesta zurück.

Eine vollkommene Darbietung des Arenaverhaltens findet nur statt, wenn das Weibchen erscheint. Die Weibchen sind größer als die Männchen und leicht zu erkennen. Das Männchen mag gelegentlich einen Kieselstein attackieren, niemals aber ein Weibchen. Das Weibchen paart sich nur einmal, und so ergeben sich, wenn es über das Territorium geflogen kommt, die großen Fragen: Ist es noch nicht bereit? Ist es bereit? Ist es zu spät? Die Antwort ist einfach. Ist das Weibchen sexuell unansprechbar, so fliegt es immer langsam und immer in einem Zickzackkurs. Die Männchen dürfen sich von ihren Stammplätzen erheben, um die Lage zu untersuchen, sie dürfen das Weibchen sanft verfolgen, niemals aber über ihre Gebietsgrenzen hinausfliegen. Das Weibchen wird sozusagen von einer Garde von Männchen eskortiert, deren jedes ihm auf seinem Territorium das Geleit gibt. Ist das Weibchen sexuell bereit, so fliegt es immer geradeaus. Und das erste Männchen, dessen Territorium es überquert, wird aufsteigen, es von hinten packen, und so vereint werden sie von dannen fliegen, um irgendwo zu kopulieren.

Eine Geschichte Lins illustriert ausgezeichnet, welche Verwirrung der Instinkte entstehen kann, wenn unerwartete Ereignisse eintreten. Normalerweise verschwindet ein Paar, um den Liebesakt ungestört zu vollziehen. Aber einmal landete eines der kopulierenden Paare auf dem Terrain eines anderen Männchens. Da es sein Gebiet war, stürzte der Besitzer sofort auf das Weibchen, versuchte zu kopulieren und mußte feststellen, daß es schon besetzt war. Ein drittes Männchen drang in sein Territorium ein. Nach kurzem Kampf verjagte es der Gebietsinhaber und näherte sich wieder seinen kopulierenden Gästen, augenscheinlich einer inneren Direktive ermangelnd, was in so einem Fall zu tun sei. Zwei weitere Männchen überflogen sein Terrain. Der Besitzer stieg auf, um sie zu vertreiben, und kehrte wieder zurück. Nochmals kamen die beiden Ruhestörer, und jetzt mußte der Gebietsinhaber sowohl seine Rechte wie seine Gäste verteidigen. Er fuhr fort, sie zu beschützen, bis sich die Leidenschaft des Paares erschöpft hatte.

Vielleicht gibt uns Lins Geschichte der geplagten Wespe einen Hinweis, warum sich Insekten so selten dem Vergnügen des Arenalebens hingeben; die damit verbundenen Pflichten sind zu erschöpfend. Für ein Lebewesen, dessen Instinkt wenig Spielraum für Erfahrung und Lernen bietet, wird die Arena zu einem verwirrenden Aufenthaltsort. Verhält es sich so, dann ist die Tatsache, daß die Zikadentöterwespen die Arenaspielregeln beherrschen, um so erstaunlicher. Oder vielleicht erscheinen uns Lins Wespen nur so einzigartig, weil wir noch wenig über die Insekten wissen. Sicher ist es die gründlich beobachtete Vogelwelt, die uns die besten Beispiele für das Arenaverhalten liefert.

Der Kampfläufer ist eine mit dem Wasserläufer verwandte Art. Hahn und Henne sind im Aussehen so unterschiedlich, daß die Wissenschaft dieser Erscheinung einen eigenen Namen gegeben hat: sexueller Dimorphismus. Diese ausgeprägte Verschiedenheit zwischen den Geschlechtern ist bei den Arenaspezies häufig anzutreffen. Ich habe schon erwähnt, wie stark sich die kräftigen, schönen Uganda-Böcke von den zarten, kleinen Weibchen unterscheiden. Obwohl bei den Zikadentöterwespen kaum ein Unterschied festzustellen ist, spricht die Wahrscheinlichkeit dafür, daß die natürliche Auslese bei jenen Arten die Erwerbung schmückender Merkmale fördert, bei denen das Männchen mit dem Nestschutz und der Aufzucht der Brut nichts zu tun hat, sondern alle Energien darauf verwendet, den Rivalen in der Arena zu beeindrucken. Beim Kampfhahn ist dieser Prozeß sehr weit gegangen. Acht Monate des Jahres ist der Hahn zwar etwas größer, aber sonst ebenso unauffällig wie die Henne. Er unterscheidet sich durch nichts von anderen Wasserläufern. Mit dem ersten Frühlingswind aber geschieht etwas mit dem Hahn: Er beginnt sein Arenakostüm anzulegen.

Sein eindrucksvollster Schmuck ist eine abspreizbare Halskrause, die er je nach Bedarf heben oder senken kann. Die Federn leuchten weiß, schwarz, braun, grau, blau, violett, ja sogar golden, so daß sich zwei Hähne niemals gleichen. Kaum ein anderes Lebewesen erwirbt in so kurzer Zeit einen Schmuck von solcher Schönheit und Individualität, von solcher Pracht und Zweckmäßigkeit, denn die Halskrause bildet auch einen starken Schild, der die Brust des Tieres vor den Angriffen der Rivalen schützt.

Wie ein mittelalterlicher Ritter, mit den Farben seiner Liebsten geschmückt, so begibt sich der Hahn zu Frühlingsbeginn in das Hügelland. Sein Abschied wird allerdings nicht beweint. Abgesehen von der kurzen Pflichterfüllung in der Arena, zollt der Hahn der Henne nicht die geringste Aufmerksamkeit, sondern lebt das Leben eines Hahnes in einer Welt der Hähne. Das ganze Jahr hindurch kümmert er sich so wenig um die Henne, als gehöre sie einer fremden Spezies an.

Entlang der holländischen Küste erstreckt sich der traditionelle »Hügelplatz« anschließend an den traditionellen Brutplatz der Hennen. Seine Lage ist ebenso unveränderlich wie die der von Buechner entdeckten Stampfplätze. Mit dem Nestbau und anderen weiblichen Tätigkeiten beschäftigt, zollt die Henne der

Arena keinerlei Beachtung, außer es überkommt sie das Verlangen. In der Zwischenzeit – von Anfang April bis Juni – ist der Hügelplatz soziales Zentrum der Hähne. Die Vögel sind klein und ebenso ihre Territorien; jeder Hahn besitzt einen kleinen Hügel, weniger als einen halben Meter im Durchmesser, der in jahrzehntelanger Arbeit von eifrigen Füßen aufgeworfen wurde. Auf diesem Hügel stehend, stellt er seine Pracht zur Schau, verteidigt seinen Besitz und beschimpft seine Nachbarn.

Im Jahre 1920, dem Erscheinungsjahr des Buches ›Territory in Bird Life‹, besuchte Miß E. L. Turner verschiedene Hügelplätze in Holland und berichtete in der Zeitschrift ›British Birds‹: »Der Hahn ist entweder unbeweglich wie eine Statue, oder aber er hüpft auf und ab wie ein Spielzeug an einer Gummischnur ... Sie rasen mit der Regelmäßigkeit eines Uhrwerkes umher. Wenn einige miteinander kämpfen, bilden sie ein wirres Federgemenge ... Sie erstaunten mich sehr. Warum führen sie sich so lächerlich auf?«

Die lächerliche Betriebsamkeit, über die sich Miß Turner beschwerte, wird noch von der lächerlichen Passivität unterbrochen, wenn endlich eine Henne erscheint. Ich hoffe, es ist bereits klargeworden, daß bei den sportlichen Ereignissen in der Naturarena immer fixe Spielregeln und Hemmungsmechanismen vorhanden sind, ganz gleich, wie erbittert der Wettstreit ist. Zu dem Imponiergehaben vor den Rivalen gehört auch eine bestürzende Fähigkeit des Hahnes: das Atemanhalten. Er bläht sich zu seinem anatomischen Maximum auf, und die aufgeplusterte Federkrause schwillt zu gewaltiger Größe an. Betritt aber die Henne den Schauplatz, so beugen sich alle Hügelinhaber zu Boden. Den Schnabel fast auf der Erde, die Krause herabhängend wie einen baumelnden Schild, halten die Hähne den Atem an, während die Henne die Darbietungen inspiziert. Keiner bewegt sich, denn das wäre ein Verstoß gegen die Spielregeln. Viele Beobachter der Zeremonie werden an ein Blumenbeet erinnert. Die Henne wandert hierhin und dorthin. Endlich trifft sie ihre Wahl und zupft an den Halsfedern des Auserkorenen. Sofort wird die Paarung vollzogen. Von den abgelehnten Freiern erfolgt keinerlei Protest, und zwar aus einem sehr einfachen Grund: sie sind alle in sich zusammengesunken.

Ernst Mayr hat das Arenaverhalten als ein territoriales Verhalten definiert, bei dem die Männchen den Paarungsplatz unabhängig von Nestbau und Nahrungssuche verteidigen. Aber V. C. Wynne-Edwards hob bei seiner Beschreibung des »lek«, des traditionellen Balzplatzes der schottischen Moorschneehühner, einen anderen Punkt hervor, den wir nicht vernachlässigen dürfen: Diese Paraden, von einem Männchen für die übrigen Männchen ausgeführt, sorgen auch für die Etablierung und Beibehaltung der Rangordnung.

Ich habe bereits zu Anfang des Buches mein Bedauern geäußert, diese Untersuchung ausschließlich auf die Territorialität beschränken zu müssen. Ebenso wichtig, ja vielleicht wichtiger als das Territorium ist für alle sozialen Tiere der Trieb, innerhalb der Gemeinschaft zu Ansehen zu gelangen. Die Territorialität ist ihrem Wesen nach defensiv, ein innerer Mechanismus, der uns hilft, zu verteidigen, was wir besitzen; das Statusverlangen ist seinem Wesen nach aggressiv, ein innerer Trieb, über unsere Mitmenschen zu herrschen. In der Arena vereinen sich diese beiden angeborenen Triebe, um eine einzige Verhaltensweise hervorzubringen. Durch das Festhalten an einem Territorium verteidigen wir den sozialen Rang, den wir erreicht haben. Durch das Herausfordern des Nachbarn versuchen wir, unseren Rang zu verbessern. Beim Uganda-Wasserbock sorgen unterschiedlich bewertete Grundstücke auf dem Stampfplatz für eine klare territoriale Abstufung. Diese Stufe bietet Sicherheit für den bereits erworbenen Status, jene winkt zum Aufstieg. Etwas sehr Ähnliches werden wir bei dem Präriehuhn von Wyoming finden, ein Beispiel, das für unseren Zweck noch besser geeignet ist als das berühmte Moorschneehuhn von Wynne-Edwards.

Bis zum Jahre 1940 wußte man so wenig über das Liebesleben der Präriehühner, daß im Westen ein Gerücht im Umlauf war, der Hahn lasse seinen Samen fallen, und die Henne picke ihn auf. Da der Präriehahn ein sehr ansehnlicher Vogel mit einem ähnlich eitlen Gehaben wie der Truthahn ist, muß man ein derartiges Gerücht als ausgesprochen verleumderisch bezeichnen. Da entdeckte J. W. Scott von der Universität Wyoming den ersten Paradeplatz des Präriehahnes, und von diesem Moment an war sein Ansehen vollkommen rehabilitiert.

Da die Lebensweise des Präriehuhnes ebenso wie die des Moorschneehuhnes an Jahreszeiten gebunden ist, gewinnt auch seine Arena nur zu bestimmten Zeiten Bedeutung. Während des Winters bleibt die Schar, Männchen wie Weibchen, friedlich beisammen. Im März sondern sich die Hähne ab und begeben sich auf den Paradeplatz, wo sie während der folgenden drei Monate einherstolzieren, um geographisch vorteilhafte Positionen kämpfen und eine Rangordnung etablieren. Ähnlich wie bei den

Uganda-Böcken besitzt eine Population 800 bis 1000 Mitglieder; anders als bei den Antilopen beteiligen sich alle Männchen an dem Zirkus, und die Arena muß daher enorme Ausmaße haben. Der erste von Scott untersuchte Platz maß ungefähr 700 Meter in der Länge und 70 Meter in der Breite. Auch ihm hielten seine Besucher unverbrüchlich die Treue. Mitten durch einen Platz, den Scott später fand, ging eine Straße; trotzdem weigerten sich die Vögel, die geheiligte Stätte zu verlassen. Auch hier waren die Tiere so vertieft in ihr Treiben, daß Scott, ebenso wie Buechner von seinem Hochsitz, seine Beobachtungen aus nächster Nähe machen konnte. Scott errichtete ein bequemes Zelt mit einem Fenster.

Es gab viel zu sehen. Schon am ersten Tag, gegen Ende März, als auf den Teichen noch eine dicke Eisdecke lag, versammelten sich 175 Hähne. Es war kein gutes Hennenwetter. Eine einzige erschien, entweder durch Zufall oder weil sie eine mit Zentralheizung ausgestattete Mutante war. Ihre Anwesenheit war ganz überflüssig, da die Männchen nur damit beschäftigt waren, sich gegenseitig zu beeindrucken. Die Ansprüche wurden geltend gemacht. Auf einem Paradeplatz besitzt jeder Hahn einen Hof, allerdings stellte Scott fest, daß nur zentral gelegene Höfe in den Augen der Rivalen und in denen der Weibchen Prestige verleihen.

Praktisch hennenlos zogen sich die Streitigkeiten einige Tage hin. Am Morgen zerstreuten sich die Hähne, um in der Umgebung auf Nahrungssuche zu gehen, nachmittags kamen sie zusammen, und bis zum Einbruch der Dämmerung betrieben sie ihre Turnierspiele. Zeigte sich ein Königsadler, so flohen sie alle, um in ihren Disputen wieder fortzufahren, sobald der Raubvogel verschwunden war. Bei zunehmendem Mond dauerten die Kämpfe länger und länger, so daß es gelegentlich noch um drei Uhr früh zu lärmenden Auseinandersetzungen kam. Aber jetzt erschienen auch die Hennen bereits zahlreicher.

Die Vorgänge auf einem Stampfplatz in Uganda betreffen eine aristokratische Elite, die – wie so manche Elite – vielleicht etwas absurd erscheinen mag, aber niemals ihr distinguiertes Benehmen verliert. Die Vorgänge auf einem Paradeplatz in Wyoming gleichen einer haarsträubenden Orgie. In den frühen Tagen des Stummfilms produzierte Hollywood manchmal Massenszenen von bacchantischer Turbulenz, mit denen sich die sexuellen Unterhaltungen des Präriehuhnes in den Gefilden Wyomings durchaus vergleichen lassen. Einmal zählte Scott 355 Hähne und 141 Hennen. Aber diese Orgien sind »bis zur letzten Feder« organisiert.

Höchstens vier Höfe besitzen sexuellen Wert, und keiner von ihnen ist größer als zweieinhalb mal vier Meter. Auf diesem kleinen Raum drängen sich sämtliche Hennen zusammen. Auf jedem Hof steht ein Herrenhahn, der Sieger aus den Statuskämpfen. Die Natur hat allerdings eingesehen, daß die Mathematik eines solchen Systems, obwohl höchst schmeichelhaft für den Hahn, weder der Erhaltung der Art noch der Gesundheit des Hahns sehr zuträglich ist. So besitzt jeder Hof einen Unterhahn, den besiegten Rivalen, der den Herrenhahn unterstützt, wenn die Dinge zu chaotisch werden. Außerdem sind noch zwei bis drei Wachhähne vorhanden, deren Pflichten – geben sie Platzkarten aus oder halten sie einfach den Andrang in Schach? – mir nicht ganz klargeworden sind.

Im allgemeinen aber läßt sich die Henne nur mit Nummer eins ein, und wenn er der Erschöpfung nahe ist, warten seine Bewunderinnen einfach eine Stunde lang, eng zusammengedrängt, bis er sich wieder erholt hat. Wie fest diese Verhaltensweisen seiner Art beim Präriehuhn physiologisch verankert sind, geht aus Scotts Angaben hervor: Auf einem Paradeplatz, der für die gesamte Population nur vier Paarungshöfe bot, wurden drei Viertel aller Kopulationen von den vier Herrenhähnen vollzogen. Über die Hälfte der restlichen blieben den Unterhähnen vorbehalten. Gelegentlich, wenn der Verkehr sehr rege war, kam auch ein Wachhahn einmal zum Zug. Und es gibt in dem umliegenden Grasland einige wenige Hinweise auf moralische Entgleisungen des Präriehuhns; schließlich besitzt auch ein Präriehuhn manchmal menschliche Schwächen.

4

Jemand, der nur ein paar Schritte von Kolosseum und Amphitheater entfernt in Rom lebt (Arena ist übrigens ein römisches Wort), muß sich fragen: Ist auch der Mensch teilweise eine Arenaspezies? Wir haben unsere Preise für Besitz und Status, unsere Marktplätze der männlichen Rivalität. Wir alle erinnern uns, mit Schrecken oder mit Schmunzeln, an menschliche Verhaltensweisen, die den soeben beschriebenen Sitten der Tiere nicht unähnlich sind. Und unsere Stammesgeschichte bietet genügend Hinweise, einen Augenblick des Nachdenkens zu rechtfertigen.

Thomas Gilliard vom American Museum of Natural History hat einige Jahre mit der Untersuchung des faszinierenden Laubenvogels verbracht. Er schreibt: »Ein Zoologe des neunzehnten Jahrhunderts schlug einmal vor, man solle – ebenso wie Säugetiere oft in zwei Gruppen eingeteilt werden, in Menschen und andere, niedere Formen – auch die Vögel in zwei Kategorien einteilen: in Laubenvögel und andere Vögel.« Kein Geschöpf der Tierwelt außer dem Menschen ist in der Schaffung von etwas, das als Kultur bezeichnet werden muß, so weit gegangen wie dieser Vogel, und Gilliard ist der Ansicht, das Arenaverhalten sei für seine unglaublichen Leistungen verantwortlich.

Arenaverhalten ist selten. Von einer Million existierender Arten haben sich, soweit man weiß, nicht mehr als etwa hundert diesem heroischen Lebensstil verschrieben. Alle Autoritäten stimmen überein, daß der harte Wettkampf eine Beschleunigung des evolutiven Prozesses mit sich bringt. Wäre es möglich, daß der Selektionsdruck der Arena nicht nur zu der erstaunlichen Entwicklung des Menschen beigetragen, sondern auch in der Vogelwelt zu der Entstehung einer Kultur geführt hat, die einen Ersatz für geschwungene Hörner, pompöse Schmuckfedern und herrliche Schwänze darstellt?

Die Laubenvögel sind eine zoologische Familie, von der einige Spezies in Australien leben, die meisten aber auf Neuguinea, wo auch Gilliard seine Studien durchführte. Daß ausgerechnet Neuguinea die Heimat des größten kulturellen Champions mit Ausnahme des Menschen ist, während die menschlichen Bewohner dieser grünen Insel ihre kulturellen Leistungen darauf beschränken, die Köpfe ihrer Mitmenschen wie Briefmarken zu sammeln, gehört zu den makabren Witzen der Entwicklungsgeschichte. Aber daß Neuguinea den Anblick einer tierischen Akropolis bietet, läßt sich nicht leugnen. Und die kulturellen Wunder dieser Insel beschränken sich nicht allein auf Vögel, die Spielhäuser bauen.

Alfred Russel Wallace, Darwins großer Zeitgenosse und Begründer der Theorie der natürlichen Auslese, war einer der ersten europäischen Naturforscher, der Neuguinea bereiste. Obwohl er niemals auf den Laubenvogel stieß, entdeckte er den Paradiesvogel und brachte zwei lebende Exemplare heim, die die gesamte englische Zoologie in Aufregung versetzten. Dieser prächtigste aller Vögel, ebenfalls ein Arenageschöpf, gibt uns einen wertvollen Hinweis, wie die natürliche Auslese ästhetische Verbesserungen des Grundbesitzes zu fördern begann.

Im Jahre 1857 fand Wallace auf der kleinen Insel Aru nahe der Küste Neuguineas ein Exemplar der Art Großer Paradiesvogel. Er beschrieb sein Aussehen mit folgenden Worten: »Kopf und Hals sind an der Oberseite von reinstem Gelb und an der Unterseite von metallischem Grün. Die langen Federbüschel von goldorangener Farbe entspringen an den Seiten unmittelbar unter den Flügeln und sind, wenn der Vogel in Ruhestellung ist, teilweise von ihnen verdeckt. Ist der Vogel aber erregt, so werden die Flügel vertikal über den Rücken erhoben, Kopf und Hals gebeugt und die langen Federn ausgebreitet, bis sie zwei goldene Fächer bilden, die unten rote Streifen aufweisen. Der ganze Vogel wird von ihnen überschattet; der geduckte Körper, der gelbe Kopf, der smaragdgrüne Hals bilden nur den Sockel für die goldschimmernde Prachtentfaltung.«

Die Versuchung, eine derartige Darbietung als zweckgerichtet anzusehen, ist fast unwiderstehlich. Aber wäre Wallace tiefer in die Niederungen der Regenwälder Neuguineas eingedrungen, er hätte eine andere Art angetroffen, den Schmucksichelschwanz, der als Krönung seiner Schaustellung den Schnabel aufreißt, um das blaßgrüne Innere sehen zu lassen. Wir müssen uns dabei vor Augen halten, daß der *Diphyllodes magnificus* seine Mundhöhle niemals gesehen hat. Seine Prachtentfaltung wird von einem angeborenen Trieb gelenkt. Wir mögen die komplexe Schaustellung des Vogels – fälschlich – mit dem Wunsch, seine atemberaubende Schönheit zu zeigen, erklären. Wenn es aber zu der blaßgrünen Mundhöhle kommt, müssen wir erkennen, daß der Vogel, da er keinen Spiegel besitzt, nicht weiß, was er zeigt. Der Ablauf der gesamten Darbietung ist ebenso angeboren wie der Schmuck selbst; beides gehört zu seiner stammesgeschichtlichen Ausstattung.

Nachdem wir uns diese Tatsache in Erinnerung gerufen haben, können wir an die Beobachtung der unglaublichen kulturellen Leistungen gehen. Wenn der Selektionsdruck des Arenaverhaltens einen Vogel hervorbringt, der seinen Schnabel öffnet, um seinen grünen Rachen zu zeigen, dann ist es, meiner Ansicht nach, auch nicht verwunderlich, daß er einen Vogel mit einem angeborenen Bedürfnis zur Verschönerung seines Hofes heranzüchtet. Trotzdem bin ich recht froh, nicht über eigene

Beobachtungen berichten zu müssen. Austin Rand vom Natural History Museum von Chicago soll in diesem Fall der Münchhausen sein.

Die Passatwinde bringen manchen Niederungen Neuguineas einen durchschnittlichen Regenfall von 270 Zentimeter pro Jahr. Der Regenwald ist daher außerordentlich dicht. Einige Arten des Paradiesvogels haben ihren Balzplatz in den Baumkronen, andere auf mittelhohen Zweigen. Aber zwei Spezies, der Schmucksichelschwanz und der Wilson-Sichelschwanz, kommen zur Balz auf die Erde oder in bodennahes Unterholz. Rand beschreibt, wie der Schmucksichelschwanz Stunden damit verbringt, in den höchsten Zweigen mit dem Schnabel die Blätter abzupicken, so daß ein Lichtstrahl auf den Boden dringen und seine Farbenpracht zum Leuchten bringen kann.

Nach der Einrichtung der Bühnenbeleuchtung erfolgt – wie Gilliard es analysiert – als nächster evolutiver Schritt ein kulturelles Wunder: die Errichtung der Bühne selbst. Früher hielten die Reisenden diese Balzplätze entlang der Waldfährten Neuguineas für Hütten, die eingeborene Kinder errichtet hatten. In Wahrheit waren es die Lauben, die dem Vogel seinen Namen gegeben haben. Rund ein Dutzend Arten errichtet diese kleinen, geschmückten Häuser, einige komplett mit Dach, als eine Art Schaubühne. Es sind niemals Nester, aber Aussehen und Konstruktion variieren ebenso wie beim Nestbau. Die Häuser einer Art sind immer gleichartig.

Die kulturellen Leistungen des *Archiboldia sanfordi*, Sanfords Laubenvogel, sind relativ bescheiden. In seinem Hochgebirgswald säubert er einen kleinen Platz und bedeckt ihn mit einer Matte aus Farnen. Der Rand wird mit Schneckenhäusern, toten Käfern und Holzkohlenstückchen geschmückt. Oberhalb seines Schauraumes hockend, wartet das Männchen. Nähert sich ein Weibchen, so läßt er sich auf die Mitte der Bühne fallen, duckt sich und kriecht, bittende Laute von sich gebend, zu ihm. Bleibt die Schöne unbeeindruckt, wird sie einen andern *Archiboldia sanfordi* suchen, während der abgewiesene Freier seine Dekorationen ändern und weiter warten wird wie ein geduldiger Araber vor seinem Zelt.

Das andere Extrem ist der Reisigturmbauer. In der Art eines Rundzeltes lehnt er Reisig an einen jungen Schößling und fügt immer mehr Zweige hinzu, bis der Turm zwei bis drei Meter groß ist. Der Bau der fortgeschrittensten Art, des Schmucklosen Laubenvogels, besitzt sogar Innenräume und ist gegen die schweren Regenfälle durch ein breites Dach geschützt. Vor dem Eingang des Turmes legt er seinen moosbedeckten Tanzplatz an und schmückt ihn mit Beeren, Schneckenhäusern und Massen von Blüten.

Lauterbachs Laubenvogel ist ein weiterer fortschrittlicher Angehöriger dieser Familie, der sich aber eines ganz anderen Bauprinzips bedient. Er ist eine Art Straßenbauer. Statt einen von einem zentralen Schößling gestützten Rundbau zu errichten, konstruiert er mittels eng nebeneinander eingesetzter Stöcke ein von vier Wänden umschlossenes Gebäude. Gilliard untersuchte eines dieser Gebilde und fand 1000 Kiesel als Pflasterung, 3000 Zweige als Auskleidung in den dichten Wänden der Laube und 1000 Grasbüschel an den Innenwänden. Man fand 16 derartige Bauten in einem Randgebiet der Graslandschaft Neuguineas, deren jeder einem einzigen Mitglied einer Gruppe gehörte; und jedes dieser Männchen harrte eines willigen Weibchens.

Auch Gilliard wartete und war dreimal anwesend, als ein Weibchen vorbeikam. Aufgeregt tanzte das Vogelmännchen auf seiner Plattform umher. Das Weibchen betrat die Laube. Hochgradig erregt wählte das Männchen eine hellrote Beere und überreichte sie seiner Braut zur Begutachtung, wie der Hahn seine bunte Federkrause und der Bock seinen herrlichen Hals zur Schau gestellt hatte.

Auch hier ist es für den Menschen mit all seinen vorgefaßten Meinungen äußerst schwer, der Schlußfolgerung zu widerstehen, die Handlung des Laubenvogels sei zweckgerichtet und diene einzig der Eroberung der Vogeldame. Aber wir müssen nur an den Paradiesvogel denken, der sein grünes Schnabelinneres bewundern läßt, ohne zu wissen, daß es grün ist. In beiden Fällen handelt es sich um ein artspezifisches Verhalten. Lauterbachs Laubenvogel baut ein kunstvolles Haus am Rande des Graslandes, legt es mit Kieselsteinen aus und zeigt seine roten Beeren, weil er einen grünen Rachen und einen bunten Federschmuck durch eine kulturelle Leistung ersetzt hat. Wie die Männchen aller Arenaspezies wetteifert er, einem inneren Trieb gehorchend, mit den anderen Männchen um seinen Status. Um einen entsprechenden Status zu erringen, muß seine Art ein Grundstück erwerben und verteidigen, es schmücken und auf eine bestimmte Weise herrichten. Wie der Schlüssel ein Schloß öffnet, so öffnet der Erfolg in dem anspruchsvollen männlichen Wettstreit das Herz des Weibchens. Er stimuliert es. Die Artgenossen, die im Wettbewerb versagt haben, die nicht zu den

16 vor ihren Häusern tanzenden Klubmitgliedern gehören, sind irgendwo im Wald – sexuelle Nieten. Aber sogar einem Mitglied des exklusiven Klubs mag der letzte Erfolg versagt bleiben, mag die rote Beere keine Erfüllung bringen; wird das Paarungsverlangen des Weibchens nicht stimuliert, so wendet es sich ab. In diesem Fall verbieten die strengen Regeln dem Männchen, irgend etwas zu unternehmen; wie der Bock in die Ferne starrt, wie der Hahn in sich zusammensinkt, so muß er in seine Laube zurückkehren.

Der größte Künstler dieser Spezies ist der Blauschwarze Laubenvogel, da er nicht nur ein Haus baut, sondern es auch ausmalt. Die Schilderung dieses seltsamen Vogels möchte ich mir für eine geeignetere Stelle aufheben – nicht weil er in Australien lebt anstatt in Neuguinea, sondern weil ich glaube, meine Frage bereits beantwortet zu haben. Der Mensch ist keine, war keine und wird niemals eine Arenaspezies sein. Es fehlt ihm hiezu an biologischer Moral.

Und auch wenn uns das Leben und Treiben der Arenageschöpfe verlockend erscheinen mag, hindert uns ein wichtiger, physiologischer Grund, ein solches Leben zu führen: Das menschliche Weibchen kann unsere langsam heranreifenden Nachkommen wahrscheinlich nicht ohne Hilfe bis zur Selbständigkeit aufziehen. Es geht nicht an, daß der menschliche Hahn inmitten einer Hähneschar ein Leben nach Hahnenart führt. Bei allen Arenaarten, die bis heute untersucht wurden, sind die Männer für die Aufzucht der Jungen entbehrlich. Doch auf dem Gebiet der vergleichenden Verhaltensforschung zeigen uns die Arenaspezies eine entwicklungsgeschichtliche Wahrheit, die, bis heute wenig beachtet, für unsere Untersuchung des territorialen Imperativs ungeheuer wichtig ist.

Seit dem Erscheinen von Darwins Werk ›Origin of Species‹, also seit ungefähr 100 Jahren, hat man uns und unsere Väter gelehrt, das Tier werde ausschließlich vom Selbsterhaltungstrieb motiviert. Wenn wir vom Daseinskampf und vom Überleben des Tauglichsten gesprochen haben, meinten wir den Selbsterhaltungstrieb: Das Tier kämpft, um zu überleben, um zu fressen, den Tod zu vermeiden, sich zu paaren, allenfalls noch, um seine Nachkommen zu schützen. Es bewohne eine ichzentrierte Welt, und all seine Instinkte seien so organisiert, daß es in seiner kleinen Welt bestehen könne. Man kann es als Ego bezeichnen oder als das Gesetz des Dschungels. Unmöglich schien, daß die Evolution ein physisches oder psychisches Merkmal fördern könne, das im Gegensatz zum Nutzen des Individuums steht; ein solches Verhalten hätte keinen arterhaltenden Wert.

Es ist diese Auffassung der Evolution, die in dem Denken des Menschen so viel Verwirrung angestiftet hat. Kein gebildeter Mensch leugnet heute, daß eine langsame, aber erklärbare Entwicklung von Fisch und Frosch, Vogel und Eidechse, Affe und Menschenaffe zum Menschen geführt habe. Kein Mensch leugnet, daß der Mensch eines moralischen Verhaltens fähig sei, einer Entscheidung zwischen Gut und Böse, einer Handlungsweise, die nach höheren und leuchtenderen Zielen strebt als dem Wohl des Ego. Wie sind wir so geworden? Wenn die Evolution andere Tiere im Daseinskampf mit Verhaltensweisen ausgestattet hat, die einzig dem Überleben des Individuums dienen, wo fand die Menschheit den Steigbügel, um sich zu ihrer Größe aufzuschwingen?

Es ist dies das undurchsichtigste Rätsel, das den menschlichen Geist seit dem letzten Jahrhundert beschäftigt. Wir sind zu einer Reihe von Antworten gelangt. Aus guten Gründen haben sich viele von uns an das göttliche Eingreifen und die Einzigartigkeit der menschlichen Seele geklammert, um das Unerklärliche zu erklären. Und viele haben, wie ich schon erwähnte, geleugnet, daß der Mensch Instinkte habe, die sein Verhalten beeinflussen, und behauptet, der Mensch habe eine neue Unabhängigkeit vom Evolutionsprozeß gewonnen. Einige haben das Problem achselzuckend übergangen und den Menschen einfach als moralisches und ethisches Tier beschrieben, eine Beschreibung, die keinerlei Erklärung liefert. Und natürlich gab es auch jene, die unsere klassische Auffassung der Evolution nach Darwin benützten, um die niedrigsten Handlungen der Menschen mit dem Gesetz des Dschungels zu rechtfertigen.

Ich möchte klarlegen, was ich für das brennendste Problem dieser Untersuchung halte: daß unsere alte Auffassung der Evolution falsch ist. Wenn ich das von der neuen Biologie in diesen bemerkenswerten Jahren gesammelte Beobachtungsmaterial betrachte, kann ich keinen qualitativen Bruch zwischen der moralischen Ausstattung des Tieres und der des Menschen finden. Die Evolution hat das Tier ebenso bereitwillig mit angeborenen Verhaltensvorschriften ausgestattet, die die Interessen des Individuums zugunsten unsterblicherer Ziele einschränken, wie sie dies bei der Spezies Mensch getan hat. Ja im Falle der Arenaarten ist die Evolution sogar weiter gegangen als bei uns, und darum habe ich die vorliegende Untersuchung mit einer so seltenen Verhaltensform begonnen.

Betrachten wir die ritualisierten Sitten des Stampfplatzes der Antilopen, die sexuellen Orgien des Paradeplatzes der Präriehühner oder die stille, eifrig tätige Gemeinschaft der Laubenvögel, so sehen wir an den Auswirkungen einer so moralischen Ordnung – oder einer so fremdartigen Ordnungsmoral –, daß sie jenseits des menschlichen Verständnisses liegt. Zur Förderung eines einzigen biologischen Zweckes, einer strengen Auslese der männlichen Gene innerhalb einer Population, wird der individuelle Vorteil rigoros beschränkt oder gehemmt. Das Weibchen ist trotz sexueller Hitze *nicht* frei, sich mit dem erstbesten Männchen zu paaren, sondern muß ein bewährtes Mitglied der Elite aufsuchen. Das besiegte Männchen ist *nicht* frei, abzuwandern, um sein Glück auf einem anderen Paarungsplatz zu suchen, sondern es wird von rätselhaften Fesseln an seine Gemeinschaft gebunden; in die Schar der Abgelehnten verwiesen, muß es eine psychische Kastration auf sich nehmen. Auch die Elite – einer unter zehn, zwanzig oder vierzig – muß sich den sexuellen Regeln unterordnen und die endgültige Wahl des Weibchens widerspruchslos akzeptieren. Würde nur eine Komponente des angeborenen Verhaltenskodex der sexuellen Aktivität der Arenaspezies nicht befolgt oder vernachlässigt werden, die ganze Struktur der Arena fiele in sich zusammen. Aber kein Teil dieses Kodex entspricht unserer üblichen Auffassung von den tierischen Instinkten.

Ich glaube, daß der Schlüssel zu diesem Kodex Territorialität heißt, und habe dem vorliegenden Buch deshalb den Titel ›Territorial Imperative‹ gegeben. Ich kann nicht behaupten, daß die an einigen hochspezialisierten Arten angestellten Beobachtungen mehr tun können, als vielleicht einen Zweifel auf unsere seit 100 Jahren etablierte Auslegung der Evolution zu werfen. Aber ich glaube, wir werden im Verlauf unserer Untersuchung auf umfangreiches Beweismaterial stoßen, daß die Evolution mit Hilfe der natürlichen Auslese imstande ist, angeborene Tendenzen heranzuzüchten, die – wie Moffat voraussah – dem Individuum zum Wohl der Art Beschränkungen auferlegen. Ich kann nicht umhin, hierin eine Art biologischer Moral und in der Territorialität die wesentlichste Triebkraft dieser natürlichen Moral zu sehen; mehr als nur eine Verhaltensweise, mehr als einen offenen Instinkt,

[1] Titel des amerikanischen Originals.

mehr als ein vorzügliches Verteidigungsinstrument – mit einem Wort, einen natürlichen Ausgleichsmechanismus zwischen dem Wohl des einzelnen und dem Wohl der Gemeinschaft.

Was die Menschen betrifft, so haben auch wir unsere territoriale Moral, wie ich zu zeigen versuchen werde. Aber sie hat nichts mit dem Arenaverhalten zu tun. Gehörten wir, wie der Laubenvogel, zu den Arenaarten, wäre unsere Fähigkeit, Kulturen zu schaffen und Zivilisationen zu gründen, ein Produkt dieser Art von evolutiver Entfaltung, unser Leben würde wesentlich anders aussehen. Gelänge es einem Mann nicht, einen Mindeststandard an Kultur zu erreichen oder sich entsprechend zu verhalten, er wäre zu sexueller Impotenz und Passivität verdammt. Die Frauen hingegen könnten sich ausschließlich mit kulturell hochstehenden Männern vereinen. Und wenn nicht genügend Männer im Konkurrenzkampf bestünden, um ihre Dienste den Frauen zur Verfügung zu stellen, befänden wir uns in einiger Bedrängnis. Die Frauen fänden, wie die überzähligen Präriehühner, keine Bettgenossen. Und die Bevölkerungsexplosion könnte, gemeinsam mit manchen anderen Problemen, von der Liste unserer Sorgen gestrichen werden.

Ich will nicht leugnen, daß es eine vorzügliche Idee wäre, den *Homo sapiens* zu einer Arenaart werden zu lassen, denn wir würden uns mit der Geschwindigkeit einer genetischen Rakete unseren utopischen Zielen nähern. Aber wie so viele vorzügliche Ideen hat sie leider einen kleinen Haken. Es fehlt uns die nötige biologische Moral.

Es fehlt uns das angeborene Gebot, das unsere sexuellen Impulse zum Nutzen eines selektiven Gemeinwohles lenkt. Und so müssen wir nach natürlichen Vorteilen suchen, die der menschlichen Natur eher entsprechen. Wenn wir aber auf der Überzeugung beharren, der Unterschied zwischen Mensch und Tier bestehe im wesentlichen darin, daß ersterer zu moralischen Handlungen fähig sei, dann werden wir weiterhin vor dem Rätsel stehen, daß einige Arenaarten über eine sexuelle Moral verfügen, die der unseren weit überlegen ist.

III
. . . bis daß der Tod uns scheide

1

Das Paar ist eine soziale Institution mit sexuellen Annehmlichkeiten von unterschiedlichem Wert. Der evolutive Wert des Paares beruht aber nicht auf einer sexuellen Notwendigkeit, denn wir haben bei der Betrachtung natürlicher Arenen gesehen, welche Blüten die Sexualität auch ohne dauernde Verbindungen treiben kann. Das Anliegen der natürlichen Auslese ist die Nachkommenschaft. Arenaverhalten ist ein evolutiver Luxus, den sich nur jene Spezies erlauben können, bei denen das Weibchen die Jungen ohne jeglichen männlichen Beistand aufziehen kann. Bei ungezählten anderen Arten verläuft das Leben nicht so einfach. Die Kinder können zu zahlreich sein oder zu anspruchsvoll, zu langsam in ihrer Entwicklung. Für diese ist das Paar und das, was die Biologen als Paarbindung bezeichnen, eine der erfolgreichsten Erfindungen der Entwicklungsgeschichte. Immer aber ist ein Problem vorhanden: Wie erreicht die Natur, daß der Vater bei der Familie bleibt und seinen Pflichten nachkommt?

Julian Huxley lieferte seinen ersten wesentlichen Beitrag zur Biologie im Jahre 1914, lange bevor Eliot Howard sein Buch über das Territorium schrieb. Es ist eine Arbeit über den Haubentaucher, einen in England häufigen Wasservogel. Wie die Familie des Pinguins ist die des Haubentauchers so alt, daß ihre Ursprünge vielleicht in die späten Tage des Dinosauriers und *Pterodactylus* zurückreichen. Und da der junge Zoologe selbst aus einer recht alten Familie stammte, hatte er offenbar das Gefühl, ein Huxley dürfe seine Jugend nicht zum Vorwand für eine nur halb getane Arbeit benützen. Seine Arbeit über den Haubentaucher war ebenso umfassend wie scharfsichtig und ausführlich. Sie nahm Schlußfolgerungen vorweg, zu welchen die damals noch ungeborene neue Biologie erst Jahrzehnte später gelangen sollte, und machte ihren Verfasser zu dem Biologen von Rang, der er bis heute geblieben ist.

Uns beschäftigen hier vor allem zwei von Huxleys zahlreichen Beobachtungen. Eine seiner grundlegenden Feststellungen betrifft die Tatsache, daß das Haubentauchermännchen nach vollzogener Kopulation sein Umwerben des Weibchens nicht aufgibt, sondern damit den ganzen Sommer hindurch fortfährt. Warum? Huxley folgerte zögernd, daß bei solchen Arten, bei denen beide Eltern zur Aufzucht der Brut nötig sind, irgend etwas eine Lösung der Paarbindung verhindere. Lange nachdem der sexuelle Impuls abgeklungen ist, behält das Männchen sein ritterliches Verhalten bei.

Diese Feststellung war höchst verwunderlich in einer Zeit, die unter den Nachwirkungen der Viktorianischen Ära und unter dem Einfluß von Freud die Erklärung aller Dinge in der Sexualität suchte. Huxleys zweite Beobachtung war ihrer Zeit ebenfalls voraus. Er machte sich über die unversöhnliche Feindschaft zwischen den einzelnen Paaren Gedanken und schrieb: »Vielleicht handelt es sich um einfache Feindseligkeiten zwischen den Angehörigen eines Paares gegenüber denen eines anderen Paares, aber der einzige Grund, den ich hierfür finden kann, ist das Eindringen eines oder beider Vögel in das Territorium des anderen Vogelpaares.«

In jenen »präterritorialen Tagen« begnügte sich Huxley damit, ein Gesetz zu erkennen, das Howard später genauer umreißen sollte; Huxley versuchte nicht, es zur Paarbindung in Beziehung zu setzen. Mit dem Fortschreiten der wissenschaftlichen Beobachtungen wurde den Naturforschern klar, daß das von einem Paar bewohnte, private Territorium eine wesentliche Verstärkung der Paarbildung darstellt. Die sexuelle Anziehung kann die Bindung herstellen, wie dies beim Menschen der Fall ist, oder auch nicht, wie wir beim Rehbock sehen werden. Fortgesetzte sexuelle Aktivität kann die Bindung stärken, wiederum wie beim Menschen und bis zu einem gewissen Grad beim Gibbon, oder sie kann bedeutungslos sein, wie es beim Rotkehlchen der Fall ist. Welchen Beitrag auch immer die Sexualität für die Beständigkeit der elterlichen Bindung liefert, jedenfalls ist es das eigene Territorium eines Paares mit Nachkommenschaft, das den Schutz der Brut bewirkt. Durch das seltsame Machtgefühl, das es dem Besitzer verleiht, wird eine andernfalls nicht vorhandene Energiequelle in den Dienst der Familie gestellt. Durch die Isolierung des Paares in seiner kleinen Welt, durch seine Feindseligkeit gegenüber allen anderen Artgenossen hält die Natur das Paar dort, wo es hingehört – zum Wohl der nächsten Generation.

Der Schluß dieses Kapitels wird sich mit der Frage beschäftigen, ob die Evolution das Paarterritorium beim Menschen, ebenso wie bei vielen Tieren, als arterhaltende Einrichtung gefördert hat. Von der Möglichkeit, daß der Mensch einer Arenaart angehöre, mußten wir mit der bedauerlichen Feststellung Abschied nehmen, daß uns hierzu die biologische Moral fehlt. Beim Paarterritorium ist die Sache nicht so einfach. Trotzdem müssen wir bei der Betrachtung der verschiedenen Tierspezies und im Hinblick auf die jüngsten wissenschaftlichen Theorien mit einiger Skepsis daran denken, daß eine reine Analogie noch keinen Beweis für ein Entstehen menschlicher Einrichtungen als Folge tierischer Gesetzmäßigkeiten darstellt.

Die Entdeckung, daß Rehe ein Territorium verteidigen, ist ein guter Ausgangspunkt. Durch fast 30 Jahre – seit der Veröffentlichung von Franck Fraser Darlings meisterlichem Beitrag zur naturgeschichtlichen Prosa, seinem Buch ›A Herd of Red Deer‹ – war man der Meinung, daß keine Wildart ein Territorium verteidige. Sogar die glänzend angelegten Untersuchungen Georg Schallers über die Beziehung zwischen Tiger und Rotwild in Vorderindien – so jungen Datums, daß sie noch nicht veröffentlicht wurden – erwähnen keine territorialen Spezies. Ich war daher einigermaßen verblüfft, als ich 1964 in der Sonntagsausgabe einer Londoner Zeitung eine Geschichte von Colin Willock, dem Verfasser des Buches ›The Enormous Zoo‹, entdeckte, in der erwähnt wurde, die Rehe Südenglands würden nicht nur ein Territorium verteidigen, sondern von den Forstbeamten auch als Helfer herangezogen werden. Als ich mich mit Willock in Verbindung setzte, bestätigte er seine Äußerungen. So packte ich meine Safariausrüstung und schickte mich an, den Gefahren der Salisburyebene zu begegnen. In einem kleinen Dorf mit dem merkwürdigen Namen Six Penny Handley, 22 Kilometer nördlich von Salisbury, traf ich mit dem jungen Förster zusammen, der der gepflegten Wildnis der englischen Wälder dieses Geheimnis entrissen und es sich nutzbar gemacht hatte.

Den Hintergrund der Geschichte bildet eine ärgerliche Begegnung zwischen der englischen Forstverwaltung und einem Tier, das sich nicht einschüchtern ließ. Bald nach dem Ersten Weltkrieg beschloß England, seine verkümmerten Wälder aufzuforsten, um die Holzversorgung zumindest teilweise sicherzustellen. Auf am Waldrand gelegenem Weideland pflanzte man Baumschulen, und alter, vernachlässigter Waldbestand wurde gesäubert und erneuert. Die Bemühungen waren intensiv und erfolgreich – sehr zur Freude der Rehe. Es gibt Waldtiere, deren größtes Vergnügen es ist, im Jungwald zu äsen, zum begreiflichen Leidwesen aller Förster. Die Rehe vermehren sich schneller, als die jungen Bäume nachwachsen können. Nicht einmal größere Vernichtungsfeldzüge hatten Erfolg, denn ein Tier, das nicht in Herden lebt und sich im Wald verbirgt, ist schwer auszurotten.

Im Jahre 1957 sah die Forstverwaltung ein, daß mit dem Morden allein nichts zu gewinnen war, und wandte sich hilfesuchend an die Wissenschaft. Richard Prior war zu dieser Zeit ein junger, höchst erfolgreicher Londoner Geschäftsmann, der sich ebenfalls mit einer harten Wahrheit des britischen Lebens abfinden mußte: Da es sich bei seinem Unternehmen um einen Familienbesitz handelte, waren seinem Aufstieg Grenzen gesetzt. Verärgert nahm er eine Stellung bei der Forest Commission für 10 Pfund pro Woche an und erhielt die Aufsicht über ein Gebiet von 2000 Morgen Wald, Cranborne Chase genannt, am Rande des Dorfes Six Penny Handley.

Prior erhielt seinen Auftrag auf einer »Versuch-was-du-willst«-Basis, teils weil die Verwaltung am Rande der Verzweiflung war, teils weil es, wie er sagte, peinlich sei, einem Mann so wenig zu zahlen und sich dann noch in seine Arbeit einzumischen. Er besaß keinerlei wissenschaftliche Ausbildung, stammte aber aus einer Jägerfamilie, kannte Rehe seit seiner Kindheit und war ein erstklassiger Schütze. In Cranborne Chase kam er mit dem Wunsch an, sowohl den Wildbestand als auch den Wald seiner Arbeitgeber zu retten. Daß er nicht über die Spezialkenntnisse eines Ethologen verfügte, war, wie sich zeigte, gänzlich unwichtig.

Rehe sind keine großen Tiere und bilden niemals Herden. Im Winter finden sie sich zu unorganisierten Gruppen zusammen, wo immer es junge Schößlinge gibt. Außer Zedern äsen sie fast alles – Buchen, Edeltannen, ja sogar die amerikanischen Douglastannen, die im feuchten Südengland so gut gedeihen. Die Geiß wird im Winter von den Jungen des vorangegangenen Jahres begleitet. Auch ist sie seit der letzten Brunftzeit beschlagen (schwanger) und wird im Mai die Kitze setzen. Trotz ihrer mütterlichen Pflichten aber muß sie für sich selbst sorgen. Erst Mitte März, wenn der meist milde Winter zu Ende geht und die Niederkunft naht, beginnen sich die Muttertiere mit ihren heranwachsenden Jungen im Wald zu zerstreuen. Bald darauf beginnt die Paarbildung.

Hätte Prior eine wissenschaftliche Ausbildung genossen, besonders an unseren Schulen, sein Blick wäre wahrscheinlich von den irrigen Ansichten der alten Biologie getrübt gewesen. Sogar die Ornithologie hat bis vor kurzem Paarbildung und Territorium als notwendigerweise mit dem sexuellen Impuls verbunden angesehen, und wir haben gehört, wie eng Sex und Territorium bei den Arenaarten verwoben sind. Als Prior seine systematischen Beobachtungen begann, hatte er es mit vollkommen andersgearteten Gegebenheiten zu tun. Der Rehbock gesellt sich zu einer Geiß, die im vergangenen Jahr wahrscheinlich *nicht* seine Partnerin war, und zwar zu einem Zeitpunkt, in dem sie längst trächtig ist. Die Brunftzeit, im Hochsommer, ist noch weit. Trotzdem ziehen die beiden durch den Frühlingswald bis zu einem wahrscheinlich von der Geiß gewählten Platz. Hier errichtet der Bock sein Territorium von beträchtlichen Ausmaßen, das er mit der Geiß und ihren Jungen vom letzten Jahr teilt. Erst im Mai wird sie die neuen Kitze setzen, deren Vater mit größter Wahrscheinlichkeit ein anderer Bock ist. Der Territoriumsbesitzer beschützt die ganze Gruppe, und wenn wir nicht stiefväterliche Gefühle annehmen wollen, können hier väterliche Impulse ebensowenig im Spiel sein wie sexuelle.

Ich habe bereits erwähnt, daß die natürliche Auslese um die Nachkommenschaft besorgt ist, nicht um das Geschlechtsleben, und der zeitlich festgelegte Territorialtrieb des Rehbockes scheint eine gute Bestätigung dafür. Die Geiß bringt zumeist zwei Kitze zur Welt (die Hirschkuh setzt nur ein Kalb), und zwar zu einem Zeitpunkt, zu dem das Junge des letzten Jahres – im allgemeinen überlebt nur eines den Winter – noch nicht selbständig ist. Hier haben wir das Musterbeispiel einer biologischen Situation vor uns, in der die Jungen für die Mutter zu zahlreich sind, um allein mit ihnen fertig zu werden. Die biologische Antwort ist das Paar und ein Ehemann, der sie, wenn auch nur kurzzeitig, verteidigt und für Ungestörtheit und ausreichende Nahrungsmengen sorgt. Um sicherzugehen, daß ihn nicht die Wanderlust überkommt, hat ihn die Evolution mit dem territorialen Instinkt ausgestattet.

Rehterritorien sind zwar jahreszeitlich bedingt, aber während dieser Zeit ist der Bock ein wackerer Verteidiger, der keinen Eindringling duldet. Je größer und stärker er ist, um so größer wird das von ihm beherrschte Revier sein, und es ist diese Eigenschaft des Bockes, die – wie ich feststellen konnte – das Priorsche System des Forstschutzes ermöglicht. Da der Bock monogam ist und auf seinem Territorium ausschließlich Frau und Stiefkinder duldet, steht die Rehpopulation eines Waldes im umgekehrten Verhältnis zu der Güte der Böcke. Sind alle erstklassig und verteidigt jeder von ihnen erfolgreich seine 100 Morgen, so wird die Population klein sein; sind alle minderwertig – und kein Bock kann mehr als 10 Morgen kontrollieren –, so wird die Population groß sein. Durch den Abschuß der schwächlichen Böcke unterstützte Prior nicht nur die natürliche Auslese in der Verbesserung der Rasse, sondern erreichte auch, daß Cranborne Chase durch das Vorhandensein von maximalen Territorien ein Minimum an Rehen beherbergte; der Wildschaden war dementsprechend gering.

Ich war begeistert. Niemals vorher war irgend jemandem die Idee gekommen, den territorialen Instinkt gewinnbringend zu verwerten. Doch meine Begeisterung sollte noch größer werden, denn der junge Exgeschäftsmann war, ohne es zu beabsichtigen, zur Perfektionierung seines Systems in einen der verborgensten Winkel kontinentaler Ethologie eingedrungen. Seine Erkenntnis, daß die »Ersatzhandlungen« der Rehe die Quelle der schlimmsten Wildschäden sind, führte ihn zu dem Schluß, die Territorien müßten groß, aber nicht zu groß sein. Um seine Entdeckung zu verstehen, müssen wir einen kleinen Ausflug in die Ethologie machen.

Eine Antilope, wie zum Beispiel der Uganda-Wasserbock oder der Kudu, hat ihre Hörner auf Lebzeiten. Unsere Rehe werfen ihr Gehörn jeden Herbst ab. Die zarten, noch weichen Geweihe, welche das Gehörn des letzten Jahres ersetzen, sind mit dem sogenannten Bast bedeckt, und wenn der knöchrige Wuchs beendet und hart geworden ist, wird der Bast an den Baumstämmen abgewetzt. Man nennt dies das »Fegen«, und es war eine der ersten Entdeckungen von Prior, daß dieses Fegen für den Waldbestand wesentlich schädlicher ist als das winterliche Äsen im Jungwald. Das Hin- und Herwetzen des harten Gehörns an den weichen, jungen Baumstämmen hat zur Folge, daß die Gehörne ihren Bast verlieren, aber auch die Stämme ihre Rinde, wodurch ihr Wachstum beeinträchtigt wird. Aber das schädlichste und heftigste Fegen tritt nicht beim Abstreifen der toten Basthaut ein, sondern dann, wenn sich zwei erzürnte Böcke an einer gemeinsamen territorialen Grenze gegenüberstehen. Werden sie kämpfen? Kaum. Sie werden die benachbarten Bäume attackieren.

Die allen Tierverhaltensforschern wohlbekannte Ersatzhandlung ist ein Begriff, der mit seiner Einbeziehung des Instinktmäßigen von der Humanpsychologie übernommen wurde. Was den bedrängten Rehbock ärgert, macht auch uns oft Schwierigkeiten; haben wir zwischen zwei gegensätzlichen Handlungsweisen zu wählen – zu kämpfen oder zu fliehen, unsere Beleidigungen fortzusetzen oder uns zu entschuldigen –, so tendieren wir im Moment zu einer voraussagbaren Ersatzhandlung, die mit den beiden Alternativen nichts zu tun hat.

Eines der heitersten Bilder im Repertoire des Tierverhaltens bietet die Silbermöwe, wenn sie in eine ähnliche Situation gerät wie die beiden Rehböcke. Ihr Verhalten wurde von Tinbergen beschrieben. Auch sie besitzt ein Paarterritorium – es ist klein und umgibt ihr Nest –, und wenn ein Eindringling erscheint, treibt ihn das Möwenmännchen mit Flügelschlägen und lautem Gekreisch dorthin zurück, wo er hingehört. Der abgedrängte Vogel, jetzt nicht mehr Eindringling, sondern im Schutze seines Territoriums, tritt nun seinerseits dem Feind an der Gebietsgrenze entgegen. Es folgen Drohgebärden, Köpfe werden gereckt, Flügel zum Schlagen erhoben. Da sich die Tiere, bebend vor Empörung, in einer Entfernung von kaum einem halben Meter gegenüberstehen, wird jeder Beobachter den sofortigen Kampfbeginn voraussagen. Aber es kommt nicht zur Schlacht. Statt dessen beginnen beide Vögel plötzlich mit außerordentlicher Wildheit Gras auszurupfen.

Ein Nest wird gebaut; das heißt, man entscheidet sich weder zum Kampf noch zur Flucht, sondern für eine dritte, vollkommen andersartige Handlung: für den Nestbau. Tinbergen fand die Lösung mittels vergleichender Verhaltensbeobachtung. Der dreistachelige Stichling, ein angriffslustiger, territorialer Fisch, zeigt genau die gleichen Ersatzhandlungen. Das Männchen gräbt in dem sandigen Boden jener seichten Gewässer, die es zur Paarungszeit bevorzugt, ein Nest. Geraten zwei männliche Stichlinge, Besitzer von benachbarten Revieren, in Grenzstreitigkeiten und jagen einander hin und her, einmal auf dieses Territorium, einmal auf jenes, so stehen sie, wie von einer unsichtbaren Mauer getrennt, einander schließlich gegenüber – wutentbrannt und aufs äußerste erregt; ebenso unvermutet wie die Silbermöwe gehen sie dann plötzlich in die Vertikale und beginnen zornerfüllt, Löcher in den Sand zu graben.

Ersatzhandlungen sind »artspezifisch«. Dieser zoologische Ausdruck bedeutet, daß alle Mitglieder einer Art das gleiche Merkmal aufweisen, sei es die Farbe der Federn oder eine bestimmte Verhaltensweise. Die Silbermöwe wird immer Gras ausrupfen, der Stichling immer ein Loch graben. Wenn sich zwei Antagonisten an einer Reviergrenze gegenüberstehen, jeder durch einen Hemmungsmechanismus an einem weiteren Kampf oder einem weiteren Zurückweichen gehindert, muß die Energie ein Ventil haben. So springt sie auf eine dritte, instinktmäßige Bahn über, die keinem Teil Schaden zufügt, aber die aufgestaute Energie entlädt. Es ist, als ob ein eingebauter Kurzschluß oder ein Sicherheitsventil in das Wirkungsgefüge der Instinkte eingebaut wäre. Natürlich heißt das Ventil nicht immer Nestbau. Unentschlossene Kampfhähne pflegen auf dem Boden nach Körnern zu picken. Ebenso verhalten sich die Lerchen. Da Kohlmeisen ihre Nahrung nicht auf dem Boden, sondern auf den Bäumen finden, besteht ihre Abreaktion im Abreißen von Blättern und Blüten.

Das Erkennen der Ersatzhandlung als einen grundlegenden Prozeß gehört zu den wichtigsten Leistungen der Ethologie. Das Glätten des Gefieders oder Lecken des Fells ist ein von so vielen Tieren gewählter dritter Weg, daß Niko Tinbergen darin einen unabhängigen Instinkt sieht, den er als »Körperpflegeinstinkt« bezeichnet. Wäre er kein gesonderter Instinkt, gäbe es keine vorgezeichnete Bahn, in welche die Energie überspringen kann. Und wenn die Kulturanthropologen noch so überzeugt von der Bedeutungslosigkeit unserer Instinkte sprechen, muß sich ein Dramatiker, zu dessen Beruf es gehört, seine Mitmenschen zu beobachten, dennoch fragen: Ist nicht auch der Mensch eine »Körperpflegespezies«?

Man beobachte einmal einen Ringkampf oder ein Handgemenge zwischen Schulbuben. Zögernd, nicht sicher, ob sie angreifen oder zurückweichen sollen, fahren die Gegner mit dem Handrücken über die Nase. Die Beschäftigung mit der Nase ist ein wichtiges menschliches Ventil in Augenblicken der Unentschlossenheit; Frauen pflegen in diesem Fall die Puderdose zu zücken. Auch das Haar ist wichtig. Ob Filipino, Amerikaner oder Stammeshäuptling von Ruanda: wer nicht recht weiß, was er sagen oder tun soll, wird wahrscheinlich sein Kinn reiben oder sich am Kopf kratzen. Es ist eine artspezifische Geste, die ich nicht für erworben halte und die älter zu sein scheint als der moderne Mensch, da sie allen Rassen eigen ist. Die Frau wird natürlich niemals ihr bartloses Kinn streichen, statt dessen fährt sie über ihr Haar. Aber irgend etwas an der Beschäftigung mit dem Haar scheint mit der sexuellen Reife in Zusammenhang zu stehen. Kinder besitzen die Gewohnheit nicht, sondern neigen dazu, an ihren Fingernägeln zu kauen. Der Erwachsene tut dies nur selten, aber in Momenten innerer Anspannung oder Verlegenheit pflegt er oft eingehend seine Nägel zu betrachten.

Ob der Mensch zu den »Körperpflegespezies« zählt oder nicht, muß eine einigermaßen wichtige Frage für jene sein, welche dem Menschen keine instinktmäßigen Verhaltensweisen zubilligen. Da die Humanpsychologie sich meines Wissens niemals mit der Frage beschäftigt hat, besitzen wir kein wissenschaftliches Material darüber und müssen das Problem daher künftigen, kompetenteren Autoritäten überlassen. Etwas aber steht fest: Der Mensch mag an der Mutterbrust gelernt haben, sein Kinn zu reiben, aber der Rehbock hat an dieser Stelle nicht gelernt, die Bäume zu attackieren.

In von Rehen bewohnten Wäldern werden wutentbrannte territoriale Nachbarn, die einander an einer gemeinsamen Grenze gegenüberstehen und weder vor- noch zurückzugehen wagen, ihren aufgestauten Zorn in jene Handlung überleiten, die normalerweise dem Abstreifen des Bastes vom Gehörn dient. Dies kann auch im Sommer geschehen, wenn der Bast längst verschwunden und das Gehörn bereits hart wie Eisen ist. Dessenungeachtet absorbiert das Fegen ihre Energien, und zum Schrekken der Forstverwaltung fallen sie mit weithin hörbarem Krachen über den nächstbesten Baum her.

Zur Lösung dieses Problems bringt Prior ein weiteres ethologisches Prinzip in Anwendung:

Es gibt ein Gesetz für das territoriale Verhalten, das ebenso für den einzelnen Rehbock gilt, der seinen Besitz verteidigt, wie für eine Horde von Brüllaffen, die ihr gemeinsames Revier schützt. Huxley hat das Territorium bereits vor langer Zeit mit einer Gummischeibe verglichen: Je stärker es zusammengedrückt wird, desto stärker ist der nach außen gerichtete Druck, wieder in die alte Form zurückzukehren. Die Selbstsicherheit des Besitzers ist im Herzland am größten, die des Eindringlings am geringsten. Hier wird der Besitzer am erbittertsten kämpfen, hier erreicht seine Aggression den Höhepunkt. Aber diese Selbstsicherheit sinkt, sowie sich der Gebietsinhaber seinen Besitzgrenzen nähert, und schwindet vollkommen, sobald er sie überschritten hat. Im benachbarten Revier wird der Fluchttrieb den Aggressionstrieb ablösen, während der Kampfesmut des Nachbarn zurückkehrt, sobald er seinen eigenen Grund betritt.

Es ist dies ein tief verankertes Gesetz, das universelle Gültigkeit hat. Richard Prior benützte es für seinen Forstschutz. Wenn eine zu große Anzahl Böcke in demselben Wald lebte – so überlegte er –, besäße jedes Tier ein für seine Energien zu kleines Territorium; Grenzstreitigkeiten würden überhandnehmen und ebenso das Fegen und der damit verbundene Waldschaden. Ist anderseits eine zu geringe Population vorhanden, dann sind die Territorien zu groß für die Kontrollmöglichkeiten des Besitzers, und der Druck der Gummischeibe wird sich bereits vor der Grenze erschöpfen. Quantitativ gesprochen: Es wird mehr Platz im Wald vorhanden sein, als die Böcke in Besitz nehmen können, und jüngere Böcke werden abwandern, um in schwach verteidigten Gebieten neue Territorien zu errichten. Die alte Situation mit ihren engen Grenzen, Wutausbrüchen und beschädigten Bäumen ist wieder da.

Das Fehlen jeder wissenschaftlichen Schulung entmutigte den Londoner Geschäftsmann keineswegs, mit seinen schwierigen Übungen in Verhaltensmathematik fortzufahren. Jahr um Jahr kam er durch sorgfältige Auslese und fortwährende Beobachtung dem idealen Gleichgewicht zwischen Population und Raum näher, einem Gleichgewicht, das die territoriale Autorität jedes Bockes gewährleistet, ihm aber den geringsten Anlaß zu Grenzkonflikten bietet und den minimalsten Energieüberschuß, um die Bäume zu zerstören.

Mit dem Beginn der Brunftzeit ist die schlimmste Bedrohung für den Waldbestand vorüber. Die Brunft setzt im allgemeinen in den letzten Juliwochen ein, wenn das Muttertier die Kitze längst abgestillt hat. Ihre Zeit der physischen Anfälligkeit ist vorüber, die Zeit der romantischen Anfälligkeit ist angebrochen. Der Bock verwendet seine Energie nicht mehr auf die Verfolgung des Rivalen, sondern auf die Verfolgung der Ricke; nicht mehr auf die Zerstörung junger Eichen, sondern auf die Entflammung junger Liebe. Sein Nachbar verhält sich nicht anders. Es ist eine anstrengende Zeit, denn aus ungeklärten Gründen treibt der Bock die Geiß mit höchster Geschwindigkeit oft bis zu dem Punkt, an dem beide zu erschöpft zur Kopulation sind. »Hexenringe«, ausgetretene, kreisförmige Pfade, gehören zu den Merkmalen des Waldes. Einige sind oft sehr alt und stellen eine kulturelle Veränderung der Landschaft dar, die von Generationen liebesdurstiger Rehe hervorgebracht wurde.

Anfang August ist die Brunft vorüber. Der Bock ist am Zusammenbrechen, ebenso das territoriale System. Der Bock wandert ab. Wohin er geht, weiß niemand genau, vielleicht auf Erholung in einen andern Wald. Die Geiß mag ihn im Spätherbst wiedersehen, wenn der Frost einsetzt, die Nächte länger werden und die Rehe durch Gestrüpp und Laub zu ihren Winterquartieren ziehen. Sieht ihn die Geiß, so erkennt sie ihn nicht mehr; sie sind Fremde geworden. Das Band, das sie während einer bestimmten Zeit so fest aneinanderschmiedete, war in Wahrheit nur das gemeinsame Territorium.

2

Keine Einrichtung der Natur ist in dem bunten Spektrum des Wirbeltierlebens so weit verbreitet und so alt wie das Paar auf seinem Territorium. Gilliard bezeichnete das Paarband als den zentralen Faktor im Leben von 99 Prozent aller Vogelarten. Allerdings verstärken einige das Band mit den erstaunlichsten Mitteln. Die Dohlen besitzen kein Territorium, aber sie paaren sich auf Lebenszeit, und Scheidungen sind praktisch unbekannt. Die Ritterlichkeit des Dohlenmännchens übertrifft sogar die des Haubentauchers; der Gatte füttert seine Gefährtin fortwährend mit Schnabelladungen von leckeren, mit Speichel vermengten Wurmstückchen. In meinem Buch ›Adam kam aus Afrika‹ habe ich das seltsame, aber recht schmerzvolle Erlebnis Konrad Lorenz' geschildert, als eine irregeleitete Dohle sich in ihn verliebte und, da sie keinen bereitwillig geöffneten Mund fand, um ihren liebevollen Tribut abzuladen, diesen schließlich in das Ohr des Naturforschers stopfte.

Eine noch originellere Methode, das Paarband zu verstärken, wurde vor kurzem in den Studien von Myles North und W. H. Thorpe über den Bou-bou-Würger in Kenia beschrieben. In den dichten tropischen Laubwäldern mag es für ein Vogelpaar schwierig sein, in Kontakt zu bleiben. Eine territoriale Isolierung und Verteidigung ist daher wahrscheinlich ungeeignet für diese Spezies und wird von der Evolution nicht gefördert. Trotzdem ist das ewige Problem vorhanden, ein Auseinandergehen des Paares zu vermeiden. Im Bou-bou-Würger hat die natürliche Auslese eine verblüffende Fähigkeit für den Wechselgesang entwickelt. Obwohl nicht in Sichtweite voneinander, singen die Vögel Duette. Jedes Paar entwickelt bestimmte Melodien, und da jeder Partner jede Partie des Duetts anstimmen kann, wird der Gesang zum Identifikationsmerkmal. Eine derartige Substituierung einer musikalischen Komposition für ein Territorium stellt allerdings recht große Ansprüche an die schöpferische Leistung des Vogels. Ein von North beobachtetes Paar sang im Laufe eines einzigen Tages 17 verschiedene Melodien. Eine derartige kulturelle Leistung des Vogels stellt aber auch einige Ansprüche an das menschliche Erklärungsvermögen: Die Vogelpaare in Kenias Wildnis singen in den Grundtonintervallen der angeblich vom Menschen erschaffenen, konventionellen Ganztonskala!

Das System der Bou-bou-Würger, den Vater zu Hause festzunageln, weil er nur mit seiner Frau Duette singen kann, dürfen wir als etwas exotisch bezeichnen. Das Wald-und-Wiesen-Schema ist das Paarterritorium. Es beherrscht das Leben eines unseres engsten Primatenverwandten, des kleinen, erfolgreichen Gibbons. C. R. Carpenters Arbeit über den Lar-Gibbon von Thailand, 1940 veröffentlicht, überlebte Jahrzehnte des Skeptizismus, um durch John Ellefsons Bericht von 1965 über die gleiche Art in Malaya eine glänzende Bestätigung zu finden.

Zum Unterschied von allen Menschenaffen und den meisten Affen lebt der Gibbon in einer Einfamiliengruppe und paart sich auf seinem Territorium zumeist fürs Leben. Der laute Ruf des Männchens, den man so oft im Zoo hört, verkündet dem Nachbarn seinen Standort und warnt, daß kein Ruhestörer geduldet würde. Ist der Gibbon in aggressiver Laune, so übermittelt der Ruf die Einladung an einen ebenso gestimmten Gibbon, an der Grenze zu erscheinen und sich zum Kampf zu stellen. Trotz seiner Schmächtigkeit kann der geschickte Akrobat der Baumwipfel ein Waldgebiet bis zu einer Viertelquadratmeile kontrollieren. Obwohl sich seine Partnerin niemals in die Kämpfe einmischt, begleitet sie ihn gelegentlich zu der bedrohten Grenze, um ihm hier mit ihrem moralischen Zuspruch beizustehen.

Die Frage nach dem »Warum?« hat alle territorialen Überlegungen von Anbeginn beherrscht. Warum werden so viele Energien für die Verteidigung eines Reviers aufgewendet, das sich durch nichts von dem angrenzenden Gebiet unterscheidet? Was den Gibbon betrifft, sehen Carpenter und Ellefson die wesentlichste Funktion des Territoriums in der Sicherstellung der Nahrungsversorgung. Aber 100 Morgen tropischen Urwaldes sind eine reiche Vorratskammer für Vater und Mutter Gibbon mit zwei oder drei heranwachsenden Kindern. Es war Unzufriedenheit mit der Nahrungs- und einigen anderen damals verfochtenen Theorien, die den englischen Ornithologen David Lack dazu führte, das Territorium mit der Paarbindung zu koppeln.

Lack ist heute Leiter des Earl Grey Institute of Field Ornithology in Oxford. In den dreißiger Jahren war er Lehrer an der Dartington Hall in Devon. Dort beobachtete er anscheinend fünf Jahre lang mit einem Auge die Schüler, mit dem anderen die Rotkehlchen. Der Erfolg dieser sorgfältigen Beobachtungen war ein Buch namens ›The Life of the Robin‹, das Eliot Howards klassischem Werk, Darlings Arbeit über das Rotwild, Niko Tinbergens ›The Herring Gull's World‹ und Konrad Lorenz' ›Er redete mit dem Vieh, den Vögeln und den Fischen‹ ebenbürtig ist.

Bereits 1933 hatte David Lack sein Mißbehagen über die damals vorherrschenden Auslegungen der Territorialität ausgesprochen. Welchen wesentlichen arterhaltenden Wert besitzt die Verhaltensweise? Wie ich im letzten Kapitel angedeutet habe, wurden damals verschiedene Erklärungen vorgeschlagen: das Territorium sichere die Nahrungsversorgung, es gewährleiste eine richtige Populationsverteilung im Verhältnis zu den Umweltsgegebenheiten, es stellte ein Kriterium für die Auswahl der tauglichsten Männchen dar. Lack fand für jede Auslegung so viele Ausnahmen, daß er an der Territorialität als allgemeingültigem Gesetz der Vogelwelt zu zweifeln begann. Kurz darauf trat er seine Arbeit in Dartington Hall an und kroch in aller Herrgottsfrüh aus den Federn, um die Rotkehlchen bei ihrem morgendlichen Tun zu beobachten.

Das Rotkehlchen ist ein begeisterter Anhänger der territorialen Idee. Neben seinem Enthusiasmus für einen eigenen Besitz zeigt das Rotkehlchen einen ebensolchen Enthusiasmus für den Kampf. Lack errichtete, in der Absicht, die Vögel zu fangen und ihr soziales Verhalten zu beobachten, ein riesiges Vogelhaus (von 10 Meter Länge). Aber der Plan stieß auf Hindernisse. Die Voliere bot einem besiegten Vogel keinen Fluchtweg, und binnen vier Tagen tötete ein Männchen vier Rivalen. Obwohl es natürlich möglich ist, daß der Mörder eine schlechte Kinderstube und eine unglückliche Jugend hinter sich hatte oder das Opfer einer kriegerischen Propaganda geworden war, ist es doch wahrscheinlicher, daß er einfach einen guten Kampf genoß. Lack stellte fest, daß Sex vielleicht das größte Vergnügen vieler Tierarten sein mag, das Rotkehlchen aber eindeutig am meisten den Kampf liebt.

Die Rotkehlchen zu fangen war wesentlich einfacher, als zu wissen, was man mit ihnen tun sollte. Ein Männchen errichtet sein Reich auf der Wiese. Von diesem Augenblick an entwickelt es eine derartige Neugierde für jeden fremden Gegenstand, der sich auf seinem Grundstück befindet, daß es – stellt man eine Falle auf – sofort hineingeht. Lack mußte nur möglichst gut sichtbare Fallen anbringen, und binnen zwei Stunden saß ein Rotkehlchen drin. Eines der Männchen begann sogar an den Fallen Vergnügen zu finden; bei dem Versuch, das Weibchen zu fangen, mußte Lack das Männchen siebenmal an einem Tag befreien, achtmal am nächsten.

Wie die meisten Vögel läßt auch das Rotkehlchen sein trotzig herausforderndes Lied nur innerhalb seiner Gebietsgrenzen erschallen. Wie bei den meisten Vögeln genügt dieser Gesang im allgemeinen, um jeden Eindringling fernzuhalten. Sollte er seine Wirkung verfehlen, dann ist das Rotkehlchen zum Kampf bereit, allerdings nur mit seinen Artgenossen. Im Laufe seiner Experimente konnte Lack feststellen, daß es die rote Brust ist, welche den Zorn des Besitzers entfacht. Eine Reihe ausgestopfter Vögel, die man ihm auf sein Grundstück setzte, ignorierte er oder unterzog sie nur einer flüchtigen Untersuchung; aber ein kleines rotes Federbüschel genügte, um den Kampf auszulösen. Da aber jeder Schlacht ein letzter Versuch des Grundherrn vorangeht, die Ruhestörung auf friedlichem Weg zu beseitigen, bot sich Lack eine recht erheiternde Szene: Seine Rotkehlchenmänner drehten sich mit aufgeplustertem Gefieder in einem Winkel von 180 Grad hin und her wie kleine Ballons und zeigten dem roten Federbüschel ihre furchteinflößende Vorderseite.

Niko Tinbergen erlebte Ähnliches mit seinen Stichlingen, jenen Geschöpfen, die während der Grenzstreitigkeiten, auf dem Kopf stehend, Löcher in den Sand graben. Wenn die Paarungszeit naht, nimmt das Männchen sein Territorium in Besitz, entwickelt eine rote Unterseite und eine grimmige Stimmung. Es stürzt sich auf alles, was rot ist. Tinbergen stellte zwanzig Aquarien, der Straße zugewandt, auf die Fensterbretter, alle angefüllt mit Stichlingen, die sich gegenseitig nicht sehen konnten, aber nach Feinden lechzten. Zum Erstaunen des Forschers stürzten sich eines Tages sämtliche Stichlinge mit drohend erhobenem Rückendorn zur Fensterseite des Aquariums: einer der roten englischen Postwagen war auf der Straße vorbeigefahren!

Aber ein beachtlicher Unterschied ist zwischen Rotkehlchen und Stichling vorhanden. Die Rotkehlchen beschränken weder ihren roten Schmuck noch ihre Angriffslust auf die Paarungszeit. Außerdem besitzt auch das Weibchen beide Merkmale. Es hat eine rote Brust und kann im Herbst ein eigenes Territorium gründen, sein Lied ertönen lassen und ebenso energisch wie das

Männchen jeden Eindringling verscheuchen. Eines Herbstmorgens setzte David Lack ein ausgestopftes Rotkehlchen an einer zwei Meter langen Stange in das Revier eines besonders angriffslustigen Weibchens. 40 Minuten lang plusterte es sich auf, sang und flog gegen den unverschämten Eindringling an, ihn wieder und wieder attackierend. Da läutete die Frühstücksglocke, und Lacks Hunger gewann die Oberhand über seine wissenschaftliche Neugier. Er nahm Stange und Vogel und ging zum Haus. Glücklicherweise drehte er sich um: Noch immer attackierte das Weibchen den Platz in der Luft, an dem der ausgestopfte Vogel gewesen war. Es setzte seine Angriffe fort, pickte wild ins Leere, aber jedesmal sank der eingebildete Feind tiefer, bis er nur noch einen Meter vom Boden entfernt schien. Ich glaube nicht, daß irgendein Wissenschaftler versucht hat, für diesen sonderbaren Vorgang eine Erklärung zu finden.

Fast ebenso schwer zu erklären ist, wie die Rotkehlchenmännchen und -weibchen, beide gleichermaßen aggressiv, beide gleichermaßen durch die rote Brust stimuliert, jemals zusammenfinden und Junge bekommen. Das Weibchen pflegt eines Wintermorgens auf seinem Territorium zu erscheinen. Das Männchen fliegt ihm entgegen. Einige Minuten lang ist es aufs höchste erregt, und hierauf – so müssen wir annehmen – betrachten sie sich als Paar. Sie teilen sich in das Territorium, das sie gemeinsam verteidigen, wie sie von nun an ihr ganzes Leben teilen. Im Frühling paaren sie sich und pflegen die Brut. Aber wie kam es überhaupt dazu, daß das Männchen die Annäherung des Weibchens gestattete? Die einzige Erklärung, die Lack nach fünfjähriger Beobachtung fand, besagt, das Männchen wisse, daß nur ein Weibchen sich nähern könne, denn ein anderes Männchen hätte den Mut verloren und wäre geflohen. Diese Antwort klingt zwar nicht besonders wissenschaftlich, aber in Ermangelung einer besseren müssen wir uns vorläufig mit ihr begnügen.

Diese langen Jahre der Vogelbeobachtung waren es, die Lack den Wert des Paarterritoriums für die Paarbindung untersuchen ließen. Die Rotkehlchen der Rasenflächen von Devon verloben sich nach einem kurzen Augenblick der Erregung oft bereits im Dezember. Drei harte Monate lang, bis zur Zeit des Nestbaues, führen sie ein ganz alltägliches Leben, suchen nach Nahrung und Schutz vor der Kälte, vertreiben Ruhestörer und ignorieren einander weitgehend. Ihr Leben unterscheidet sich kaum von demjenigen der Rehe vor der Brunft. Natürlich hat der Bock seine ganz speziellen Aufgaben territorialer Verteidigung, während die Geiß die Kitze zur Welt bringt und für ihre Kinder sorgen muß. Aber der Privatbesitz des Territoriums isoliert das Paar von den übrigen Artgenossen. Ebenso verhält es sich beim Rotkehlchen. Unbelastet von der Brutpflege, führen Männchen und Weibchen in den ersten Monaten ein sehr gleichartiges Leben. Durch das gemeinsame Territorium isoliert, durch die Verteidigung vereint, besteht zwischen ihnen eine Beziehung ganz besonderer Art; man könnte sagen, eine Vertrautheit psychologischer Natur. Nur selten verläßt ein Teil den anderen während der Verlobungszeit. Die Beziehung – diese besondere Beziehung – ist so mächtig geworden, daß keiner darauf verzichten kann.

Mit dem Beginn des warmen Wetters schießen frischer Saft in Baum und Strauch und frische Hormone in die Rotkehlchen. Eines schönen Tages wird das Weibchen zum Männchen hüpfen, das Signal geben, und sie werden kopulieren. Das ist ungefähr alles. Eine Tierart, die ihr Liebesleben noch weniger vergnüglich gestaltet, ist kaum denkbar. Hierauf folgt eine hektische, mit dem Nestbau verbundene Aktivität. Das Weibchen ist unglaublich flink; ein Gärtner, der seinen Mantel um zehn Uhr morgens im Werkzeugschuppen aufhängte, entdeckte, als er kurz nach zwölf Uhr zurückkehrte, in einer der Taschen ein fast vollendetes Rotkehlchennest. Diese große Eile kann gelegentlich zu Irrtümern führen. Das Rotkehlchen baut immer in Löchern. Ein Weibchen suchte sich einen Stapel Röhren aus und wurde so verwirrt, daß es am Schluß 23 Nester gebaut hatte. Ein anderes kaprizierte sich auf einen alten Schreibtisch mit vielen Fächern. Es waren 16 Fächer vorhanden, und das Rotkehlchen baute zwölf Nester, bevor es die Situation erfaßte. Trotzdem pflegte es seine Brut. Zu den Wundern unserer Welt gehört die Beharrlichkeit, die den Tieren und, in glücklichen Momenten, auch den Menschen eigen ist.

Wenn die kleinen Rotkehlchen ausschlüpfen, beginnt man zu verstehen, warum die Paarbindung nötig ist. Junge Rotkehlchen aufzuziehen gehört nicht zu den Beschäftigungen, die es dem Männchen gestatten, sich in einer Arena, einer Laube oder einem Vogelkaffeehaus zu amüsieren. Einige Tage bleibt die Mutter fast die ganze Zeit im Nest, und der Vater muß die Nahrung herbeischaffen, die er ihr übergibt, um vier, fünf oder sechs hungrige Mäuler zu stopfen. Nach einer Woche fliegt auch sie aus, da der Appetit der Nestbewohner zu diesem Zeitpunkt bereits Ausmaße angenommen hat, welche die Eltern auch gemeinsam nur mit Mühe bewältigen können. In England sind grüne Raupen in der Brutzeit der Rotkehlchen sehr reichlich vorhanden. Lack beobachtete einen Maientag lang ein Nest mit fünf Jungen. Die Eltern kamen neunundzwanzigmal in der Stunde angeflogen und brachten jedesmal zwei bis drei Raupen. Er schätzte, daß ein Paar während eines arbeitsreichen Tages etwa 1000 Raupen sammelt. Außerdem sind noch die Fäkalien wegzuschaffen. Rotkehlchenkinder scheiden ihre Fäkalien in kleinen, gelatineartigen Säckchen aus, welche die Eltern mindestens acht Meter weit vom Nest wegtragen. Pro Tag sind das 40 bis 50 Säckchen.

Nach ungefähr zwei Wochen verlassen die Kinder das Nest, aber acht bis zehn Tage lang suchen sie noch nicht selbst ihre Nahrung. Die Eltern müssen nicht mehr zum Nest fliegen, da die Jungen ihnen überallhin nachfolgen, und auch das Abschleppen der Fäkalien ist nicht mehr nötig. Aber das ist auch alles, was ihnen erspart bleibt, denn in dieser Zeit wachsen die Kleinen rasch heran, und ihre Mägen werden immer unersättlicher. Endlich, drei Wochen nachdem sie das Nest verlassen haben, sind sie selbständig. Man möchte meinen, daß das Paar nach dieser mühevollen Zeit sich in irgendein Ferienheim für Rotkehlchen zurückzieht. Mitnichten. Das Weibchen wird ein wenig hüpfen, das Männchen wird das Zeichen deuten und es treten; damit beginnt ein neuerlicher Nestbau in irgendeiner Rocktasche, und bald ist die nächste Brut da.

Für einen so heroischen Fleiß muß die Evolution heroische Hilfsmittel beistellen. Die Paarbindung, die ein derartiges Hilfsmittel darstellt, dauert bei den meisten Arten nur eine Saison, und das genügt. Im Leben des Rotkehlchens kommt der Tag, an dem das Weibchen davonfliegt, und das ist das Ende. Das Männchen verbleibt in seinem Revier, untersucht alle fremdartigen Gegenstände, läßt sein Lied erklingen, zeigt jedem Eindringling seine rote Brust und läßt sich in Kämpfe ein. Das Weibchen mag wegziehen und sich vielleicht ein Herbstterritorium suchen. Es mag singen und ausgestopfte Vögel auf Stangen attackieren. Vielleicht, aber nur vielleicht, werden sie sich eines Wintertages wiederfinden, wahrscheinlich ist es nicht. Geschieht es, so geschieht es zufällig. Zieht es das Weibchen zum alten Territorium zurück, so mag es das Männchen dort noch vorfinden, falls es keiner Katze zum Opfer gefallen ist.

Bei manchen Arten aber dauert die Bindung bis zum Tod.

Zaunkönige paaren sich, wie die Gibbons, auf Lebzeiten und behalten auch ihr Territorium bei. Nachtigallen teilen das Territorium nur während der Paarungs- und Brutzeit. Sind die Jungen ausgeflogen, beginnt sich das Weibchen mit ihrem Partner zu langweilen und übersiedelt in die Nachbarschaft. Vielleicht tut sie es ihrer Karriere zuliebe, denn sie kann nur singen, wenn sie ein eigenes Heim hat. Im Herbst und im Winter singen sie, wenn das Wetter gut ist, einander zu, ähnlich wie die Bou-bou-Würger von Kenia. Dann folgt die Zeit, in der – wie ich annehme – die Macht der Bindung immer stärker spürbar wird oder ihre Laufbahn sie nicht mehr befriedigt, jedenfalls kehrt sie zu ihm zurück und läßt das Singen für eine Weile sein.

Seine morgendlichen Beobachtungen in Devon bestimmten David Lack, den ökonomischen Wert eines eigenen Reviers anzuerkennen. Wenn man täglich 1000 grüne Raupen sammeln muß, ist es von Vorteil, einen möglichst großen privaten Vorrat zu haben. Aber wenn es tatsächlich nur eine Frage der Nahrungsversorgung sein sollte, wie Altum annahm, dann müßten die Territorien der Rotkehlchen eine ungefähre Standardgröße aufweisen, um eine Standardversorgung zu gewährleisten. Sie tun es nicht. In Devon variierten sie von einem Viertelmorgen bis zu zwei Morgen, und noch auf dem kleinsten Revier konnte ein Paar mit Leichtigkeit seine Brut aufziehen. Nun gab es immer noch die Erklärung Eliot Howards: die Auswahl der tauglichsten Männchen durch territoriale Wettkämpfe. Bei manchen Spezies mag dies von großer oder sogar von enormer Wichtigkeit sein. Aber bei den Rotkehlchen gelingt es vier von fünf Männchen, ein Territorium zu gewinnen, und obwohl die Eliminierung des fünften Vogels von der Vermehrung für die Art einen selektiven Vorteil bringt, schien Lack dieser Wert nicht überaus groß. Die Paarbindung aber ist eine andere Sache. Ohne diese Verbindung zwischen weiblichen und männlichen Rotkehlchen, die so lange besteht, als die Vogelkinder die Eltern benötigen, gäbe es keine Rotkehlchenjungen. Es ist das Territorium, das dieses Band schmiedet.

Wieder trifft man auf die moralische Bedeutung des territorialen Verhaltens. Daß die Wissenschaft trotz Moffat, Lack und anderen so lange Zeit im Territorium nur den Ausdruck der Selbsterhaltung sah, ist ganz natürlich. Das private Territorium bedeutet den Alleinbesitz eines Stück Landes oder Wassers. Daher lautet die erste Frage: Was bringt es dem Besitzer? Das heißt aber, den Wald vor lauter Bäumen nicht sehen. Erst wenn wir tiefer schürfen, wie Lack es tat, weil ihn die alten Theorien nicht befriedigten, wird uns die ganze evolutive Bedeutung klar.

Das Paarterritorium bringt eine Einschränkung der individuellen Handlungsfreiheit mit sich. Die Bindung von Männchen und Weibchen an ein bestimmtes Revier bewirkt eine dauerhaftere Beziehung als die sexuellen Möglichkeiten. Die Freiheit wird eingeengt, der Anarchie ein Riegel vorgeschoben. Die Verantwortung des Männchens für die Brut – eine biologische Notwendigkeit – wird durch die biologische Bindung an das Gebiet gewährleistet. Ebenso wie der territoriale Imperativ in das Leben aller Mitglieder einer Arenaspezies eingreift und den Geschlechtstrieb zum Wohl der Arterhaltung formt und beeinflußt, so bestimmt er auch das Leben aller Angehörigen der Paararten, ihre physische Freiheit formend und beschränkend, wie es die Notwendigkeiten der Nachkommenschaft erfordern.

Das männliche Rotkehlchen, das seinen roten Brustfleck in stolzem Imponiergehaben vor einem Federbüschel zur Schau stellt, hat – so will es uns scheinen – ein unglaublich aufgeblasenes Ego. Aber in Wahrheit ist es der Gefangene dieses Ego. Die Natur, erfindungs- und listenreich, ist die Siegerin; sie hat aus dem kleinen Königreich des Vogels ein moralisches Gefängnis gemacht; er kann seinen Verpflichtungen gegenüber künftigen kleinen Rotkehlchen nicht entrinnen.

3

Die Parallele zwischen der Heirat der Menschen und der Verpaarung der Tiere ist leicht zu ziehen. Die Parallelen zwischen dem Wunsch der Menschen nach einem eigenen Heim und dem Instinkt des Tieres, ein Territorium in Besitz zu nehmen, sind vielleicht noch deutlicher. Ebenso einleuchtend ist die Zugehörigkeit des Menschen zu jenen Spezies, die mit dem biologischen Problem einer Nachkommenschaft von erschreckenden Ansprüchen fertig zu werden haben. Die Notwendigkeit, die Paarbindung im Interesse einer normalen Entwicklung unserer anspruchsvollen Kinder zu verstärken, ist auf den Rasenflächen von Devon ebenso vorhanden wie in unserer modernen Gesellschaft. Können wir angesichts so auffallender Parallelen die Möglichkeit außer acht lassen, daß auch der Mensch eine territoriale Art ist und die Evolution mit dem territorialen Imperativ einen angeborenen Verhaltensmechanismus hervorgebracht hat, welcher eben die Moral, nach der wir streben, gewährleistet? Aber wir lehnen diese Theorie ebenso ab, wie wir in unseren selbstgerechten Überlegungen die Rolle des Privatbesitzes in menschlichen Belangen gerne schmälern.

Viele Wissenschaftler kamen zu dem Schluß, daß der Mensch eine territoriale Art sei. Der Schweizer Heini Hediger schreibt: »Man darf annehmen, daß die Naturgeschichte der Territorialität im Tierreich das erste Kapitel der Geschichte des Besitztums der Menschheit ist.« Harrison Matthews von der Londoner Zoological Society wurde anläßlich eines Symposiums gefragt, ob er den Menschen als territoriales Tier betrachte. Seine Antwort war einfach: »Natürlich. Sie brauchen sich nur die vielen Warnungstafeln anzusehen, die unsere Landschaft zieren: ›Das Betreten des Grundstückes ist bei Strafe verboten.‹« Der angesehene Zoologe W. H. Burt von der Universität Michigan schrieb bereits vor Jahren: »Der Mensch betrachtet es als sein angeborenes Recht, entweder als Individuum oder als Gruppe Besitz zu haben. Er ist jederzeit bereit, diesen Besitz gegen Angreifer zu schützen, oft mit dem Einsatz seines Lebens. Daß diese Verhaltensweise keine Eigenart des Menschen ist, sondern ein fundamentales Merkmal der Tiere im allgemeinen, wurde für die verschiedensten Tiergruppen nachgewiesen.« Noch früher, im Jahre 1931, schrieb Walter Heape in seinem Buch ›Emigration, Migration and Nomadism‹: »Man darf behaupten, daß die Anerkennung territorialer Ansprüche, eine der wichtigsten Grundlagen unserer Kultur, nicht von Menschen entwickelt wurde, sondern immer schon ein integrierender Bestandteil in der Lebensgeschichte der Tiere gewesen ist.«

Daß die territorialen Merkmale des Menschen angeboren sind und ihre Wurzeln in der Entwicklungsgeschichte haben, ist also keineswegs ein neuer Gedanke – nur ein vernachlässigter. Er wurde von unseren politischen Antipathien verdrängt, von unserer Betonung der Sexualität, von unserer romantischen Illusion über die Einzigartigkeit des Menschen, von unserer modernen Doktrin, der Mensch besäße keine Instinkte, sondern sei nur das Produkt unserer Kultur. Mir aber scheint es, daß wir diesen Gedanken nicht länger ignorieren dürfen. Während unsere Bevölkerung explosionsartig anwächst, während eine weltweite Landflucht eingesetzt hat, während Wohnungsprobleme, Familienzerrüttung, Jugendkriminalität, Massenerziehung und ein verspätetes Selbständigwerden der Jugendlichen unser Leben immer mehr belasten, während der von David Riesman geprägte Begriff der »einsamen Masse« unsere Menschheit täglich treffender kennzeichnet, müssen wir uns wohl einmal die Frage vorlegen: Ist das, was wir erleben, nicht vielleicht die erste Folge der »Deterritorialisierung« des Menschen? Sollten wir nicht, wenn der Mensch ein territoriales Tier ist, in unserem Versuch, seine Würde und Verantwortung als Menschenwesen wiederherzustellen, in erster Linie nach Mitteln suchen, seine Würde und Verantwortung als Besitzer wiederherzustellen?

Natürlich müssen wir vorerst nach Beweisen suchen, daß der Mensch tatsächlich ein territoriales Geschöpf ist. Obwohl viele Wissenschaftler behaupten, daß er es sei, werden manche anderer Meinung sein. Auch wenn wir zahllose Parallelen zwischen tierischem und menschlichem Verhalten aufdecken, besteht immer noch die Möglichkeit, daß das, was wir beim Menschen beobachten, eine Art Spiegel der Natur ist: Unsere Kultur und unser Lernen reflektieren die natürlichen Formen, aber sie müssen, biologisch gesprochen, nicht von dem gleichen Mechanismus hervorgebracht worden sein. Ich persönlich kann einen solchen Zufall nicht sehr ernst nehmen, trotzdem muß der Einwand beantwortet werden. Wenn unsere Verbundenheit mit dem Besitz nur eine erworbene Reaktion ist, wenn unser Verhalten von kulturellen oder sozialen Erfordernissen bestimmt wird, dann kommt ihm keine fundamentale Bedeutung zu. Was man gelernt hat, kann man vergessen, und wir dürfen in diesem Fall annehmen, daß sich der Mensch an ein kollektives Dasein oder an »die einsame Masse« gewöhnen wird. Wenn wir es dagegen mit einer angeborenen Verhaltensweise zu tun haben, mit einem offenen Instinkt, einem inneren biologischen Gebot, das die selektiven Erfordernisse unserer Stammesgeschichte hervorgebracht haben, dann liegt hier etwas Unveränderliches vor. Dann halten wir einen geheimen Schlüssel in der Hand; geht er verloren, so bleibt ein lebenswichtiger Teil unserer Natur eingesperrt, unbefriedigt, unerlöst. Benützen wir ihn aber, so kann er den Menschen Möglichkeiten erschließen, die wir heute kaum noch ahnen.

Ich glaube, daß unser Jahrhundert uns die Mittel in die Hand gegeben hat, um zu beweisen, daß unsere Verbundenheit mit dem Besitz einen uralten biologischen Ursprung hat. Zu Beginn dieses Kapitels habe ich gesagt, daß der Wert des Paarterritoriums für das Paar zweifacher Art sei. Die Isolierung des Paares in dem gemeinsamen Revier bedingt, daß keiner die familiären Pflichten vernachlässigt. Wir haben diese Behauptung untersucht. Ich habe aber auch angedeutet, daß der geheimnisvolle Kraftzuwachs, den das Territorium seinem Besitzer verleiht, der Familie Energien zur Verfügung stellt, die sonst niemals vorhanden wären. Falls ein derartiger Energiezustrom auch beim Menschen nachweisbar ist, kann man ihn schwerlich als kulturelle Erwerbung bezeichnen. So wollen wir uns nochmals den Tieren zuwenden und einen Biber, einen Fisch, eine Grille und einen Wurm betrachten, bevor wir wieder zum Menschen zurückkehren.

»Fleißig wie ein Biber«, sagen die Engländer und gebrauchen damit eine Redensart, die vor sehr langer Zeit entstanden sein muß. Wer immer den Biber zum erstenmal als fleißig bezeichnet hat, machte damit eine weitere Beschreibung des Tieres fast überflüssig. Aber vor einigen Jahren stellte ein Amerikaner mit Namen Glenn W. Bradt – sichtlich ein Mann, dem es behagt, jedes Klischee anzuzweifeln – eine Untersuchung von 40 Biberkolonien in Michigan an. Es war eine jener gründlichen, sorgfältig überlegten Arbeiten, welche die vorliegende Untersuchung ermöglicht haben. Bradt kam zu dem Ergebnis, daß die Biber tatsächlich fleißig sind.

Wir werden ein Rotkehlchenpaar, das 1000 Raupen pro Tag aufpickt und dazwischen zahllose kleine Abfallsäckchen wegschleppen muß, kaum als Geschöpfe betrachten, mit denen die Evolution sehr sanft umgegangen ist. Aber zwischen Biber und Rotkehlchen besteht ein eminenter Unterschied: Die Rotkehlchen arbeiten einige hysterische, zermürbende Wochen lang während der Brutzeit; die Biber arbeiten jahrein, jahraus. Nicht viel anders als der Mensch, scheint der Biber sein Schwerarbeiterdasein der Abhängigkeit von einer Kultur zu verdanken, die zu Beginn wie ein glänzender Einfall der Evolution ausgesehen haben mag, sich aber zu einer Kultur stetig wachsender Ansprüche entwickelt hat.

Gerechterweise muß man sagen, daß es weniger seine kulturellen Errungenschaften waren, die den Biber in Schwierigkeiten geraten ließen, als vielmehr seine Gefährdung durch Raubtiere sowie sein merkwürdiger Appetit auf Bäume. Die Nahrung einer Biberkolonie besteht aus einem Vorrat junger Schößlinge wie Espen, Buchen und Weiden. Wie wir alle wissen, heißt die Lösung, welche der Biber für seine Nahrungs- und Sicherheitsprobleme erfand, Errichtung von Dämmen in Wildbächen und Inselbehausungen in aufgestauten Teichen. Da er seine Nahrung als Baumaterial verwendet, hat er jederzeit einen Leckerbissen bei der Hand, besser gesagt, bei der Pfote.

Wie schwer er arbeitet, um all dies zu bewerkstelligen, läßt sich aus Bradts Aufzeichnungen über eine seiner Kolonien ersehen. Sie bestand aus sechs Bibern. In 353 Tagen fällten sie 1040 Bäume, zogen sie zum Teich, schälten und schnitten sie in Stücke. Sie wurden als Baumaterial, als Nahrung oder für die Vorratskammer verwendet. Vier Voraussetzungen sind nötig, um dem Biber ein erfolgreiches Dasein zu ermöglichen: ein dauernder Wohnsitz, ein ausreichender Holzvorrat, eine beschränkte Mitgliederzahl der Kolonie und die Bereitschaft, hart zu arbeiten.

Wir sprechen von Biberkolonien, aber die vierzig von Bradt beobachteten Kolonien waren Familien, und man hat Grund zu der Annahme, daß eine Kolonie niemals größer ist als eine Familiengruppe. Das Männchen paart sich fürs Leben. Das Paar errichtet ein Territorium. Es muß groß genug sein, die Nahrungsversorgung sicherzustellen, aber nicht zu groß, sonst kann es nicht verteidigt und – was noch wichtiger ist – nicht ökonomisch ausgewertet werden. Die Mutter bringt jedes Jahr einen Wurf von meistens vier Jungen zur Welt. So besteht eine Population aus den Jungen (Bockerten) des letzten Wurfes, den Einjährigen des vorhergehenden Wurfes und dem Paar. Zweijährige finden sich niemals in einer Kolonie. Kommt ein neuer Wurf zur Welt, so verlassen die Einjährigen das Territorium, oder sie werden verjagt. Das heimatliche Revier kann sie nicht ernähren. Sie müssen in die Wildnis ziehen und den Füchsen als Nahrung dienen oder an anderen Flüssen andere Dämme bauen.

Ebenso wie das Rotkehlchen läßt sich auch der Biber leicht fangen. Man muß nur seinen Damm ein wenig in Unordnung bringen, und schon eilt er herbei, um ihn zu reparieren. Im Winter, wenn der Teich gefroren ist und die Familie behütet in der Biberburg schläft, lebt der Vater oft allein in einem Bau am Ufer. Hier riskiert er, einem Raubtier zum Opfer zu fallen, aber er muß dieses Risiko auf sich nehmen, um seinen Besitz bewachen zu können. Der rastlose Arbeitseifer, die unermüdliche Wachsamkeit, die Bereitschaft, sein eigenes Leben aufs Spiel zu setzen – all dies ist ein Teil der territorialen Psychologie des Bibers.

Warum der Besitz eines Territoriums einen zusätzlichen Energiequell für den Besitzer darstellt, ist ein Rätsel, das die Wissenschaft, wie ich schon erwähnte, vielleicht niemals lösen wird. Einige unserer besten ethologischen Köpfe haben das Phänomen zu zerlegen versucht: in Vertrauen zum Bekannten und in Angst vor dem Fremden. Das wäre berechtigt, hätten wir es immer mit größeren oder vielgestaltigen Gebieten zu tun, die den Eindringling in irgendeiner Form befremden oder überraschen, während nur der Besitzer um die Geheimnisse seines Reiches weiß. Aber die Theorie kann kaum erklären, warum ein auf seinem Grün stehender Uganda-Bock praktisch unbesiegbar ist. Sein kleines Reich mit dem abgefressenen Gras birgt weder Überraschungen noch Geheimnisse. Auch warum Tölpel, Lummen und Silbermöwen auf ihren wenige Quadratmeter messenden Territorien nicht zu schlagen sind, wird damit nicht klarer. Warum zwei Rehböcke, zwei dreistachelige Stichlinge, zwei Eichhörnchen oder zwei wütende Robben einander längs einer unsichtbaren Trennungslinie gegenüberstehen, jeder überzeugt, daß er, falls er angegriffen wird, siegen muß, jeder zutiefst an seinen Überlebenschancen zweifelnd, falls er sich ein paar Schritte vorwagt – es bleibt für mich unerklärlich.

»Der Sieg gehört nicht dem Stärkeren, sondern dem im Recht befindlichen, und das ist natürlich der Gebietsinhaber.« So formulierte es David Lack für die Vögel. Aber das Gesetz gilt, wie C. R. Carpenter vor 30 Jahren bei seinen Beobachtungen der Brüllaffen feststellen konnte, ebenso für Primaten und Verteidigungsgruppen. Ganz gleich, wie die Kampfverhältnisse liegen, das heimatliche Team gewinnt, sagt er. Spätere Arbeiten zeigen, daß der Energiezuwachs, den der Besitz dem Inhaber verleiht, zwar nicht erklärlich, aber meßbar ist.

Der verstorbene W. C. Allee von der Universität von Chicago war einer der Begründer der neuen Biologie. Ich werde in diesem Buch nur kurz auf seine Arbeiten eingehen, da er sich hauptsächlich mit der Sozietät und der Rangordnung beschäftigte. Aber zu Allees Fähigkeiten gehörte auch die Ausbildung von hervorragenden Mitarbeitern, und einer von ihnen war J. C. Braddock, der 1949 mit seinen Zahnkarpfen ein Experiment von unübertroffener wissenschaftlicher Eleganz durchführte. Es gehört zu jener Art von Laboratoriumsversuchen, die uns zeigen, daß nicht alles in der freien Natur erforscht werden kann.

Den *Platypoecilus maculatus* kennt jeder, der jemals ein Aquarium mit Tropenfischen in seiner Wohnung geduldet hat. Der *Platypoecilus* ist winzig, und Braddock arbeitete mit über 300 von ihnen, um mit exakten, quantitativen Angaben darzulegen, was die einfache Tatsache der Ansässigkeit für das Selbstvertrauen eines Lebewesens bedeuten kann. Der Zahnkarpfen ist nicht territorial. Wir haben es hier mit einem essentiellen Lebensfaktor zu tun, der durch das Territorium formalisiert wird. Braddock setzte für sein Experiment jeden seiner Fische in ein kleines Aquarium. Bei der Hälfte dieser Aquarien wurde dem Wasser etwas Wasserlinse zugesetzt, die andere Hälfte blieb ohne Zusatz. Die Fische in den Behältern mit Wasserlinse bezeichnete Braddock als Ansässige, die in den Behältern ohne Wasserlinse als Eindringlinge. Den Bewohnern der Wasserlinsehäuser vergönnte er einige Zeit, um sich mit ihrem Reich vertraut zu machen. Dann führte er in jede Wohnung eines Ansässigen einen Eindringling ein.

Wenn sich zwei oder mehrere Fische in einem Aquarium befinden, entwickelt sich immer ein Kampf um die Rangordnung. Ist der Kampf entschieden, so bildet sich eine weitgehend stabile Ordnung, in der ein Fisch dem anderen meist oder immer den Vortritt läßt, sich meist oder immer zurückzieht, wenn er angegriffen wird, meist oder immer den anderen bei der Nahrung, beim Weibchen und bei den beliebtesten Ruheplätzen gewähren läßt. In meinem Buch ›Adam kam aus Afrika‹ habe ich ein Experiment mit männlichen Kampffischen beschrieben, einem anderen tropischen Fisch, der, wenn das Wasser bis zu einer bestimmten Temperatur abgekühlt wird, jegliches Interesse an Weibchen verliert, aber in seinen Rangordnungskämpfen fortfährt. Die neue Biologie bezeichnet den Sieger in einem derartigen Kampf als »Alphafisch«.

Braddocks Versuchsanordnung sollte feststellen, welche Wirkung die Ansässigkeit auf den Ausgang eines derartigen Kampfes um die Rangordnung habe. Die Hälfte der Eindringlinge war größer, die Hälfte kleiner als die Gebietsinhaber. Er stellte fest, daß Größe und Stärke nur wenig Einfluß darauf haben, welcher von beiden der Alphafisch wird. Ausschlaggebend war die Ansässigkeit. War der ursprüngliche Bewohner auch der kleinere Fisch, so griff er trotzdem als erster, und zwar viermal sooft an als der größere Ruhestörer. Nach Beendigung der Auseinandersetzungen war der Eindringling viermal öfter der Verlierer, wenn er der kleinere Fisch, dreimal öfter, wenn er der größere Fisch war.

Man möchte meinen, daß im Laufe der Zeit, wenn beide Fische mit dem Aquarium vertraut geworden sind, der kleine Vorteil älterer Ansässigkeit bedeutungslos würde. Bis zu einem gewissen Grad trifft dies zu. Trotzdem blieben die Hälfte der ursprünglichen Bewohner, die kleiner waren als die ehemaligen

Neuankömmlinge, Alphafische. Das ist das Resultat bei einer Art, die – wir müssen uns das vor Augen halten – nicht wirklich territorial veranlagt ist. Ähnliche Experimente, die G. P. Baerends, ein holländischer Ethologe, mit einer Gruppe von Cichliden-Fischen durchführte, die echte Territorien verteidigen, haben gezeigt, daß der Eindringling fast doppelt so groß sein muß, um den Besitzer zu vertreiben.

Ich wähle hier Beispiele von relativ primitiven Lebewesen. Bei der Besprechung der Sphecius-Wespe habe ich erwähnt, daß sich nur bei wenigen Insekten ein territoriales Verhalten beobachten läßt. Aber vor einigen Jahren untersuchte Richard Alexander vom Zoologischen Institut der Universität von Michigan die Rangordnung bei Grillen. Sie sind berühmte Kämpfer, und in einigen Weltgegenden setzen die Leute auf die Gegner wie auf Kampfhähne. (Ein *cricket match** im Orient bedeutet etwas anderes als in England!) Alexander ließ seine Kampfgrillen in allen nur möglichen Kombinationen gegeneinander antreten, um die Rangordnung festzustellen. Zwei der Grillen waren sich sowohl an Körpergröße als auch an Kraft vollkommen ebenbürtig. Trotzdem dominierte die eine so eindeutig, daß sie in 200 Kämpfen hundertneunundneunzigmal gewann. Dann fanden beide Grillen Nischen, in die sie sich zurückzogen und zirpten. Die Schlupfwinkel wurden zu Territorien. Und damit war die Überlegenheit der einen Grille vorbei, und der Ausgang jedes Treffens hing davon ab, wo es stattfand: Die Grille, deren Nische am nächsten war, blieb siegreich.

Ich will gar nicht versuchen, diese Kraft zu erklären; es fehlt mir jede Voraussetzung. Aber da es sich meiner Meinung nach um eine Kraft handelt, die – bei Grillen wie bei Menschen gleichermaßen geheimnisvoll – trotzdem beweisbar und voraussagbar ist, möchte ich noch ein Beispiel anführen, welches ein viel primitiveres Lebewesen betrifft als die Grille.

Einige Jahre lang bevölkerte der Plattwurm die meisten amerikanischen Laboratorien. Er erhielt Elektroschocks, er mußte hungern und dursten, es wurde ihm so ziemlich alles beigebracht außer dem Abc, ja gelegentlich zerstückelte man ihn, um ihn seinen Artgenossen zu verfüttern. Es besteht kein Zweifel, daß uns viele Experimente zu einem Punkt führen, wo wir gezwungen sind, neue Prinzipien über das Leben selbst aufzustellen, aber es besteht auch kein Zweifel, daß einige Schlußfolgerungen oft etwas verfrüht sind. Unter den Experimenten

* Cricket-Grille.

aber gibt es eines, das so unscheinbar in seiner Anordnung, so sorgfältig in seiner Kontrolle und so faszinierend in seiner Bedeutung ist, daß es hier erwähnt werden muß. Es handelt sich um eine Arbeit von Jay Boyd Best und Irvin Rubinstein, durchgeführt im Walter Reed Army Institute in Washington.

Der Plattwurm ist ein kleines Wassertierchen, das man zum Beispiel in den Flußläufen von Louisiana findet. Er besitzt kein echtes Zentralnervensystem, sondern nur ein Nervenpaar, das sich über seinen Rücken zieht – eine Anordnung, die vor einer halben Milliarde Jahren modern war. Das, was sich zu einem viel späteren Zeitpunkt zu einem Gehirn entwickelte, besteht beim Plattenwurm nur aus einem Paar vergrößerter Ganglienzellen, welche die Verbindung zwischen den beiden Nerven herstellen. Die Ganglien formen etwas Kopfähnliches, so daß man die beiden Enden des Wurms unterscheiden kann, aber sehr wichtig ist das nicht, denn schneidet man ihn entzwei, so bildet er einen neuen »Kopf« am Ende des alten Hinterabschnittes. Er besitzt auch kein Zirkulationssystem, und sein Bauplan ist so unendlich alt, daß er nichts von der biologischen Entwicklung eines Installationssystems weiß; er besitzt kein Rektum und entledigt sich seiner Abfallprodukte durch besondere Poren in der Haut. Was das Geschlechtsleben betrifft, so bietet es dem Plattwurm nur ein sehr beschränktes Vergnügen. Gelegentlich ist er fähig, ein Ei zu legen, obwohl er sich im allgemeinen durch Teilung vermehrt. Die Natur bevölkerte unsere alten Sümpfe mit diesem Geschöpf, bevor sie ihr Experiment mit dem Geschlecht vollendet hatte. Es war vor langer Zeit.

Es hieße unsere Phantasie überfordern, einem Lebewesen ohne Gehirn, ohne Blut, ohne Geschlecht, ja sogar ohne Rektum emotionelle oder intellektuelle Regungen und die Fähigkeit zur Sehnsucht zuschreiben zu wollen. Im Laufe ihrer Tests über die Lernfähigkeit des Wurms stießen Best und Rubinstein dennoch auf Beweise für das Vorhandensein eines Gedächtnisses. Der Wurm zieht es vor, dort zu fressen, wo er bereits einmal war, obwohl ich unmöglich sagen kann, was er eigentlich vorzieht oder womit er sich erinnert.

Das Experiment war ebenso einfach wie aufschlußreich. Die Würmer wurden in Glasgefäßen gehalten. Um einen herzhaften Appetit zu garantieren, mußten sie drei Tage lang fasten. Hierauf wurden sie in zwei Gruppen geteilt. Eine Gruppe setzte man anderthalb Stunden ohne Nahrung in ein Plastikgefäß, um sie an diese neue Umgebung zu gewöhnen, und brachte sie dann wieder in das alte Gefäß zurück, immer noch ohne ihr Nahrung zu geben. Während dieses Intervalls wurde das Plastikgefäß gesäubert und mit heißem Wasser gewaschen, um alle Spuren etwaiger Überreste zu entfernen. Jetzt wurden beide Gruppen, gleichermaßen ausgehungert, in die Plastikgefäße gesetzt, worauf man ihnen eine ordentliche Mahlzeit – gehackte Leber – servierte. Die eine Gruppe war noch nie in diesem Behälter gewesen, die andere hatte 90 Minuten darin verbracht, aber die gründliche Säuberung hatte jeden Hinweis darauf – Geruch, Ausscheidungen und andere Möglichkeiten – entfernt. Trotzdem begannen die Würmer, die den Behälter bereits »kannten«, durchschnittlich nach 20 Minuten zu fressen, die anderen nach 42 Minuten. Als man das Experiment mit einer anderen Würmergruppe wiederholte, der man die Nahrung sechs Tage lang vorenthielt, waren die Resultate absolut gleichartig: Jene, die den Behälter kannten, brauchten halb so lange wie die anderen, um mit dem Fressen zu beginnen.

Es ist allgemein bekannt, daß ein Hund gerne an seinem gewohnten Platz frißt und daß viele höhere Tiere dort besser fressen, wo sie sich zu Hause fühlen. Man erklärt dies meist mit Angst und Nervosität in einer fremden Umgebung, Selbstvertrauen und Sicherheit an dem gewohnten Ort. Aber hier haben wir es weder mit langer Gewohnheit noch mit höheren Tieren zu tun. Welches Selbstvertrauen gewinnt für eine weitere halbe Stunde der Plattwurm aus einem 90 Minuten langen Aufenthalt in einem Plastikbehälter? Und wie weiß er, daß er schon einmal dort war? Und vor allem, was besitzt er außer zwei Erweiterungen seines Nervenstranges, um zu wissen und Selbstvertrauen zu spüren?

In der Dachkammer der Evolution sitzen Gespenster. In einer windstillen Nacht schlägt eine Tür zu. Wir hören Geräusche über unseren Köpfen und sehen ängstlich zur Decke. Der Lärm hört auf. Ein Schritt auf der Treppe; wieder Stille. Wir stürzen zur Tür. Es ist niemand da. Was war es? Wohin verschwand es?

Der Mensch besitzt die gleichen unerklärlichen, aber meßbaren Kräfte wie der Plattwurm. Wir hören längst verklungene Stimmen, wir gehorchen dunklen Geboten, wir werden von uralten Kräften beherrscht, wie die Grillen nahe ihrer Nische. Und wenn es auch ein etwas unmotivierter Sprung scheint, von den Fischbehältern und Plastikgefäßen auf die moderne Farm überzugehen, so tue ich es dennoch, weil ich glaube, daß wir hier den gleichen gespenstischen, fremden Kräften begegnen werden, die uns ebenso lenken wie die Geringsten unter den Lebewesen.

Zu den Rätseln unserer Zeit – bitterer für die Russen als für uns – gehört der Zusammenbruch der russischen Landwirtschaft. Daß die zweitmächtigste Nation der Welt, imstande den Mond zu erforschen, nicht imstande ist, sich selbst zu versorgen, ist eine Wahrheit, die jede Getreidebörse der Welt bestätigt. Warum? Es gibt zahllose Antworten, aber auch in ihrer Gesamtheit reichen sie meiner Ansicht nach nicht aus, das Versagen des Kollektivs zu erklären. Ich behaupte, wir, und auch die Russen und Chinesen, können es nur begreifen, wenn wir uns die Erkenntnis zu eigen machen, daß zu den Hilfsmitteln eines erfolgreichen, modernen landwirtschaftlichen Betriebes neben Düngemitteln, Insektiziden, Maschinen und so weiter noch ein unsichtbares Werkzeug gehört. Und dieses Werkzeug ist die Liebe des Bauern zu seiner Arbeit. Sie ist nicht allein von Profitstreben motiviert, denn es gibt einfachere Wege, wohlhabend zu werden. Kein Appellieren an das Pflichtgefühl kann sie erwecken, denn es gibt kürzere Wege zu patriotischem Ruhm. Die Liebe muß aus dem Menschen selbst erwachsen.

Zurückblickend zeigt es sich, daß der Bauer und die Landwirtschaft das zentrale Problem aller Kulturen darstellen, seit wir vor 10000 Jahren mit der Domestikation von Tieren und Pflanzen begannen. Die Kontrolle über eine reichliche Nahrungsversorgung ermöglichte Bevölkerungen von einer Größenordnung, die das alte Jagdleben niemals erlaubt hätte. Es gab kein Zurück mehr. Wie der Biber beherrschten wir eine Kultur, die uns ihrerseits beherrschte. Weideland und Felder, Obst und Gemüsegärten wurden für uns so unentbehrlich wie Körperorgane, ohne die wir nicht leben können. Und wie die Dämme und Burgen der Biber verlangten sie ein unerträgliches Maß an Arbeit.

Wer von uns möchte von morgens bis abends in den Reisfeldern stehen, wer tagelang Baumwolle pflücken, Getreide schneiden oder Kartoffeln ernten? Im Verlaufe vieler Jahre haben wir die verschiedensten Antworten darauf gefunden. Zuerst versuchten wir, unseren Frauen die ganze Arbeit zu überlassen, eine Lösung, die in Afrika noch heute zahlreiche Befürworter hat. Wir versuchten es mit Sklaven, eine Möglichkeit, die von der gesamten zivilisierten Welt bis vor 100 Jahren anerkannt wurde. Wir versuchten die verschiedensten Varianten der Knechtschaft, um den Arbeiter an das Land eines anderen zu fesseln. Aber es war immer ein Nachteil vorhanden: Der unfreiwillige Arbeiter war untüchtig.

Bis zur industriellen Revolution kam den spärlichen Erträgnissen unserer Landwirtschaft keine besondere Bedeutung zu. Solange der Sklave auf dem Feld nur ein paar Adelige und Krieger, Geistliche und Handwerker versorgen mußte, war seine Zwangsarbeit ausreichend. Aber mit dem Aufkommen der Industrien und dem Zustrom von Fabrikarbeitern und Büroangestellten in bestimmte Zentren brach das alte System zusammen. Trotz humanster oder brutalster Behandlung durch Aufseher und Grundbesitzer konnte der Feldarbeiter nicht die Nahrung produzieren, die der Bevölkerungszuwachs erforderte. Sklaverei und Knechtschaft verschwanden. Inwieweit auch immer andere Kräfte moralischer oder politischer Natur zur Auflösung dieser alten Institutionen beigetragen haben mögen, die wesentlichste Ursache war, daß sie nicht mehr funktionierten. So wandten sich die meisten Völker der Welt einer anderen alten, wenn auch weniger vorherrschenden Institution zu: der Bauernfamilie auf eigenem Grund und Boden.

Es ist einer der merkwürdigsten Zufälle der Geschichte, daß der amerikanische Präsident Abraham Lincoln im Jahre 1862 mit der Unterzeichnung des *Homestead Act* (Heimstättengesetz) die Zukunft der amerikanischen Landwirtschaft dem Prinzip des Privatbesitzes – basierend auf der Einfamilieneinheit – verschrieb, während Karl Marx zwei Jahre später mit seinem Aufruf zur Ersten Internationale letztlich die Aufhebung des Privatbesitzes und die Einführung des Kollektivs in der Sowjetunion auslöste. Ein gigantisches Wettrennen setzte ein, dessen wir uns heute fast ebensowenig bewußt sind wie damals. Wie in zwei enormen Versuchslaboratorien legten sich zwei Bevölkerungen, die eines Tages das Weltgeschehen beherrschen würden, auf zwei entgegengesetzte Richtungen fest, um ein beiden gemeinsames Problem zu lösen. Und dieses Problem wurde mit dem Fortschreiten der Industrialisierung allmählich zum Zentralproblem aller Völker der Erde.

Wie viele Arbeiter entsprechen einem Mann am Pflug? Diese hartnäckige Gleichung menschlicher Mathematik limitiert die hochfliegendsten Pläne der Nationen in ihrem erbitterten Ringen um Macht und Ansehen im Zeichen industriellen Wachstums. Welcher Anteil der Bevölkerung muß auf dem Land verbleiben, um den Rest für den harten Konkurrenzkampf freizustellen? Durch welche Mittel kann man die Leistung dieses

Anteils so erhöhen, daß sein Ausmaß auf ein Minimum reduziert wird?

Vom Statistischen Zentralamt in Moskau werden keine Unterlagen über den gegenwärtigen Stand der Dinge veröffentlicht. In den Vereinigten Staaten produziert ein Farmarbeiter Nahrung für sich und zwölf Menschen in der Stadt. 92 Prozent aller Amerikaner werden von den 8 Prozent in der Landwirtschaft Beschäftigten nicht nur ernährt, sondern diese 8 Prozent produzieren einen Überschuß an landwirtschaftlichen Produkten, der bereits peinliche Ausmaße erreicht hat. In der Sowjetunion erhält ein Landarbeiter einen Arbeiter in der Stadt, und das nur in guten Jahren. Eine fragliche Hälfte der russischen Bevölkerung ist von der Landarbeit befreit. Gleichsam als Bestätigung der sowjetischen Schwierigkeiten, muß China, die zweite Großmacht, die sich dem Kollektiv noch rigoroser verschrieben hat, die Arbeit von sechs landwirtschaftlichen Kräften aufbieten, um einen Mann für das industrielle Abenteuer freizumachen.

Chinas Aspirationen nach Weltgeltung sind noch jung und von Geheimnissen umgeben, so daß wir sie hier nicht analysieren können. Aber die Sowjetunion verfolgt ihr Ziel seit fünfzig Jahren und macht keinen Versuch, ihr Versagen zu verstecken oder zu leugnen. Wir wissen, daß die russische Landwirtschaft, abgesehen von der Abschaffung des Privatbesitzes, von den verschiedensten Mißgeschicken heimgesucht wurde. Stalins Liquidierung der Kulaken eliminierte bereits zu einem frühen Zeitpunkt die besten russischen Bauern. Die Herrschaft von Lysenko und seinen Lamarckschen Wunschträumen lähmte jeden Fortschritt auf dem Gebiet der Pflanzengenetik. Permafrost, jene dauernd gefrorene Erdschicht unter großen Teilen der russischen Ebenen, war ein weiteres Hindernis. Anhaltende Dürreperioden sowie die Fehlentscheidung, zuviel jungfräulichen, aber nicht hochwertigen Boden zu bebauen, haben in den letzten Jahren größere Katastrophen ausgelöst. Und jahrzehntelang genoß die Fabrik absoluten Vorrang vor dem Feld; Düngemittel, landwirtschaftliche Maschinen und Bewässerung wurden vernachlässigt.

Wie Tschechows Mann mit den zweiundzwanzig Mißgeschicken bekam der russische Bauer seinen Teil ab. Aber reichen diese Unglücksfälle aus, um das Versagen aller russischen Hoffnungen auf die Landwirtschaft zu erklären? Das ist die große Frage. Wäre das Verhältnis zwischen russischer und amerikanischer Leistungsfähigkeit zwei zu eins, drei zu eins oder sogar vier zu eins, dann wären Reichtum, Bodenbeschaffenheit, wissenschaftliche Methoden und Glück auf seiten der Vereinigten Staaten sicherlich eine zureichende Erklärung für den Unterschied. Daß aber der amerikanische Farmer zwölf Menschen plus sich selbst ernähren kann, während der russische Bauer nur einen Menschen zu erhalten vermag, scheint mir eine zu große Diskrepanz. Ich behaupte daher, daß letztlich der Grund für die amerikanische Überlegenheit im biologischen Wert des Paarterritoriums liegt.

Die Kleinheit der amerikanischen Farmen gehört zu den bestgehüteten Geheimnissen im Arsenal amerikanischer Machtfaktoren. Die Kollektivfarmen der Sowjetunion, in welchen die Arbeit bis 1966 nur einen minimalen Gewinnanteil erhielten, besitzen durchschnittlich eine Größe von 70000 Morgen und beschäftigen 800 Arbeiter. Von den 2,5 Millionen kommerzialisierter Farmen in Amerika ist nur eine von zehn größer als 500 Morgen. Die durchschnittliche Zahl der Beschäftigten, eingeschlossen den Farmer und seine Söhne, so er welche besitzt, ist fünf. Trotz der Fortschritte im Bau von landwirtschaftlichen Maschinen, welche die Kultivierung einer viel größeren Bodenfläche erlauben als in den Tagen Lincolns, ist die Hälfte unserer Farmen heute nicht größer als damals. Die »Feldfabrik« existiert, aber ihre Bedeutung ist gering. Das Wunder der amerikanischen Landwirtschaft wurde von einem Mann, seiner Frau und ein bis zwei Helfern auf einem Paarterritorium vollbracht.

Vor vielen Jahren besuchte ich eine gigantische kooperative Baumwollfarm im Central Valley, Kalifornien. Das Wasser wurde aus 700 Meter tiefen Brunnen gepumpt, deren jeder 65000 Dollar gekostet hatte. Der Verwalter hatte für das beeindruckende Unternehmen nur ein Achselzucken übrig: »Es liegt nur an den hohen Kosten der Brunnen«, meinte er. »Eine normale Wasserversorgung, und dieses Land wäre morgen unterteilt. Niemand kann mit einem Farmer auf seinen eigenen 160 Morgen konkurrieren.« Damals wußte ich noch nichts über die Territorialität und glaubte ihm daher kein Wort.

Vor nicht allzu langer Zeit besuchte ich einen Kibbuz in Israel. Der Kibbuz ist die einzige erfolgreiche Kollektivfarm in der Geschichte der modernen Landwirtschaft. Ich war etwas skeptisch; ist er wirklich ein Erfolg? Zwischen Tel Aviv und Haifa liegt einer der ältesten und geachtetsten Kibbuzim der Israelis, Gan Shmuel, Samuels Garten. Hier bearbeiten 400 Erwachsene 1200 Morgen Land und produzierten in dem meinem

Besuch vorangegangenen Jahr eine Ernte im ungefähren Wert von 1,5 Millionen Dollar. Der Zukunftsglaube und die Entschlossenheit der Israelis sowie die besonderen Umstände dieser bedrohten Nation mögen für den Erfolg verantwortlich sein. Daß Gan Shmuel ein Erfolg ist, läßt sich jedenfalls nicht leugnen. Hierauf besuchte ich eine private Farm, ähnlich gelegen und nur einige Meilen entfernt. Hier betreuten ein ehemaliger polnischer Arzt, sein Sohn und ihre beiden Frauen 30 Morgen Land. Der Ertrag pro Morgen entsprach ungefähr dem im Kibbuz, aber mir fiel ein Unterschied auf. Auf der Kollektivfarm hätte es neun Erwachsene gebraucht, um 30 Morgen zu bebauen; auf der Privatfarm genügten vier. Auf meine diesbezügliche Frage meinte der ehemalige Doktor: »Ganz einfach, *sie* arbeiten acht Stunden am Tag.«

Man denkt an den Biber, der seinem Damm so viel Sorgfalt angedeihen läßt, daß er auf alles andere vergißt und man ihn leicht fangen kann. Man denkt an die Rotkehlcheneltern, die täglich tausend Raupen sammeln. Man denkt an die Zahnkarpfen, ihre Wasserlinsen und den eindringenden Fisch, der doppelt so groß sein muß, um den Besitzer zu verdrängen. Man denkt an den Plattwurm, der trotz seines Hungers doppelt so lange braucht, um mit dem Fressen zu beginnen, wenn er den Behälter nicht kennt. Sollen wir glauben, daß eine durch das Besitzgefühl ausgelöste biologische Kraft, deren Wirkung im Tierleben meßbar ist, bei den meßbaren Verschiedenheiten menschlicher Belange keine Rolle spielte?

Bei einer Untersuchung der russisch-amerikanischen Experimente mit dem territorialen Imperativ kann man seitenlange Statistiken – ebenso langweilig wie langatmig – durchblättern, um die überlegene Leistung des Mannes, der besitzt, gegenüber derjenigen des Mannes, der teilt oder Lohn empfängt, zu beweisen. Einige Angaben sind äußerst interessant, wie zum Beispiel jene über Viehzucht, wo Düngemittel, Maschinen und Bewässerung kaum eine Rolle spielen. Um einen Profit von 100 Pfund bei einer Einheit »Lebendrind« zu erzielen, muß der amerikanische Viehzüchter 3,5 Stunden Arbeit aufbringen, der Lohnempfänger in der Sowjetunion 21, der gewinnbeteiligte Arbeiter einer Kollektivfarm die unglaubliche Zahl von 51 Stunden! Aber es ist ein anderer Faktor der sowjetischen Landwirtschaft, der das Bild vollends abrundet.

Seit der Einführung des Kollektivbesitzes unter Stalin darf der Bauer nur ein kleines Stück Land für sich und seine Familie behalten. Es ist der letzte armselige Rest des Paarterritoriums in der Sowjetunion, und in Zeiten politischer Unruhen wurde sein Ausmaß noch reduziert. Heute beträgt der Privatbesitz pro Familie im Durchschnitt einen halben Morgen, und es ist nicht wahrscheinlich, daß er weiter eingeschränkt wird. Denn gäbe es ihn nicht, Rußland müßte verhungern.

Der Privatbesitz beträgt ungefähr 3 Prozent der gesamten Anbaufläche, aber er produziert fast die Hälfte des gesamten Gemüseanfalls, fast die Hälfte der Milch und des Fleisches, drei Viertel aller Eier und zwei Drittel der Grundnahrung aller Russen, der Kartoffeln. Nach fast 50 Jahren scheitert das Experiment des wissenschaftlichen Sozialismus – trotz Drohungen und Massaker, trotz Erziehung und Propaganda, trotz Polizeigewalt und einem politischen Druck, von dem man meinen sollte, er würde jedes Lebewesen in seiner Reichweite umformen – an einer entwicklungsgeschichtlichen Tatsache: Der Mensch ist ein territoriales Geschöpf.

Die natürliche Auslese verfährt unbarmherzig mit jeder Population, sei es Vogel oder Biber, der es nicht gelingt, mit den ihr zur Verfügung stehenden Mitteln, seien sie ererbt oder erworben, die Umweltbedingungen zu meistern. Sie verfährt auch unbarmherzig mit den Menschen. In einer Zeit, die gerne behauptet, der Mensch habe nichts mehr mit der natürlichen Auslese zu tun, muß auch der größte Zyniker Mitleid für jene Millionen seiner Mitbürger empfinden, die da und dort den harten Eingriff der Auslese zu spüren bekommen – als Beweis dafür, daß die menschliche Natur älter ist als alle menschlichen Theorien. Der evolutive Prozeß geht weiter, unberührt von unseren Hoffnungen und Mitgefühlen, von Dogma und Tyrannis, unbeeinflußt von den Hochflügen menschlicher Selbsttäuschungen und Illusionen.

Die territoriale Natur des Menschen ist genetisch verankert und unabänderlich. Wir werden im Verlauf unserer Untersuchung einen eindringlichen Beweis ihrer Macht in der Opferbereitschaft für das Vaterland sehen, das sogar über das eigene Heim gestellt wird. Aber wenn wir den Bauern betrachten, der zu seiner Scheune geht, bevor die ersten Sonnenstrahlen die Baumwipfel streifen, erleben wir die Antwort auf das zentrale Problem unserer Zivilisation, die niemand als unsere Natur selbst geben konnte. Hier ist der Mensch, der wie jedes territoriale Geschöpf seinen eigenen Interessen entgegenhandelt; in der Stadt läge er noch im Bett und würde außerdem mehr Geld verdienen. Welche andere Kraft als die der Territorialität innewohnende Moral könnte seine Beharrlichkeit motivieren? Hier finden wir auch die biologische Belohnung, jenen geheimnisvollen Quell der Energie und Entschlossenheit – das oberste Gesetz und das größte Rätsel des Territoriums –, der dem Besitzer aus seinem eigenen Grund und Boden zuströmt. Dieser Quell ist nicht unsere Erfindung. Er gehorcht nicht unserem Gebot. Und all unsere Polizeigewalt kann ihn auf die Dauer nicht unterdrücken.

Wer etwas besitzt, wird es wahrscheinlich behalten. Wir wissen nicht, warum. Es ist einfach so. Das Gesetz klingt unseren Ohren nicht angenehm, aber das ist die Schuld der Ohren, nicht des Gesetzes. Ich glaube, wir werden im Verlauf unserer Betrachtungen sehen, daß dieses Gesetz, obwohl es hart klingen mag, für die territorialen Arten, zu denen auch wir gehören, die Quelle aller Freiheit gewesen ist, der Fluch für den Despoten und die letzte verzweifelte Abwehr gegen den Ansturm der Aggression.

IV
Der Zug der Tiere

I

Suppenschildkröten *(Chelonia mydas)* sind bis zu 250 Kilogramm schwere, meeresbewohnende Ungeheuer, deren Vorfahren vielleicht vor 200 Millionen Jahren die Meere des Perms bevölkerten. Irgendwie überlebten sie das Ende der Reptilienherrschaft vor etwa 100 Millionen Jahren, aber ihre heroischen Fähigkeiten waren bis vor fünf Jahren ausschließlich den Köchen von Luxusrestaurants bekannt. Damals begannen sich einige hartnäckige Wissenschaftler – auch sie waren Helden, wie wir noch sehen werden – mit der Frage zu beschäftigen, wie die Suppenschildkröte ihren Heimweg finde.

Im letzten Kapitel haben wir den geheimnisvollen Energiezustrom und das Verantwortungsbewußtsein untersucht, die das Territorium seinem Besitzer verleiht. Jene Gesetze beherrschten die Belange der Menschen wie die der Tiere. Jetzt aber wollen wir uns einer Kraft zuwenden, die, ebenso geheimnisvoll, ebenso jenseits unseres Erkenntnisvermögens liegend, mit unserer Art, soweit wir wissen, nichts zu schaffen hat. Wir Menschen kennen die Sehnsucht. Unsere Gedanken mögen die Rauchschwalben zu jenen Plätzen fliegen, an denen wir geboren wurden. Aber im Gegensatz zu vielen unserer tierischen Verwandten fehlt uns die Fähigkeit, diese zu finden. Der Mensch gehört zu jener Art, deren Orientierungssinn von der Natur so großartig ausgebildet ist, daß er sich hoffnungslos verirrt.

Uns fehlen die navigatorischen Talente der Tiere, und wir müssen uns mit unseren Erfindungen begnügen – mit der Landkarte, dem Sextanten, dem Kompaß. Doch in dem Augenblick, in dem wir die Möglichkeit, der Mensch sei eine territoriale Art, in Erwägung ziehen, müssen wir uns mit der Kraft, die wir Heimat oder Zuhause nennen, auseinandersetzen. Was ist dieses Etwas, das ich in mir fühle und mit den Bewohnern der ältesten Meere teile? Wenn ich meine eigenen Bindungen kenne und respektiere, muß ich wohl auch die der Suppenschildkröte kennen und respektieren.

Da und dort, in der Tropenwelt zwischen Borneo und dem Karibischen Meer, liegen die meist einsamen Strandplätze, zu denen die alten Ungeheuer ziehen, um ihre Eier in die Sandnester zu legen. Woher kommen sie? Die ausgewachsene Suppenschildkröte ist, wie die Kuh, ein Grasfresser. Ihre Weideplätze sind die seichten Küstengewässer mit Schildkrötengras. Aber diese Futterplätze sind kaum jemals in der Nähe jener Strandplätze, zu denen die Suppenschildkröten kommen, um sich in der Brandung zu paaren und die Eier im Sand zu vergraben. Das Problem begann Archie Carr, Zoologieprofessor an der Universität von Florida, so zu faszinieren, daß er Jahre damit verbrachte, Tausende von Schildkröten an einem Strand von Costa Rica zu markieren. Er konnte feststellen, daß die Tiere, kaum war die Paarungs- und Brutzeit vorüber, an allen Futterplätzen von Venezuela bis zu den Florida Keys wiederauftauchten.

War es ein Zufall, daß sich die Suppenschildkröten des gesamten Karibischen Raumes zur Paarungszeit an einem bestimmten Strand von Costa Rica zusammenfanden? Es schien nicht wahrscheinlich. Keines der von Carr am Tortuguerostrand markierten Tiere besuchte jemals einen andern Paarungsstrand in der Umgebung. Für die Schildkröten, die kamen, schien gerade dieser Strand die Heimat zu sein. Aber wie fanden sie ihn, sobald sie der Paarungstrieb jedes zweite oder dritte Jahr überkam? Carrs Wissensdurst ließ ihn nicht ruhen, bis er jene Entdeckung machte, von der ich berichten will. Er veröffentlichte seine Ergebnisse 1965, und sie sind bis heute das letzte Wort oder vielleicht der letzte Stoßseufzer der Wissenschaft zu dem Problem: Orientierungsinstinkt der Tiere.

Die Himmelfahrtsinsel liegt inmitten des Atlantik zwischen Afrika und Südamerika. Hier befindet sich, über mehrere Strandgebiete verstreut, eine berühmte Nistkolonie der Suppenschildkröte. Aber auf der Himmelfahrtsinsel gibt es auch nicht die Andeutung von Schildkrötengras, ja die nächsten derartigen Wasserweiden finden sich erst nahe der brasilianischen Küste. Durch genaues Markieren fanden Carr und sein Mitarbeiter Harold Hirth, daß die Schildkrötenweibchen, welche ihre Eier auf den Strand der Himmelfahrtsinsel legen, von der 2000 Kilometer weit entfernten Küste Brasiliens kommen.

Wir müssen diese Seereise vom Standpunkt der Schildkröte aus betrachten. Alles ist offenes Meer – keine Insel, kein Riff, keine Untiefen oder andere Orientierungszeichen. Die äquatoriale Strömung kommt von Afrika und bietet keinerlei Hilfe. Die Himmelfahrtsinsel mißt etwa 8 Kilometer im Durchmesser, die höchste Erhebung beträgt ungefähr 1500 Meter. Bis zur

Erfindung der modernen Navigationshilfen war die Insel für die Seefahrer äußerst schwer zu finden. Dennoch erreicht die Schildkröte, die ihren Kopf nur einige Zentimeter aus dem Wasser strecken und die Insel erst erkennen kann, wenn sie wenige Kilometer von der Küste entfernt ist, nach einer Reise von 2000 Kilometer die winzige Insel. Und sie findet die Insel nicht nur einmal, sondern anscheinend sogar mehrmals. Fünf der 1960 markierten Schildkröten kehrten zu einer späteren Paarungszeit nochmals zu der Himmelfahrtsinsel zurück, vier von ihnen zu demselben Strand.

Wie gelingt es ihnen? Und wie begann das alles? Die Suppenschildkröte ist so uralt, daß ihr Verhalten festgelegt worden sein mag, bevor die Kontinente ihre heutige Gestalt annahmen. Aber wie die angeborene Erinnerung an das Zuhause den Tieren den Weg weist, dafür fehlt uns jede Erklärung. Die Wissenschaft hat sich mit dieser Frage wacker herumgeschlagen, gehört sie doch zu den rätselhaftesten der modernen Biologie; in der unbekannten Antwort müssen Merkmale und Eigenschaften verborgen sein, von denen wir noch keine Ahnung haben. Aber abgesehen von einigen leuchtenden Ausnahmen wie Carr, wurde die Frage von den Wissenschaftlern bald wieder fallengelassen.

Als ich mich als junger Mann gerade mit dem New-Yorker Theaterleben zu befassen begann, zeigte das alte Hippodrom in New York eine musikalische Komödie von großartiger Ausstattung. Die berühmtesten Stars dieser Zirkusaufführung waren ein Elefant und der Schauspieler Jimmy Durante, dieser einzigartige Protagonist eines Verrückten en miniature. In dem Stück tat Durante einen Ausspruch, an den man unwillkürlich erinnert wird, denkt man an die Suppenschildkröte, die Pelzrobbe Alaskas, die Wissenschaft und sogar an uns selbst. Es kam der Moment – ein Moment, den der Stückeschreiber gerne die obligatorische Szene nennt –, als Durante den Elefanten stahl. Auf Zehenspitzen betrat er die Bühne und machte beschwichtigende Laute zu seinem riesenhaften Gefährten. Alles schien gutzugehen, da tauchte ein Polzist auf. Durante sank in sich zusammen. Der Polizist war furchterregend.

»Woher haben Sie diesen Elefanten?« fragte er drohend.

Durante sah sich um – fassungslos und verstört.

»Welchen Elefanten?« fragte er.

Welchen Elefanten? Das ist die gequälte, halb wahnsinnige Antwort der Wissenschaft heute, sobald die Frage, wie die Tiere nach Hause fänden, auftaucht.

Das »Heimkehrproblem«, wie man es diskret bezeichnet, war vor fünfzehn Jahren noch kaum existent. Noch niemand hatte es mit dem Territorium in Verbindung gebracht, und man nahm allgemein an, jene Tiere, die, wie die Tauben, eine besondere Fähigkeit aufweisen, nach Hause zu finden, würden durch nichts anderes als ein erstaunliches Landschaftsgedächtnis geleitet. Ausdrücke wie »Heiminstinkt« und »Migrationsinstinkt« wurden in einem vagen Sinn gebraucht, aber mehr zur Kennzeichnung von Tieren, die entschlossen sind, stets an bestimmte Plätze zurückzukehren, als um zu erklären, *wie* sie dies anstellen. Man nahm zum Beispiel an, daß bei Zugvögelscharen, die enorme Strecken zurücklegen, um zu ihren Nistplätzen zu gelangen, immer einige ältere, erfahrene Vögel sein müßten, die den Weg weisen. Die Jungvögel würden im folgenden Jahr die Führung übernehmen.

Wie ferne schwarze Wölkchen, die sich nicht vertreiben lassen, trüben allerdings einige beunruhigende Experimente den blauen Himmel der Wissenschaft. Bereits 1931 waren O. J. und A. Murie, zwei fähige Naturforscher, mit einigen schwer erklärlichen Beobachtungen aus dem Grand-Teton-Gebirge in Wyoming zurückgekehrt. Sie hatten den Sommer in den hochgelegenen Tannen- und Föhrenwäldern verbracht, wo sie durch wiederholtes Einfangen von Weißfußmäusen *(»deer mice«)*, deren Lebensbereich feststellten. Die Technik besteht darin, in gewissen Abständen über ein ziemlich ausgedehntes Gebiet Fallen zu stellen; wird eine Maus oder ein Maulwurf gefangen, so markiert man sie und läßt sie wieder frei. Wird dasselbe Tier oft genug gefangen und jeder Fangort auf einer Karte eingetragen, so erhält der Forscher eine recht gute Vorstellung von seinem Lebensbereich. Die Untersuchungen der Murie berührten das Heimkehrproblem betreffende Fragen, auf die es keine bessere Antwort gibt als: »Welcher Elefant?«

Wiederholtes Fangen ergab, daß sich die winzige Weißfußmaus kaum jemals aus einem Bereich von 20 Meter im Durchmesser entfernt und daß die Grenze der von ihr im Laufe des Lebens unternommenen Wanderungen bei 40 Meter liegt. Dieses Gebiet kann man als die Welt des *Peromyscus maniculatus* bezeichnen. Kaum wandten sich die Murie dem Heimkehrproblem zu, als sich wunderbare Dinge zeigten. Fünf Weißfußmäuse waren imstande, den Heimweg aus einer Entfernung von 1500 Meter zu finden. Terrainkenntnis war ausgeschlossen; auch erlaubt die Lebensweise der Maus ebensowenig wie die der Schildkröte einen Überblick aus der Vogelperspektive. Ist man mausgroß, so bedeutet die Rückkehr von einem 1500 Meter entfernten Punkt fast eine Rückkehr vom Ende der Welt.

Die Murie stellten auch fest, daß die besten Wanderer die jugendlichen Mäuse mit der geringsten Erfahrung waren. Sie wählten daher ein junges Weibchen von ungefähr fünf Wochen aus. Eine Maus dieses Alters entfernt sich niemals aus der unmittelbaren Nachbarschaft ihres Nestes. Diese Maus aber wurde 3 Kilometer weit fortgeschafft, und genau zwei Tage später erschien sie wieder fröhlich an ihrem Heimatort!

In der Fachliteratur finden sich verschiedene Berichte über Studien aus dieser Zeit, allerdings ist keine so eindrücklich wie die eben erwähnte. C. M. Breder jr., der spätere Direktor des New-Yorker Aquariums, beschäftigte sich bereits 1927 mit dem Navigationstalent von Fröschen und Kröten. Einem deutschen Forscher gelang der Nachweis, daß ein Hund, der ein weitgehend unbekanntes Gebiet mit einer bestimmten Geschwindigkeit durchquerte, um von einem 8 oder 10 Kilometer weit entfernten Punkt nach Hause zu kommen, nur den kürzesten Weg genommen haben konnte; zum Rekognoszieren blieb ihm keine Zeit. Ein Student bestätigte ein Gerücht der Fischer, indem er Stahlkopfforellen – eine Art der Regenbogenforelle – markierte. Von 238 Fischen, die zum Laichen zurückkehrten, fand er 233 in dem heimatlichen Fluß wieder, nur 5 in einem 6 Kilometer entfernten Fluß.

Ohne Zweifel beschatteten kleine schwarze Wolken die unbeschwerte Stimmung der Wissenschaft. Außer den Weißfußmäusen, den Fröschen und Forellen gibt es natürlich auch noch die Geschichte des Aales. Aber diese Geschichte ist fast so etwas wie »Hitlers Große Lüge«. Niemand kann sie so recht ernst nehmen. Ich habe die Geschichte des Aales sehr eingehend untersucht, und ich weiß, daß sie wahr ist. Aber äße ich morgen geräucherten Aal, ich könnte es immer noch nicht fassen, daß das Tier auf meinem Teller seine Jugend im Sargassomeer verbracht hat. Ich glaube nicht einmal, daß es so etwas wie das Sargassomeer gibt. Als Bub sah ich einen Film mit dem Titel ›The Isle of Lost Ships‹; der Schauplatz war das Sargassomeer, in welchem sich der ganze Seetang des Atlantischen Ozeans aufstaut. Auch alle verlorenen Schiffe endeten – laut diesem Film – im Sargassomeer, und es gab spanische Galionen, zerfetzte Segelschiffe und alte römische

Galeeren; die Menschen lebten ewig, und der Hauptdarsteller trug ein wunderbares Kostüm. Ich ging nach Hause und konnte nicht schlafen. Ich lag im Bett und hörte den Lärm der Lastwagen in einem der Hinterhöfe von Chicago. Ich dachte, wie voll der Wunder die große Welt doch sei; wann würde ich nur endlich erwachsen sein? Aber irgendwie konnte ich das Sargassomeer nicht ganz ernst nehmen, ebensowenig wie ein vernünftiger Wissenschaftler die Aalgeschichte ernst nehmen kann. Und das ist nicht verwunderlich.

Der Mann, der entdeckte, daß jeder Aal der westlichen Welt im Sargassomeer zur Welt kommt, hieß Johannes Schmidt. Aale sind in Dänemark ein großes Geschäft, und so war es die dänische Aalverwertungsindustrie, die seine Arbeit 16 Jahre lang finanzierte, bis er 1922 seine Ergebnisse veröffentlichte. Bisher wußte man nur, daß alle Aale im Herbst die Flüsse Europas abwärts zur Ostsee, zur Nordsee oder zum Atlantik wandern und niemals wiederkehren. Im darauffolgenden Frühling erscheint eine Myriade von Aalkindern – die sogenannten Glasaale –, etwa 5 bis 7 Zentimeter lang, in der Nähe der Küste und steigt in die Flüsse ein. Man wußte auch, daß sich der amerikanische Aal (eine andere Spezies mit einer geringeren Anzahl von Rückenwirbeln) ebenso verhält. Was geschieht mit den alten Aalen? Und woher kommen die Glasaale? Niemand wußte es. Die Biologen waren auch etwas verwundert, daß es von Island bis Zypern keine lokalen Aalrassen gibt. Weder die europäische Art noch die amerikanische weist Unterarten auf. Vielleicht wäre es besser für die Biologen gewesen, verwundert zu bleiben und niemals etwas von Johannes Schmidt zu hören. Denn dieser entdeckte, daß ein winziges, durchsichtiges, das Sargassomeer bewohnendes Seetierchen, *Leptocephalus brevirostris*, in Tat und Wahrheit die Aallarve ist.

Das war natürlich unmöglich, denn nicht sein kann, was nicht sein darf. Es bedeutete, daß sich alle ausgewachsenen Aale Europas und Amerikas im Herbst nach dem Sargassomeer begeben, um dort im Frühling zu laichen und zu sterben. Die europäische Larve benötigt zwei Jahre, um ihre volle Größe zu erreichen, und ein drittes, um sich in einen Glasaal zu verwandeln. Zu diesem Zeitpunkt haben sich die Larven bereits aussortiert, und alle europäischen sind nach Europa gezogen, wo sie noch niemals waren, alle amerikanischen nach Amerika, wo sie noch niemals waren. Wie wissen sie, wo sie hingehören? Wie weiß ein Aal mit 115 Rückenwirbeln, daß er sich an der holländischen

Küste einzufinden, einer mit 107 Wirbeln, daß er einen Fluß in North Carolina hinaufzuschwimmen hat?

Noch niemals wurde der Wissenschaft eine phantastischere Geschichte beschert. Der einzige Jammer war, daß die Dänen Schmidt ein Forschungsschiff zur Verfügung stellten und er nachwies, daß die haarsträubende Geschichte stimmte. Er veröffentlichte seine Ergebnisse in einer der seriösesten Zeitschriften der wissenschaftlichen Welt, in ›Philosophical Transactions‹ der Royal Society of London. Immer wieder versuchte man im Laufe der Jahre, Schmidts Geschichte Lügen zu strafen, aber es gelang nicht. Erst kürzlich brachte jemand in der Zeitschrift ›Nature‹ eine solide, auf der Umweltsteorie basierende Lösung vor: Er behauptete, es gebe nur eine einzige Aalart, die Larven gerieten in die Strömungen des Atlantik und würden zu ihren verschiedenen Bestimmungsorten getrieben. Ginge die Entwicklung in kaltem Wasser vor sich, wie beim europäischen Glasaal, so bildeten sich mehr Rückenwirbel aus als bei einer Entwicklung in warmen Gewässern, wie beim amerikanischen Glasaal. Nach dem Vorbild der meisten soliden, umweltbedingten Lösungen vereint die Theorie unwahrscheinliche Biologie mit unmöglicher Statistik. Wynne-Edwards gelang unterdessen der Nachweis, daß – hinge die Anzahl der Wirbel tatsächlich nur von der Wassertemperatur ab – es eine Reihe von Aalen mit einer dazwischenliegenden Wirbelzahl geben müsse. Tatsächlich gibt es kaum Tiere mit 111 Wirbeln und nur sehr wenige mit 110 oder 112. Außerdem sind zwischen den beiden Arten physiologische Unterschiede vorhanden.

Schmidts Ergebnisse sind trotz ihrer schwindelerregenden Phantastik noch heute gültig. Aber – ich sagte es schon – etwas an der Aalgeschichte überfordert unsere Bereitwilligkeit zu glauben, und wäre ich ein Wissenschaftler gewesen, auch ich hätte mir nicht die Stimmung durch derartigen Unsinn verderben lassen. So standen die Dinge, als 1951 ein brillanter Student namens Lester Aronson, Mitarbeiter am American Museum of Natural History, für das seltsame Verhalten des Grundels *(Gobiidae)* im Karibischen Meer keine andere Erklärung finden konnte als ein Landschaftsgedächtnis. Da es sich hier um die letzte größere Untersuchung tierischen Navigationsvermögens handelt, bevor der Sturm losbrach, möchte ich sie schon aus historischen Gründen näher schildern.

Der Grundel ist ein kleiner, etwa 3 Zentimeter langer tropischer Fisch. Von seinen merkwürdigen Fähigkeiten hörte Aronson zum erstenmal durch Kollegen des Lerner-Marine-Laboratoriums auf Bimini. Auf dieser kleinen Insel der Bahamas bevölkern die Grundel kleine Tümpel von einem knappen Meter im Durchmesser, welche die Flut längs der Korallenküste zurückläßt. Aronson kam das Gerücht zu Ohren, die Grundel fänden immer nach Hause und würden niemals von der Ebbe überrascht. Er begann den Fall zu untersuchen.

Wie sich sehr bald zeigte, enthielt das Problem der Grundelnavigation wesentlich verwirrendere Momente als nur das Heimkehrvermögen. Die kleinen Wasserlöcher, welche die Flut zurückläßt, sind vielfach durch Felskanten und Grate getrennt, die einige Zentimeter aus dem Wasser herausragen. Für seine Größe ist der Grundel ein ausgezeichneter Springer. In einem Wasserloch isoliert, springt er unbeirrt zum nächsten. Aber er kann vom Wasser aus keine Ahnung haben, wo der nächste Tümpel liegt. Wie also macht er es? Aronson stellte fest, daß ein Versuchen aufs Geratewohl ausgeschlossen sei, da jeder Irrtum den Fisch unweigerlich auf einem sonnendurchglühten Stein landen ließe. Auch jede Art solarer Orientierung kam nicht in Frage, da der Grundel seinen Weg findet, ganz gleich, ob der Himmel bedeckt oder strahlend blau ist. Es konnte sich auch nicht um einen in irgendeiner Form erprobten und gelernten Weg handeln, da der Grundel von und zu seinem Heim verschiedene Wege wählt und überhaupt recht unabhängig davon ist. Aus jedem Wasserloch springt er, diesen oder jenen Weg nehmend, immer in die Sicherheit.

Die einzige Erklärung, die Aronson für diesen Navigationssinn finden konnte, war die Annahme, der Fisch schwimme zur Zeit der Flut über alle Tümpel und Löcher und merke sich derart die Topographie. 1951 war das noch eine recht vernünftige Antwort. Es war überhaupt die letzte vernünftige, normale Erklärung, die geäußert wurde, bevor der Sturm losbrach.

W. H. Thorpe – ich habe bereits seine Arbeit über die Beziehung zwischen Lernen und Instinkt erwähnt – ist eine der führenden Autoritäten auf dem Gebiet der Verhaltensforschung. Er ist es auch, den die Einstellung »Welcher Elefant?« am wenigsten befriedigt. In seinem Institut in Cambridge schuf er einen sicheren Hafen für alle ruhelosen, vorwärtsstürmenden Geister, die gerne den Frieden der Biologie stören. Der ruheloseste unter ihnen war ein Mann namens G. V. T. Matthews, der 1951 eine methodische Versuchsreihe mit Brieftauben begann. Im Dezember desselben Jahres veröffentlichte er seine Ergebnisse.

Bei Wettflügen werden Brieftauben auf eine bestimmte Strecke trainiert. Der Trainer läßt seine Vögel in immer weiterer Entfernung vom Taubenschlag frei und bringt sie so immer näher an den Startpunkt des eigentlichen Wettfluges heran. Als Matthews seine Arbeit begann, war man auf Grund der gesammelten Erfahrungen der Ansicht, die Tauben fänden nach Hause, indem sie die Landschaft erkennen lernten. Bis zu diesem Zeitpunkt war es niemandem eingefallen, mit ungeübten Vögeln zu experimentieren. Matthews kam auf die Idee. Und er kam zu dem verrückten Schluß, daß unerfahrene Vögel, die keine Kenntnis von dem Ort haben, an dem sie freigelassen werden, sich besser orientieren als trainierte, die angeblich wissen, was sie tun. Hier müssen wir uns der 20 Jahre vorher gemachten Beobachtungen der Murie erinnern, daß noch nicht ganz erwachsene Mäuse am besten nach Hause finden.

Eine geschulte Brieftaube mag die Umgebung ihres Taubenschlages besser kennen als eine unerfahrene. Sie findet den Schlag, einmal in der Nähe angekommen, wahrscheinlich schneller. Aber Matthews trennte das, was man als Fähigkeit des Findens bezeichnen könnte, von der Fähigkeit, bei der Freilassung die richtige Richtung einzuschlagen. Um seine Vögel zu testen, entwickelte er sogar quantitative Methoden. Wird der Vogel am Freilassungsort senkrecht in die Höhe geworfen, so kreist er ein- oder zweimal, bevor er sich auf die Reise macht. Als Grundlage für seine Berechnungen nahm Matthews den Abweichungswinkel von der direkten Richtung sowie die Zeit zwischen Freilassung des Vogels und seinem Verschwinden am Horizont (das zumeist nach etwa 3 Kilometer erfolgte). Bei beiden Bewertungen erreichten die unerfahrenen Vögel bessere Resultate als die erfahrenen.

Wie läßt sich dies erklären? Nur, indem man annimmt, daß der Orientierungssinn angeboren sei und bei manchen Vögeln durch die Erfahrung gestört werde. Die genetische Basis des Heimfindevermögens fand eine weitere Bestätigung in Matthews' Beobachtung, daß sich einzelne Tiere bereits beim ersten Versuch als ausgezeichnete Heimfinder erwiesen, andere als schlechte. Diese Fähigkeit wurde durch die Erfahrung kaum beeinflußt. Nur bei der unmittelbaren Heimkehr zum Taubenschlag brachte die Übung rasche Erfolge. Der Vogel erwarb tatsächlich eine genaue Kenntnis der sein Heim umgebenden Landschaft, und durch wiederholtes Üben wurde er mit einem immer größeren Gebiet vertraut. Aber zwischen dieser erworbenen Fähigkeit und der Fähigkeit, bei Freilassung in unbekannter Gegend die richtige Richtung einzuschlagen, besteht ein klarer Unterschied. Die Orientierung scheint eine bei verschiedenen Individuen unterschiedlich ausgeprägte, angeborene Fähigkeit zu sein, die durch Lernen nicht verbessert werden kann.

Ungefähr zur selben Zeit, als Matthews seine Experimente in Cambridge durchführte, unternahm Gustav Kramer vom Max-Planck-Institut ähnliche Versuche mit Staren; er prüfte die Beziehungen zwischen Migrationsinstinkt und Heimfindevermögen. Auf seiner Station an der Ostseeküste bemerkte Kramer, daß alle Bewohner eines Vogelhauses unter freiem Himmel im Oktober nach Südwesten zu entkommen suchten; dies ist die Richtung der zu dieser Zeit einsetzenden Starzüge. Kramer errichtete ein rundes Vogelhaus ohne Ausblick auf den Horizont oder andere Orientierungsmöglichkeiten. Noch immer versuchten die Stare nach Südwesten zu fliehen.

Jetzt wurden die Dinge verwirrend. Mit der Behauptung, die Fähigkeit des Heimfindens oder die Bestimmung der Flugrichtung seien angeboren, ist wenig gesagt. Die Frage »Wie machen es die Vögel?« bleibt offen. Matthews und Kramer widerlegten die Annahme, daß Tiere mit Hilfe von Gedächtnis und Erfahrung ihren Weg finden. Indem sie bewiesen, daß ein Instinkt vorhanden sein müsse, stellten sie die Wissenschaft vor ein neues Rätsel. Was für ein Instinkt? Eine der Möglichkeiten schloß Kramer aus: daß das Tier in irgendeiner Form auf ein magnetisches Feld anspreche und einen biologischen Kompaß besitze. Nahe seiner Station an der Ostsee gab es Ablagerungen von magnetischem Eisen, die jeden von Menschen hergestellten Kompaß unbrauchbar machten. »Die Kompaßnadel wird hier völlig verrückt«, bemerkte er, »nicht aber die Stare.«

Zur selben Zeit perfektionierte Matthews seine eigene Methode, diese Möglichkeit auszuschalten. An den Beinen einer Anzahl von Tauben befestigte er kleine Magnete, stark genug, um die Wirkung des Erdmagnetismus auf die Tiere entscheidend zu beeinflussen. An einer Kontrollgruppe befestigte er einen ähnlichen Ballast aus Messing. Alle Tiere wurden freigelassen, alle Tiere kehrten zurück. Ich glaube, von jetzt an wird der Leser die Versuchstiere nicht mehr um ihr faszinierendes Leben beneiden und ganz besonders nicht die Brieftauben von Cambridge.

Es war auch eine Hypothese aufgetaucht, daß gute Heimfinder vielleicht doch ein gutes Gedächtnis besäßen, und zwar in bezug auf die Reiseroute vom Taubenschlag zum Ort der

Freilassung. Ihre Fähigkeit bestünde – so meinte man – in einem Zurückverfolgen der Route. Die Hypothese wurde mit wenig Überzeugung vorgebracht, aber Matthews war bereit, jede Theorie ad absurdum zu führen. So entwickelte er eine teuflische Maschinerie, die in vielen Details einem Betonmischer geglichen haben muß. Er installierte sie in einem geschlossenen Lastwagen und setzte seine Tauben hinein. Die Maschine drehte sich viermal in der Minute um 360 Grad. So wurden die Tauben, während Matthews seine gefiederten Schützlinge fröhlich zu dem 100 Kilometer weit entfernten Ort der Freilassung brachte, in der Teufelsmaschine regelmäßig alle fünfzehn Sekunden auf den Kopf gestellt. Diese Art der Beförderung war nicht dazu angetan, einem Geschöpf die Reiseroute besonders gut einzuprägen, geschweige denn ein Zurückverfolgen zu ermöglichen. Als die Tauben freigelassen wurden, nahmen sie dessenungeachtet sofort direkten Kurs zum Taubenschlag, sicherlich erleichtert, daß diese Hypothese damit erledigt war.

Noch gab es die Sonnenhypothese. Matthews stellte fest, daß die Leistungen seiner Tauben an wolkigen Tagen stark zurückgingen. Die Sonne war also, zumindest bei den Tauben, irgendwie beteiligt. (Obwohl wir wissen, daß den Grundel seine Sprünge auch bei bewölktem Himmel sicher ans Ziel führen.) Die nächstliegende Erklärung war, daß die Tauben, normalerweise immer zur gleichen Tageszeit freigelassen, ein Gedächtnis für den richtigen Winkel hätten, den die Sonne mit ihrer Flugrichtung bildet. Die Annahme erklärt nicht, warum unerfahrene Tauben so gut abschneiden, aber Matthews war wie immer bereit, alles auf die Probe zu stellen. Er trainierte zur gleichen Tageszeit mit zwei Taubengruppen. Hierauf ließ er die Versuchsgruppe zur gewohnten Zeit frei, die Kontrollgruppe sechs Stunden später, als sich der Sonnenwinkel um 90 Grad verschoben hatte. Alle Vögel fanden unbeirrt zurück.

Die gespenstische Bedeutung der Frage »Welcher Elefant?« zeichnete sich immer klarer ab. Wäre es möglich, daß die Taube, während sie nach der Freilassung ein oder zwei Kreise zieht, nach Art der Seefahrer eine ungefähre Ablesung des Sonnenstandes vornimmt? Dies würde nicht nur einen angeborenen Sextanten, sondern auch einen angeborenen Chronometer voraussetzen. Eine tierische Fähigkeit, den Sonnenwinkel zu erfassen, ist noch vorstellbar; aber der Winkel ist sinnlos, wenn er nicht mit der genauen Tageszeit in Verbindung gebracht wird. Und obwohl die biologische Uhr eine Tatsache ist, scheint die Anforderung, die damit an die Präzision der Tauben gestellt würde, doch etwas übertrieben.

Langsam beginnen wir die biologische Uhr ein wenig kennenzulernen. Sie ist es, die uns stört, wenn wir uns nach einem Direktflug Los Angeles – Paris ins Bett legen. Die achtstündige Zeitdifferenz, die das Düsenflugzeug in ungefähr der gleichen Stundenanzahl bewältigt, bringt die biologische Uhr in Unordnung. Wie primitiv diese Uhr ist, kann man aus Bests Beobachtungen der gehirn- und rektumlosen Plattwürmer ersehen. Eine *Dugesia tigrina* ernährt sich von einer andern Art, *Cura foramani*, geht aber nur in der Nacht auf Beute aus. Best hielt in seinem Laboratorium in Washington eine konstante Temperatur von 70 Grad Fahrenheit; Leuchtstoffröhren sorgten für eine gleichbleibende Helligkeit. Es gab keine Möglichkeit, den Tag von der Nacht zu unterscheiden. Unter diesen Umständen ließ er seine räuberischen Plattwürmer 98 Stunden lang fasten, um sie hierauf gemeinsam mit den Beutetieren in einen Behälter zu geben. Die Plattwürmer wußten genau, wie spät es war: Zwischen sechs Uhr morgens und sechs Uhr abends konnte Best nur zwei Attacken feststellen; als aber die Nacht begann, waren es neunzehn.

Die biologische Uhr ist eine Realität. Aber zeigt sie die Zeit genau genug an, um einer kreisenden Taube zu erlauben, Längen- und Breitengrade zu bestimmen? 1953 kam Matthews, selbst schon etwas verzweifelt, zu dem Schluß, die Uhr müsse ausreichend sein; es gab keine andere Erklärung. Aber schon 1955 brach wieder einmal alles zusammen.

Die Duke University von North Carolina besitzt seit Jahrzehnten ein Laboratorium für Parapsychologie, das sich hauptsächlich mit dem wissenschaftlich etwas suspekten Gebiet übersinnlicher Erscheinungen beschäftigt. Dort prüfte ein Mann namens J. G. Pratt Matthews' Untersuchungsergebnisse. Matthews' Überlegungen gingen von der Voraussetzung aus, daß die Taube eine Weile kreisen müsse, um ihre Sonnenbeobachtungen anzustellen, ihre biologische Uhr zu befragen und ihren Computer in Ordnung zu bringen. Pratt hingegen hegte den Verdacht, die Tauben kreisten nur, um Höhe zu gewinnen. Also brachte er seine Tauben in eine 100 Kilometer vom Taubenschlag entfernte Stadt, die einen Feuerbeobachtungsturm von 30 Meter Höhe besaß. Eine Hälfte der Tauben ließ er am Fuß des Turmes frei, die andere von der Spitze. Die am Boden freigelassenen Vögel kreisten und benötigten zirka fünf Minuten, um in einer Entfernung von etwa 3 Kilometer zu verschwinden. Die von der Turmspitze freigelassenen Tauben flogen geradewegs ab und verschwanden nach drei Minuten.

Die Schockwellen machten sich bis Cambridge bemerkbar. R. H. Thouless wurde ausgesandt, das Experiment zu überprüfen. Die amerikanische Marine, die sich zu diesem Zeitpunkt wahrscheinlich bereits fragte, ob all das für Sextanten und Chronometer aufgewandte Geld wirklich nötig sei, finanzierte einen Teil der Experimente. Man arbeitete eine neue, kompliziertere Versuchsanordnung aus. Die Vögel wurden von 20 bis 30 Meter hohen Türmen freigelassen. Einige Tiere schloß man in Kisten ein, so daß sie bis zum Augenblick der Freilassung die Sonne nicht sehen konnten. Pratt und Thouless stimmten überein, daß die Vögel zehn Sekunden benötigten, um ihren Kurs zu bestimmen.

Da Brieftauben an bewölkten Tagen verwirrt sind, kann kein Zweifel bestehen, daß die Sonne in irgendeiner Weise mit ihrer Orientierungsfähigkeit in Verbindung steht. Thorpe selbst aber veröffentlichte eine Schätzung, wonach eine Positionsbestimmung innerhalb von zehn Sekunden eine biologische Uhr mit einer Präzision von plus-minus zwei Minuten in 24 Stunden erfordere. Tatsächlich hatte das Heimfindeproblem die Biologie um 1955 bereits dermaßen in Aufruhr versetzt, daß die Vorliebe der Tauben für sonnige Tage sie zu einer relativ primitiven, zurückgebliebenen Art zu stempeln begann.

Jemand verfiel auf die Idee, die schottische braune Forelle näher zu untersuchen. Sie verbringt die ersten zwei Lebensjahre in Flüssen und wandert im Oktober flußaufwärts zu einem »Loch«, wo der ausgewachsene Fisch den Laich absetzt. Im folgenden Frühjahr kehrt die heranreifende Forelle zurück. Von 3000 in fünf Zuflüssen eines schottischen »Lochs« markierten Forellen unterlief nur einer einzigen im Frühling ein Irrtum. Jemand zeigte, daß die Schwarzkopfmöwe, nimmt man sie aus ihrem Nest, um sie in einem fensterlosen Schuppen ohne irgendeine Orientierungshilfe in einen Käfig zu stecken, ihre Fluchtversuche immer in Richtung des Nestes machen wird. Jemand beschäftigte sich mit der Lichtpolarisation, die den Bienen zu helfen scheint. Jemand bewies, daß Vögel zum Unterschied von Bienen keine hierfür geeigneten Augen hätten. Jemand brachte Ultrakurzwellen in die Diskussion. Jemand wies nach, daß Vögel nicht auf sie reagieren. Ja sogar die durch die Erddrehung verursachte Coriolis-Beschleunigung wurde als mögliche Erklärung herangezogen; jene Kraft, die angeblich das abfließende Wasser unserer Badewanne auf der nördlichen Halbkugel sich in eine Richtung, auf der südlichen in die entgegengesetzte Richtung drehen läßt. Dieser Vorschlag war sehr tiefsinnig, da sowieso niemand die Coriolis-Beschleunigung so recht versteht. Trotzdem bewies jemand, daß auch diese Kraft nichts mit dem Problem zu tun haben könne.

Es waren mühevolle Zeiten. Gustav Kramer, verärgert über die Sonnentheorie, wies darauf hin, daß Laubsänger nur in der Nacht reisen. Wie wäre es mit dem Mond? Sofort erklärte ein Professor namens R. Drost, daß Zugvögel auch in mondlosen Nächten nicht die geringsten Schwierigkeiten hätten, die kleine Insel Helgoland zu finden. Ein verzweifelter deutscher Wissenschaftler ließ eine Vogelschar in einem Planetarium frei; auch das irritierte die Vögel nicht. Sie fanden ihre Richtung.

Jemand erwähnte sogar das Territorium.

3

Heimfindevermögen und Territorium sind miteinander verwandt. Für den Laien, der sich mit den Beobachtungen der neuen Biologie beschäftigt, scheint diese Beziehung so klar umrissen wie die Silhouette des Kirchturms seiner Heimatstadt. Aber in der wissenschaftlichen Literatur finden sich nur wenige Hinweise darauf.

Als W. C. Allee und seine Mitarbeiter 1949 ihr klassisches Lehrbuch ›Principles of Animal Ecology‹ veröffentlichten, schienen sie die Beziehungen als selbstverständlich vorauszusetzen. »Territorialität beinhaltet Heimfindevermögen oder die Verteidigung eines bestimmten Gebietes oder beides.« Aber, wie schon erwähnt, befaßte sich Allee, eine anerkannte Autorität auf vielen Gebieten, nicht mit dem Problem der Territorialität. Seine Feststellung fand daher keinerlei Beachtung. Als J. D. Carthy einige Jahre später sein Buch ›Animal Navigation‹ herausbrachte – das einzige Buch, das eine umfassende Behandlung des Themas darstellt –, erwähnte er das Territorium mit keinem Wort. Man schrieb das Jahr 1956, und vielleicht war es etwas zu früh, daß der begabte Verfasser des Buches die ungewöhnlichen Dimensionen des Problems bereits hätte erkennen können. Soweit ich weiß, wurde die Beziehung zum erstenmal ein Jahr vorher von dem englischen Ornithologen James Fisher anläßlich eines internationalen Ornithologentreffens in Basel klar ausgesprochen: »Ebenso wie die Seevögel zu der Kolonie ihrer Geburt zurückkehren, kehren auch die Sperlingsvögel zum Territorium ihrer Geburt zurück.«

Fishers Behauptung war eine Herausforderung an die Wissenschaft. Womit haben wir es zu tun, wenn wir diese »Territorialität« genannte Kraft betrachten? Wir haben gesehen, daß ihre Wirkung den Interessen des Individuums zuwiderlaufen kann, daß sie die Handlungsfreiheit des einzelnen beschränken und ihn an jene Pflichten binden kann, die er sonst vielleicht vernachlässigen würde. Wir haben gesehen, daß sie in einer bis heute völlig unerklärlichen Form seine Energie und Entschlossenheit verstärkt und die Energie und Entschlossenheit des Angreifers schwächt. Wir nehmen an, daß sie aller Wahrscheinlichkeit nach auch für den Menschen Gültigkeit hat. Wie also ist diese Kraft, deren Wirkung wir alle spüren, beschaffen? Wie stark ist ihre Macht? Ist es möglich, daß, wie Fisher meint, das Territorium der Magnet wäre, der den tierischen Kompaß lenkt?

Eine Reihe von Experimenten und Beobachtungen weist darauf hin, daß Fisher Recht haben könnte. Grüne Sonnenbarsche erregten die Aufmerksamkeit der Forscher des Zoologischen Instituts von Wisconsin. Man wußte bereits, daß der winzige Fisch sehr starke territoriale Bindungen besitzt, daß die Weibchen ebenso aggressiv sind wie die Männchen und daß alle Fische ihre Reviere bereits lange vor der Reife verteidigen, so daß weder Geschlecht noch Erziehung etwas damit zu tun haben können. Das Forscherteam interessierte sich für die Aktivitäten der kleinen Kämpfer in den Dorfteichen. Markierte Fische, die im Herbst gefangen wurden, konnten während der vier Wintermonate, als der Teich zugefroren war, nicht in ihr heimatliches Revier zurückkehren. Aber neun von zehn Fischen kehrten zurück, sobald im Frühling das Eis schmolz.

Eine derartige Anhänglichkeit an die Heimat schien einer Untersuchung wert. Wie finden die Barsche zurück? Durch planloses Suchen oder durch ein echtes Heimfindevermögen? Die Schwimmrouten kleiner Fische in größeren Gewässern zu verfolgen ist recht schwierig; in diesem Fall wurde das Problem ebenso einfach wie findig gelöst. Man befestigte an den gefangenen Fischen mittels eines Fadens Tischtennisbälle und setzte die Fische im Zentrum des Teiches aus. Die Tischtennisbälle schnellten hoch, und alle nahmen wie eine Miniaturflotte kleiner

Patrouillenboote unter dem Befehl eines gemeinsamen Oberkommandos direkten Kurs auf ihren Heimathafen. Kein planloses Suchen, kein Zickzackkurs verzögerte die Reise. Sonnenbarsche finden nach Hause, und zwar nach Hause zu ihren Territorien.

Eine andere Beobachtung, diesmal auf den Aleuten, bestätigte ebenfalls Fishers Theorie. Der Biologe Karl Kenyon, heute Mitarbeiter des American Wildlife Service, hat mehr als irgendein anderer dazu beigetragen, zu beweisen, daß das Problem des tierischen Orientierungsvermögens gegenwärtig nicht zu lösen ist. Eine Untersuchung der Pelzrobben Alaskas – wegen ihres kommerziellen Wertes von der Ausrottung bedroht, gehören sie schon seit Jahrzehnten zu den Studienobjekten der Wissenschaft – stellte seinen ersten Beitrag dar. Das Markieren der Tiere hatte ergeben, daß, wie die Schildkröten auf ihren Strandplätzen zusammenkommen, die Robben Jahr um Jahr zu denselben Felsplätzen zurückkehren, wenn die Paarungszeit naht. Zuerst kommen die Männchen an und kämpfen um die besten Plätze; kurz darauf erscheinen nach langen Reisen von allen Küsten des nördlichen Pazifik die Weibchen. Sie sind bereits trächtig und bestimmen nicht nur den Geburtsort ihrer augenblicklichen Last, sondern auch die genetische Zukunft des nächsten Wurfes. Wonach richtet sich ihre Wahl?

Ich habe bereits die Feststellungen Bartholomews über die Robben erwähnt: Die Weibchen zeigen sich gänzlich uninteressiert, welches Männchen ihr Herr und Gebieter wird. Nur das Vorhandensein anderer Weibchen macht ein Territorium attraktiv. Durch einen Glücksfall gelang Kenyon der Nachweis, daß – ganz gleich, welches Männchen der Besitzer dieses Grundstückes ist – das Weibchen auf jeden Fall die Tendenz zeigt, an seine Geburtsstätte zurückzukehren.

Kenyon wählte für seine 1954 durchgeführten Untersuchungen die Polovina-Kolonie auf der Insel Sankt Paul. Ein glücklicher Zufall ließ ihn eine 1896 gemachte Fotografie der Kolonie finden. Das Bild zeigte praktisch die gleiche Verteilung der großen und kleinen Harems, wie er sie 60 Jahre später vorfand. Diese Verteilung hatte nichts mit der Topographie zu tun, obwohl sich eine einschneidende Veränderung vollzogen hatte. Zum Schutz der Robbenkinder hatte man 1898 eine Art Wohnbauförderungsprogramm entworfen. Um mehr Raum für die Brutkolonien zu schaffen, wurde Erde aufgeschüttet. Manche Gebiete wurden planiert. Aber noch 1954 waren die 1898 geschaffenen Plätze unbewohnt. Anscheinend kann ein Robbenweibchen nicht dazu gebracht werden, für ihre Kinder eine andere Geburtsstätte zu wählen als ihre eigene.

Das Robbenweibchen kehrt zu dem Territorium zurück, auf dem es geboren wurde. Sehen wir uns einmal den Lachs an, ein anderes Tier, das ob seines kommerziellen Wertes seit langem Gegenstand von Untersuchungen ist. Es gibt keine berühmtere oder unerklärlichere Migration als den zur Laichzeit einsetzenden, flußaufwärts gerichteten Zug der Lachse. Schon 1920 wußte man, daß der Lachs nicht nur ungefähr in die Gegend seines Ursprunges zurückkehrt, sondern zu demselben Fluß und zu demselben Teil des Flusses, in dem er geboren wurde. Wie findet er ihn? Wie findet der Lachs nach zwei bis sechs Jahren im Meer die richtige Strommündung, wie sucht er seinen Weg durch ein weitverzweigtes, vielleicht 1000 Kilometer langes Flußsystem bis zu seinem Geburtsort?

Wir wissen es nicht. Natürlich vertreten manche die Gedächtnistheorie wie bei den Brieftauben. Aber Thorpe hatte bereits darauf hingewiesen, daß der Lachs, falls er tatsächlich alle Biegungen, Kurven und Abzweigungen im Gedächtnis behält, den gesamten Ablauf auf seiner Heimreise sechs Jahre später *zurück*spulen muß. A. D. Hasler und W. J. Wisby, die Erfinder der Tischtennisballmethode, haben, von der durchaus plausiblen Annahme ausgehend, daß für einen Lachs jeder Wasserlauf anders schmecke, eine Geschmackstheorie entwickelt. Ein Fisch, der zum Beispiel in den Columbia River einsteigt, zieht einfach dahin weiter, wo das Wasser vertraut schmeckt, bis er endlich bei der unverfälschten, reinen Erinnerung seiner Kindheit anlangt. Aber auch hier gibt es einen Haken. Die Tatsachen weisen darauf hin, daß der Lachs, wo immer auch er sich im weiten, blauen Ozean befindet, direkten Kurs nach Hause einschlägt, sobald ihn der Laichtrieb überkommt. Wie kann ihn der Geschmack der heimatlichen Gewässer durch das Meer leiten?

Das Navigationsvermögen der Lachse ist ebenso rätselhaft wie die Orientierungsfähigkeit der Tauben. Im Jahre 1962 veröffentlichte die angesehene holländische Zeitschrift ›Behaviour‹ eine außerordentlich gut dokumentierte Arbeit über die territorialen Aktivitäten des jungen atlantischen Lachses, und wieder tauchte die Fisher-Theorie auf. Kehren die Fische zu festumrissenen Territorien zurück?

Die Beobachtungen wurden in Kanada angestellt, teils als Feldbeobachtungen, teils im Laboratorium, und zwar von M. H.

A. Keenleyside und F. T. Yamoto. Diese Arbeit befaßte sich keineswegs mit dem Heimfindevermögen, sondern vielmehr mit dem bis dahin unbekannten Verhalten des Jungfisches, bevor er ins Meer zieht. Diesem Stadium geht ein langwieriger Prozeß voraus, ein oder zwei Jahre in wärmerem Wasser, bis zu sieben Jahre in kaltem Wasser. Aber von seiner frühesten Kindheit an bis zu dem Zeitpunkt, in dem seine physiologische Entwicklung so weit fortgeschritten ist, ein Leben im offenen Meer zu erlauben, verteidigt jeder junge Lachs sein Territorium. Im allgemeinen hält er sich nahe dem Flußboden auf und frißt oder verjagt Eindringlinge; nach jeder Jagd aber kehrt er zum selben Standort zurück. Auch in der stärksten Strömung wird er in einem solchen Tempo flußaufwärts schwimmen, daß seine Bindung an einen festen Punkt im Strombett unter ihm erhalten bleibt. Und er tut dies während der gesamten Periode seines Heranreifens, ob sie nun zwei oder sieben Jahre dauert.

Warum? Stellt man in der Biologie eine derartige Frage, so meint man damit: Worin besteht der selektive Vorteil für die Art, Territorien unter so schwierigen Umständen durch so lange Zeit zu halten? Ich glaube, keine der Antworten, die wir bis jetzt gehört haben, reicht als Erklärung aus. Die Versuchsleiter entschieden sich für die Nahrungstheorie: die Aufteilung des vorhandenen Platzes zwischen einer entsprechenden Anzahl junger Lachse stelle die Nahrungsversorgung für jeden Fisch sicher. Dies könnte in einem stehenden Wasser richtig sein, aber in einem schnell fließenden Strom, der fortwährend neue Nahrung bringt, scheint die Antwort unbefriedigend. Außerdem reisen viele Fische in dichten Schulen, und trotzdem tritt keine Nahrungsverknappung ein. Die kanadischen Forscher standen vor einem Problem: Wenn es nicht die Nahrungsverteilung war, die diesem eigentümlichen Verhalten einen arterhaltenden Wert verlieh, was war es dann? Weder sexuelle Rivalität noch Schutz der Brut konnten etwas damit zu tun haben. Auch das Sicherheitsbedürfnis vor Raubfischen spielte dabei wahrscheinlich keine Rolle. Warum verlangt die natürliche Auslese von einem Babyfisch, sich vom ersten Tag seiner Schwimmversuche an ein kleines Gebiet auf dem Flußgrund anzueignen, es allein zu verteidigen und Jahre hindurch ohne Unterbrechung gegen eine starke Strömung anzuschwimmen, um mit ein paar Kieselsteinen auf dem Grund verbunden zu bleiben?

Für mich gibt es natürlich nur eine einzige Antwort: Territorialität. Jene, denen es in ihrer Jugend gelingt, diese naturgegebenen, unendlich anspruchsvollen territorialen Regeln einzuhalten, werden zurückkehren, um zu laichen; jenen, die versagen, wird es irgendwie an Motivierung fehlen, den Rückzug anzutreten, und sie werden daher keine Nachkommen haben. *Wie* der geschlechtsreife Lachs seinen Weg nach Hause findet, bleibt nach wie vor ein Rätsel, aber *warum* er zurückkehrt, welche Umweltsgegebenheiten er sucht, um seine Art zu vermehren, wird damit etwas klarer. Das Heimfinden ist ein Bestandteil der territorialen Kraft.

Für die orthodoxe Biologie mußte es unverständlich bleiben, warum die natürliche Auslese bei manchen Arten so außerordentliche Fähigkeiten fördert. Es ist die Populationsgenetik – die Basis der modernen Biologie und ihr revolutionierendster Aspekt –, die uns die Erklärungen liefert und Fishers Theorie wahrscheinlich macht. Leider ist die Wissenschaft der Populationsgenetik so neu und in ihrer theoretischen Komplexität so furchteinflößend, daß wir sie am liebsten als »ungeeignet für den menschlichen Gebrauch« bezeichnen möchten. Es wäre in diesem Stadium unserer Untersuchung nicht empfehlenswert, sich in das mathematische Labyrinth der Populationsgenetik zu wagen; wir liefen Gefahr, niemals wieder aufzutauchen. Aber wenn wir die tieferen Zusammenhänge zwischen tierischer Navigation einerseits und Territorium und Fortpflanzung anderseits begreifen wollen, müssen wir die Populationsgenetik wenigstens am Rand streifen, wenn wir uns auch nicht zu weit vorwagen wollen.

Im Jahre 1930 waren die Arbeiten dreier Wissenschaftler, die zu den bedeutendsten Genetikern unserer Tage zählen, an einem kritischen Punkt angelangt. Zwei von ihnen, R. A. Fisher und J. B. S. Haldane, waren Engländer, der dritte, Sewall Wright, Amerikaner. Alle drei waren Mathematiker, und alle drei hatten im Laufe von zwei Jahren Bücher oder Arbeiten veröffentlicht, die der Evolutionstheorie eine neue Richtung wiesen. Ihrem vereinten mathematischen Genie gelang es, aufbauend auf dem von Mendel entdeckten Prinzip der Vererbung, die Bedeutung von Mutation und Selektion für den Ablauf der Evolution festzustellen. Diese Beziehungen waren Darwin nicht bekannt gewesen, und die daraus resultierende veränderte Auffassung seiner Lehre leitete die neue Biologie ein.

Populationsgenetik, ein recht schwerer Brocken, läßt sich am ehesten in der Form verdauen, in der sie von Julian Huxley in ›Evolution: The Modern Synthesis‹ oder von George Gaylord

Simpson in ›Major Features of Evolution‹ gebracht wird. Aber ihr oberstes Prinzip ist ganz einfach: Die grundlegende evolutive Einheit ist nicht das Individuum, sondern die Population. Ich habe diesen Ausdruck immer wieder gebraucht, und es ist vielleicht an der Zeit, ihn einmal zu definieren. In der Biologie bedeutet Population eine Fortpflanzungsgemeinschaft. Genauer gesagt, jede Gruppe von Individuen, die mit einer gewissen Wahrscheinlichkeit zusammentreffen und sich paaren wird, bezeichnet man als Population. Dort, wo diese Wahrscheinlichkeit sehr gering ist, liegen die Grenzen der Population.

Wir haben die durch die Anziehung der Stampfplätze herbeigeführten Fortpflanzungspopulationen der Uganda-Wasserböcke kennengelernt. Das gleiche haben wir bei Kampfläufern und Präriehühnern beobachtet. Wir werden sehen, daß bei fast allen Arten Schranken vorhanden sind – von den Biologen reproduktive Isolationsmechanismen genannt –, welche geschlossene Fortpflanzungsgemeinschaften entstehen lassen. Obwohl sich theoretisch alle Artgenossen paaren und fruchtbare Nachkommen zeugen können, ist dies in der Praxis nicht der Fall. Auch die Menschen werden durch bestimmte Schranken – Sprache und Religion, geographische Lage, Provinzen und Nationen, Stämme, Klassen und Berufe – in ein sichtbares oder unsichtbares Mosaik geteilt. Die ständig fließender werdenden Übergänge der Gesellschaft des 20. Jahrhunderts, die Erleichterungen in Reiseverkehr und Kommunikation, die Migration auf der Suche nach Arbeit oder Erziehung tragen alle dazu bei, diese Schranken zu beseitigen und größere Paarungsmöglichkeiten zu bieten. Aber wenn wir die Milliarden der menschlichen Bevölkerung betrachten, sehen wir sofort, daß auch diese Erweiterung der Möglichkeiten bis zum heutigen Tage statistisch irrelevant geblieben ist.

Es war Sewall Wright, der sich am intensivsten mit den Beziehungen zwischen Population und Evolution befaßte und die Notwendigkeit einer Fortpflanzungseinheit mathematisch bewies. Nehmen wir an, eine Tierpopulation erlebt einen Klimawechsel, der jede genetische Veränderung in der Richtung eines dichteren Pelzes, einer Resistenz gegenüber neuen Krankheiten oder der Gewöhnung an neue Nahrung vorteilhaft macht. Die natürliche Auslese wird dafür sorgen, daß die Individuen mit überlegener Ausstattung Reife- und Fortpflanzungsalter erreichen, so daß die bessere Ausstattung nach einer bestimmten Anzahl von Generationen in der ganzen Population verbreitet sein wird. Was zuerst nur die genetische Ausstattung einiger weniger Individuen war, ist jetzt zu einem Teil des Genpool der Population geworden.

Wir wollen annehmen, die Population sei ziemlich klein, sagen wir 1000 Individuen. In diesem Fall wird es nicht allzu viele Generationen dauern, bis die vorteilhafte genetische Ausstattung in der ganzen Gemeinschaft verbreitet ist. Wie aber sieht es aus, wenn keine isolierenden Mechanismen vorhanden sind? Wie, wenn sich alle Artgenossen mit der gleichen Wahrscheinlichkeit vermischen? Einer lokalen Gruppe, die lokale Umweltsanforderungen zu bewältigen hat, wäre es unmöglich, den genetischen Vorteil auf sich zu beschränken; wahllose Paarungen innerhalb der Spezies mit jeder neuen Generation brächten eine Verwässerung des vorteilhaften Materials an Genen mit sich. Früher oder später müßte die Rasse aussterben.

Der amerikanische Genetiker Theodosius Dobzhansky schreibt: »Die biologische Funktion aller reproduktiven Isolationsmechanismen ist im wesentlichen die gleiche – Abnahme oder Verhinderung des Genaustausches zwischen Populationen ... Ohne reproduktive Isolierung würden die Arten verschwinden und in einem Meer genetischen Verfalls untergehen.«

Die meisten von uns sind mit der Vorstellung aufgewachsen, Inzucht sei schädlich, und derartige Feststellungen der Populationsgenetiker klingen daher befremdend. Es war Sewall Wright, dem es gelang, mit einer genialen Theorie die beiden Ansichten zu vereinen. Lange bevor wir in den Besitz von Beobachtungen natürlicher Tierpopulationen kamen – sie hätten seine Folgerungen bestätigen und untermauern können –, fand Wright auf rein mathematischem Weg, daß es, um ein ideales evolutives Gleichgewicht zu erreichen, in jeder Population von 1000 Individuen immer zwei oder drei Männchen geben müsse, die einen Seitensprung machten und ihre Gene dem Genpool einer anderen Population zuführen. Beobachtungen haben seine Berechnungen fast haarscharf bestätigt. Buechner stellte fest, daß während zweier Jahre fünf Männchen in andere Populationen der Uganda-Wasserböcke überwechselten. Es wird immer den absonderlichen Rehbock geben, der im Herbst nicht zurückkehrt, sondern in einem fremden Wald bleibt. Bei den heimkehrenden Fischen wird es immer einige wenige geben, die in die falschen Flüsse einsteigen und sich dennoch fortpflanzen. Zufall und Abenteuer, Vergeßlichkeit und eine nichtkomformistische Veranlagung sorgen dafür, daß ein Plan der Natur ausgeführt wird, der eine genetische Notwendigkeit darstellt.

Wie schwierig auch die Gleichungen der Populationsgenetik sein mögen, ihr Inhalt läßt sich mit einfachen Worten sagen: Das Material des Evolutionsprozesses ist nicht das Individuum, sondern die Population; nicht deine Gene oder meine, sondern jene dauerhaftere, unsterbliche Ganzheit – der Genpool, aus dem ich geboren wurde, der meine Möglichkeiten bestimmt hat und zu dem ich beitragen werde durch meine Kinder und Kindeskinder. Das ist die lebenswichtige Einheit, die durch Äonen fortbestehen wird, die den Anforderungen des Alltags und den Zufällen des Weltenlaufes begegnen muß. Du und ich, wir sind Zufälle einer nächtlichen Umarmung. Du und ich, wir sind, evolutiv gesprochen, durchaus entbehrlich. Scheitern wir in unseren Bestrebungen oder unseren Vorsätzen – die Evolution bleibt davon unberührt. Aber wenn du und ich und sehr viele andere durch unser eigenes Versagen der Summe des genetischen Potentials einer Population Schaden zufügen, dann ist dies etwas ganz anderes. Die Population wird weiterbestehen, wenn du und ich nicht mehr da sind; sie ist es, die dem Bund der Unsterblichen angehört, stets neuen Gesetzen und Geboten unterworfen. Es ist die Population als biologische Realität in Raum und Zeit der Evolution, die dem Ansturm der natürlichen Auslese trotzen muß.

Mit anderen Worten, es ist die Population, welche das evolutive Bindeglied zwischen dem Individuum und der noch ungeborenen Nachkommenschaft darstellt. Aus dieser Perspektive gesehen, beginnen viele Beobachtungen der neuen Biologie plötzlich verständlich zu werden. Daß ein Tier aus innerem Zwang gegen seine eigenen Interessen handelt; daß Arenageschöpfe durch ihr Versagen zu einer psychischen Kastration verdammt werden; daß das Männchen eines Paares durch die Bindung an das Territorium den Schutz seiner Nachkommen übernimmt – alle diese Phänomene sind Gesetze der Population. Ich sehe in ihnen den Ausdruck einer biologischen Moral, die durch das territoriale Gebot gewährleistet wird, Verhaltenserklärungen nur im Hinblick auf das Individuum zu suchen ist unzulänglich. Wenn das Wohlergehen der Population das Endziel der natürlichen Auslese darstellt, so ist anzunehmen, daß die Selektion jene angeborenen Verhaltensstrukturen und Fähigkeiten im Individuum fördern wird, die – und seien sie auch noch so ungewöhnlich – dem Wohl der Population dienen.

Und so verhält es sich auch mit dem Heimfindevermögen. Wenn die Integrität der Fortpflanzungseinheit gewahrt bleiben muß, dann wird jede Tierart, deren Population sich aus Gründen der Nahrungsversorgung, aus physiologischen Ursachen oder um einem harten Winter zu entgehen weit von den Brutplätzen entfernen, als selektive Notwendigkeit Mittel und Wege zur Heimkehr entwickeln. In der Regel müssen zwei Faktoren vorhanden sein: ein Territorium (oder eine Ansammlung von Territorien), dem die Population die Treue hält und das sie von allen anderen absondert; und ein angeborener Navigationsmechanismus, wie immer er geartet sein mag, der mit nie versagender Präzision für die Rückkehr jedes Mitglieds aus den weitesten Fernen zu den heimatlichen Gefilden sorgt, sobald die Paarungszeit naht.

Es gibt auch Ausnahmen. Schon höre ich eine spöttische Stimme rufen: »Sehr gut. Und wie steht es heute um die Aalterritorien im Sargassomeer?« Ich kann den Standpunkt der Wissenschaft nur zu gut verstehen, denn auch ich spüre in mir die Versuchung, mich nach allen Seiten umzusehen und ahnungslos zu fragen: »Welcher Aal?« Dieses unverschämte Tier begibt sich – darüber kann kein Zweifel bestehen – ins Sargassomeer südöstlich der Bermudainseln, und es besteht nicht die geringste Wahrscheinlichkeit, daß es dort eine Heimstätte besitzt oder jemals besaß. Es ist auch nicht anzunehmen, daß die Aale sich dort zu Populationen formen; wahrscheinlich gehen die Paarungen unter allen Artgenossen vor sich. Aber vielleicht sollten wir daran denken, daß der Aal ein fast noch älteres Geschöpf ist als die Suppenschildkröte und sein Verhalten möglicherweise bereits festgelegt hatte, bevor die Evolution neue Wege einschlug. Sollte das die Lösung sein, so müssen wir uns erinnern, daß auch der Aal trotz seiner uralten Ahnentafel nicht gegen die Macht tierischer Sehnsucht gefeit ist, die sich seiner irgendwo in einem gemütlichen Teich Nordeuropas bemächtigt und ihn über den Atlantischen Ozean zurücktreibt, damit er sich dort fortpflanzen und dann sterben kann, wo sein Leben begann.

Wir verstehen den Aal ebensowenig, wie wir das primitive Gefühl verstehen, das hirnlosen Plattwürmern Sicherheit verleiht und sie auf bekannten Plätzen schneller und ungehemmter fressen läßt. Wir können vermuten, daß es dieses uralte Sehnsuchtsgefühl ist, welches die natürliche Auslese benützt hat, um die territoriale Kraft hervorzubringen, die Fähigkeit des Heimfindens und den evolutiven Mechanismus der isolierten Fortpflanzungsgemeinschaft. Aber sicher sind wir nicht. Und das traurigste ist, daß es die Wissenschaft praktisch aufgegeben hat, eine Antwort zu finden. Einige hartnäckige Männer wie Archie Carr mögen ausharren und vielleicht erwägen, Radiosender an den Rücken der Suppenschildkröten zu befestigen, um sie von Satelliten aus zu beobachten. Aber im allgemeinen tendiert die Biologie dazu, trotz der theoretischen Hilfe der Populationsgenetik, das Problem des Heimfindevermögens zunächst ungelöst fallenzulassen.

Ich kann es den Biologen nicht verübeln, daß sie vor der Herausforderung zurückschrecken. Wenn weder Sonne noch Mond, weder Sterne, Magnetismus, polarisiertes Licht noch der Geschmack der Flüsse oder die Drehung des abfließenden Badewassers irgendeine mechanistische Erklärung für eine Verhaltensform liefern, die so gut beobachtbar und so leicht meßbar ist, dann muß jeder versucht sein, das Thema zu wechseln. Doch wenn wir noch einige Beispiele dieses eigentümlichen Tierverhaltens betrachten und an seine Beziehung zu der auch dem Menschen eigenen Territorialität denken, werden wir selbst versucht sein zu hoffen, es möge bald ein günstigerer Wind in der Wissenschaft wehen.

4

Der Mann namens G. V. T. Matthews, dessen Brieftauben so viele Schwierigkeiten anrichteten, hatte eine andere katastrophale Idee. Er wollte die Orientierungsfähigkeit der Meeresvögel bei der Überfliegung von Landstrecken untersuchen. Nachdem er die ihre Ruhe liebenden Bewohner der Taubenschläge von Cambridge mit jeder Teufelei von magnetischem Ballast bis zu Betonmischern belästigt hatte, zog er sich auf die Insel Skokholm in der Nähe der Küste von Wales zurück, um die dort beheimateten Sturmtaucher aufs Korn zu nehmen.

Der Schwarzschnabelsturmvogel *(Puffinus puffinus)* ist eine von etwa zweihundert Arten, die an den unwahrscheinlichsten Plätzen in dichten Kolonien nisten. Sein Aussehen hat eine kämpferisch-proletarische Note; sein Gefieder ist zumeist mattgrau und weiß, sein Schnabel steil nach oben geschwungen, so daß er an einen streitlustigen Sozialisten früherer Tage erinnert.

Er kennt nur das Meer und die Brutkolonie, wo er mit seiner Gefährtin in einer Erdhöhle nistet. Matthews entfernte von einigen hundert Erdlöchern je einen Elternteil und verteilte sie auf verschiedene Punkte in England, die alle einen Rückflug über Land erforderten. Nur wenige Vögel sahen in der neuartigen Navigation ein Problem. Das Experiment war erfolgreich; zu diesem Zeitpunkt allgemeiner Auflösung überkommener Ansichten über das Heimfindevermögen hatte man kaum etwas anderes erwartet. Was es allerdings war, das Matthews dazu veranlaßte, zwei Vögel nach Boston zu schicken – Neugierde oder purer Übermut –, weiß ich wirklich nicht.

Die Vögel wurden per Flugzeug nach Boston befördert, und einer starb an einer Verletzung. Der andere – Inhaber des Namensschildes AX 6587 – wurde von einigen Zoologen der Harvarduniversität freigelassen; sie alle waren wahrscheinlich der Meinung, daß dies denn doch mehr sei, als man einem dümmlichen Tier zumuten könne. Es war der 3. Juni. Am 16. Juni, zwölfeinhalb Tage später, war AX 6587 wieder bei seiner Frau in einem Erdloch auf der Insel Skokholm. Er hatte 5100 Kilometer mit einer Durchschnittsgeschwindigkeit von 360 Kilometer pro Tag zurückgelegt.

Obwohl AX 6587 ein schwerer Schlag für die Aussichten der Wissenschaft war, vernichtete er noch nicht vollends ihre Anstrengungen, eine vernünftige Erklärung für das Heimfindevermögen zu finden. Zwei weitere Begegnungen zwischen der menschlichen Fähigkeit zu erklären und der tierischen zu verwirren, standen noch bevor. Diese beiden Begegnungen – eine freiwillige und eine unfreiwillige – taten ein übriges, den Menschen schachmatt zu setzen.

Die freiwillige Begegnung fand anläßlich des Internationalen Geophysikalischen Jahres statt, und zwar mit der Skua der Antarktis. Unter den zahlreichen Wissenschaftlern, die sich in diesem Jahr in die Antarktis begaben, befanden sich auch einige Vogelbeobachter. Aber auf den meisten Stationen war es unendlich langweilig, und außer Pinguinen und Skuas unterbrach kein Lebewesen die öde Eintönigkeit. Die Sympathien waren eindeutig; alle liebten die Pinguine und haßten die Skuas, die junge Pinguine fressen. So kam als Begleiterscheinung des enormen Projektes der physikalischen Wissenschaften eine der größten Vogeluntersuchungen zustande, die jemals unternommen wurde. Teams aus der Sowjetunion, aus England, aus den Vereinigten Staaten und vielen andern Ländern taten sich zusammen, um 6000 Exemplare des verabscheuungswürdigsten Vogels der Welt zu beringen und ihren Weg zu verfolgen.

Die antarktische Skua ist, ebenso wie der Haubentaucher, ein Vogel sehr alten Ursprungs, wahrscheinlich von dem gemeinsamen Ahnen des Regenpfeifers, der Seeschwalbe, Möwe und Lemme abstammend. Sie ist ein riesiger Vogel mit einer Flügelspannweite von fast 3 Meter. Wie der Albatros braucht sie lange – volle fünf Jahre –, um heranzureifen. Sie paart sich fürs Leben, ist monogam und kehrt immer wieder zu der Brutkolonie ihrer Geburt zurück. Soweit ich weiß, besitzt der Vogel nur eine liebenswerte Eigenschaft. Wenn der lange Polarwinter anbricht und die Paarungszeit vorüber ist, verstreuen sich die Skuas über den ganzen Küstenstreifen der Antarktis, um dem Packeis zu folgen und sich von den Meeresbewohnern zu ernähren. Die Paare trennen sich; er mag im MacMurdo-Sund sein Futter finden und sie einen Kontinent weit entfernt. Aber wenn der Oktober und damit der Frühling der Antarktis naht, kehren sie zu ihrer Kolonie zurück. Haben beide überlebt, so wird er sie finden oder sie ihn, und sie werden ihr trautes Leben dort wiederaufnehmen, wo es die große Dunkelheit unterbrochen hatte.

Sonst ist nichts Erfreuliches über die Skuas zu berichten. Sie kehren zurück, weil die jungen Weddell-Robben im Herbst zur Welt kommen; sie und er entwickeln einen schier unstillbaren Appetit auf Robbenbabies. Ungefähr um diese Zeit beginnen auch die Adélie-Pinguine ihren Inlandmarsch zu den Nistkolonien. Die Skua folgt ihnen und lauert auf die schwächsten Tiere. Sobald sich die Pinguine niederlassen und ihre Nester bauen, errichten die Skuas ihren traditionellen Brutplatz am Rande der Pinguinkolonie, um das Eierstehlen so einfach wie möglich zu machen. Die Pinguintradition verlangt, daß die Adélie-Weibchen gleich nach dem Eierlegen für einige Wochen ins Meer zurückkehren und dem Männchen Schutz und Ausbrüten der Eier überlassen. Das ist die Zeit des totalen Krieges zwischen Skua und Pinguin. Nach einer Weile kehren die Weibchen zurück, und die Männchen dürfen ins Meer, um zu fressen und wieder etwas Fett anzusetzen. In der Kolonie sind inzwischen die Eier ausgebrütet, und die Weibchen übernehmen den Kampf zum Schutz der Jungen. Das Leben in der Antarktis ist hart, und es erfordert hartherzige Wissenschaftler, weit entfernt von Frau und Kindern, um der Versuchung zu widerstehen, sich leidenschaftlich mit den bedrohten Pinguinen gegen die räuberischen Skuas zu verbünden. Um gerecht zu bleiben, muß allerdings gesagt werden, daß der Appetit der Skuas nicht nur den Pinguinkindern gilt. Die Skua raubt und frißt die Jungen ihrer eigenen Art mit demselben Vergnügen; sie gehört zu den wenigen Kannibalen unter den nichtmenschlichen Spezies.

Carl Eklund, ein Ornithologe, der Admiral Byrd auf seinen ersten Südpolexpeditionen begleitet hatte und sich im Geophysikalischen Jahr dem amerikanischen Team anschloß, ist der Ansicht, die kannibalischen Neigungen der Skua hätten den selektiven Wert ihrer strengen territorialen Verteidigung erhöht. Das Skuaterritorium ist groß, ungefähr 20 Meter im Durchmesser, und der Vogel verteidigt es mit allen ihm zur Verfügung stehenden Mitteln; diese Mittel sind ganz beachtlich.

Der Leser meines Buches ›Adam kam aus Afrika‹ wird sich an die Erfahrungen Carpenters mit den Brüllaffen in Panama erinnern. Die Überlieferung behauptete, der Brüllaffe verteidige sein Baumreich mit ganz niederträchtigen Mitteln, und zwar indem er auf die Eindringlinge uriniere und defäkiere. Carpenter mußte die unerfreuliche Erfahrung machen, daß die Überlieferung der Wahrheit entsprach. Die Wissenschaftler der Antarktis hatten seit den ersten Expeditionen die gleiche Erfahrung gemacht, denn die Skua ist der Brüllaffe der Vogelwelt, und was man sich von ihr erzählte, war richtig.

Herbert George Ponting begleitete Byrds tragische Südpolexpedition im Jahre 1911 als Fotograf. In seinem Tagebuch berichtete er über die Skua: »Dem Aussehen nach ist das Skuamännchen ein Gentleman und seine Gefährtin eine vornehme Dame, aber der Schein trügt, denn abgesehen von Aussehen und Sauberkeit sind Männchen und Weibchen in keiner Hinsicht erfreulich; beide sind Taugenichtse und Schurken ... Sie pflegen uns von hinten anzufliegen und nach sorgfältiger Abschätzung von Geschwindigkeit und Entfernung einen Regen von Exkrementen über uns zu ergießen. Mehr als einmal war ich das Opfer dieser widerwärtigen Gewohnheit.«

Eklund bestätigte es. Die Skua besitzt zwei bemerkenswerte Verteidigungsmethoden. Die eine besteht darin, im Sturzflug herabzukommen und dem Eindringling die Fänge in den Kopf zu krallen. Eklund überlistete die Vögel, indem er seine Kappe mit einer langen Feder schmückte; die Vögel stürzten sich auf die Feder. Aber gegen die andere Angriffsmethode – einen unter Berechnung von Geschwindigkeit, Winkel und Entfernung gut gezielten Fäkalienerguß – war eine Feder keine brauchbare Verteidigung.

Ich glaube nicht, daß die Idee, einige Skuas auf dem Südpol auszusetzen, von dem einfachen Wunsch motiviert war, die Biester loszuwerden. Der Wunsch wäre durchaus verständlich gewesen. Ich selbst wüßte keine befriedigendere Methode, einige meiner geschätzten Verwandten loszuwerden, als sie zum Südpol zu fliegen, ihnen freundlich Lebewohl zu sagen und sie dort zu belassen. Es scheint aber, daß Robert Wood von der John-Hopkins-Universität, der den Versuch leitete, von höheren, wissenschaftlichen Motiven geleitet wurde.

Es war eine höchst ungewöhnliche Prüfung des tierischen Navigationsvermögens. Wood nahm sechs Skuas aus ihren Nestern auf Ross Island nahe dem MacMurdo-Sund am Rande des Kontinents und flog sie 1330 Kilometer weit zum Südpol. Verglichen mit Matthews' nach Boston verpflanzten Sturmtauchern mag diese Entfernung eine Kleinigkeit erscheinen. Wir müssen aber bedenken, daß die Antarktis auch im Sommer nicht mit dem Atlantischen Ozean zu vergleichen ist. Am Pol ist die Eisdecke 3 Kilometer dick. Über Hunderte von Kilometern wird die flache, weiße Ebene durch nichts unterbrochen. Zusätzlich spielt das Höhenproblem eine Rolle; die dünne Luft auf 3000 Meter Höhe muß für einen schweren Seevogel, der niemals etwas anderes als den Meeresspiegel gekannt hat, eine Belastung darstellen. Und vor allem ist da das Problem des Nordens.

Steht man auf dem Südpol – ich muß allerdings dem Leser versichern, daß ich niemals dort stand, sondern ausschließlich meine Phantasie spielen lasse –, sieht man in jeder Richtung nach Norden. Es gibt kein Entrinnen: vorne, hinten, links, rechts – überall ist Norden. Über einem nichtssagenden Horizont zieht die Sonne ihren Kreis. Sie geht nicht auf. Sie geht nicht unter. Sie bietet keinen Hinweis. Sollen wir uns in unserer Verzweiflung an die Coriolis-Beschleunigung und die Erddrehung klammern? 7 Meter vom Südpol entfernt bewegt sich ein fixer Punkt auf dem Eis mit der Erdrotation nur 20 Meter in 24 Stunden; ließe sich eine Badewanne finden, das Wasser würde ohne Drehung und Zögern geradewegs in den Abfluß laufen.

Was sollen wir also tun? Nach den Sternen sehen? Es ist Sommer, mein Freund, und sie werden erst im Herbst wieder sichtbar sein.

Eine Skua kehrte zurück. Was mit den andern geschah, wissen wir nicht. Aber innerhalb von zehn Tagen war ein Vogel zu seinem Territorium und seinem Nest auf Ross Island zurückgekehrt. Wie fand er nach Hause? Es ist möglich, daß er trotz dünner Luft, trotz Fehlens jeder Orientierungshilfe, trotz trügerischer Sonnenbahn direkten Kurs nach Norden nahm – das heißt, in irgendeine Richtung –, bis er nach rund 1500 Kilometer den Rand des Kontinentes erreichte; daß er unbeirrt weiterflog, vielleicht um die halbe Welt, bis er schließlich nach Hause kam. Es ist möglich; aber innerhalb von zehn Tagen und nach allem, was wir über das Heimfindevermögen wissen, ist es höchst unwahrscheinlich.

Die Begegnung mit der Skua im Rahmen des Geophysikalischen Jahres war freiwillig und endete mit dem Bravourstück eines einzigen Vogels. Die Begegnung zwischen der amerikanischen Marine und dem Laysan-Albatros betraf 100000 nistende Paare, war absolut unfreiwillig und endete mit einem für Marine und Wissenschaft gleichermaßen peinlichen, wenn auch statistisch überzeugenden Resultat.

Die Midwayinsel wurde durch eine Seeschlacht berühmt, die während eines entscheidenden Abschnittes des Zweiten Weltkrieges in ihrer Nähe stattfand. Sie ist ein verlassenes Atoll, 1900 Kilometer westlich von Honolulu, und bis zum Jahre 1903 war sie eine weder von Menschen noch von Vögeln bewohnte Kette von Sandlöchern. Dann wurde eine Kabelstation errichtet, und die dort Beschäftigten legten Gärten an und pflanzten Bäume und Sträucher. Sie ahnten nicht, daß sie, indem sie die Insel für den Menschen angenehm machten, sie noch viel anziehender für den nistenden Albatros gestalteten. Eine Brutkolonie richtete sich ein und gedieh bestens. Als die Pan American 1930 einen Flugplatz baute, schien die Begeisterung der Albatrosse keine Grenzen zu kennen. Im ganzen Gebiet des mittleren Pazifik mußte es sich herumgesprochen haben, daß die Midwayinsel der Garten Eden der Albatrosse sei; gegen Ende der Vorkriegsdekade gab es auf Sand Island, der einzigen Landzunge, die groß genug ist, die Errichtung einer Rollbahn zu erlauben, 10000 nistende Paare.

Der Albatros besitzt ein einzigartiges und unergründliches Naturell. Nicht nur empfindet er keine Angst vor dem Menschen, nein, er scheint unsere fragwürdige Gesellschaft sogar zu genießen. Es war diese absonderliche Eigenschaft, die ihm bei der amerikanischen Flotte den Namen *gooney bird** eintrug. Und es war seine absolute Furchtlosigkeit, verbunden mit einer ab-

* Nach einem nordamerikanischen rebhuhnähnlichen Vogel, der zu indolent ist, um aufzufliegen, wenn sich ihm ein Mensch nähert.

soluten Loyalität zu einem Stückchen Inselboden, die der amerikanischen Flotte zum Verhängnis werden sollte.

Im Laufe des Krieges wurde die Midwayinsel zu einem unersetzlichen Verbindungsglied in der Kette amerikanischer Luftstützpunkte zwischen Pearl Harbor und den weitverstreuten Kriegsschauplätzen im Pazifik. Man sollte meinen, daß die Betriebsamkeit genügt hätte, auch die zäheste Rasse von ihren Brutplätzen zu vertreiben. So geschah es mit dem Schwarzfußalbatros, dessen Zahl stark zurückging. Aber das Geheul der Motoren und das Geschrei der Menschen schien den Laysan-Albatros höchstens zu eifrigerem Nestbau anzuregen. Im Jahre 1945 waren es bereits 30000 nistende Paare, die den Sandstreifen mit der amerikanischen Marine teilten. Zehn Jahre später ergaben genaue Zählungen 60000 Paare und 40000 auf dem benachbarten Eastern Island. Zu diesem Zeitpunkt gehörte das Düsenflugzeug zur Standardausrüstung der amerikanischen Verteidigung. Um das Problem der Marine zu verstehen, müssen wir uns vergegenwärtigen, daß der Albatros ein sehr großer Vogel ist. Ein einziger, vom Luftstrom in eine Düse gesaugt, kann ein Flugzeug zum Absturz bringen.

Der hartherzige oder auch der streng objektive Leser mag einwenden: »Wo ist das Problem? Wenn es nur mehr die Wahl zwischen Menschen- oder Albatrosleben gibt, dann bringt die Vögel um.« Aber das hieße die zarten Gefühle des amerikanischen Steuerzahlers nicht berücksichtigen, der in helle Empörung geriete, hörte er, daß die amerikanische Marine mitten im Pazifischen Ozean unschuldige Vögel schlachtet. Es hieße auch die jährlich wiederkehrende Notwendigkeit der amerikanischen Marine übersehen, vom amerikanischen Kongreß enorme Zuweisungen zu erkämpfen – von einer Institution, die eine öffentliche Empörung mit Vergnügen zum Anlaß nehmen würde, das Budget der Marine zu beschneiden. Sollte der Leser außerstande sein, den Ernst der Situation zu erfassen, nehme er zur Kenntnis, daß die Marine ihn sehr wohl erkannte.

Mitte 1950 fand auf einer Bühne, groß wie der Pazifische Ozean, eine Komödie von gigantischem Ausmaß statt. Im Zentrum befand sich die amerikanische Marine, der tragikomische Held, der alles auszubaden hatte. Auf der einen Seite standen die Bürger der Vereinigten Staaten, der amerikanische Kongreß und der Alptraum eines öffentlichen Skandals. Auf der anderen Seite saßen die dummen Vögel, furchtlos, vertrauensvoll, unerschütterlich – 100000 brütende Paare auf der winzigen, unersetzlichen Midwayinsel. Die Marine beschloß, die Wissenschaft zu mobilisieren. Zwei Biologen vom amerikanischen Wildlife Service meldeten sich zum Dienst. Einer war Dale Rice, der andere Karl Kenyon, dessen Arbeiten über die Pelzrobbe ich bereits erwähnt habe. Man gewährte ihnen jede Hilfe, man unterstützte sie in jeder Beziehung. Aber ihre Untersuchungen über das Verhalten des Albatros waren leider in keiner Weise ermutigend. Man fragt sich, wie die amerikanische Marine den Schlag überlebt hat.

Der Laysan-Albatros paart sich fürs Leben, für ein sehr langes Leben, und ist seinem Partner ebenso treu wie seinem Territorium. In vieler Beziehung haben wir hier ein klassisches Beispiel, wie das Paarterritorium die Paarbindung verstärkt. Paare, die vor zwanzig Jahren in der Nähe des alten Pan-Am-Hotels Gooneyville Lodge beringt worden waren, nisteten noch immer zusammen. Die Anhänglichkeit an den Nistplatz spottete jeder Erklärung. Wie bei allen Meeresvögeln zerstreuen sich die Kolonien am Ende der Brutzeit, um sich im nächsten Jahr wieder zusammenzufinden. Während die Vögel auf dem Meer sind, können die Stürme – ich erwähnte es schon – alle Orientierungspunkte auf den Nistplätzen zerstören. Doch als Rice und Kenyon die Territorien von 100 Paaren markierten, stellten sie fest, daß nur 5 Paare in der folgenden Saison ihr Nest weiter als 4 Meter von dem alten Platz errichteten. Die Durchschnittsentfernung betrug kaum einen Meter. Wie erkannten die Vögel den Ort, an dem ihr altes Nest gewesen war?

Es ist dies eine der Fragen, die nicht beantwortet werden können, aber die Prinzipien der Populationsgenetik geben zumindest eine annähernde Erklärung. Es liegt im Interesse der Population, daß die Geschlossenheit der brütenden Kolonie gewahrt bleibt. Auch wenn wir die Mechanismen der natürlichen Auslese nicht begreifen können, so ist uns doch ihr Ziel klar. Und wie eindeutig die Evolution am Wohl der Population interessiert ist, wie wenig das Schicksal des Individuums in die Waagschale fällt, illustriert das Verhalten des Laysan-Albatros sehr eindrücklich. Das menschliche Gefühl mag sich gegen die Resultate sträuben, die amerikanische Marine mag erblaßt sein – der Bericht von Rice und Kenyon ist eindeutig.

Die Biologen stellten fest, daß ein Nest mit Jungen, das man 2 Meter von seinem ursprünglichen Platz verschiebt, von den Eltern noch ein bis zwei Tage betreut und dann verlassen wird. Im Februar 1957 zeigten sich die fundamentalen Triebkräfte des

Albatroslebens in ihrer ganzen grotesken Strenge. Auf dem Flottenstützpunkt wurden Bauarbeiten begonnen. Man fing an, ein größeres Gebiet mit dem Bulldozzer zu planieren. Unter dem strikten Befehl, mit den Vögeln so sanft wie möglich zu verfahren, schaffte man 100 Nester mit Jungen 30 Meter von der Baustelle fort. Die Vogelkinder duckten sich in den Nestern zusammen oder gruben sich neue kleine Nester im Sand. Den Eltern war es gleichgültig. Tag für Tag saßen sie am Rande des Bauplatzes, beobachteten den Fortgang der Arbeiten und warteten. Mit der Fünfuhrsirene verließen die Arbeiter den Platz, und die Eltern kehrten zu der Stelle zurück, die einst ihr Territorium gewesen war. Dort verbrachten sie die Nacht, bis die morgendliche Sirene sie wieder vertrieb. Alle Jungen starben.

Kurz nachdem Rice und Kenyon ihre endgültigen Untersuchungen über die Anhänglichkeit des Albatros an seine Heimstatt angestellt hatten, fällte die amerikanische Marine ihre endgültige Entscheidung; die Vögel der Midwayinsel müßten, koste es, was es wolle, so weit wegtransportiert werden, daß sie niemals mehr zurückkommen könnten. Wie weit? Kenyon übernahm die Leitung des Projektes, und die Marine stellte die Bomber zur Verfügung. Man fing 18 Vögel, beringte sie und markierte ihre Gefieder mit verschiedenen Farbstoffen. Man sperrte sie in Kisten, verlud sie in die wartenden Flugzeuge und schickte sie auf die Reise. Vier gingen nach Puget Sund an der Nordwestküste der Vereinigten Staaten. Andere wurden in Japan ausgeladen, auf den Philippinen, den Marshall- und Marianeninseln und auf der Insel Oaku in Hawaii.

Das Projekt der Marine, als Abschluß einer haarsträubenden Geduldsprobe gedacht, verfehlte leider seine Wirkung auf die 18 ausgestoßenen Vögel. Das Schicksal von 4 Albatrossen ist unbekannt. Aber 14 kehrten zurück. Es ist richtig, daß ein auf die Philippinen, weit ab von dem Lebensraum seiner Art, verbannter Vogel sehr lange brauchte, um heimzukehren – 32 Tage. Aber er hatte immerhin rund 6000 Kilometer zurückzulegen. Die nach Puget Sund verschickten Vögel hatten es leichter. Zwei verschwanden; die beiden andern erschienen in zehn, respektive zwölf Tagen, nachdem sie 4600 Kilometer über den Pazifischen Ozean zurückgelegt hatten, ohne eine einzige Insel oder einen anderen Markierungspunkt zwischen dem Festland und Hawaii. Wetterberichte ergaben, daß während der Reisezeit ein Tiefdruckgebiet vorgeherrscht hatte, wahrscheinlich mit Gegenwind und zumeist bedecktem Himmel, der keine Sonnenbeobachtung erlaubte.

Die Wissenschaft und die amerikanische Marine kapitulierten. »Wir müssen feststellen, daß die heutigen Theorien über Vogelnavigation das Heimkehrvermögen nicht gänzlich erklären können.« Damit schlossen Kenyon und Rice ihren Bericht.

5

Die Schwierigkeit, uns im Dschungel des Heimkehrproblems zurechtzufinden, muß, so möchte ich annehmen, auf der größeren Schwierigkeit beruhen, das tierische Wahrnehmungsvermögen zu ermessen. Wir haben auf diesem Grenzgebiet bereits einige erstaunliche Erfolge zu verzeichnen. Es ist zum Beispiel allgemein bekannt, daß ein Delphin mittels Echo »sieht«. Wie ein Delphin in einem so trüben Wasser, daß er kaum sein eigenes Maul sehen kann, imstande ist, die Nahrung in der Hand des Wärters zu finden und sie ihm vorsichtig abzunehmen, wäre sonst ebenso rätselhaft wie die tierische Navigation. Es ist vielleicht weniger bekannt, daß ein Fisch namens *Gymnarchus* in einem gleichfalls trüben afrikanischen Fluß, dem Niger, rund um sein Nest ein Territorium absteckt und alle Eindringlinge erkennt und vertreibt. Wie »sieht« er sie? Der *Gymnarchus* erzeugt ein elektrisches Feld, schwimmt im Zentrum umher und spürt jedes Objekt, das in sein Feld eindringt. Wie er allerdings zwischen Feinden und seiner Partnerin unterscheidet, die er niemals angreift, ist nicht ganz erklärlich.

Das sind die Arten von Sinnesempfindungen, welche die Forscher der tierischen Navigation veranlaßt haben, so erschöpfende Untersuchungen anzustellen, daß schließlich die Wissenschaftler selbst vollkommen erschöpft waren. Man muß annehmen, daß das Heimfindevermögen, ebenso wie andere unerklärliche Territorialtriebe, auf völlig anders gearteten Sinnesempfindungen beruht und daß wir so lange hilflos umherirren werden, bis der Wissenschaft eines Tages ein Durchbruch auf dem Gebiet der Entdeckung bisher unbekannter Sinnesempfindungen gelingt. Ob Wahrnehmungen außersinnlicher Art existieren, kann kein Laie beurteilen. Wir haben nur Andeutungen, keinerlei Beweise. Zufällige Entdeckungen, nicht systematische Untersuchungen haben bisher die wissenschaftlichen Arbeiten über Wahrnehmungen außerhalb des uns bekannten Rahmens gekennzeichnet. Einige dieser Zufallsentdeckungen haben uns kleine Hinweise gegeben.

Ende 1965 veröffentlichte die amerikanische Zeitschrift ›Science‹ einen kurzen Bericht über unerklärliche Beziehungen zwischen eineiigen Zwillingen. Die Gehirntätigkeit wird allgemein mit Hilfe eines Elektroenzephalogramms (EEG) gemessen. Eine der bekannten Erscheinungen ist der Alpharhythmus, eine bestimmte Welle, die auftritt, wenn kein visueller Stimulus vorhanden ist, also zum Beispiel bei geschlossenen Augen. Die Zwillinge wurden in einem Laboratorium in Philadelphia in getrennten Zimmern getestet. In den meisten Fällen ereignete sich nichts Bemerkenswertes. Aber bei 2 von 15 getesteten Paaren verzeichnete der Apparat eine erstaunliche Tatsache. Wann immer ein Zwilling die Augen schloß und die Alphawellen einsetzten, erschienen die Wellen sofort im Gehirn seines Zwillings im anderen Zimmer.

Wenn derartige Beobachtungen auftauchen, ist die normale Reaktion der Wissenschaft Ablehnung. Die Herausgeber der Zeitschrift erhielten, wie vorauszusehen und vielleicht berechtigt, auf den Alphawellenbericht Berge von Protesten. Aber man muß sich des seltsamen und völlig unerklärlichen Verhaltens der *Tilapia* erinnern, welches der holländische Ethologe G. P. Baerends vor vielen Jahren untersuchte. Es sind die Fische, bei denen der Eindringling, soll er gewinnen, doppelt so groß sein muß wie der Besitzer. Sind die *Tilapia* noch jung, dann besitzen sie keine Territorien, sondern leben in Fischschulen. In diesem Alter sind die Fische grau mit dunklen *Längs*streifen. Wird ein fremder Fisch, ganz gleich wie klein, in einen Behälter mit jungen *Tilapia* eingeführt, so kommt es zu einer höchst merkwürdigen Reaktion. Alle *Tilapia* zeigen sofort und gleichzeitig *Quer*streifen! Baerends hielt es für eine Angstreaktion, vielleicht von selektivem Wert, weil sie in trübem Wasser einen gewissen Schutz gewährt. Aber alle Fischkinder reagieren sofort, ganz gleich, ob sie von dem Eindringling bedroht werden oder nicht, ganz gleich, ob sie in seiner Sichtweite sind oder nicht. Wie verbreitet sich die Angst innerhalb der Schule?

Weder die strittigen Alphawellen noch die unbestreitbaren Querstreifen der *Tilapia* sagen uns irgend etwas über das Heimkehrvermögen der Laysan-Albatrosse oder den Energiezuwachs eines Haus und Hof verteidigenden Menschen. Es sind nur Wegweiser in das wilde und fast unberührte weite Land, dem sich die neue Biologie gegenübersieht. Die Populationsgenetik sagt uns, warum die natürliche Auslese durch Milliarden Jahre der Evolution die fein verästelten Verbindungen zwischen den Individuen und der evolutiven Einheit, welcher sie angehören, gefördert hat. Jetzt ist es die Aufgabe der Wissenschaftler, festzustellen, was die Evolution erreicht hat und wie es dazu kam. Und kein Laie sollte sich zufriedengeben, wenn dieser oder jener Forscher, das weite, unbekannte Land betrachtend, meint: »Welcher Elefant?«

Der territoriale Imperativ formt unser Leben und verflicht es zu einem Gewebe, das gewaltiger und unsterblicher ist als wir. Wenn wir jetzt das im Menschenleben so überaus bedeutsame soziale Territorium untersuchen, werden wir sehen, daß die Wertkategorien der Menschen von anderer Art sind als jene der territorialen Tiere. Die Anpassungsfähigkeit der Menschen und Protomenschen hat periodische Wanderungen über Meere und Kontinente unnötig gemacht. So wurde von der Selektion mit Ausnahme des Heimwehs jeder Mechanismus vernachlässigt, der uns ein Heimfinden ermöglichen könnte. Nur mehr in unserer Sehnsucht entdecken wir einen Schatten jener Kraft, welche den Tieren den Weg weist.

Das Individuum, wer es auch sein mag, ist nicht gänzlich frei, sich zu paaren, mit wem es Lust hat. So überkommt das territoriale Geschöpf, wo immer es sein mag, ein unwiderstehliches Sehnen, wenn die große Zeit naht. Die Robbe läßt ihr heranwachsendes Kind in den warmen Gewässern Kaliforniens zurück, obwohl sie den ganzen nördlichen Pazifik durchschwimmen muß, um ihre Geburtsstätte zu erreichen. Der gravide Lachs, voll und schwer mit dem Laich, muß Tausende von Kilometern zurücklegen, um in einen bestimmten Fluß einzusteigen; er muß Wasserfälle aufwärts springen und Hunderte von Flußgabelungen passieren, bis er endlich einen bestimmten Abschnitt eines schnell fließenden Wassers erreicht – den einzigen Platz auf Erden, wo ihm die Natur erlaubt, seine Eier befruchten zu lassen.

Und so ergeht es der Skua hoch in den Lüften eines sturmgepeitschten Kontinentes. So ergeht es dem Laubsänger, der seine afrikanischen Futterplätze verläßt, um vielleicht in einem verspäteten Blizzard des Nordens zu sterben. So ist es mit den Wildgänsen, deren V-Formationen sich gegen den Frühlingshimmel abzeichnen; die zu einem fernen, ganz bestimmten Stückchen Marschland in den Ebenen Kanadas ziehen, das nur dem Auge einer Wildgans etwas bedeutet. Die Anhänglichkeit an die Heimstatt bestimmt das Leben der Geschöpfe; der Möwen, der Haubentaucher, der heimkehrenden Soldaten – auf daß die Arten nicht in einem Chaos genetischen Verfalls zugrunde gehen.

Das Bild des Lebens, wie es die neue Biologie entwirft, hat kaum eine Ähnlichkeit mit jener Welt von anarchistischen Instinkten und rücksichtslosem Egoismus, die einen Tennyson schmerzte, einen Freud inspirierte, einen Darwin beunruhigte und ein Jahrhundert verwirrte. Es ist eine Welt der Ordnung und der Selbstverleugnung, ausgerichtet auf höhere und umfassendere Ziele. Es ist eine Welt der Ordnung, in welcher dem Territorium, so lautet meine Behauptung, eine fundamentale moralische Funktion zukommt; und es ist eine Welt, daran müssen wir immer wieder denken, der auch wir angehören.

Sollte es sich so verhalten, sollte ein kleines Stück eigener Erde oder Luft oder eigenen Wassers wirklich die Basis für eine Lebensnotwendigkeit vieler Geschöpfe darstellen, dann nimmt es mich nicht wunder, daß uns die Evolution nicht nur mit dieser Basis ausgestattet hat, sondern auch mit dem allmächtigen Wunsch, sie zu verteidigen.

V
Der Noyau

1

Der Aggression muß in der Welt des Lebendigen ein gewisser Wert zukommen; warum sonst hätte die Evolution ihr Vorhandensein toleriert?

Im Jahre 1925, als die Territorialität noch eine junge, vielversprechende Theorie war, gingen zwei junge, vielversprechende Wissenschaftler nach Holland, schlugen ihre Zelte auf der Insel Texel auf und begannen sich mit der Uferschnepfe *(Limosa limosa)* zu beschäftigen. Der eine war Julian Huxley, damals Zoologieprofessor am Kings' College in London, der während der nächsten vierzig Jahre zur unbestrittenen Autorität auf dem Gebiet der modernen Biologie werden sollte. Der andere war Ashley Montagu, damals Student in Oxford, der in derselben Periode auf dem Gebiet der Anthropologie weltberühmt wurde. Die beiden veröffentlichten ihre Untersuchungen im darauffolgenden Jahr, und es ist bedauerlich, daß sie heute in Vergessenheit geraten sind. Es ist eine schöne, klar umrissene Arbeit von scharfem Geist, wie von einer frischen Meeresbrise durchweht.

Huxley und Montagu skizzierten in dieser einen Arbeit verschiedene neuartige Auffassungen. Die Uferschnepfe ist ein Watvogel, dem Brachvogel und dem Wasserläufer verwandt, auch unserem Freund, dem Kampfhahn, der zusammenfällt, wenn sich die Henne einem anderen zuwendet. Die Uferschnepfen sind Zugvögel, die, oft bereits verpaart, im März an der holländischen Küste erscheinen. Gemeinsam errichtet und verteidigt das Paar ein Territorium im Nistgebiet. Dieses Verhalten ließ die beiden Forscher annehmen, im Fall der Uferschnepfe könne das Territorium nichts mit der Wahl des Geschlechtspartners zu tun haben, da es ja von dem Paar gemeinsam in Besitz genommen wird.

Wie schon gesagt, der Begriff der Territorialität stak damals noch in den Kinderschuhen, und außer den Feststellungen Eliot Howards gab es kaum irgendwelche Anhaltspunkte. Huxley war mit Howard befreundet, aber ihm und Montagu gelang der Nachweis, daß Sicherstellung der Nahrung kaum etwas mit den territorialen Feindseligkeiten der Kolonievögel zu tun haben könne. Möwe, Meerschwalbe und Uferschnepfe verteidigen ihre kleinen Territorien, deren Durchmesser oft nur einen halben Meter beträgt, ebenso energisch wie der Laubsänger sein viel größeres Revier. Howard wußte darum, dennoch konnte er das Gefühl nicht loswerden, die Nahrungssorge für die Familie müsse etwas mit der Funktion des Territoriums zu tun haben, und die Größe einer Kolonie müsse in Beziehung zu der vorhandenen Nahrungsmenge stehen. Huxley und Montagu stellten diese Ansicht in Frage; viele Kolonien sind sehr klein, und das Meer ist groß. Warum nisten Meeresvögel überhaupt in Kolonien?

Die Frage ist wichtig für dieses Kapitel, denn wir werden allmählich von der Beziehung zwischen Territorium und Individuum zu der Beziehung zwischen Territorium und Sozietät beziehungsweise zwischen Territorium und Population übergehen. Wir haben genug von Phänomenen wie Heimfindevermögen, Paarterritorium und Arenaverhalten gehört, um das grundlegende territoriale Prinzip zu begreifen: Anpassung des Individuums an die Forderungen der Population und Art – ich habe es als angeborenes Gebot einer biologischen Moral bezeichnet. Wollen wir nun das territoriale Prinzip auf die *condition humaine* anwenden, so müssen wir zu verstehen versuchen, in welcher Weise das Territorium mit der Bildung und dem Fortbestand der Gesellschaft selbst in Beziehung steht.

Warum gibt es Arten, die darauf bestehen, in so dichten Kolonien zu nisten oder auch jahrein, jahraus zu leben, daß die Mitglieder oder die Paare unaufhörlich in Streit geraten? Huxley und Montagu warfen 1925 eine Frage auf, deren Beantwortung bis heute nicht vollkommen gelungen ist. »Man kann mit Bestimmtheit sagen«, schrieben sie, »daß die Veranlagung, das Eindringen in ein bestimmtes Revier abzuwehren, fast universell ist; bei den Vögeln ist sie sicherlich angeboren und allgemein vorhanden.« Die Ursache der Streitigkeiten sahen sie in der Territorialität, aber warum die Vögel überhaupt zusammenkamen, dafür konnten sie keine Erklärung finden.

Wir werden darauf noch zurückkommen. Jetzt wollen wir einen anderen wichtigen Punkt streifen, der ebenfalls von den beiden Wissenschaftlern zum erstenmal erwähnt wurde. Huxley und Montagu berichten von einer Verhaltensform, die in den folgenden 20 Jahren keines Namens, geschweige denn einer weiteren Untersuchung für würdig befunden wurde. Die

Schwarzkopfmöwe nistet ebenfalls auf der Insel Texel, und zwar in großen Kolonien, die in winzige wehrhafte Territorien unterteilt sind. Die Forscher stellten fest, daß ein Möwenpaar dieser Spezies die Annäherung eines anderen Paares sogar auf den Grasflächen übelnimmt, wo keinerlei Besitzrechte im Spiel sind. Es ist, als wäre jedes Paar in einer bestimmten, unveränderlichen Entfernung von einer unsichtbaren Mauer umgeben. Kaum kommt ein anderes Paar zu nahe, schon wird es verjagt. »Ein offensichtlich territorialer Instinkt kann sogar in jenen Fällen festgestellt werden«, so schrieben sie, »wo das echte Territorium keine Rolle spielt.«

Im allgemeinen wird die Erfindung der Bezeichnung »individuelle Distanz« für den Wunsch nach Ungestörtheit dem deutschen Ornithologen Dieter Burckhardt zugeschrieben. Er gebrauchte diesen Ausdruck im Jahre 1944 und stellte fest, daß jede Spezies eine bestimmte, arteigene Distanz besitze. In Wahrheit war es der Schweizer Heini Hediger, der das Phänomen einige Jahre früher bemerkte und ihm seinen Namen gab. Aber erst lange nach dem Krieg fand der Ausdruck weitere Verbreitung. Ein Beobachter der Enten, die in den kleinen Teichen des Saint-James-Parks in London umherschwimmen, stellte fest, daß die Tiere immer einen Abstand von zwei bis drei Körperlängen hielten. Derselbe Beobachter besuchte die Insel Skokholm, jenes Fleckchen Erde von Wales, das der Sturmtaucher so über alles liebte, und wandte seine Aufmerksamkeit dem Wiesenpieper *(Anthus pratensis)* zu. Es war September, und die Brutzeit war schon lange vorüber. Weder gab es Streitigkeiten um Weibchen noch um Nahrung. Trotzdem jagten die Wiesenpieper einander unaufhörlich, bis sie sich in einer Entfernung von 2 Meter voneinander niederließen.

Als sähe man sie zum erstenmal, wurden Tiergruppen neuerlichen Beobachtungen unterzogen; eine nichtterritoriale Rebhuhnkette vertreibt jede andere Kette, wo immer sie sein mag. Die europäische braune Forelle verlangt schon als Jungfisch 7 Zentimeter Abstand nach allen Richtungen. Arten, die in keiner Weise miteinander verwandt sind, wie die Luzernenfliege und die austernähnliche Muschel namens *Tellina tenuis*, eine Bewohnerin sumpfiger Küstengegenden, halten ihre Nachbarn in einer winzigen, aber bestimmten Distanz. Die Klippenschwalbe, die immer nur in Scharen fliegt und in dichten Kolonien nistet, legt, so hat es den Anschein, auf Ungestörtheit nur geringen Wert. Trotzdem sind ihre Nester stets so weit voneinander entfernt, daß die Vögel einander nicht hacken können.

Das Vorhandensein des tierischen Wunsches nach einer gewissen Ungestörtheit wird sofort klar, wenn man sich bestimmte Bilder vergegenwärtigt: Antilopen, goldfarben und schimmernd, über das afrikanische Veld verteilt; Kühe und Kälber auf den Almen; Vögel auf dem Telegrafendraht, einen so fixen Abstand einhaltend, daß sie wie Kugeln auf einer Schnur aufgefädelt scheinen. Überall um uns zeigen sich in der Verteilung der Lebewesen gewisse Muster, aber unsere Augen, die nur die Schönheit aufnehmen, übersehen die mathematischen Gesetze hinter den Bildern. Vielleicht genügt es, nur nach Schönheit zu verlangen; aber es tut der Schönheit in keiner Weise Abbruch, wenn wir nach dem Warum fragen.

Kein Bericht über tierisches Verhalten ist bezaubernder als Niko Tinbergens Beschreibung der Ankunft der Silbermöwen auf ihren traditionellen Nistplätzen an der holländischen Küste. Schon als Junge beobachtete er Jahr für Jahr die Möwengemeinschaften und begann sie nicht mehr als zufällige Vogelansammlungen zu sehen, sondern als Ausdruck einer komplizierten sozialen Struktur mit ungeheuer vielfältigen Beziehungen zwischen den Mitgliedern. Dem ungeübten Auge bleiben diese Beziehungen verborgen; erst allmählich enthüllt sich ihr tatsächliches Vorhandensein. Aber auch der geschulte Beobachter kann nur raten und Vermutungen anstellen, warum dieses oder jenes so ist. Als reifer Wissenschaftler kehrte Tinbergen zu seiner holländischen Küste zurück, und Schönheit und Staunen überwältigten ihn von neuem.

»An einem warmen, sonnigen Märztag erwacht das erste Interesse der Möwen an ihren traditionellen Niststätten. Wenn die Flut steigt und den Sandstrand, den Futterplatz der Silbermöwen, bedeckt, wird der graublaue Himmel über den Dünen plötzlich lebendig. Die lauten, melodiösen Stimmen der Vögel sind lange schon hörbar, bevor man sie selbst, zu Hunderten hoch in den Lüften kreisend, erblickt. Während sie im Gleitflug herabkommen, sehen wir ihre herrlichen, weißen Flügel immer wieder aufleuchten. Wie übergroße Schneeflocken wirbeln sie umher und kommen in scheinbar wildem Durcheinander zur Erde.«

Aber die Möwen lassen sich nicht nieder. Oft tauchen und wenden sie eine Viertelstunde lang, und alles deutet darauf hin, daß der Augenblick gekommen sei; dann plötzlich, wie auf ein geheimnisvolles Kommando, ziehen sie gegen Westen und verschwinden. Und das ist alles für diesen Tag. Aber wenn die Sonnenstrahlen stärker und die Tage länger werden, kehrt die

Schar zurück. Aus dem blassen Blau eines Frühlingsnachmittags ertönen Stimmen, weiße Flügel blitzen auf, Schneeflocken scheinen im Wirbelsturm herabzukommen, und die Möwen strömen herbei, sich wendend und drehend, heute tiefer über das Wasser streichend als gestern, morgen tiefer als heute. Aber noch immer lassen sie sich nicht nieder. Vielleicht wird ein einsamer Vogel auf einer Sanddüne landen, um dort seinen langen Hals zu strecken, sich umzusehen, die Brise zu genießen und das Frühlingswetter zu begutachten. Hierauf wird auch er wieder fortfliegen und mit seiner Schar verschwinden.

Und dann wird ein Tag kommen, und es wird ein Tag wie alle andern sein. Aber jetzt ist die Stimmung da. Aus dem goldenen Dunst wird ein Flügelschlagen aufklingen und ein lärmender Chorus. An diesem Tag wird es kein schnelles Eintauchen geben, kein Umherschwirren, kein Kreisen, kein Zögern. Die gewaltige Schar wird herabfliegen, sich niederlassen und in wenigen Augenblicken sich ihres Erbes an Gras und Dünen bemächtigt haben. Und der Forscher wird dort stehen, wo einst der Knabe stand, von Verwunderung ergriffen, während ein einziger verzauberter Augenblick das vollkommene Chaos in vollkommene Ordnung verwandelt.

Die Silbermöwe ist ein Geschöpf von hinreichender Intelligenz, um eine Muschel, deren Schale für ihren Schnabel zu hart ist, in die Höhe zu tragen und sie auf einen Felsen fallen zu lassen. Sie ist ein Geschöpf von hinreichender Loyalität und Klugheit, um niemals ihr Weibchen anzugreifen, und sie wird es unter Dutzenden in der Kolonie umherfliegenden Vögeln auf eine Entfernung erkennen, bei der ein von Menschenhand hergestellter Feldstecher versagt. Sie ist ein Geschöpf von hinreichender sozialer Organisation, um, obwohl viele Vögel im Frühling bereits verpaart ankommen, bestimmte Gebiete der Kolonie als Treffplätze für die noch unverpaarten Vögel abzustecken; Tinbergen bezeichnet sie als »Klubs«. Sie ist auch ein Geschöpf von so überaus feiner sozialer Abstimmung, daß die ankommende Schar, wie wir gesehen haben, »Entscheidungen« über Stimmung und Bereitschaft trifft, als wäre sie ein einziger Organismus. Die Silbermöwe ist so abhängig von der Gemeinschaft, der sie angehört, daß sie wahrscheinlich außerstande wäre zu brüten, kehrte sie versehentlich im Frühjahr in das falsche Möwendorf zurück. Ihre Anhänglichkeit an die Heimstatt ist so unbegreiflich mächtig, daß ein Paar, wie beim Albatros, sein Nest Jahr um Jahr auf demselben Fleck errichtet, obwohl die

Winterstürme der Nordsee jede Landmarke, die dem Auge helfen könnte, vernichten.

So ist die Silbermöwe – zäh, lautstark und zahlreich – einer der lärmendsten Erfolge der Evolution. Und doch ist der einzige sichtbare Vorteil, den ihr die Gemeinschaft bietet, die Gelegenheit zu nachbarlichen Streitigkeiten. Das sind die Kerle, die so wutentbrannt an ihren Grenzen stehen, daß sie als Abreaktion das ganze Gras der Umgebung ausreißen. Meiner Ansicht nach wird die Möwengesellschaft von dem Stimulus eines nach innen gekehrten (introvertierten) Antagonismus geformt und aufrechterhalten.

Existiert in der Welt sozialer Tiere ein biologischer Anspruch auf Ungestörtheit, wie es das private Territorium oder die individuelle Distanz ausdrückt, so ist dies für den modernen Menschen von größter Bedeutung. Die Ordnung in der Natur beweist, daß ein derartiges Recht vorhanden ist, und es muß daher einen biologischen Wert besitzen, obwohl dieser Wert meines Wissens niemals untersucht wurde. Wenn aber ein derartiges Recht existiert, warum stellen wir es in Frage? Warum mengen wir uns unter die Massen, um uns über sie zu ärgern? Warum drängen wir uns in den Städten zusammen, um möglichst viele Nachbarn zu haben, über die wir uns beklagen können? Warum verläßt ein Türke, ein Afrikaner sein kleines Dorf, seinen stillen Kral, um Schmutz, Arbeitslosigkeit, Unsicherheit und Elend des Stadtlebens auf sich zu nehmen? Nichts kann ihn davon abhalten, das wissen wir.

In der Natur mag ein *horror vacui* vorhanden sein, aber sicherlich auch ein Horror vor der Langweile. Bei Art um Art hat die natürliche Auslese Mechanismen gefördert, die letztlich aus keinem andern Grund zu existieren scheinen, als um Gelegenheit zu Zwistigkeiten, Konflikten und Aufregung zu bieten. Wir können die evolutive Notwendigkeit begreifen, eine Brutgemeinschaft zu bilden und durch Migration und andere Formen des Heimkehrvermögens ihre Isolierung zu gewährleisten. Aber warum müssen die Geschöpfe in einer dichtgedrängten, zänkischen, rivalisierenden Masse leben? Warum steht die tierische Forderung nach Ungestörtheit neben dem Drang, sich unter die größtmögliche Menge zu mischen, wenn nicht, um Langweile zu vermeiden?

Nicht alle Menschen mögen in ihrer Suche nach Abwechslung mit der Silbermöwe wetteifern. Je nach Veranlagung werden wir uns in das Gedränge stürzen, um zurückzudrängen oder auch nicht. Aber einer Sache können wir gewiß sein: Der *Homo sapiens* gehört nicht zu jenen seltenen Arten, die, auf individuelle Distanz und eigenes Territorium verzichtend, auch dem Recht auf Ungestörtheit entsagen.

Vor einigen Jahren, als meine Landsleute, bekannt für ihre seltsamen Erfindungen, versuchten, der Welt das Fertigmodell einer Lebensart namens »togetherness« aufzudrängen, ergaben sich einige Beweise für die Notwendigkeit einer individuellen Distanz. »Togetherness« – dieser Ausdruck bezeichnet so etwas wie »trautes Beisammensein« – sollte die gegensätzlichen Forderungen von Privatleben und Gesellschaft durch die Ausschaltung jedes Privatlebens in Einklang bringen. Man erlaubte Mann und Frau einige ungestörte Momente im Bett, vorausgesetzt, daß sie sich beeilten. Abgesehen davon wurde, soweit ich mich erinnere, jedes andere Verlangen nach einem Privatleben, ob geographischer, intellektueller oder spiritueller Natur, ob in bezug auf Lektüre oder Tafelfreuden, auf nachbarliche, Kind-Eltern-, Mann-Frau- oder Chef-Angestellten-Beziehungen, irgendwie als suspekt angesehen. Ich sah in der vielgepriesenen »togetherness« kaum eine Chance; sie war ganz einfach zu langweilig.

Die Welt mag diese amerikanische Erfindung verspottet haben; aber auch der Spott kann die Realität des fundamentalen Paradoxons nicht aus der Welt schaffen, welches viele meiner Landsleute in ihrer unglaublichen Naivität zu lösen glaubten. Wir sind und bleiben, allen sozialen Notwendigkeiten zum Trotz, antagonistische Geschöpfe. Wir verlangen Farben und Kontrast, Konflikt und Emotion in der Kunst. Wir erwarten Skandal und Aufruhr, Gefahr und Sensation von den Nachrichten. Dem menschlichen Auge erscheint die lautstarke Gemeinschaft der Silbermöwe wunderbar schön. Vielleicht identifizieren wir uns mit jenen weißbeflügelten Wesen, die den Sandstrand wie Schneeflocken bedecken und sich aufführen wie Teufel mit einem Heiligenschein, wie Engel mit Pferdefüßen. Und wenn wir noch immer nicht davon überzeugt sind, daß die Silbermöwe von unserem Schlag ist, dann müssen wir uns nur einem Geschöpf zuwenden, dessen Verhalten die Antithese darstellt, einem absonderlichen Geschöpf, das niemals von dem Recht auf ein Privatleben gehört zu haben scheint und dessen Gesellschaft – zumindest tagsüber – als die wahrhafte, unglaubliche Verwirklichung des amerikanischen Traumes angesehen werden muß. Ich spreche vom Flußpferd.

Ich habe Flußpferdschulen am Oberlauf des Nil, im östlichen Kongo, im Albert- und im Eduardsee beobachtet, da und dort, in namenlosen, über Afrikas trockenes Antlitz verstreuten Wasserlöchern, und weit im Süden, in den seichten Flußläufen der fernen Gorongosa in Mozambique. In aller Bescheidenheit und ohne seinen Namen im geringsten schmälern zu wollen, muß ich das Flußpferd zum abscheulichsten Geschöpf ernennen, das man zu Lande oder zu Wasser finden kann. Hier haben wir ein Tier vor uns, das während des Tages nach nichts anderem verlangt als nach trautem Beisammensein.

Man muß allerdings gerecht sein; das Flußpferd führt ein Doppelleben und besitzt eine Doppelpsyche. Seine Haut ist der tropischen Sonne nicht angepaßt, und daher verbringt es seine Tage im schmutzigsten Wasser der Umgebung, eng an seine Kumpane gepreßt. In der Nacht steigt es aus dem Wasser, um zu grasen, und wenn man in seinem Schlafsack liegt, kann man es grunzend, schnaubend und rülpsend durch die Wiesen ziehen hören. Nur seinen absonderlichen Gewohnheiten während des Tages ist es zu verdanken, daß wir etwas von seinem individualistischen Nachtleben wissen. Im Wasser stehend, eng an seine Nachbarn geschmiegt, hebt das Flußpferd, wenn es bei Tag den Darm entleeren muß, seinen gewaltigen Rumpf an die Oberfläche, läßt den Lärm eines durch einen Tunnel fahrenden Zuges ertönen und verspritzt seine Exkremente mit seinem wie ein Propeller umherwirbelnden Schwanz in einem Umkreis von 3 Meter.

Schon vor Jahrhunderten müssen sich die Buschmänner gefragt haben, warum sich das Flußpferd so seltsam benehme. Und so bereicherten sie ihre Überlieferung durch eine Erklärung, die wesentlich reizvoller ist, als es der Gegenstand verdient. Das Flußpferd – so sagen sie – war früher einmal ein Landtier, aber es wollte gerne im Wasser leben. So ging es zu dem Herrn der Tierwelt und bat um Erlaubnis, aber die Erlaubnis wurde ihm nicht gewährt. Ganz verzweifelt erkundigte sich das Flußpferd nach dem Grund.

»Weil«, antwortete der Herr über alle Tiere ungeduldig, »du ein riesiges Monstrum bist und alle Fische auffressen würdest.«

»Nein«, beteuerte das Flußpferd, »Herr, ich schwöre bei meiner Ehre, daß ich niemals Fische fressen werde.«

»Wer könnte einem Tier von deinem Aussehen trauen?« entgegnete der Herr aller Tiere. Das Flußpferd dachte angestrengt nach.

»Herr«, sagte es. »Ich will mit dir ein Abkommen treffen. Wenn du mich im Wasser leben läßt, will ich, wann immer ich meinen Darm entleeren muß, den Inhalt mit meinem kleinen Schwanz verspritzen, so daß du selbst sehen kannst, ob Fischgräten darin sind.«

Der Herr der Tiere überlegte und fand diesen Vorschlag annehmbar. Und so durfte das Flußpferd fortan im Wasser leben.

Viele Jahre später erschien ein anderer Herr der Tiere, der meinte, daß da noch etwas anderes dahinterstecken müsse. Es war Heini Hediger, und im Kongo fand er die Antwort. Das in dunkler Nacht grasende Flußpferd ist so strikt in seinen territorialen Ansprüchen, daß eine Zwergform sogar den Penis nach hinten gerichtet hat. Die Natur hat ihr eine strukturelle Unterstützung gegeben, so daß das Tier Kot und Urin in derselben Richtung verspritzt. Das Flußpferd kann also mit seinem kleinen Schwanz eine gemischte Duftmarke über sein Gebiet verstäuben, in der sicheren Gewißheit, daß trotz tiefster Dunkelheit niemand im Zweifel sein kann, was ihm gehört und was nicht.

So verhält sich das nächtlich grasende Flußpferd, und wenn seine Gewohnheiten nicht gerade fein sind, so sind sie zumindest originell. Ganz anders verhält sich das Flußpferd bei Tag. Sein Fleisch, das muß ich zugeben, ist nicht allzu schlecht; aber davon abgesehen weiß ich von keiner Tugend in seinen ungeheuren Massen. Es ist häßlich; seine Augen sind häßlich; sein Maul kann keinen andern Zweck haben, als kleine Kinder im Traum zu verfolgen; sein Körper gleicht einer überdimensionierten Badewanne. Es ist die ideale Synthese aller häßlichen Merkmale, und vielleicht ist die Perfektion dieser Synthese, mit den hervorquellenden Augen eines Flußpferdes gesehen, der Inbegriff der Flußpferdschönheit. Aber ich bin kein Flußpferd, und ich schaue nicht mit den Augen eines Flußpferdes. Ich kann mich auch nicht mit seinen Gewohnheiten befreunden oder mit seinen Zielen identifizieren. Es ist das reizloseste aller Lebewesen, das schwachsinnigste aller Geschöpfe – eine Art König der Idioten. Ich habe die Evolution gepriesen, die mich einen Menschen und nicht einen Wasserbock werden ließ, aber mein heißester Dank bleibt dem genetischen Glücksfall vorbehalten, der mich nicht zu einem Krokodil machte, das, tagein, tagaus auf einer Sandbank liegend, den Anblick des Flußpferdes ertragen muß.

Ich würde meine Flußpferdaversion nicht so ausführlich darlegen, wäre ich nicht von der Überzeugung durchdrungen, daß seine Vorliebe für eine kollektive Existenz bei Tag die abstoßendste seiner Gewohnheiten ist. Nur am Ufer eines von Flußpferden bevölkerten Wasserloches oder Flusses kommt einem voll zum Bewußtsein, wie selten in der Natur eine Art ist, die keinerlei Anspruch auf einen privaten Lebensraum macht, nicht einmal auf einen halben Meter. Eine Herde von 20 oder 30 Flußpferden gleicht einem halb unter Wasser liegenden Massengrab lebendiger Leichen. Falls ein Flußpferd Vergnügen empfinden kann – und wir müssen annehmen, daß es dazu imstande ist –, dann muß sein einziges Vergnügen darin bestehen, sich eng an jemand anderen zu pressen. Falls es Vergnügen an der »togetherness« findet – und warum sonst sollte es sie pflegen –, dann besteht sein höchstes Glück darin, den ganzen lieben Tag lang seinen Hals fest auf irgend jemandes Nacken zu pressen, möglichst laut in irgend jemandes Ohr zu brüllen, unaufhörlich in irgendwelche Rippen zu stoßen und seinen Kot fröhlich in irgend jemandes Gesicht zu spritzen.

Geschöpfe, die einer derartigen Lebensweise huldigen, dürfen wohl nur von ihren engsten Freunden Bewunderung erwarten. Ich behaupte, daß der Mensch mit dieser Spezies nichts gemein hat. Wir sind keine Flußpferde. Und jenen bewußten oder unbewußten Verfechtern menschlicher »togetherness«, die das Gegenteil behaupten und in derartigen Vergnügungen die Lösung menschlicher Probleme sehen, kann ich nur einen schnellen Besuch des Eduardsees im Kongo empfehlen – wenn möglich ohne Rückfahrkarte.

2

Ich habe den Terminus *noyau* als Bezeichnung einer Gesellschaft mit nach innen gekehrtem, das heißt introvertiertem Antagonismus von dem französischen Ethologen Jean Jacques Petter übernommen. Es ist merkwürdig und sogar vielleicht geschmacklos, ein Fremdwort in eine Diskussion einzuführen, in welcher bereits so viele unserem normalen Denken fremde Begriffe vorherrschen. Es schien mir aber richtig, mich soweit als möglich von den gebräuchlichen Wörtern wie Gemeinschaft oder Gesellschaft zu distanzieren, die – das läßt sich nicht vermeiden – Anklänge an ein Zusammenwirken enthalten. Der Ausdruck *noyau* – die Übersetzung lautet ungefähr Nukleus oder Kern – ist insofern richtiger, als er einen primitiven evolutiven Schritt zu einer

Gesellschaft bezeichnet, die durch gegenseitige Hilfe charakterisiert ist. Aber wichtiger noch als seine Präzision ist für diese Untersuchung das Fehlen jeglicher Assoziation für den Leser; das ist es, was wir brauchen, wenn wir jene Gruppen von Individuen verstehen wollen, welche durch Animosität zusammengehalten werden; die nicht überlebten, hätten sie keine hassenswerten lieben Freunde.

Der Lepilemur, von den Engländern *sportive Lemur* genannt, bietet ein Musterbeispiel für den Typus des *noyau.* Er gehört zu den etwa dreißig Arten der Makiverwandtschaft, zu den Lemuren, die heute ausschließlich auf Madagaskar leben. Petter und seine Frau haben fünfzehn Arten untersucht. Die meisten sind Tagtiere und bilden normale Gesellschaften, die auf gegenseitiger Hilfe und Zusammenwirken beruhen. Aber es gibt auch Nachtgeschöpfe, deren Lebensweise sich sehr wesentlich von der ihrer bei Tag aktiven Brüder unterscheidet.

Zu ihnen gehört der Lepilemur. Mit seiner spitzen Schnauze, den riesigen, runden Augen und den für alle Lemuren typischen feingliedrigen Primatenhänden ähnelt er einem zu groß geratenen afrikanischen Buschbaby. Tagsüber schläft er in einem Baumloch, aber bei Anbruch der Dunkelheit kriecht er hervor und verteidigt sein kleines, einsames Reich. Die ganze Nacht hindurch ertönen seine Warn- und Drohrufe. Eine genaue Beobachtung nächtlicher Tiere ist nicht leicht, wie ich schon im Zusammenhang mit meinem Feind, dem Flußpferd, erwähnt habe. Aber irgendwie erhielt Petter von der amerikanischen Armee einen »snooper«, ein infrarotempfindliches Teleskop, das während des Krieges für nächtliche Beobachtungen entwickelt wurde. So war es ihm möglich, das nächtliche Treiben des Lepilemuren zu verfolgen. Das bemerkenswerteste war die Verteilung der Populationen.

Der Lemur verteidigt ein privates Territorium in der Größenordnung von nicht mehr als ungefähr 50 Meter im Durchmesser. Eine kleine Gruppe von sechs Mitgliedern drängt sich oft auf ein Gebiet von einem halben Morgen zusammen, wo sie in fröhlicher Feindseligkeit zusammenlebt. Aber im Umkreis von vielen Kilometern gibt es weit und breit keine anderen Lepilemuren. Petter gab der kleinen, zänkischen Gruppe den Namen *noyau* und fand drei derartige Gruppen in der Gegend von Ankarafantsika auf Madagaskar. Weder Nahrungsversorgung noch Topographie oder Vorliebe für bestimmte Bäume konnten die Gedrängtheit der Gruppen einerseits und ihre weite Streuung anderseits erklären. Sicherheit vor Raubtieren kann keine Rolle spielen, denn gerade das Fehlen von Raubtieren ermöglicht den Lemuren ihr Überleben in Madagaskar. Warum drängen sie sich zusammen, wenn sie einander nicht leiden können? Es ist das gleiche Rätsel, das die Silbermöwe Huxley und Montagu aufgab. Und während wir unseren Blick langsam vom Individuum zur Gesellschaft, vom Tier zum Menschen schweifen lassen, müssen wir jene Szenen und Schatten, die wir normalerweise in den Bereich der Psychologie verweisen, in unser biologisches Bild mit einbeziehen.

Frank Fraser Darling stand der physiologischen Interpretation des Territoriums während seiner ganzen Laufbahn skeptisch gegenüber. Seine Jugendjahre, die er mit der Verfolgung des schottischen Rotwildes durch das rauhe Hochland verbrachte, gaben ihm reichlich Gelegenheit zum Nachdenken. Es waren dieselben Jahre, in denen David Lack an einer Schule lehrte und Rotkehlchen beobachtete, und wenn es stimmt, daß ein Ethologe nichts anderes ist als ein Zoologe, der gern im Freien arbeitet, so hatte Darling sicherlich am meisten Verlangen danach. In seinem faszinierenden Buch ›A Herd of Red Deer‹ bezeichnet er die Tage, an denen er zu Fuß 50 bis 60 Kilometer zurücklegte, als die schönsten in seiner Erinnerung. Um die Schärfe seines Blickes nicht zu trüben, pflegte er abends nur selten zu lesen. Man darf annehmen, daß er genügend Zeit zum Grübeln hatte.

Nach Darlings Ansicht ist das Territorium psychologischer und nicht physiologischer Natur. Es kann, wie wir gesehen haben, zahllose biologische Vorteile gewähren, aber letztlich gibt es zwei verschiedene Lebensweisen: zu kämpfen oder sich zu fügen. Das Rotwild gehört zu der zweiten Gruppe. Darlings Rotwild zeigte nicht weniger Verbundenheit mit seinem Stück Erde als ein Löwe, eine Eidechse oder ein Mensch. Darling stellte diese Anhänglichkeit bei einer kleinen Herde von Hirschkühen einen kalten Winter lang auf die Probe, indem er Maishäufchen auslegte. Anfangs waren die Tiere mißtrauisch, aber bald wurden sie ganz geschickt und fanden das Futter, wo immer er es verstecken mochte. Eines Tages legte er einen Körnerhaufen vollkommen offen und weithin sichtbar auf das gegenüberliegende Ufer des Baches, der ihre Reviergrenze bildete. Der Bach war seicht und bot keinerlei Schwierigkeiten. Aber die Tiere überquerten ihn nicht. Kein Wolf und keine Wildkatze lauerten auf der andern Seite, den Tieren drohte keinerlei Gefahr; trotzdem verließ während zweier Jahre, die oft Unwetter und Hagel brachten, kein einziges Tier der Herde seine vertraute Welt, um zu den fremden Maiskörnern zu gelangen.

Aber Darlings Rotwild war nicht bereit, seine Welt zu verteidigen. Ich glaube, es waren Experimente wie diese, welche den schottischen Biologen zu der Überzeugung brachten, man dürfe Nahrungsversorgung oder andere landläufige physiologische Erklärungen nicht als endgültige Unterscheidung zwischen Arten, die ihre Heimstatt verteidigen, und solchen, die es nicht tun, heranziehen. Später hatte Darling während seines langen, einsamen Aufenthaltes auf einer Insel der Äußeren Hebriden reichlich Gelegenheit, mit so kampfesfreudigen Geschöpfen wie Meeresvögeln und Robben Erfahrungen zu sammeln. Er berichtet darüber in seinem Buch ›A Naturalist on Rona‹. Diese Erfahrungen bestärkten ihn in seiner Ansicht, das Territorium müsse eine psychologische Basis besitzen.

Im Jahre 1952 veröffentlichte Darling in der Zeitschrift ›Auk‹ eine Arbeit unter dem Titel ›Social Behavior and Survival‹. Ihre Bedeutung kann nicht hoch genug bewertet werden. »Das Tier kann nicht allein leben«, schreibt er. Man ist bereit, dies vom Standpunkt der Sicherheit aus zu verstehen, aber Darling unterstreicht die Bedeutung der Stimulierung. Um ihre Möglichkeiten voll auszuschöpfen, brauchen die meisten Tiere den Stimulus durch Artgenossen. Allein die Gegenwart anderer Tiere – in einer Herde oder einem Rudel – kann diese Stimulierung hervorrufen. Durch das Territorialverhalten wird sie ohne Zweifel verstärkt. Darling ist der Ansicht, daß man den Kämpfen zwischen Nachbarn zuviel Bedeutung beimesse; daß die Feindseligkeiten in Wahrheit mehr ein Ritual als ein echter Kampf seien, mehr eine Darbietung als eine spontane Handlung. Der Aufruhr in einer Kolonie von Seevögeln gleiche einem Schaukampf, bei dem nur wenige verletzt würden. Und je größer das Geschrei, das Prahlen und Schimpfen, Drängen und Stoßen, desto größer sei Befriedigung und die allgemeine gute Stimmung.

Darling unterstreicht auch einen Punkt, der von der Wissenschaft bisher überhaupt nicht beachtet wurde: »Ich möchte die Hypothese aufstellen, daß eine der wichtigsten Funktionen des Territoriums die Schaffung einer ›Peripherie‹ ist; unter Peripherie verstehe ich jene Ecke oder Grenze, an der ein anderer Vogel derselben Art ein Territorium besitzt. Nicht indem sie sich verteilen, sondern indem sie nahe aneinanderrücken, schaffen sich die Vögel Peripherien. Das Brutterritorium ... ist ein Platz mit zwei Brennpunkten, dem Nest *und* der Peripherie.«

Mit anderen Worten, es ist eine Art von »Burg-und-Grenze«-Interpretation, wie ich es nennen möchte. Wir haben die Burg, das Nest oder das Herzland, das Schutz gewährt, und – ebenso wichtig – das Grenzgebiet, das für Unterhaltung sorgt. Die fundamentalen psychologischen Bedürfnisse nach Sicherheit und Stimulierung, die unter normalen Umständen in Konflikt geraten würden, werden beide durch das territoriale Prinzip voll befriedigt. Ich glaube, daß wir, indem wir Darlings Hypothese ausweiten und ein drittes grundlegendes Bedürfnis hinzufügen, zu einer psychologischen Struktur gelangen, die bei allen höheren und vielleicht auch bei vielen niederen Tieren vorhanden ist.

Den Wunsch nach Identität möchte ich als das dritte Bedürfnis bezeichnen. Die drei Bedürfnisse lassen sich vielleicht am besten durch ihre Gegensätze illustrieren: Sicherheit im Gegensatz zur Angst, Stimulierung im Gegensatz zur Langweile, Identität im Gegensatz zur Anonymität. Der Vogel sucht seinen bestimmten Zweig, um von ihm aus seine Anwesenheit zu verkünden; er ist ein Teil seiner Identität. Der junge Lachs im Atlantik sucht sein unveränderliches Kieselreich auf dem Grund des schnell dahineilenden Flusses; es gibt ihm Identität. Eine Schar kanadischer Wildgänse sucht jenes Stück Sumpfland, das sich nur für das Auge der Gans von der Umgebung abhebt, das aber die Schar von allen andern unterscheidet. Den einsamen Uganda-Wasserbock findet man stets bei seinem Felsen, bei seinem Baum, die Grille stets in ihrer bestimmten Nische. Eine Familie von Viscachas – kleine, nichtterritoriale Nager des peruanischen Hochlands – besitzt einen unveränderlichen, unangefochtenen Ruheplatz inmitten der Kolonie. Der nichtterritoriale Star wählt immer denselben Ort, wenn sich die oft Zehntausende Vögel umfassende Schar zur Ruhe begibt. Weder das Bedürfnis nach Stimulierung noch das nach Sicherheit können eine Beständigkeit motivieren; aber ich glaube, das Bedürfnis nach Identität kann es.

Das Tier sucht sich von seinen übrigen Artgenossen zu unterscheiden. Als Mitglieder einer Herde, einer Schar, eines Rudels oder eines *noyau* gehört das soziale Tier einer Gruppe an, die von allen andern Gruppen getrennt ist. Und innerhalb dieser seiner Gruppe erwirbt es ein Territorium, einen Rang, einen Ruheplatz, die nur ihm allein gehören, um sich von allen andern Gruppenmitgliedern zu unterscheiden. Es hat eine Identität erhalten. Durch eine feste und einzigartige Verbindung mit etwas Größerem oder Dauerhafterem als seinem Selbst – seien es Kiesel im Flußbett oder eine grasende Herde auf einem Hügel – hat es den Druck der Anonymität besiegt, den das tausendfältige Leben fortwährend auf die individuelle Psyche ausübt.

Als Darling seine Hypothese der Sicherheit und Stimulierung als Motivierung für das Territorialverhalten vorschlug, wußte er nur allzu gut, daß er mit der Untersuchung der tierischen Psyche gefährlichen Boden betrat. Die Hypothese durch Hinzufügung eines Bedürfnisses nach Identität zu erweitern macht die Sache nicht weniger heikel. Wir wissen nicht, was ein Tier »denkt«, wie »die Dinge ihm erscheinen«. So ist es vielleicht besser, ich lege meine Hypothese der drei fundamentalen tierischen Bedürfnisse vorläufig in eine sonnige Ecke, wo sie ausreifen mag und wir sie später wieder hervorholen können. Im Augenblick wollen wir zu Darlings Ausflug in das Gebiet der psychologischen Motivierung zurückkehren und uns mit seinen wegweisenden Gedanken über Sicherheit und Stimulierung befassen.

Zwei Jahre nach Darlings Feststellung ging James Fisher einen großen Schritt weiter. Fisher ist jener phantasiebegabte Ornithologe, der die Beziehung zwischen Territorium und tierischem Navigationsvermögen erkannte. Um 1954 verschaffte er dem, was ich als *noyau* bezeichne, wissenschaftliche Anerkennung. Fisher sah in Darling das »Orakel« auf dem Gebiet der Tiersozietäten. Er stimmte mit seiner psychologischen Auslegung überein und wies darauf hin, daß sich die ökologische Interpretation des Territoriums (zweckmäßige Verteilung der Population, um eine maximale Ausnützung der Gegebenheiten des Gebietes zu erreichen) sehr oft in der Realität nicht bewahrheite. Die Rotkehlchen sind nicht gleichmäßig über England verteilt, ebensowenig wie es die Sperlinge im Ohio River Valley sind. Die Population drängt sich in gewissen Gebieten zusammen, und dazwischen liegen weite Landstriche, die gar nicht oder nur spärlich bewohnt sind. Tauchen Neuankömmlinge in der Gegend auf, so zieht es sie nicht zu den friedlichen, leeren Regionen, sondern zu den Metropolen mit ihrem Gedränge und Gestoße, mit ihren Streitigkeiten und Konflikten.

»Dadurch«, so schreibt Fisher, »entstehen ›Nachbarschaften‹ von Individuen, die, obwohl Herren über ihr eigenes, klar abgegrenztes Gebiet, durch feste, *soziale* Beziehungen mit den Nachbarn verbunden sind; einen Ausdruck aus der Humanpsychologie verwendend, könnte man von einer Freund-Feind- oder von einer Rivalen-Kameraden-Situation sprechen.

In der Vogelwelt ist es wahrscheinlich angezeigter, einfach von gegenseitiger Stimulierung zu sprechen.«

Fishers verblüffendes Erkennen einer tierischen Beziehung, die so sehr an menschliche Bezüge erinnert, ging seinen Kollegen, so scheint es mir, etwas zu weit. Ebenso wie seine Erkenntnis der Beziehung zwischen dem Territorium und dem unerklärlichen Heimfindevermögen warf auch diese These Fragen auf, die von der Wissenschaft bis heute nicht beantwortet werden können. Obwohl die Fortschritte der neuen Biologie ungeheuer rasch erfolgten, erfolgten sie doch nicht gleichmäßig. Besonders das Grenzgebiet zwischen Biologie und Psychologie ist noch völliges Neuland, das die meisten Biologen nicht gern betreten. Fisher in der Untersuchung der evolutiven Aspekte der Sozialpsychologie zu folgen birgt das Risiko in sich, den eigenen Ruf durch irgendeine unvorhergesehene Falle zu gefährden.

Ein bedeutender Forscher, den derartige Abenteuer nicht schrecken, ist der schottische Ökologe V. C. Wynne-Edwards von der Universität von Aberdeen. Seine umfangreiche Arbeit ›Animal Dispersion in Relation to Social Behavior‹ wurde 1963 veröffentlicht, und der darin enthaltene Zündstoff kommt erst jetzt allmählich zur Explosion. Seine Bemerkung, die Gesellschaft sei »eine Brüderschaft von gemäßigter Rivalität«, erinnert an James Fisher. Seine grundlegende Definition der Gesellschaft nimmt eine Einigung zwischen Natur- und Sozialwissenschaften vorweg, die noch gar nicht erfolgt ist, weil auf beiden Seiten der Mut dazu fehlt: »Eine Gesellschaft kann als Gruppe von Individuen definiert werden, die mit vereinbarten Mitteln um vereinbarte Preise wetteifern.« Auch diese Definition wollen wir vorläufig beiseite schieben und sie ausreifen lassen.

Der *noyau* ist gleichzusetzen mit Fishers Nachbargemeinschaft territorialer Besitzer, die durch eine Freund-Feind-Beziehung aneinander gebunden sind. Er ist Wynne-Edwards' Brüderschaft gemäßigter Rivalität. Er ist das, was geschieht, wenn sich Darlings Gebietsinhaber zusammendrängen, um den Stimulus der Peripherie zu genießen. Er ist Huxleys und Montagus Kolonie von Schwarzkopfmöwen, die darauf bestehen, gemeinsam zu brüten, und so nicht nur um ihre Territorien, sondern auch um individuelle Distanzen streiten können. Er ist eine Schar von Klippenmöwen, die keinen andern Grund haben kann, ihre Nester so dicht beisammen zu bauen, als um die geliebten Feinde in möglichst bequemer Hackdistanz zu haben. Er ist das, was geschieht, wenn der Junge vom Land die verhältnismäßig gesicherte Existenz im Dorf aufgibt und in der Großstadt untertaucht. Er ist der Kikuyu in Kenias menschenleeren gelben Hügeln oder der Zulu in Natals grünem Schlummerland, der das geregelte Leben im Kral hinter sich läßt, um sich freudig und erwartungsvoll der brodelnden Masse von Arbeitslosen in Nairobi anzuschließen oder der durch Ausweise gekennzeichneten, von Verbrechen zersetzten schwarzen Utopie von Johannesburg.

3

Es ist mehr als wahrscheinlich, daß die *noyaux* bei jenen Wirbeltierarten, die keine klar abgegrenzten sozialen Gruppen formen (Herden, Rudel, Scharen), aber mehr oder weniger gleichmäßig, mehr oder weniger fortdauernd über ein Gebiet verteilt zu sein scheinen, eine typische, wenn auch unsichtbare soziale Organisation bilden. Backenhörnchen und Weißfußmäuse in den Wäldern, Kaninchen und Erdhörnchen in den Wüsten, Barsche und Hechte in den Flüssen, Eidechsen und Kröten auf den Farmen, Ratten und Hausmäuse in den Städten – sie alle scheinen keine größeren sozialen Einheiten als das Paar und die Familie zu kennen und sich höchst asozial zu betragen. Aber ist man Mitglied eines *noyau*, dann sind Feindseligkeit und schlechte Manieren keineswegs ein Gradmesser für die soziale Unabhängigkeit. Wütend verlangt man nach der Gruppe, um Artgenossen zu finden, an denen man seine Wut auslassen kann.

Eine der größten Schwierigkeiten, die das Studium des *noyau* mit sich bringt, ist seine Identifizierung. Margaret Morse Nice, eine der bekanntesten Ornithologinnen der Vereinigten Staaten, löste das Problem, indem sie die Singsperlinge in den Niederungen nahe Columbus (Ohio) beringte. In diesem weitläufigen Gebiet errichten die Vögel ihre aneinandergrenzenden Territorien, schaffen sich ihre Peripherien, zanken und streiten von früh bis spät. Durch die Beringung konnte die Forscherin feststellen, daß die Vögel Jahr für Jahr von ihren Zügen zurückkehren, um ihre Auseinandersetzungen mit den bevorzugten Feinden wiederaufzunehmen. Hier bot sich das Musterbeispiel einer Gesellschaft mit introvertierter Aggression. Aber es ist nicht einfach, in einer unfreundlichen Vogel- oder Tierwelt festzustellen, ob ein Geschöpf einen bestimmten Artgenossen als Feind bevorzugt oder einfach gegen jedermann feindselig eingestellt ist. Die Gesetze der Populationsgenetik weisen darauf hin, daß aller Wahrscheinlichkeit nach Grenzen vorhanden sind und die *noyaux* – für den Menschen unsichtbar, aber von sozialer Realität für Weißfußmäuse und Kröten – die große Population in Fortpflanzungsgemeinschaften unterteilen. Die Schwierigkeit besteht darin, die Gruppen zu identifizieren und ihre Grenzen zu bestimmen. Durch einen Glücksfall gibt es zwei völlig verschieden geartete Geschöpfe – den Blauschwarzen Laubenvogel Australiens und Südamerikas Springäffchen –, die eingehendst untersucht wurden und beide einen wunderbaren Einblick in das Leben innerhalb eines *noyau* gewähren.

Anders als in Neuguinea hat die Zivilisation in Australien genaue Untersuchungen und langfristige Beobachtungen des Laubenvogels möglich gemacht. Einige Arten bewohnen die nördlichen und östlichen Regionen, und sogar in den Vororten Sydneys ist der Vogel manchmal anzutreffen. A. J. Marshall befaßte sich in seinem umfassenden Werk über australische Arten besonders eingehend mit dem Blauschwarzen Laubenvogel, und seine Bemühungen wurden reich belohnt. Dieser Vogel ist nicht nur Bürger eines klar abgegrenzten *noyau;* er ist nicht nur der kulturelle Champion der nichtmenschlichen Welt; er ist auch ein Gewohnheitsverbrecher, ein Dieb, ein Vandale und, alles in allem genommen, eines der faszinierendsten Geschöpfe, das die Evolution jemals hervorgebracht hat. Hand in Hand mit diesen höchst bemerkenswerten psychologischen Eigenschaften geht ein ebenso bemerkenswertes physiologisches Merkmal. Das Männchen wird blau, sobald es wichtig wird.

Ich weiß nicht, was es mit der blauen Farbe für eine Bewandtnis hat. Wir sprechen von »blauem Blut«. Ein sexuell reifes Grünes Meerkatzenmännchen besitzt ein blaues Skrotum, das jeden Amateurfotografen Südafrikas fasziniert. Aber C. K. Brain stellte fest, daß sich das Skrotum eines Meerkatzenmännchens, das sich nicht wohl fühlt oder von einem Mitglied der Herde außergewöhnlich stark dominiert wird, blaß bis weiß färbt. Auch das Husarenäffchen besitzt ein blaues Skrotum, und wenn das Blau bei einem heranreifenden Männchen eine bestimmte Intensität erreicht, so ist dies für den Husarenaffenherrscher das Signal, daß die Zeit gekommen sei, ihn aus der Herde auszuschließen. Blauschwarze Laubenvögel besitzen ein glänzendes Gefieder, das dem der nördlichen Hausschwalbe nicht unähnlich ist. Das Weibchen zeigt eine grünliche Färbung, und die meisten Männchen unterscheiden sich auch nach der Geschlechtsreife nicht wesentlich von den Weibchen. Erst zu einem nicht genau bestimmbaren Zeitpunkt zwischen vier und sieben Jahren wird das Gefieder mancher Männchen blau, und dies ist das Zeichen für alle andern, daß er nunmehr ein »Fürst« ist. Die blauen Männchen einer Schar von Blauschwarzen Laubenvögeln bilden eine Eliteklasse. Sie sind es, die die Lauben bauen; die grünen können bestenfalls einen Haufen Zweige zusammentragen.

Die von den blauen Männchen errichteten Lauben in den australischen Wäldern können sich hinsichtlich komplexer Konstruktion nicht mit den von ihren Vettern in Neuguinea (Lauterbachs Laubenvogel und Turmreisigbauer) erbauten messen. Der Blauschwarze Laubenvogel benützt eine eher einfache Konstruktion mit einem rechteckigen Grundriß. Aber eine einzige Leistung sichert ihm seinen Platz auf einer nur von ihm errichteten Kulturstufe. Biber bauen höchst komplizierte Dämme und Burgen. Taschenratten in Kansas und Maulwurfratten in Ungarn graben verschlungene Gänge, die sogar mit Toiletten ausgestattet sind – kleine Räume für die Exkremente, die, wenn sie voll sind, zugemauert werden. Aber das blaue Männchen des Blauschwarzen Laubenvogels baut seine Laube im rechten Winkel zur aufgehenden Sonne!

Es ist sinnlos, alles in der Natur mit Überlebenswert und selektiver Leistung erklären zu wollen. Es gibt Augenblicke, in denen man nur die Tatsachen feststellen und der Verwunderung freien Lauf lassen kann. Es ist möglich, daß der Pekingmensch einige seiner Schabwerkzeuge nur um der Materialschönheit willen aus Quarz machte, aber erst als die menschliche Evolution die uns bekannte Ausgabe des *Homo sapiens* hervorbrachte, beginnen wir unanfechtbare Beweise für kulturelle Leistungen wie die des Blauschwarzen Laubenvogels zu finden. Und als ob die Ausrichtung seiner Laube nach der Sonne nicht genüge, ihn zu einem Meister kultureller Vollendung zu machen, bemalt er sein Haus auch noch.

Jahrzehntelang kursierte in Australien das Gerücht, dieser gefiederte Dämon male die Wände seines Waldhauses in tiefem Schwarz aus. 1930 veröffentlichte ein Mann namens R. A. Gannon in der ornithologischen Zeitschrift Australiens ›Emu‹ eine sorgfältige Untersuchung. Gannon war eines späten Nachmittags auf eine Laube gestoßen, die in ihrem Innern Zeichen eines frischen, schwarzen Anstriches aufwies. Der Besitzer war abwesend. Am nächsten Morgen um fünf Uhr früh war Gannon auf seinem Beobachtungsposten und wartete. Der Vogel erschien. Er bewegte sich im Haus hin und her, den Blicken von Gannon entzogen. Nach einer Weile verschwand der Besitzer, und Gannon fand auf den Innenwänden die frisch aufgetragene Schicht einer schwarzen, klebrigen Substanz. Er fand umherliegende Holzkohlestückchen, aber keinerlei Hinweise, wie sie der Vogel in Farbe verwandelt und aufgetragen hatte. Der Beobachter wartete weiter. Endlich kehrte das blaue Männchen wieder zurück, wurde aber zu Gannons Verzweiflung von einem Blumenarrangement in seinem Vorgarten abgelenkt. Es begann zu dunkeln. Da er bereits so viel Zeit zur Erforschung des Geheimnisses aufgewandt hatte, war Gannon nicht bereit, aufzugeben. Bei Tagesanbruch war er wieder zur Stelle und ebenso das blaue Männchen. Der kleine Vogel hüpfte umher, kaute und sabberte, kaute und sabberte. Als er endlich abflog, untersuchte Gannon das Material. Aus Holzkohle und Speichel hatte der Vogel seine Farbe hergestellt, schwammartige Rindenstückchen waren als Pinsel benützt worden, und überall lagen weggeworfene schwarze Kügelchen umher.

In späteren Jahren bestätigten andere Forscher und auch Marshall selbst die Beobachtung. Ebenso wie für die Ausrichtung einer Konstruktion nach der Sonne außer beim *Homo sapiens* keine Parallele besteht, läßt sich auch in der gesamten Tierwelt keine ähnliche dekorative Leistung finden. Der Blauschwarze Laubenvogel ist ein kulturelles Genie. Daß das blaue Männchen auch der unverbesserlichste Dieb, der unbarmherzigste Vandale und einer der derbsten Rüpel der Tierwelt ist, muß als bedauerliche Fußnote zu seinen sonstigen Leistungen ebenfalls erwähnt werden. Vielleicht ist es die unvermeidliche Folge einer kultivierten Lebensart. Oder vielleicht ist es einfach das Leben in einem *noyau*.

Wohl ist Schwarz die Farbe, welche der Vogel für seine Lauben verwendet, aber Blau ist die Farbe, die sein Leben bestimmt. Sie ist nicht nur die Farbe der Elite, die allen untergeordneten Grünen Rang und Stellung anzeigt; sie ist auch ein Wertsymbol innerhalb der Art, wie Gold ein Symbol für den Menschen ist. Blauschwarze Laubenvögel stehlen hemmungslos alles, was blau ist. Sie plündern die Umgebung und eignen sich die sinnlosesten Dinge an: blaue Papageienfedern und blaue Lobelienblüten, blaue Porzellanscherben und blaue Papierfetzen – alles endet in den Ziergärten vor den Lauben. In der Nähe von Sydney ist der Blauschwarze Laubenvogel zum Schrecken aller Hausfrauen, die Kornblumen oder Delphinum ziehen wollen, sehr häufig. Aber anders als der Pavian, der afrikanische Dieb, dessen Spezialität es zu sein scheint, den Menschen zu bestehlen, richtet das blaue Männchen seine größten Anstrengungen auf die Plünderung der Häuser seiner Artgenossen.

Nur wenige Wirbeltierarten kommen einem hierarchischen Kastensystem so nahe wie der Blauschwarze Laubenvogel. Grüne Männchen sind weniger wählerisch als blaue und begnügen sich oft mit toten Grillen und Zigarettenstummeln. Aber auch sie stehlen etwas Blaues. Marshall beobachtete grüne Männchen, die halbmeterlange Delphinumzweige aus dem Garten eines geplagten australischen Haushaltes schleppten, aber er konnte die Zweige niemals in den primitiven Lauben der grünen finden – alle werden sie von den blauen gestohlen. Wie scharf die blauen Männchen die Sammlungen der grünen beobachten, geht aus einem Experiment von Marshall hervor. Er legte 100 markierte blaue Glasstückchen in 18 der rudimentären Lauben der grünen; zu Mittag des nächsten Tages waren bereits 76 in den Schaugärten der benachbarten blauen – es hatte weder Proteste noch Konflikte gegeben; schweigend hatten die grünen die Plünderung hingenommen.

Der Vandalismus ist eine in der subhumanen Wirbeltierwelt unbekannte Verhaltensform; vielleicht weil Vandalismus eine Kultur voraussetzt, die man zerstören kann. Jedenfalls beschäftigen sich Biber nicht damit, die Dämme ihrer Kollegen zu zerstören, Rotkehlchen fügen trotz ihrer Kampfesfreudigkeit dem nachbarlichen Nest keinen Schaden zu, Lauterbachs Laubenvogel läßt die Laube des andern Laubenvogels in Ruhe, und soviel ich weiß, versucht die Maulwurfsratte auch nicht, die Toilette ihres Nachbarn zum Einsturz zu bringen. Der Blauschwarze Laubenvogel aber ist fürchterlich – ein würdiges Vorbild für alle jugendlichen Kriminellen der Welt. Ein blaues Männchen errichtet und verteidigt das Territorium, auf dem es seine Laube baut; die Laube für längere Zeit unbewacht zu lassen bedeutet ihre Zerstörung. Ein Rivale kommt, um zu stehlen, er bleibt, um zu vernichten. Marshall schreibt: »Der Plünderer arbeitet schnell und leise. Mit dem Schnabel reißt er die Wände nieder und streut die Stücke umher. Meist wird der Zerstörer von dem schnellen Flügelschlag des Besitzers an der Vollendung seines Werkes gehindert und flieht, den Schnabel voll blauer Federn oder Glas. Niemals stellt er sich zum Kampf.«

Bei aller Sympathie für Prostituierte mit Herzen aus Gold, für edelmütige Räuber und so weiter, beließe man sie nur in ihrem natürlichen Zustand – aber kann man diesem herrlichen Lumpen der australischen Wälder eine positive Eigenschaft außer seinem kulturellen Genie zubilligen? Sein Herz ist so schwarz, wie sein Geschmack blau ist, und die Annahme, ein dermaßen verderbtes Geschöpf könne Regeln sozialer Art oder bestimmte Grenzen für seine Zerstörungswut anerkennen, scheint lächerlich. Doch genau das ist der Fall. Was wir beschrieben haben, ist das Leben in einem fest umrissenen *noyau*.

Die Diebstähle der blauen Männchen ließen Marshall nicht ruhen, und er begann ein Experiment von gigantischen Ausmaßen. Er verschaffte sich einen größeren Vorrat von leuchtendblauen Glasflaschen, zerbrach sie, numerierte jede Scherbe mit einem Diamantstift und verteilte sie, in gut sichtbaren Häufchen angeordnet, über ein Gebiet von 50 Quadratmeilen. So unersättlich war die Gier der blauen Männchen nach blauen Scherben, daß sich innerhalb eines Monats 80 Prozent wieder in den Schaugärten bestimmter Lauben befanden. Zu diesem Zeitpunkt war natürlich bereits ein munteres Treiben im Gange. Die Scherben wechselten von einer Laube zur anderen; man bestahl einander hemmungslos. Da die Scherben numeriert waren, konnte Marshall alle Vorgänge verfolgen. Keine Polizei hat jemals genauere Aufzeichnungen über begangene Verbrechen besessen. Aber durch zwei Jahre hindurch wurde keine einzige blaue Scherbe in dem ganzen Gebiet von 50 Quadratmeilen über eine größere Entfernung als 1000 Meter hin- und hergeschleppt.

Die blauen Männchen bestehlen ausschließlich ihre Freunde. Der *noyau* des Blauschwarzen Laubenvogels besitzt einen Durchmesser von ungefähr 1000 Meter und ist von einer unsichtbaren, aber unüberwindlichen Einfriedung umgeben.

Die Einfriedung des Springaffen *(Callicebius)* ist dank des menschlichen Fleißes viel greifbarer. Ein weites Gebiet Kolumbiens östlich der Anden ist unter dem Namen *Llanos* bekannt. Hier drangen die Farmer während der letzten Jahrzehnte von ihren Dörfern in den Anden gegen Osten vor und entwaldeten das Gebiet, um ihrem Vieh Platz zu schaffen. Aber in Flußtälern und auf manchen steilen Hügeln, die nicht nach dem Geschmack der Rinder sind, ließen die Viehzüchter kleine Waldinseln im Grasmeer zurück. Wie in einem Laboratoriumskäfig blieb in jedem isolierten Waldflecken ein *noyau* von Springäffchen zurück.

William A. Mason gehört der neuen Generation amerikanischer Forscher an, die sich mit den Primaten beschäftigen, und seine Untersuchung der Springaffen ist noch nicht abgeschlossen. Da seine Beobachtungen so jungen Datums und teilweise noch nicht veröffentlicht sind, bin ich ihm besonders dankbar, daß er mir erlaubte, einige seiner Schlußfolgerungen zu zitieren, die weitere Studien vielleicht noch modifizieren werden. Aber Mason ist ein außerordentlich konservativer Forscher, und ich glaube kaum, daß die Beobachtungen, die von ihm mit einem so hohen Grad an Objektivität durchgeführt wurden, in einem Ausmaß revidiert werden können, das ihren grundlegenden Charakter verändern würde.

Das Springäffchen ist ein kleines Tier, nur 30 Zentimeter groß, mit einem Gewicht von ungefähr einem Kilo. Die von Mason untersuchte Unterart, *Callicebus moloch ornatus*, ist, wie schon der Name andeutet, ein farbenprächtiges Geschöpf. Über Schultern und Brust trägt das Äffchen ein goldbraunes Pelzcape, ein weißer Streifen quer über die Stirn schmückt sein dunkles Gesicht, das von einem Büschel roter Haare gekrönt wird. Einige dieser kleinen Kerle sind so elegant, daß sie auch weiße Handschuhe tragen. Sexueller Dimorphismus fehlt vollkommen, und das Weibchen ist ebenso prächtig geschmückt wie das Männchen. Aber der Springaffe ist scheu, und trotz seines herausfordernden Aussehens beunruhigt ihn die Anwesenheit von Menschen unter seinen Bäumen. Mason stellte fest, daß es sein Gesicht war, das die meiste Aufregung verursachte. Prior hatte das gleiche bei seinen Rehen beobachtet und eine eigenartige Umhüllung erfunden, die er über den Kopf zog, um das Verhältnis von Kopf zu Schultern zu verändern und zu verbergen. Mason faßte sich in Geduld und hielt seinen Kopf einige Wochen lang gebeugt, bis letztlich die Neugierde der Tiere eine Tarnung unnötig machte.

Wie der Gibbon, so besitzt auch das Springäffchen ein Territorium von Familiengröße, das Vater und Mutter energisch verteidigen. Ebenso wie der Gibbon ist auch er ein Geschöpf der Baumwipfel, das normalerweise nur zur Erde kommt, wenn es den Halt in den Bäumen verliert. Die Tiere sind monogam. Männchen und Weibchen paaren sich offensichtlich fürs Leben, aber die Ausschließlichkeit der Verbindung gilt, anders als beim Gibbon, in jeder Beziehung außer der geschlechtlichen. Man hat mir gesagt, das wesentlichste soziale Attribut der Primaten sei ihre Bereitschaft, auszuprobieren, was immer nur möglich ist. Ganz besonders trifft dies auf das Springäffchen zu. Vielleicht ist es aber auch der *noyau*, der das originelle Experiment fördert.

Das Gebiet, das sich Mason für seine Studien aussuchte, war ein zehn Morgen umfassendes Waldstück mit neun Familienbesitzungen. Jede Familie kennt ihre Grenzen auf den Zentimeter genau; hier ist es ein abgebrochener Zweig, dort ein einsamer Busch oder ein Baumstumpf. Wären die Waldstücke nicht so isoliert und der territoriale Druck nicht so stark, die Besitzungen wären wahrscheinlich größer und die Grenzen nicht so genau definiert. Aber unter diesen besonderen Umständen kennt das Springäffchen wie ein Bauer jeden Fußbreit seines Landes. Und die Peripherie sorgt, wie Darling feststellte, für Abwechslung in seinem Leben.

Das kleine Äffchen mit dem rötlichen Fell erwacht, gähnt und stößt einen leisen Seufzer aus, vielleicht weil es bedauert, daß die Nacht schon vorüber ist. In diesen Wäldern gibt es keinen plötzlichen, glanzvollen Tropenmorgen. Hier kommt die Dämmerung leise, vorsichtig, wie eine zärtliche, aber beharrliche Hand, die dich aus dem Schlaf weckt. Langsam erwacht die Affenfamilie. Mutter und Vater schlafen Seite an Seite, oft mit verschlungenen Schwänzen. Der brave Ehemann besorgt das Herumschleppen der Kinder; ist ein Junges unter vier Monaten vorhanden, so wird er es tragen. Die Familie streicht in ihrem Herzland umher, um ihre Burg, ihren Schlafbaum; sie trinkt den Tau von den Blättern, kostet eine Beere, beißt in eine Frucht. Dann plötzlich, um sieben Uhr, eilt die Familie wie elektrisiert zur Peripherie.

Eine der bewunderungswürdigsten Eigenschaften des Springäffchens scheint mir seine Bereitschaft, ein herzhaftes Frühstück um einer fröhlichen Peripherie willen aufzugeben. Ich selbst wäre zu einem derartigen Opfer nur in äußersten Notfällen bereit. Die kleine Familie aber kennt keine Kompromisse; pünktlich und vergnügt steht sie an ihrer Grenze, nur teilweise gesättigt, aber nach Taten dürstend, und wartet auf die Ankunft des Nachbarn, um mit ihm zu streiten. Schulter an Schulter stehen Vater und Mutter, warten mit verschlungenen Schwänzen, schüren ihre Erbitterung und sehnen das Erscheinen des geliebten Feindes herbei. Nicht einen Fuß setzt die Familie auf das Gebiet des Nachbarn, es sei denn, die Nachbarn sind anwesend und machen eine Übertretung der Mühe wert. Aber kaum sind die Feinde, ebenfalls nur teilweise gesättigt, eingetroffen, bricht die Hölle los.

In meiner Jugend pflegten wir in Chicago zu sagen, das Geheimnis der bekannten Vitalität der Stadt sei die Zeitung

›Chicago Tribune‹. Wir lasen sie beim Frühstück, wir explodierten vor Erregung, sei es pro oder kontra, wir stürzten uns in Debatten, wir konnten ohne sie nicht leben. Das Springäffchen ersetzt die ›Chicago Tribune‹ durch die Peripherie. Als Einleitung ertönt ein kleineres Geschrei. Dann rückt der Vater vor. Der gegnerische Vater treibt ihn zurück und geht seinerseits zum Angriff über. Jetzt stürzt sich eine Familie auf die andere. Die Mütter lassen jeden Anstand beiseite und geben sich ihrer Wut hin; die Jungen lernen etwas von des Lebens Härte kennen. Tumult und Raufereien dauern etwa eine halbe Stunde, dann plötzlich fällt jemandem ein, daß es noch eine andere Grenze gebe – unverteidigt und unausgenützt. Die Familie zieht sich zurück. Auch die gegnerische Familie erinnert sich, daß sie eine andere Grenze hat, einen anderen Gegner, mit dem es sich streiten läßt. Weder Karten noch Entschuldigungen werden ausgetauscht, denn die Spielregeln sind allen Beteiligten bekannt. So wie die Ritter im Mittelalter, sich hochmütig verbeugend, ihre eisenbehandschuhte Rechte erhoben, so hält sich auch das Springäffchen an sein ritterliches Ritual. Hier haben wir Wynne-Edwards' »durch vereinbarte Mittel gewonnene vereinbarte Preise« vor uns.

An anderen Grenzen stehen einander andere Gegner gegenüber. Herrlich muß die aus derartigen Konflikten gewonnene Befriedigung sein. Der Blutdruck steigt, die Schläfen hämmern, die »konventionelle« Wut entlädt sich. Ungefähr um neun Uhr, nach einigen Stunden emotionellen Austobens, wird es jemandem einfallen, daß er hungrig ist. Und damit ist das Ende der täglichen Feindseligkeiten gekommen, denn alle begeben sich mit knurrendem Magen zu ihren Frühstücksbäumen.

Darling machte seine Feststellung über die Bedeutung von Peripherie und Herzland, von Stimulierung und Sicherheit zu einer Zeit, da unsere Kenntnisse über das Primatenverhalten noch sehr beschränkt waren. Bei den südamerikanischen Äffchen finden wir ein soziales System, das beide Notwendigkeiten befriedigt. Die Anhänger der Umwelttheorie mögen entgegnen, daß besondere Umstände – die Isolierung des Waldstückes – den Bewohnern diese Lebensform aufgezwungen hätten. Wir verfügen aber über hinreichende Kenntnisse der territorialen Wesensart, um zu wissen, daß ein derartig formalisiertes Verhalten nicht durch besondere Umstände von fünfzehn- bis zwanzigjähriger Dauer hervorgerufen sein kann. Außerdem sagte mir Mason, daß sein kurzer Kontakt mit Springäffchen in größeren, einheitlichen Wäldern nicht auf eine Abweichung von den bei seinen Gruppen festgestellten Verhaltensweisen schließen lasse. Wir müssen annehmen, daß in einem Wald, der keinerlei Unterbrechung erfahren hat, der *noyau* größer ist und eine größere Anzahl Gruppen umfaßt; ebenso, daß die Gruppen größere Reviere besitzen. Aber sie werden nicht so groß sein, daß sie den Zugang zur Peripherie und die morgendlichen Auseinandersetzungen mit den geliebten Feinden erschweren.

Letztlich beweist Mason, daß der *noyau* der Springäffchen eine höchst originelle Fortpflanzungseinheit darstellt. Bei den meisten Wirbeltierarten, die ihr soziales Leben auf dem Paarterritorium aufbauen, besitzt das Männchen nicht nur die alleinigen Rechte über seinen Besitz, sondern auch über sein Weibchen. Bei den Vögeln gilt diese Regel so allgemein, daß man, solange sich nur die Ornithologen mit dem territorialen Konzept beschäftigen, annahm, das Territorium sei eine notwendige sexuelle Ausdrucksform des Männchens. Ebenso war man bis vor kurzem der Auffassung, daß die sexuelle Anziehung zwischen Männchen und Weibchen die Bindung der Primatengesellschaft darstelle. Es ist dies eine Vermutung, die wir im nächsten Kapitel ausführlich untersuchen werden. Das rothaarige Springäffchen mit den weißen Handschuhen hat beide Annahmen ins Wanken gebracht.

Das Springaffenweibchen kommt wie die niederen Säugetiere, aber im Gegensatz zu den meisten anderen Primaten, zu bestimmten Zeiten in Hitze und ist den Rest des Jahres sexuell uninteressiert. Mason führte seine Beobachtungen lange genug durch, um uns versichern zu können, daß in dem langen Zeitraum, in dem das Geschlecht im Leben der Springäffchen keine Rolle spielt, die territoriale Verteidigung perfekt, das Dulden eines Eindringlings undenkbar und die eheliche Harmonie vorbildlich sei. Die Treue des Springäffchens erstreckt sich auf alles, so scheint es, außer auf sein Geschlechtsleben. Wenn die Hitze des Weibchens naht, beginnt der große Karneval. Das territoriale System bricht zusammen, liebesdurstige Männchen und lüsterne Weibchen verletzen die Grenzen, und für die Dauer dieser Periode weichen die geordneten Feindseligkeiten des *noyau* einem munteren Liebesreigen – einem *Mardi gras* sexueller Abenteuer in den Gefilden nicht verbotener Früchte. Und dann hört die Hitze auf. Frauen verzeihen ihren Männern, Männer ihren Frauen. Alles begibt sich zur Ruhe, um für die unvermeidlichen Bastarde zu sorgen, die in dem genetischen Mixer des *noyau* gezeugt wurden. Seite an Seite, Schwänze eng verschlungen, schlafen die ehelichen Abenteurer auf einem hohen Ast im Dunkel des Waldes. Seite an Seite treten sie jeden Morgen an der Peripherie zum Dienst an und genießen, wieder mit verschlungenen Schwänzen, jene viel dauerhaftere Befriedigung ihres Lebens, das Beschimpfen der Feinde.

4

Italien ist ein *noyau.* Es ist keine Nation. Kurz vor seinem Tod soll Cavour gesagt haben: »Wir haben Italien geschaffen, jetzt müssen wir Italiener erschaffen.« Aber seit dem Risorgimento ist ein Jahrhundert vergangen, und noch ist die Forderung nicht ganz erfüllt.

Sogar zu Zeiten des Römischen Reiches war Italien ein *noyau.* Rom herrschte mit fester Hand und klarem Blick über Provinzen am Ende der bekannten Welt, es erließ Gesetze, sorgte für Ordnung, Stabilität und ein gewisses Maß an Gerechtigkeit, es schuf Erinnerungen und Ideale, die ein Jahrtausend überdauert haben. Aber seine eigene Halbinsel konnte es damit nicht beherrschen. Italien blieb ein Flickwerk von Eifersüchteleien, Kämpfen, Rivalitäten und kopflosen Reitern. Rom, ein kleiner Stadtstaat, hatte Glück, wenn die italienischen Bündnisse eine Generation überdauerten.

Eine auf Familienterritorien, zahllosen Peripherien und einem Netz innerer Feindschaften aufgebaute Gesellschaft besitzt eine erstaunliche Durchhaltekraft. Sie ist flexibel. Da ihr Herz und Kopf fehlen, ist sie nicht leicht umzubringen. Sie mag einen Teil ihres Körpers in diesem Jahrhundert verlieren, im nächsten wieder zurückgewinnen; das Fehlen eines Armes oder Beines geht fast unbemerkt vorüber. Das ist gesund. Unter meinen italienischen Bekannten ist nur einer mit Magengeschwüren, und dieser war zu lange in Amerika. Obwohl das tägliche Leben einem Tollhaus gleicht, sterben nur wenige an einem Herzinfarkt.

Lärm ist natürlich ein hervorstechendes Merkmal jedes *noyau.* Man kann ihn von weitem hören. Es sind nicht nur das Geschrei, das Geheul und die wütenden Beschimpfungen von der Peripherie, sondern auch aus dem Herzland steigen die Dezibel wie

Rauch aus einem Schornstein empor. Wie ein Vogel, auf seinem gewohnten Zweig sitzend, singen muß, um seine begüterte Existenz anzuzeigen, so muß der Italiener sein Radio oder seinen Fernsehapparat auf maximale Lautstärke drehen und mit seiner Frau mit einem derartigen Stimmaufwand streiten, daß kein Nachbar darüber im Zweifel sein kann, daß er zu Hause und Herr der Lage ist. Würde ein Italiener leise Auto fahren oder seinen Motor nicht um vier Uhr früh aufheulen lassen, es käme einer öffentlichen Schmach gleich, es wäre ein Zeichen, daß er keinen Wagen besitzt.

Das Leben in einem *noyau* ist, trotz des Kampfgeschreis, erstaunlich gefahrlos. Natürlich gibt es auch blutige Auseinandersetzungen, denn die Italiener sind schließlich auch nur Menschen. Aber trotz der Leichen, die gelegentlich den Tiber oder den Po hinabtreiben, ist das Leben nicht der Exterminierung, sondern der Stimulierung gewidmet. Fünf Jahre lang habe ich in einer Gegend Roms gewohnt, die berühmt ob ihrer Halsabschneider ist; aber in Wahrheit ist ein vornehmes Wohnviertel in New York gefährlicher. Meine Fenster gehen auf eine der lärmendsten Piazzas der Stadt, und in keiner Kneipe der Elisabethanischen Ära können sich leidenschaftlichere Auseinandersetzungen abgespielt haben; aber bis heute habe ich noch keine eingedroschene Nase gesehen. Ein echter *noyau* hat, wie eine Möwenkolonie, seine festen Regeln, die allen bekannt sind. Würde eine Gesellschaft mit introviertem Antagonismus nur eine Verminderung ihrer Mitglieder zur Folge haben, ihre arterhaltende Leistung wäre kläglich.

Alle Kräfte einer echten Nation arbeiten auf Ausgleich und inneren Frieden hin; alle Kräfte eines echten *noyau* sorgen für Spaltung und Unfrieden. Berühren sich in England die Stoßstangen zweier Autos, so werden beide Lenker »sorry« sagen und weiterfahren. In Italien gibt es keinen kritischeren Augenblick, als wenn man, bereits verspätet zu einem Rendezvous fahrend, eine federleichte Berührung der Stoßstange des Taxis verspürt. Damit ist man erledigt. Beide Autos bleiben stehen. Beide Chauffeure steigen aus und lassen ihrem Zorn hemmungslos freien Lauf. Wozu sonst sollte man eine Stoßstange streifen? Aber während man auf dem Rücksitz seinen eigenen Zorn zu schlucken bemüht ist, sollte man daran denken, wie selten man einen betrunkenen italienischen Fahrer zu Gesicht bekommt. Es sind die höflichen Amerikaner, Briten und Skandinavier, die den Weltkonsum an scharfen Getränken hinauftreiben. Die Mitglieder eines *noyau* müssen nur durch Rom fahren, wenn sie einen Stimulus brauchen!

Nationen bringen Helden hervor, *noyaux* Genies. Die Nation ist ihrem Wesen nach anti-genial, da das Überleben an die Gleichartigkeit der Reaktionen gebunden ist; der *noyau* ist seinem Wesen nach anti-heldisch, weil die Variation seine Lebenskraft darstellt. Der *noyau* muß dem Helden skeptisch gegenüberstehen und kann nur hoffen, daß er niemandem allzu große Schwierigkeiten bereiten möge. Die Nation muß dem Genie skeptisch gegenüberstehen und kann nur beten, daß der Hausverstand letztlich siegen möge.

Es erstaunt mich nicht, daß die Engländer und Amerikaner Italien seit eh und je in ihr Herz geschlossen haben. Weder die Sonne noch die Lieder sind der wahre Grund, sondern weil sie hier, wenigstens für eine Weile, die schwere Last nationaler Würde fallenlassen dürfen. Ohne Identitätsverlust, ohne sich auch nur einen Augenblick lang weniger als Engländer oder Amerikaner zu fühlen, finden sie in den alten Straßen und den jugendlichen Menschenmengen Italiens mehr Raum für ihr eigenes Selbst. Hier dürfen Neigungen, die zu Hause als unorthodox gelten, ausprobiert werden, ohne sich schämen zu müssen; hier können Werte, die in London oder New York nicht *en vogue* sind, in Ruhe geprüft und gewogen werden. Der Arno, der Tiber, der Po fließen vorbei, als wäre man nicht auf der Welt; und auch das ist Freiheit. Der *noyau* zerfiele zu Staub, würde er die Konformisten fördern.

Für den Ausländer hat der *noyau* noch einen anderen Reiz. Er wird akzeptiert. Oft hat man ihn sogar gern. Nur selten wird man ihn fühlen lassen, daß er ein Fremder ist. Es ist bezeichnend für die Struktur einer Gesellschaft mit introvertiertem Antagonismus, daß ihre Mitglieder keine Xenophobie kennen. Kein Aspekt der bewunderungswürdigen Eigenschaften Italiens wurde jemals durch die Behauptung der eigenen Überlegenheit gefördert. Das Rom Neros und das Rom Caligulas hießen Fremde willkommen. Italiens kurzer Flirt mit Schicksal und Bestimmung während der Zwischenkriegsjahre, bei allen echten Nationen durchaus üblich, wurde zu einer Katastrophe. Der Italiener ist das Musterbeispiel eines internationalen Bürgers. Natürlich plündert er dich manchmal aus, aber mit dem Charme eines Mannes, der einen Ebenbürtigen plündert. Natürlich beleidigt er dich, aber bedachtsam und ohne echte Begeisterung, ganz anders als er einen der Seinen beleidigt. Das Mitglied eines *noyau*, das seinen sozialen Rang nicht verlieren will, muß seinen heiligen Zorn für die Freunde aufsparen. Gerade das Gegenteil ist in einer echten Nation der Fall.

Vom Standpunkt des Fremden aus gesehen ist der größte Vorteil vielleicht der, daß er sich nicht mit den kleinen und großen Problemen des *noyau* identifizieren muß. Sie sind vorhanden und real, aber er kann jederzeit nach Hause gehen. Die Gesellschaft mit introvertiertem Antagonismus besitzt keinen angeborenen Mechanismus, um in einer Krisensituation an die Loyalität ihrer Mitglieder zu appellieren. Es ist nicht der Mangel an persönlicher Tapferkeit, der dem italienischen Soldaten einen zweifelhaften Ruhm eingetragen hat, sondern das Fehlen einer inneren Motivierung. Es ist eher sinnlos, sein Leben für das Vaterland zu lassen, wenn man kein Vaterland besitzt. Wird der *noyau* mit einer aggressiven Macht konfrontiert, so muß er verlieren oder Kompromisse machen. Mit einer inneren Krise konfrontiert, muß er zwischen dem Chaos und dem Despoten wählen; beide wird er in ein, zwei Jahrhunderten überwunden haben.

Es mag eine seltsame Feststellung sein, aber ich glaube, daß ein afrikanischer Stamm namens Baganda, ein tapferes Volk von eineinhalb Millionen, das am Nordufer des Viktoriasees lebt, in den letzten drei Jahrhunderten mehr Loyalität, mehr gegenseitige Hilfe, mehr Selbstaufopferung und Hingabe an das Allgemeinwohl aufgebracht hat, als Italien während der letzten drei Jahrtausende. Aber in der Bildergalerie der Baganda, oder in der irgendeiner anderen Nation von höchsten Verdiensten, hängen keine Porträts eines Michelangelo oder eines Machiavelli, eines Leonardo da Vinci oder eines Lorenzo di Medici, eines Dante, Fermi, Giotto, Marconi, Kolumbus oder Galilei, eines Tizian, Raffael oder Modigliani, eines Hadrian, Marc Aurel, eines Julius Caesar oder Augustus, eines Vergil, Verdi oder Thomas von Aquin, eines Cicero oder Caruso; ja auch nicht die eines Al Capone oder eines Cesare Borgia.

Die Nation hat ihre Nachteile. Jedermann muß sich vor der Pracht und der Herrlichkeit des italienischen *noyau* verneigen. Aber diese Pracht hat einen hohen Preis gekostet. Wir haben es hier nicht nur mit einer sozialen Verwundbarkeit zu tun, sondern auch mit einer individuellen. Italien ist der einsamste Platz auf Erden.

Ich glaube, man muß zehn oder zwanzig Generationen lang in einem *noyau* leben, um sich an ihn zu gewöhnen. Der Italiener besitzt keine Freunde. Eine Gesellschaft mit introvertiertem Antagonismus – sei sie nach menschlichem oder Laubenvogelmuster errichtet – hat für Loyalität, Ehrlichkeit und Vertrauen keine Verwendung. Sie verbietet jene als Freundschaft bezeichnete Hingabe. Das Tier kann nicht allein bestehen; das ist richtig. Daher hat der Italiener eine Familie. Er mag seine Familie als schrecklich empfinden, als Fluch seines Lebens, als Schreckgespenst, als genetische Katastrophe; aber letztlich wird er sich als loyal, verantwortlich, verläßlich und selbstaufopfernd gegenüber seiner Familie zeigen. Er kann gar nicht anders handeln, denn die Familie ist alles, was er besitzt. Abgesehen von seiner Familie ist alles, was Liebe scheinen mag, nur Unterhaltung, was unter dem Namen Freundschaft einhergeht, nur ständig wechselnde Zuneigung. Alles in allem genommen: ein *noyau* ist ein trister Ort.

Der Italiener, ein außerordentlich bemerkenswerter Menschenschlag, hat mit seiner Gesellschaft des introvertierten Antagonismus bewiesen, daß man mit einem erstaunlichen Minimum sozialen Vertrauens, persönlicher Ehrlichkeit, gemeinsamer Handlungsbereitschaft und tatsächlicher Sympathie überleben kann. Er hat eine sehr lange Zeitspanne überdauert und der Welt individuelle Leistungen geschenkt, die vielleicht nicht möglich sind, wenn man mit einem nationalen Gebot belastet ist. Aber er hat einen hohen Preis sowohl an sozialer wie an individueller Verwundbarkeit gezahlt. Es ist ein Preis, den die meisten Primaten, humane oder subhumane, nicht bereit oder nicht imstande waren zu zahlen. Ich finde es verständlich, daß die natürliche Auslese im Primatenstamm bereits vor 50 oder mehr Millionen Jahren ihre Aufmerksamkeit von dem *noyau* abwandte und jenes Experiment begann, welches als biologische Nation bekannt ist.

VI
Die Nation

1

Madagaskar ist das reichhaltigste Museum der Evolution. Es ist ein Stückchen Geschichte, ein enorm großes Stückchen von 1000 Meilen Länge, das im Indischen Ozean schwimmt und an der engsten Stelle 250 Meilen von der Südostküste Afrikas entfernt ist. Obwohl das trennende Meer sehr tief ist, scheint Madagaskar ein Teil des afrikanischen Kontinents zu sein, der sich vor sehr langer Zeit einmal loslöste. Wie dies vor sich ging und warum Madagaskar dort landete, wo es heute ist – ob als Strandgut, zurückgelassen von den treibenden Kontinenten, oder als Opfer einer lokalen geologischen Störung –, darüber kann man streiten. Zum Glück ist es eine Debatte, an der wir nicht teilnehmen müssen.

Etwas geschah mit Madagaskar, das wissen wir. Und es geschah mit einer solchen Gründlichkeit, daß die Bewohner Madagaskars praktisch unberührt von dem darauffolgenden Weltgeschehen blieben. Seit diesem Zeitpunkt haben sich Löwen, Tiger und Leoparden, Wölfe, Schakale und Kojoten entwickelt; auf Madagaskar gibt es überhaupt keine großen Raubtiere. Die Affen traten erstmals im Oligozän vor 30 oder 40 Millionen Jahren auf; obwohl sie sich über die ganze Alte und Neue Welt verbreiteten, sind sie auf Madagaskar nicht vorhanden. Die Überreste des primitivsten Menschenaffen, den wir bis heute kennen, wurden in Ägypten gefunden, in der Oase Fayum nahe Kairo. Diese Menschenaffen traten bald nach den übrigen Affen auf. Seit damals erreichte diese oder jene Art zu dieser oder jener Zeit ganz Afrika, die gemäßigten Zonen Europas und Asiens und drang bis nach Indonesien vor, wo der letzte traurige Abkömmling, der Orang-Utan, heute noch in den Bäumen hängt wie eine übergroß gewordene Frucht; langsam und schwerfällig schwingt er sich von Ast zu Ast, auf seinen Untergang wartend. Aber der Menschenaffe erreichte niemals die Neue Welt, und er erreichte niemals Madagaskar.

Der grüne Wasserstreifen war einfach zu breit und isolierte die Insel wie ein Graben von dem sich entwickelnden Zoo der übrigen Welt. Im evolutiven Prozeß stellt der Wettstreit eine essentielle Kraft dar – Wettstreit innerhalb der Arten, Wettstreit zwischen den verschiedenen Arten, Wettstreit zwischen Raub- und Beutetier. Der große Graben, jener grüne Meeresstreifen, den wir den Kanal von Mozambique nennen, bewahrte die früheren Bewohner Madagaskars vor dem tödlichen Kampf mit den sich entwickelnden Fängen und Klauen, Gehirnen und Waffen der übrigen Welt und vor dem gewaltigen Wettkampf mit den vielen überlegenen Spezies, welche die Vitalität der Säuger hervorbrachte. Niemals schritten Elefanten, einer hinter dem andern, in schweigendem Marsch durch die Wälder Madagaskars; niemals sahen Giraffen von ihren gesprenkelten Wachttürmen herab; auf den windumwehten Höhen gab es keine Bergziegen; weder Zebras noch Pferde, weder Elen- noch andere Antilopen grasten auf den sonnigen Weideflächen des Hochplateaus. Wir wissen nicht mit Bestimmtheit, ob der Mensch diese riesige Insel vor Christi Geburt betrat. Als er kam, kam er nicht aus Afrika, sondern von weit her über den Indischen Ozean, aus dem fernen Indonesien. Erst in der Gestalt von arabischen Sklavenhändlern kam der Mensch vom nahen Afrika nach Madagaskar.

Als Madagaskar sein Inseldasein begann, gehörten alle – Menschen, Zebras, Elenantilopen, Elefanten, Ziegen, Giraffen, Affen, Menschenaffen und Löwen – noch in die Zukunft der Evolution. Und so geschah es, daß ein kleiner Teil der Erdoberfläche von der Arena des Säugetierwettstreites abgesondert wurde. Hier durften veraltete Arten wie veraltete Industrien hinter einer Zollmauer gedeihen. In dieser verlorenen Welt konnten uralte Geschöpfe Nahrung finden und ungestört schlafen, überleben und sich vermehren – unberührt von dem großen Wettkampf in der übrigen Welt. So war es auch mit den Eigentlichen Lemuren – diesen Geschöpfen der Morgenröte unseres Primatenstammes –, die vor 50 oder 60 Millionen Jahren auf Madagaskars breitem Rücken ins Meer getragen wurden oder aber die Insel erreichten, als dies noch einfacher war als heute. Von dem Wassergraben geschützt, erhielten sich 39 Arten; überall sonst sind sie Fossilien.

Dieses einzigartige Museum des Lebens erlaubt dem Beobachter von heute einen Rückblick auf den Anfang unserer Art. Und er wird die erstaunliche Feststellung machen, daß diese Geschöpfe mit den kleinen Gehirnen, die am Beginn des Primatenstammes stehen, die Fähigkeit besitzen, jede bekannte Form der territorialen Gesellschaft zu errichten. Wir finden den *noyau* des Lepilemuren, die von introvertiertem Antagonismus zusammengehaltene Gesellschaft. Bei den Sifakas *(Propithecus)* und wahrscheinlich auch bei den Indris finden wir Familiengruppen gleich jenen des Gibbons und des Springäffchens, die ein Paarterritorium verteidigen. Wahrscheinlich sind die kampfeslustigen Familiengruppen Mitglieder größerer *noyaux* – es sei denn, diese Arten wurden von den Prozessen der Populationsgenetik nicht berührt –, aber noch fehlen entsprechende Beobachtungen, um dies zu bestätigen. Und schließlich finden wir die biologische Nation des Braunen Lemuren, des Fulvus und des Kattas; hier wird eine territoriale Sozietät durch einen extravertierten, das heißt nach außen gerichteten Antagonismus aufrechterhalten.

Die biologische Nation, wie ich sie in der vorliegenden Untersuchung verstehe, ist eine soziale Gruppe, die mindestens zwei erwachsene Männchen umfaßt, ein zusammenhängendes Gebiet als exklusiven Besitz innehat, durch extravertierten Antagonismus von den übrigen Artgenossen isoliert ist und durch gemeinsame Verteidigung ihres sozialen Territoriums eine Führung, ein Zusammenwirken und die Fähigkeit zu koordiniertem Handeln erreicht. Es ist nicht so wichtig, ob eine Nation 25 Individuen umfaßt oder 250 Millionen. Es ist nicht so wichtig, ob wir den Eigentlichen Lemuren, den Brüllaffen, den Ani, eine Bande von Buschmännern, den griechischen Stadtstaat oder die Vereinigten Staaten betrachten. Das soziale Prinzip ist das gleiche. Und Madagaskar beweist die verblüffende Tatsache, daß die Nation, diese fortgeschrittenste der menschlichen Gesellschaftsformen, die wir stets für eine menschliche Erfindung gehalten haben, von Geschöpfen verwirklicht wurde, die überall sonst seit 50 Millionen Jahren ausgestorben sind und die Möglichkeit des vergrößerten Primatengehirns erst zaghaft zu erproben beginnen.

Sehen wir uns den Lemuren und seine Nation etwas näher an. War der Lemur einer der ersten unzweifelhaften Primaten, so ist er auch der letzte unbestreitbar hübsche. Einige Affen wie der Guereza *(colobus)* sind nicht übel; der Gibbon ist sogar recht prächtig. Aber als zoologische Gruppe können Affen, Menschenaffen und Menschen schwerlich als sehr schön gelten. Vielleicht gereicht es uns zum Trost, daß wir in unserer Jugend noch durchaus reizvoll waren. Der Lemur *variegatus* ist eines der schönsten Tiere der Erde. Er kann ganz verschieden gefärbt sein – rot, schwarz oder weiß – und pflegt in einer Astgabel zu liegen, von der aus sein kleines Fuchsgesicht auf dich herabschaut, während sein köstlicher Schwanz, ebenso lang wie sein Körper, hin- und herbaumelt. Der Katta, der klassische Lemur unserer Tiergärten, ist ebenso temperamentvoll wie exotisch. *Microcebus*, der Kleine Mauslemur, ist nicht größer als eine Hand, aber der Samtblick seiner riesigen, dunklen Augen ist nicht leicht zu vergessen.

Als ich Madagaskar besuchte, wußte ich sehr wenig über die Lemuren. Jean Jacques Petters ausführliche Monographie ›L'Ecologie et l'éthologie des lémuriens malgaches‹ erschien erst 1962. Petter arbeitet gemeinsam mit seiner Frau, und ich lernte das Ehepaar später in Paris kennen. Er arbeitet am Musée National d'Histoire Naturelle, sie an der medizinischen Fakultät. Seine Untersuchungen beschäftigen sich mit Verhalten und Umwelt, die seiner Frau mit Physiologie und Anatomie. Beide sind jung und glänzend ausgebildet. Physiologen mit Grübchen sind nicht häufig, und ebenso selten ist ein Forscherpaar, dessen einer Teil den Vornamen Jean Jacques, dessen anderer den Namen Rosseau trägt. Meine Antipathie gegen den Herrn, der uns den gütigen Wilden bescherte, gehört zu meinen leidenschaftlichsten Überzeugungen, und es fiel mir nicht leicht, mich an die Namen des Ehepaars Petter zu gewöhnen.

Die im Jahre 1957 begonnenen und noch nicht abgeschlossenen Untersuchungen Petters befassen sich im wesentlichen mit den Beziehungen zwischen dem Lemur und dem Primaten – respektive der menschlichen Entwicklung. Als der Lemur vor 50 oder 60 Millionen Jahren im Eozän seine stärkste Verbreitung erreichte, stand er, zoologisch gesprochen, zu Beginn der Primatenentwicklung auf halbem Wege zwischen den künftigen Affen, Menschenaffen und Menschen und der uralten Maus. Durch viele Millionen Jahre, während die Reptilien die Erde beherrschten, hielt sich das kleine, primitive Säugetier, wie eine Geheimorganisation, still im Hintergrund und arbeitete an seiner Entwicklung; kaltes Blut wurde durch warmes ersetzt, Schuppen durch Haare, Eier durch Junge; eine neue Art von Zähnen, eine neue Anordnung des Skeletts und vor allem ein neuartiges Gehirn entwickelten sich. Es dauerte lange, bis so unorthodoxe genetische Erwerbungen richtig integriert waren. Während dieser Periode schien es dem Tierchen geraten, klein, unauffällig und tagsüber zu Hause zu bleiben. Es lebte auf den Bäumen.

Vor etwa 80 oder etwas mehr Millionen Jahren setzte ein Massensterben der Reptilien ein; die Gründe hierfür sind nicht ganz geklärt. Daß die Reptilien zu groß wurden, ist ein allgemein verbreiteter Irrtum. Nicht alle Reptilien erreichten die Ausmaße der Dinosaurier, trotzdem starben auch die kleineren aus. Einige überlebten auch, wie die Krokodile, Eidechsen, Schildkröten und Schlangen, und gedeihen sehr gut. Im allgemeinen aber trug die Erde ganz plötzlich eine große Tafel »Platz vorhanden« und lockte den kleinen Kerl aus seiner Baumwelt. Waren die Reptilien vielleicht alt und müde, so waren es die kleinen Säugetiere keineswegs.

Die Spitzmaus ist das Geschöpf, das heute dem gemeinsamen Ahnen von Mäusen und Menschen am ähnlichsten ist. Sie gehört der früher einmal größeren Gruppe der Insektivoren an, von der manche Vertreter, wie Igel und Maulwurf, noch heute weit verbreitet sind. Einige Wissenschaftler sind der Ansicht, daß man die ersten Primaten unter den Spitzmäusen zu suchen hat; manche sind anderer Meinung. Der Tarsier, einstmals ein häufiges kleines, nächtliches, insektenfressendes Baumtier, gehört sicherlich zu unserer Linie, aber es hat sich nur ein Stamm erhalten. Im allgemeinen wurden all diese frühen Säugetierexperimente von höher entwickelten Tieren abgelöst, und nur der in Madagaskar lebende Lemur ist heute noch ein vollgültiges Beispiel unseres Primatenbeginnes.

Natürlich wissen wir nicht, ob sich die Lebensweise des Lemuren, wie wir sie heute kennen – seine Sozietäten des intro- und extravertierten Antagonismus, seine Freundschaft und Feindschaft mit den Kumpanen –, nicht erst nach der Trennung seiner Inselheimat von der übrigen Lemurenwelt ausgebildet hat. Anatomisch gesehen hat er sich jedenfalls kaum weiterentwickelt. Im Eozän waren die Lemurenarten über alle Kontinente verbreitet, und es gibt eine ausgestorbene Spezies namens *Notharctus*, die man in den Fossilienschichten des Mittleren Eozäns in Wyoming findet; sie unterscheidet sich kaum von den heute in den Wäldern Madagaskars lebenden Arten. Unser Wissen von den engen Beziehungen zwischen Körper und Verhalten läßt die Annahme berechtigt erscheinen, das Verhalten des Lemuren habe sich ebensowenig verändert wie seine Anatomie. Davon abgesehen können wir jedenfalls feststellen, daß ein Primat, der noch kein großes Gehirn und somit nur eine geringe Lernfähigkeit erworben hat, trotzdem fähig ist, eine sehr hoch entwickelte Gesellschaftsform zu erreichen.

Körperlich steht der Lemur noch immer auf halbem Weg, wie zu Beginn seines Primatendaseins. Er besitzt die riesigen nächtlichen Augen aus den Zeiten der Reptilien, als man sich bei Tag nicht sehen lassen durfte. Anders als Affe und Menschenaffe hat er runde, wachsame Ohren, die unentbehrlich sind, wenn man mehr lauscht als schaut. Aus den Tagen, da man sich auf seinen Geruchssinn verlassen mußte, besitzt er eine lange, spitzige Schnauze wie ein Fuchs oder ein Hund, und er verfügt auch noch über Duftdrüsen, um Territorium und Bäume zu markieren. Sein Gehirn ist kleiner als das jedes Affen. 50 oder 60 Millionen Jahre in Madagaskars friedlichem Museum haben praktisch keine Spuren an ihm hinterlassen. Er ist so primitiv geblieben, daß sich die Frage aufdrängt: Warum zählt er zu den Primaten? Die Antwort ist einfach: Er besitzt Hände.

Es gibt kaum eine zartere Berührung als die eines Mohrenmakis, der die Geheimnisse einer weiblichen Handtasche untersucht oder mit einem weichen Wollpullover spielt. Er hat alle Krallen bis auf die der zweiten Zehe verloren; diese braucht er, um sich zu kratzen. Seine Nägel sind abgeflacht wie die unseren und die seiner Vorfahren im Eozän, um die empfindlichen Fingerballen zu schützen. Obwohl seine Hand nicht so flexibel ist wie die unsere und er die Finger nicht einzeln bewegen kann, wie wir es tun, ähnelt sie doch durch das Fehlen jeglicher Deformierung mehr einer Menschenhand als der eines Affen.

Es war diese krallenlose Hand, für das Laufen und Umhertollen auf den Baumpfaden so gut geeignet, welche die Primaten auf einen evolutiven Weg wies, der anders verlief als die Entwicklung aller übrigen Säugetiere. Wir erwarben eine größere Empfindungsfähigkeit, aber wir verloren unsere kämpferischen Krallen. So ersetzten wir sie durch den Verstand. An dieser uralten Wegkreuzung steht der Lemur, seiner Krallen verlustig, die Empfindungsfähigkeit der Primaten besitzend, aber ohne den anatomischen Segen eines Gehirns, das den Affen eines Tages von den Bäumen herunterführen und den Weg des Verstandes gehen lassen wird.

Fünfzehn Lemurenarten wurden von Jean Jacques Petter auf Madagaskar untersucht, sechs davon scheinen noch so zu leben wie damals, als sich die Säugetiere von den Monsterreptilien nicht blicken lassen durften. Alle sind Nachttiere, und nur eine Art ist groß. Es ist das Fingertier oder Aye-Aye, der seltsamste aller Primaten oder eines der merkwürdigsten Säugetiere. Lateinisch heißt es *Daubentonia*, und es ist nahe dem Aussterben. Petter gelang es 1957, zehn kleine Populationen in zehn kleinen Waldstücken an Madagaskars nordöstlicher Küste zu finden.

Heute ist ein Waldstück verschwunden, und es verbleiben nur mehr neun Populationen. Solange es noch vorhanden, ist das Fingertier ein lebendes Beispiel dafür, wie nahe die Lemuren jenem frühen Augenblick evolutiver Scheidung zwischen den Möglichkeiten des Primaten und denen des Nagetieres stehen. Es ist, als ob sich das Aye-Aye niemals ganz entschlossen hätte, welcher Weg einzuschlagen sei. Es lebt von Larven, die es unter den Rinden oder im Zuckerrohr findet. Um sich durch die Rinde hindurchzuarbeiten, besitzt es typische Nagerzähne wie die Taschenratte oder der Präriehund. Seine Hand aber ist in jeder Hinsicht eine normale Primatenhand – mit einer Ausnahme: wie bei einer unerklärlichen Deformierung ist der Mittelfinger ganz dünn und sehr lang. Er dient dazu, die Larven aus dem Loch zu ziehen, das die Nagezähne gebohrt haben.

Die anderen nächtlichen Arten sind klein. Am kleinsten und wohl auch am primitivsten ist der Kleine Mauslemur. Sein Name erinnert an die Ähnlichkeit unserer Vorfahren mit den Nagern. Er ist so klein, daß in Petters Laboratorium in Paris mehrere Tierchen in einer Konservenbüchse schlafen, so eng aneinandergedrängt, daß nichts zu sehen ist außer den Augen. Was wir hier vor uns haben, ist aber keine Gesellschaft, sondern etwas, das Petter einen *effet de masse* nennt. In der Freiheit sind sie Einzelgänger. Noch in einer anderen Hinsicht erinnern diese kleinsten der Lemuren an die Nager; nach einer sehr kurzen Tragzeit bringen alle einen Wurf von zwei bis drei Jungen zur Welt.

Was immer die Erklärung hierfür sein mag, die nächtlichen Lemuren waren die letzten Primaten, die das Leben von Einzelgängern führten. Bei jenen sechs von Petter untersuchten Arten, die noch einer nächtlichen Lebensweise huldigen, werden die Tiere zumeist allein angetroffen. Ja sogar der Lepilemur mit seinem nachweisbaren *noyau* verteidigt ein Einzelterritorium. Aber von den neun fortgeschritteneren Arten, die das Dunkel verlassen haben, um ein Leben bei Tag zu führen, bilden alle neun Arten kooperative Gruppen. Und wenn wir uns fragen: »Warum bewirkte die Anpassung an das Tageslicht die Bildung unserer ersten Primatengesellschaften?«, so gibt es darauf nur eine Antwort: »Wir wissen es nicht.«

Worin auch die geheimnisvolle Kraft des Tageslichtes bestehen mag, jedenfalls brachte sie die Bildung sozialer Gruppen sowie eine starke Verbundenheit mit dem Territorium hervor. Der Sifaka ist eines der größten und häufigsten Tiere der Familie, und in demselben Ankarafantsika-Wald, in welchem Petter die *noyaux* der Lepilemuren fand, konnte er auch die aneinandergrenzenden Territorien von fünfzehn Sifakagruppen markieren. Wie bei Springäffchen und Gibbon umfaßt jede Gruppe ein Männchen, ein Weibchen und eine Anzahl Kinder. Sie verteidigen ihre Grenzen, die genau festgelegt zu sein scheinen und die sie nur ungern überschreiten. Petter fotografierte einmal eine Gruppe auf ihrem Territorium. Die Sifakas zogen sich vor ihm zurück, brummten und hüpften von Baum zu Baum. Dann aber verlangsamte sich ihr Rückzug, denn sie näherten sich der Grenze; sie verlief zwischen zwei Mangobäumen. Der Abstand konnte mit einem Sprung leicht bewältigt werden, aber kein Mitglied der Gruppe überschritt die Grenze. Als Petter allzu nahe kam, sprangen die Tiere über seinen Kopf hinweg und verschwanden in der entgegengesetzten Richtung in ihrem territorialen Herzland.

Die ersten biologischen Nationen der Primaten finden wir bei jener Artengruppe, welche die sogenannten Eigentlichen Lemuren umfaßt. Von diesen eignet sich der Mohrenmaki *(Lemur macaco)* am besten für eine genaue Beobachtung. Er lebt nicht in so undurchdringlichen Wäldern wie der *fulvus* und auch nicht in einem so schwer zugänglichen Teil Madagaskars wie der Katta. Aber der größte Vorteil für den Wissenschaftler ist sein sexueller Dimorphismus. Nur die Männchen sind schwarz, die Weibchen sind rostbraun gefärbt. Diese spezifische Färbung macht die Gruppe schon aus beträchtlicher Entfernung erkenntlich und leicht identifizierbar. Man ermöglichte es den Petter, sich auf der kleinen Insel Nosy-Komba an Madagaskars Nordwestküste in einem für Wissenschaftler seltenen Komfort niederzulassen, um die Beziehungen zwischen zehn Gruppen zu verfolgen, ihre Territorien festzustellen und ihre Aktivitäten sowie ihre individuellen Beziehungen zu untersuchen.

Der Mohrenmaki besitzt ungefähr die Größe einer kräftigen Hauskatze. Eine normale Gruppe umfaßt acht, zehn oder zwölf erwachsene Tiere und ihre Kinder. Wie bei allen Lemuren findet die Kopulation während der sexuellen Hitze zwischen April und Juni statt, das heißt, wenn auf Madagaskar Herbst ist. Zum Unterschied von den primitiveren nächtlichen Lemuren bringt die Mutter, ebenso wie es bei Affen und Menschenaffen der Fall ist, jedesmal nur ein Junges zur Welt, aber anders als bei den höheren Primaten wachsen die Kinder sehr schnell heran. Mit sechs Monaten sind sie bereits selbständig; nach einem Jahr ist die Tochter, obwohl sexuell noch nicht reif, von der Mutter kaum zu unterscheiden, wenn sie neben dieser auf einem Ast hockt.

Es ist wahrscheinlich dieses Fehlen von lange abhängigen Jungen, das den hohen sozialen Status der Mutter innerhalb der Gruppe möglich macht. Der sexuelle Dimorphismus ließ Petter erkennen, daß eine durch ihr Reich ziehende Gruppe sehr häufig von einem braunen Weibchen angeführt wird, während ein schwarzes Männchen den zweiten Platz einnimmt. Die unterschiedliche Färbung der Geschlechter zeigte ihm auch, daß der Kontakt zwischen feindlichen Gruppen an der Grenze wohl von den schwarzen Männchen hergestellt werden kann, daß es aber meistens die Weibchen sind, die die Feindseligkeiten eröffnen. In den ältesten Nationen der Primaten scheint die Frau, vom Haushalt nicht allzusehr belastet, stets bereit gewesen zu sein, Soldat zu werden oder als Präsident zu kandidieren.

Den Grenzstreitigkeiten auf Nosy-Komba fehlt die uhrwerkgleiche Präzision des Ablaufes, die Mason bei seinen Springäffchen in Kolumbien feststellen konnte. Sie scheinen aber ebenso stimulierend, ebenso erbittert und ebenso gefahrlos für die Teilnehmer zu sein. Und da um so viel mehr Tiere beteiligt sind, wird ein enormer Vorteil erreicht; die Lautstärke des Geschreis ist um vieles größer. Es ist interessant, wenn auch wahrscheinlich nicht sehr bedeutsam, daß die kleinen Familiengruppen der Sifakas ihre Grenzen meiden und sich nur gelegentlich in Streitereien mit den Nachbarn einlassen, während die großen Gruppen der Mohrenmakis die Peripherie aufsuchen, die Nachbarn herausfordern und durch absichtliche Grenzverletzungen einen Konflikt heraufbeschwören.

Petter beobachtete einen Grenzkampf, der die Beteiligten so faszinierte, daß sie darüber sogar ihre übliche Mittagssiesta vergaßen. Der Kampf begann am späten Morgen, als ein Männchen jenseits der Grenze ein anderes Männchen entdeckte. Schreie ertönten. Die Gegner trabten hin und her, bis sie einander gut sehen konnten, hierauf ließen sie sich nieder, und einer beobachtete den andern mit größter Neugierde, aber ohne besondere Feindseligkeit. Schon der Anblick des Gegners schien hinreichende Stimulierung zu bieten. Etwas später, ungefähr um zwei Uhr nachmittags – vielleicht hatte das erste Männchen irgendeinen Ruf überhört –, kamen zwei braune Weibchen seiner Gruppe lärmend herangesprungen. Der Radau veranlaßte zwei Weibchen und ein Junges der anderen Herde, ebenfalls durch die Bäume zum Schauplatz zu eilen. Nun wurde es turbulent.

Von beiden Seiten drangen die Weibchen in das jeweilige Nachbargebiet ein. Der Kampf ermunterte die gesamte Population beider Gruppen – die erste umfaßte zehn Erwachsene, die zweite, ungewöhnlich klein, nur vier –, sich einzumischen. Die Streitigkeiten zwischen Tiernationen verlaufen nicht anders als zwischen Paaren oder Individuen. Ein Übergewicht oder eine Überzahl der einen Seite bedeutet nur wenig. Und so tobte eine Stunde lang das Handgemenge in voller Stärke. Die Männchen jagten unterschiedslos Männchen und Weibchen, und schreiende Weibchen verfolgten Gegner und Gegnerinnen mit der gleichen Kampfeslust. Inzwischen war allerdings etwas Seltsames geschehen. Das Männchen der ersten Gruppe, das den Kampf ausgelöst und irgendeinen Appell überhört hatte, trollte sich leise vom Kampfplatz fort in das sichere Herzland und begann, völlig unberührt von dem ohrenbetäubenden Geschrei, sein Mittagmahl zu verzehren. Endlich, gegen drei Uhr, gesellten sich seine ausgehungerten Partner zu ihm. Um vier Uhr war der ursprüngliche Unruhestifter, gestärkt und erholt, wieder unterwegs und tauschte mit jemandem jenseits einer anderen Grenze laute Schreie aus. Es war nicht die Grenze mit der kleinen Gruppe, und wenn es seine Absicht war, nur einen Fremden anzugaffen, so sollte er sich getäuscht haben. Innerhalb von Minuten antwortete die dritte Horde – sie umfaßte ebenso wie seine Gruppe zehn Erwachsene – auf den Alarm an der Grenze, indem sie, von einem braunen Weibchen angeführt, schreiend durch die Bäume stürzte – ein Tier hinter dem anderen in einem Abstand von etwa einem Meter. Die kaum gesättigte erste Gruppe ließ ihre Mahlzeit im Stich, um der Herausforderung Folge zu leisten. Wiederum führten Weibchen den Angriff, und wiederum zog sich das Männchen, das fortwährend Streitigkeiten auslöste, in aller Unschuld zurück, begab sich in das friedliche Herzland und begann dort mit seinen kleinen Vorderzähnen seinen Pelz zu kämmen.

Diesmal dauerte das Vergnügen lange – fast bis zum Einbruch der Dunkelheit. Dann erst begab sich die erschöpfte Horde zu den gewohnten Schlafplätzen im Herzland, um dort gemeinsam den gewohnten *cri du soir* anzustimmen. Irgendwo aus dem Wald ertönte, wie ein Echo, der Abendruf der zweiten Gruppe und von irgendwo anders her der der dritten Bande. Alles war in Ordnung. Man darf annehmen, daß die Herde zufrieden einschlief – ein Mitglied sogar mit vollem Magen.

So kommt es, daß der Verhaltensforscher in den Wäldern

Madagaskars wie in einem Museumskasten gewisse Verhaltensformen der Menschen in einer kleinen, verlorenen Welt, unverändert seit 500 Millionen Jahren, beobachten kann. Hier ist der kleine Raum, der ausschließlich einer Gruppe gehört. Hier ist die Burg – das Herzland, der Schlafplatz, sicher und friedlich. Hier ist die Grenze, an der das Leben niemals langweilig wird. Da drüben – und dort und dort – sind die Feinde, die verläßlich für Aufregung sorgen. Und hier sind wir, unsere Gesellschaft des extravertierten Antagonismus, mit keiner andern Wahl, als Freunde zu sein.

Man muß natürlich zugeben, daß die Menschen die ursprüngliche Form der Nation durch einige Neuerungen bereichert haben. Daß unsere Nationen größer und viel komplexer sind, ist nur ein quantitativer Unterschied. Aber daß wir einander töten, daß wir uns gegenseitig das Land rauben, das ist etwas vollkommen anderes. Ein Lemur wäre fassungslos über ein derartiges Verhalten und würde in ihm die Verletzung eines Naturgesetzes sehen.

Im Augenblick müssen wir uns aber nicht über die menschlichen Neuerungen den Kopf zerbrechen, denn wir wollen nur die Entwicklung einer biologischen Einrichtung verfolgen, ihre selektive Leistung betrachten und zu begreifen versuchen, daß es sich hier nicht um eine Erfindung des Menschen handelt. Es genügt, wenn wir staunend feststellen, daß sich bereits zu Beginn des Primatendaseins die grundlegenden Umrisse der modernen menschlichen Gesellschaft abzeichneten. Bevor die Affen geboren wurden, bevor das spezifische Primatengehirn mehr als einen Anfang gemacht hatte, bevor die Leoparden auf nächtlichen Raubzug gingen und die Wölfe unsere Tage unsicher machten, bevor die ständige sexuelle Bereitschaft uns erlaubte, eine dauernde Paarbildung einzugehen und zu genießen, bevor sich die Entwicklung und Reifung unserer Kinder so verlangsamte, daß zu ihrem Schutz feste Gesellschaften nötig wurden – bevor all diese Anforderungen an das Primatendasein herantraten, war der Lemur aus der primordialen Nacht der Säugetiere hervorgetreten, um jene fortgeschrittenste aller sozialen Erfindungen, die Nation, zu gründen.

Wie Jean Jacques Petter und seine Frau immer wieder in die Wälder Madagaskars zurückkehrten, so werden wir wieder und wieder auf ihre entscheidenden Untersuchungen zurückkommen. Ein Problem allerdings ist unlösbar. Die Lemuren sind leider eßbar und genießen in Madagaskar keinerlei Schutz; sie werden von den Menschen gegessen. Und der Wald verschwindet. Was die Vernunft der Natur 50 Millionen Jahre lang erhalten hat, wurde durch die Unvernunft des Menschen in weniger als 2000 Jahren praktisch zerstört. Es ist, als ob die beiden Völker, die auf diese Insel kamen, ihre unheilvollen Ideen gründlicher verschmolzen hätten als ihre Gene: Der Asiate brachte aus seiner Heimat zusammen mit Radkarren und Reisfeldern auch eine so intensive Beschäftigung mit dem Jenseits, daß ihm diese Welt fast gleichgültig ist. Und der Afrikaner, an den Belangen unserer Welt wesentlich interessierter, brachte aus seiner Heimat die Überzeugung mit, Reichtum und Ansehen würden durch den Viehbestand eines Mannes ausgedrückt, eine so feste Überzeugung, daß das Schlachten eines Rindes, es sei denn zu einem rituellen Zweck, für ihn eine Verminderung seines Status darstellt. Diese Ideen bewirkten, daß es keinen kümmerte, was mit dem Land geschah. Und so gibt es heute 5 Millionen Menschen und 10 Millionen Rinder, und das Vieh frißt die Insel kahl. Schaut man, von Ostafrika kommend, auf die Insel herab, bevor man den roten Boden betritt, so sieht man, daß die Wälder fast verschwunden sind. Madagaskar ist ein welkes, ein verbrauchtes Land, blaß, durchfurcht und gezeichnet wie das Gesicht eines müden Greises.

Unter diesen Umständen war es ein Glück, daß das von Afrika abgetrennte Landstück so groß war. So gibt es noch immer kleine Enklaven von Wäldern, wo der Mohrenmaki lebt und kleine Nationen am Abend ihren *cri du soir* ausstoßen, um dem Echo aus fernen Bäumen zu lauschen und sicher zu sein, daß sich die Feinde guter Gesundheit erfreuen; um in Frieden zu schlafen. So gibt es noch immer einige große Waldstücke unerreichbar für das Vieh, wo geduldige Menschen den scheuen Indri beobachten – in seinem schwarz-weißen Gewand der schönste aller Lemuren – und seine Stimme hören können, wenn von einem versteckten Platz sein trauriges, sirenengleiches Lied ertönt. Und in den letzten Wäldern an der Nordostküste lebt das Aye-Aye, das die Nacht dem Tag vorzieht, mit seinen Nagezähnen gräbt und mit dem langen Mittelfinger nach Larven sucht; neun kleine Populationen, wenn die Petter Recht haben.

Die Gesellschaft des extravertierten Antagonismus ist keine Erfindung des Lemuren. Er wandte nur eine uralte Verhaltensform auf die neuen Probleme des Primatenlebens in hellem Tageslicht an. Um die evolutiven Wurzeln zu finden, muß man erstaunlich weit zurückgehen.

Die Protozoen sind, wie wir wissen, einzellige Lebewesen, und ihre Geschichte geht bis in die erste Milliarde Jahre des Lebens zurück. Eine Art von Protozoen bezeichnet man als Schleimpilze. Sie ähneln in Größe und Aussehen den weißen Blutkörperchen und ernähren sich von den in feuchter Erde vorhandenen Bakterien. Alle drei oder vier Stunden findet eine Teilung statt, so daß sich die Protozoen sehr schnell vermehren. Ungefähr zu dem Zeitpunkt, in dem die wachsende Anzahl die vorhandene Nahrung in einem bestimmten Gebiet erschöpft hat, treten die einzelligen Lebewesen in die zweite Phase ihres Lebenszyklus. Sie beginnen Gesellschaften zu bilden. Rund um eine Gründerzelle ballen sich die anderen Zellen und hängen aneinander, bis ein wurstförmiges Gebilde entstanden ist, das man mit bloßem Auge wahrnehmen kann. Jetzt beginnt diese Anhäufung von Einzelwesen wie ein einziger Organismus zu reagieren und wird sich sogar mit präziser Richtungseinhaltung zu einer Wärme- und Lichtquelle hin bewegen. Schließlich differenziert sich ein Teil der Gemeinschaft und bildet eine Art Stiel, der durch eine Sekretion versteift wird. Andere kriechen auf diesen Stiel und formen eine Anzahl von Zellen, deren jede eine Spore enthält – den Samen der neuen Generation.

Das klingt fast wie eine Erzählung aus einem phantastischen wissenschaftlichen Roman, aber es entspricht der Wahrheit. Es ist einfach eine Lebensform, die vor ungefähr einer Milliarde Jahre etabliert wurde und noch immer funktioniert. Wie sie funktioniert, entzieht sich unserer Vorstellungskraft oder, besser gesagt, gibt uns eine schwache Vorstellung, wie wenig wir über die Lebensprozesse wissen. Aber ein Aspekt des sozialen Verhaltens der Schleimpilze ist der Untersuchung im Laboratorium zugänglich. Es ist das, was ich als Gesellschaft des extravertierten Antagonismus definiert habe; ihre Grundlage ist die Verteidigung des sozialen Territoriums.

Seit der Entdeckung der Schleimpilze im Jahre 1935 sind die Forscher von dem Verhalten dieser Lebewesen fasziniert. Ein amerikanischer Wissenschaftler begann sich zu fragen, ob zwischen den Zellen eine Art von Kommunikation bestünde. In eine Kulturschale gegeben, verteilen sich die Zellen während der ersten Lebensphase so gleichmäßig, daß sie einander abzustoßen scheinen (wir würden es individuelle Distanz nennen). Ist die Zeit der Sporenbildung gekommen, so scheint es, als sei ein neues Signal ausgesendet worden, dem alle folgen. In Deutschland machte ein Wissenschaftler namens Arndt die erstaunliche Feststellung, daß die Anzahl der Fruchtkörper in einem bestimmten Gebiet unabhängig von der Anzahl der Individuen ist. Mit anderen Worten: Hat man 1000 Protozoen auf einer Fläche, so bilden sie vielleicht 10 Gruppen zu 100. Aber wenn man 10000 Protozoen hat, bilden sich wieder 10 Gruppen. Die Gesellschaften sind irgendwie eine Funktion des Raumes und nicht der Zahl.

Ganz vor kurzem gelang einem amerikanischen Biologen namens John Tyler Bonner von der Princeton-Universität der Nachweis, daß die Größe des sozialen Territoriums bei jeder Art von Schleimpilzen konstant ist. Und er bewies auch, was man bereits vermutet hatte, daß sie zur Verteidigung ein Gas verwenden, welches fremde Gruppen in einer bestimmten Entfernung hält, aber die eigene anzieht. Holzkohle absorbiert Gas. Als Bonner in seine Kulturen Holzkohlestückchen legte, reduzierte er die Größe der Territorien, so daß sich viermal so viele soziale Anhäufungen auf der Fläche zusammendrängten.

Ich kenne kein älteres Beispiel einer Gesellschaft des extravertierten Antagonismus, isoliert und geeint durch die Verteidigung eines sozialen Territoriums. Ameisen und Termiten verhalten sich ähnlich. Seit Anfang unseres Jahrhunderts, als das Studium sozialer Insekten in Mode kam, weiß man, daß jede Kolonie ihren bestimmten eigenen Geruch besitzt und daß zum Beispiel eine Arbeiterin, die zu einer falschen Kolonie zurückkehrt, von den Wachen sofort am Geruch erkannt und angegriffen wird. Man glaubte eine Zeitlang, der Unterschied im Geruch entstehe durch unterschiedliche Nahrung. Aber vor kurzem zeigte D. J. Wallis, ein Kollege Wynne-Edwards' in Aberdeen, daß der bekannte, anziehende Geruch des Partners und der unbekannte, abstoßende Geruch des Fremden bei Ameisenkolonien zumindest teilweise genetisch verankert sein müßten.

Bei Schlußfolgerungen, die von der Lebensweise der sozialen Insekten abgeleitet sind, ist immer Vorsicht geboten, da die Entwicklung dieser Tiere sehr verschieden von der unseren verlaufen ist. Aber wenn wir eine allgemein bekannte Verhaltensform bei einem gemeinsamen, uralten Vorfahren, den Protozoen finden, bei jenen Geschöpfen, die so fern und verloren im Dunkel des Lebensbeginnes stehen, dann muß ein ehrlicher Mann tief Atem holen und sich fragen: Was war zuerst, das Ei oder die Henne? Was ging wem voran? Der Körper dem Verhalten oder das Verhalten dem Körper? Wir wissen heute, daß es in der Regel die Verhaltensform ist, die der körperlichen Veränderung vorausgeht und ihren selektiven Wert bestimmt. Aber hat die natürliche Auslese wirklich zwei Milliarden Jahre lang unter immer komplexer werdenden anatomischen Möglichkeiten gewählt, um immer komplexeren Verhaltensformen gerecht zu werden? Oder existierten diese komplexen Strukturen bereits fast vom Anbeginn an bei so primitiven Geschöpfen, daß ihnen alle sichtbaren anatomischen Voraussetzungen fehlten, um sie aufrechtzuerhalten?

Es sind dies Fragen philosophischer Natur, die wir vielleicht am Ende unserer Untersuchung mit größerer Präzision formulieren können. Vorläufig müssen wir unsere Aufmerksamkeit einer Frage zuwenden, die für die menschlichen Gegebenheiten von unmittelbarer Wichtigkeit ist: Warum haben die Humanpsychologen von den Tierpsychologen keinen Hinweis auf die biologischen Wurzeln der Nation erhalten? Als der Lemur, mit nichts anderem ausgerüstet als den anatomischen Rudimenten unseres Primatenbeginnes im Eozän, eine soziale Organisation einführte, welche die Menschen später so voll ausschöpfen sollten, nahm er nur einen Bauplan auf, der bereits vor einer Milliarde Jahren von den gehirn-, geschlechts-, nerven- und praktisch gestaltlosen einzelligen Protozoen vorgezeichnet worden war. Die Annahme, daß die durch extravertierten Antagonismus entstandene Gesellschaft, deren Rolle im Tierleben so alt und ehrwürdig ist, auf die Geschichte des Menschen keinen Einfluß haben sollte, ist absurd. Aber diese scheinbar so harmlose Frage wird letztlich ein Erdbeben in den festgefahrenen Bahnen unserer modernen Gedankenwelt auslösen. Es ist daher unsere Pflicht, uns so eingehend, als es die neue Biologie erlaubt, über die Bedeutung des sozialen Territoriums zu informieren und die Konsequenzen zu begreifen, die diese Entdeckung für die Entwicklung des territorialen Konzeptes mit sich brachte.

In den ersten Kapiteln habe ich die Überlegungen der Wissenschaft von den Tagen Aristoteles' und Zenos bis zu Altum und Moffat, Howard und David Lack geschildert, ebenso Lacks Auffassung des privaten Territoriums als eine Verstärkung der Paarbindung. Aber in diesen Jahren wurden Beobachtungen fast ausschließlich an Vögeln angestellt. Adler und Falke, Nachtigall und Sumpfhuhn waren die Boten, die uns die Nachricht überbrachten, daß zwischen einem Lebewesen und dem von ihm bewohnten Gebiet eine geheimnisvolle Bindung jenseits von Gewohnheit und Vertrautheit bestehe. Waren unsere Kenntnisse über das Territorium beschränkt, so deshalb, weil bis 1930 Insekten und Vögel praktisch die einzigen frei lebenden Geschöpfe waren, die man untersuchte. Die Territorialität blieb eine auf das Notizbuch des Ornithologen beschränkte Verhaltensform.

Natürlich gab es auch Ausnahmen. 1912 veröffentlichte ein französischer Psychologe eine Arbeit über ›La Génèse des instincts‹. Aus seinen Laboratoriumsexperimenten mit Ratten zog Pierre Hachet-Souplet den pessimistischen Schluß, weder Vernunft noch Gerechtigkeit könnten jemals *la loi du territoire* besiegen. Ich finde in meinen Aufzeichnungen keine Äußerung früheren Datums, die eine Beziehung zwischen dem Territorium und dem Menschen erwähnt, Man muß sich fragen, ob der französische Psychologe seinen Pessimismus beibehielt, als zwei Jahre später die Pariser Taxi an die Marnefront fuhren!

Es gibt noch eine andere Arbeit, die zu einem so frühen Zeitpunkt ausgeführt wurde, daß man ihre Bedeutung übersah. A. S. Pearse von der Universität von Wisconsin verbrachte Jahre mit der Beobachtung eines so ausgefallenen Tieres wie der Winkerkrabbe, und noch dazu an so ausgefallenen Orten wie der Manilabucht, der Küste von Massachusetts und den Mangrovensümpfen Kolumbiens. Er veröffentlichte seine Beobachtungen 1913, ein Jahr nach dem Erscheinen der Arbeit von Hachet-Souplet. Heute, ein halbes Jahrhundert später, versetzen uns seine Krabben in Erstaunen; damals wurden sie kaum beachtet, da jeder Bezugsrahmen fehlte.

Die Winkerkrabbe ist ein kriegerisches kleines Tier, das am Strand lebt und Löcher in den Sand oder in den Schlamm gräbt. Kommt die Flut, so zieht sie sich in ihr Loch zurück und verstopft die Öffnung. Pearse beobachtete 13 Spezies und konnte bei allen das gleiche Verhalten feststellen. Jedes Tierchen verbringt sein Leben nahe dem Lochausgang und beschäftigt sich mit Säubern und Scharren im umliegenden Sand. Nur selten entfernt es sich weiter als 30 bis 60 Zentimeter von seiner Behausung. Pearse legte 4 Meter als äußerste Bewegungsgrenze fest. Die Krabbe verteidigt nur das kleine Gebiet um ihr Loch und verjagt jeden Eindringling aus ihrem Reich. So erbittert ist ihre Verteidigung, daß eine zu Versuchszwecken in eine weitere Entfernung verbrachte Krabbe einen äußerst mühseligen Heimweg vor sich hat. Sie muß die Territorien von anderen Artgenossen überqueren und wird von jeder Krabbe am Weg attackiert. Die Wahrscheinlichkeit ist groß, daß sie eine Schere, wenn nicht sogar ihr Leben verlieren wird.

»Jede Krabbenschere richtet sich gegen jedermann«, schreibt Pearse, und das ist fast wörtlich richtig. Die eine Schere ist überentwickelt, so daß sie eine enorme Größe erreicht, manchmal bis zu einem Drittel des Körpergewichtes. Diese Schere ist ein leuchtend gefärbtes Prunkstück, und wann immer ein Weibchen während der Paarungszeit vorbeikommt, stehen die Männchen der Kolonie vor ihren Löchern und winken eifrigst mit ihren Scheren, oft die Erregung noch durch Niederhocken und Wiederaufrichten steigernd. Ist keine Paarungszeit, so fehlt diese Abwechslung, und das Krabbenmännchen muß andere Verwendungszwecke für seine Schere finden. David Lack stellte fest, daß Kämpfen die Lieblingsbeschäftigung des Rotkehlchens sei. Nicht anders ist es bei der Winkerkrabbe, aber ihre Kämpfe sind außerordentlich ritualisiert. Zwei Krabben treffen einander an einer Grenze und verkeilen ihre Scheren, wie zwei Männer einander die Hand schütteln. Der Zweck der Handlung ist höchst einfach: mit einem plötzlichen Ruck kann die Schere des Gegners abgebrochen werden.

Die Ornithologie wußte natürlich nichts von Pearses Krabben und ebensowenig von den unvernünftigen Ratten in einem Pariser Laboratorium. Erklärungen für das Territorium basierten weiterhin ausschließlich auf dem Verhalten der Vögel. Und diese Erklärungen – ob es sich nun um die Nahrungstheorie, die Verteilung brütender Paare, die natürliche Auslese tauglicher Männchen oder um die Verstärkung der Paarbindung handelte – bezogen sich alle auf den Wettkampf zwischen einzelnen Männchen und damit letztlich auf die Fortpflanzung. Da erwähnte der amerikanische Zoologe G. K. Noble im Jahre 1934 plötzlich die Zauneidechse und verkündete die unfaßliche Neuigkeit, das Eidechsenweibchen besitze ein Territorium, das es gegen alle Eindringlinge einschließlich des Männchens verteidige. Der arterhaltende Wert eines derartigen Verhaltens schien vollkommen unbegreiflich.

Viele Jahre später befaßte sich ein junger Forscher aus Rhodesien, C. K. Brain, mit allen Einzelheiten des Verhaltens der weiblichen Zauneidechse. In meinem Buch ›Adam kam aus Afrika‹ habe ich seine brillanten Arbeiten über die südafrikanischen Menschenaffen, die *Australopithecinen*, geschildert. Heute ist Brain Kurator der Anthropologischen Abteilung des Transvaal Museum in Südafrika. Aber in seiner Laufbahn gab es eine Periode, in der er der fortwährenden Zeitbestimmungen von Werkzeugen und fossilen Resten jener Protomänner mit kleinem Gehirn überdrüssig wurde. Er wandte sich der Wüste Kalahari und dem Chamäleon zu. Was ihn daran faszinierte, konnte ich verstehen, als er mir einmal, aus der Kalahari zurückkehrend, unter anderen merkwürdigen Reptilien ein Geschöpf zeigte, das für den Laien ebenso unfaßlich ist wie für einen Ornithologen das Territorium eines Vogelweibchens: Schaute man in ein Ohr dieses seltsamen Lebewesens, sah man das Tageslicht durch das andere Ohr hereindringen!

Brains Bestätigung der Beobachtung Nobles betraf das Weibchen einer häufigen Chamäleonart, welches ihren alleinigen Besitz gegen alle anderen – seien es Weibchen oder Männchen – mit so viel Energie verteidigt, daß sich unwillkürlich die Frage aufdrängt: Wie kommt es jemals zur Paarung? Ein Experiment lieferte Brain die Antwort. Das Männchen stellt sich zur Schau, indem es seinen Hals aufbläht. Auf dem Hals wird ein gelber Fleck sichtbar, der das Weibchen in noch größere Wut versetzt. Aber naht die Paarungszeit, so verschwindet das gelbe Zeichen, sie gewährt ihm Zutritt, und die Paarung wird vollzogen. Hierauf erscheint wieder der gelbe Fleck, und das Männchen wird hinausgeworfen.

Derart detaillierte Beobachtungen waren nicht nötig, um Nobles Angaben über die Zauneidechse Glaubwürdigkeit zu verleihen. G. Kingsley Noble war Kurator der Abteilung für Experimentalbiologie am American Museum of Natural History, und seine Stimme konnte nicht überhört werden. Fragen wurden aufgeworfen, und die Ornithologie wußte keine Antwort. Die territoriale Verteidigung der weiblichen Eidechse verstärkt ganz sicher *keine* Paarbindung, dient ganz sicher *nicht* zur Auswahl des tauglichsten Männchens, ist *kein* Ausdruck sexuell bedingter Kampfeslust des Männchens und kann *nicht* als Schutz für die Brut interpretiert werden. Kaum hat es ihre befruchteten Eier gelegt, verliert das Eidechsenweibchen jedes Interesse an der neuen Generation. Worin besteht also der selektive Wert für die Art? Brains spätere Ausführungen zeigen, daß das Eidechsenterritorium absolut »anti-sexuell« ist, da nur durch die Aufhebung der Verhaltensform eine Paarung ermöglicht wird.

Der nächste Forscher, der die Erklärungen der Ornithologie ins Wanken brachte, war W. H. Burt, dessen Reich die Felder, Wälder und Flußbetten des südlichen Michigan darstellten und dessen Schloß das Zoologische Institut der Universität von Michigan war. Er beobachtete Nagetiere: Waldmäuse, Weißfußmäuse, Wühlmäuse, Backen-, Erd- und Eichhörnchen. Obwohl er kein Buch hinterließ, könnte man Burt fast als den Eliot Howard der Mäusewelt bezeichnen.

Ratten und Mäuse wurden schon immer für menschliche Analogien herangezogen, und so finden wir auch in Burts Arbeiten zum erstenmal klare Aussagen über Parallelen zum Humanverhalten. Die Vögel bewohnen die Lüfte, und mit einem Geschöpf, das uns unsere Beschränkungen so deutlich vor Augen führt, identifizieren wir uns nicht gerne. Eliot Howard mag einer Kinderfrau anvertraut haben, das Territorium sei alles; in der Öffentlichkeit sagte er es nicht. Der Zoologe aus Michigan aber hatte keine Bedenken, seine Überzeugung kundzutun, was für die Mäuse gelte, gelte auch für die Menschen. Für ein Nagetier bedeutet das Territorium Sicherheit gegenüber dem Raubtier. Führt man eine von Habichten und Füchsen bedrohte Existenz, so sind die Überlebenschancen für den am größten, der sein Revier am besten kennt.

Wir erinnern uns, daß die Murie eine Weißfuchsmaus beobachteten, die aus 3 Kilometer Entfernung zu ihrem Nest zurückfand. Burt stellte bei Waldmäusen ähnliche Fähigkeiten fest. *Wie* sie nach Hause fanden, blieb so rätselhaft wie zuvor, aber was sie machten, als sie ankamen, war offensichtlich. In seinem eigenen Reich kennt ein kleines Nagetier jedes Loch, jeden Gang, jedes Versteck. Burt stellte fest, daß eine auf ihrem Territorium freigelassene Waldmaus nach 7 Meter Weg verschwindet.

Sicherheit vor Raubüberfällen kann im Leben der Vögel kaum eine territoriale Funktion sein. Aber im Leben der Nagetiere wie im Leben der Menschen spielt sie eine überragende Rolle. Befestigte Grenzen mögen einem in den Sinn kommen, Burgen und Zugbrücken; alte Mauern um eine kleine italienische Stadt; Dornenhecken um einen afrikanischen Kral; eine steinzeitliche Höhle. Oder vielleicht nur ein von Leben erfüllter Marktplatz und ein Schaukelstuhl am Kamin. Kein Beobachter des territorialen Verhaltens der verletzbaren menschlichen Art kann sich der Ähnlichkeit mit der Lebensart der verletzbaren Waldmaus verschließen. Ich bin überzeugt, daß Burt seinerzeit von den Verfechtern der menschlichen Einzigartigkeit des Anthropomorphismus beschuldigt und mit Worten angegriffen wurde, die wahrscheinlich mehr anmaßend als genau waren. Man spricht von Anthropomorphismus, wenn Tieren die Fähigkeiten des Menschen zugeschrieben werden. Aber Burt tat das Gegenteil; er übertrug tierische Fähigkeiten auf den Menschen.

W. H. Burt war einer der bedeutendsten Förderer des territorialen Konzeptes. Auf einem anderen Gebiet geriet er mit seinen Zeitgenossen in Konflikt. Er stellte fest, daß ein Backenhörnchenweibchen jeden Eindringling vertreibt, der sich näher als 15 Meter an sein Nest heranwagt. Aber auf der Nahrungssuche wird es sich 30 Meter oder weiter vom Nest entfernen und hier dem Eindringling keinerlei Beachtung zollen, den es aus der Nestnähe vertrieben hat. Burt bezeichnet das Gebiet, das verteidigt wird, als Territorium und das Gebiet der Nahrungssuche als den Heimatbereich.

Die Unterscheidung zwischen Territorium und Heimatbereich stieß auf Ablehnung, da sie die ökonomische Bedeutung des Territoriums verringerte. Immer wieder sehen wir, daß sich das ökonomische ebenso wie das sexuelle Prinzip größter Beliebtheit erfreut, weil es einfache Antworten erlaubt. Eine unrichtige Antwort ist weniger arg als eine komplizierte. Glücklicherweise beobachtete ein Biologe namens Kenneth Gordon zur selben Zeit das Mantelerdhörnchen. Sein Verhalten erwies sich in zwei weit voneinander entfernten Gebieten – in Colorado und in Oregon – als vollkommen gleichartig. Ein Territoriumsbesitzer verfolgt einen Eindringling ungefähr 30 Meter weit. Aber wenn er auf Nüsse- oder Tannenzapfensuche geht, durchstreift er ein viel größeres Gebiet und ignoriert dort, ebenso wie das Backenhörnchen aus Michigan, den Artgenossen, den er kurz vorher verfolgt hat. Burts Unterscheidung zwischen Territorium und Heimatbereich setzte sich durch und ist heute allgemein anerkannt.

Während W. H. Burt saubere Definitionen einführte und die Auffassung der Territorialität erweiterte, brachten seine Nager und Nobles Eidechsen die aus der Vogelwelt abgeleiteten simpleren Erklärungen in Verwirrung. Ein Prinzip aber blieb unangefochten: Was immer die Funktion des Territoriums sein möge, es bleibt ein Wettkampf zwischen Individuen und muß daher irgendwie mit der natürlichen Auslese zu tun haben. Da kehrte der amerikanische Psychologe C. R. Carpenter aus Panama zurück und berichtete, Brüllaffen verteidigten Gruppenterritorien. Damit war auch das letzte Prinzip gefallen. Als Noble fünf Jahre später anläßlich eines Symposiums in Washington das Territorium beiläufig als »verteidigtes Gebiet« bezeichnete, stürzte sich die Biologie auf diese Definition. Probleme über Funktion und Motivierung wurden in die Versenkung verwiesen. Von diesem Tag an bis heute stellt die Biologie an das Territorium nur eine Frage: Wird es verteidigt? Durch die Verteidigung wird es definiert, durch seine Verschiedenartigkeit gekennzeichnet.

Ray Carpenter ist ein hochgewachsener, stiller Gelehrter. Er hat eine schwache Ähnlichkeit mit Woodrow Wilson. Ich kann mir den verstorbenen amerikanischen Präsidenten ebensowenig in einem asiatischen Sumpf vorstellen oder in einem zentralamerikanischen Regenwald, inmitten eines von großen, schwarzen Affen produzierten Fäkalienergusses, wie diesen eleganten, gelehrten Herrn mit seinen dicken Brillen. Carpenter ist heute Psychologieprofessor an der Pennsylvania State University und lebt in einer ebenerdigen, modernen Villa, die von Wäldern umgeben ist, in denen sich zahme Eichhörnchen und Vögel tummeln. Während der letzten 25 Jahre beschäftigte sich Carpenter ausschließlich mit den Verwaltungsproblemen der Universität und den seelischen Eigenheiten des modernen Menschen. Aber in den 10 vorangegangenen Jahren war der Dschungel seine Heimat gewesen und seine Freunde die temperamentvollen Bewohner des Urwaldes. Bereits ein Vierteljahrhundert vor Petters Untersuchungen in Madagaskar begann Carpenter in Panama sein Studium der Primaten in freier Wildbahn.

Damals – und das ist gar nicht so lange her, denn ich erinnere mich, daß ich mein Studium bereits abgeschlossen hatte – gab es nirgends auf der Welt Untersuchungen über das Verhalten von Affen und Menschenaffen in der freien Natur, die wissenschaftlich auch nur als annähernd befriedigend zu bezeichnen gewesen wären. Der Amateur Eugène Marais, ein naturwissenschaftlich interessierter Südafrikaner, hatte um die Jahrhundertwende drei Jahre lang mit einer Herde von Pavianen im nördlichen Transvaal gelebt. Aber seine Beobachtungen galten als unverläßlich und waren außerdem noch nicht aus dem Afrikaans übersetzt worden. Ein anderer Südafrikaner, S. L. Zuckerman, hatte ein Buch ›Social Life of Monkeys and Apes‹ veröffentlicht, und es galt als letztes Wort über dieses Thema. Aber laut den heutigen Autoritäten K. R. L. Hall und Irven DeVore basiert Zuckermans Werk nur auf einigen wenigen Tagen der Feldbeobachtung und im übrigen ausschließlich auf Beobachtungen im Londoner Zoo. Was die Wissenschaft über das Verhalten der Primaten wußte, über jene zoologische Familie, der auch wir angehören, war aus Arbeiten in Tiergärten und Laboratorien hervorgegangen. Unter diesen Umständen zeigt das Verhalten von Affen und Menschenaffen so wenig Ähnlichkeit mit dem unseren, daß man zu dem logischen Schluß kam, die menschliche Lebensweise sei vom Menschen erschaffen worden und habe kaum etwas mit seinem tierischen Erbe zu tun. Neue Richtungen der Psychologie machten es sich zur Aufgabe, unser Wesen mittels bedingter Reflexe zu erklären. Anthropologie und Sozialwissenschaften verschrieben sich der Kultur- und Umweltstheorie. Da kehrte Carpenter 1934 in den Schoß der Zivilisation zurück und brachte ein Paket Dynamit mit: Unsere Ansichten waren falsch.

Zwei Jahre lang hatte der amerikanische Psychologe auf einer Insel des Gatunsees im Panamakanal seine Brüllaffen beobachtet. Die Insel Barro Colorado ist ungefähr 2000 Morgen groß und war zum Zeitpunkt von Carpenters Untersuchungen von 28 Affengruppen bewohnt, deren jede ihr soziales Territorium verteidigte und mit den Nachbarn in absoluter Feindschaft lebte. Drei Herden waren so klein, daß sie nur ein einziges Männchen besaßen; bei allen anderen betrug die Anzahl der Männchen zwei bis fünf, die der Weibchen zwei bis zehn. Carpenter beobachtete ihre sexuellen Beziehungen, die Aufzucht der Jungen, ihre soziale Organisation, ihre Verständigungsmittel und ihr bemerkenswertes System territorialer Gruppenverteidigung. Die Summe seiner Erfahrungen veröffentlichte Carpenter in seiner klassischen Monographie ›Behavior and Social Relations of the Howling Monkey‹.

Die erste der Prämissen, die seine Arbeit zunichte machte, war die *idée fixe* der Wissenschaft – die Idee, die auch den Studien Freuds zugrunde liegt –, daß die Primaten vom Geschlecht besessen seien und nur die sexuelle Anziehung die Primatengruppen zusammenhalte. Die Annahme der sexuellen Besessenheit hatte dem romantischen Glauben, die Liebe sei alles, und der psychologischen These, die sexuelle Energie sei der Treibstoff des menschlichen Mechanismus, eine wissenschaftliche Basis verliehen; ebenso der banalen Behauptung, daß letztlich nichts anderes von Bedeutung sei als der Geschlechtsverkehr. Die Annahme, sexuelle Anziehung sei der Magnet, der die ausgewachsenen Tiere einer Primatengesellschaft zusammenschweiße, hatte noch weiter reichende Folgen: Da die menschliche

Gesellschaft offensichtlich *nicht* von einem derartigen sexuellen Magneten zusammengehalten wird, müssen unsere sozialen Lebensformen etwas Einzigartiges darstellen, vom Menschen und für den Menschen geschaffen und veränderbar nach seinen Vorstellungen vom Wohl der Menschheit. Mit einem Wort: Alles ist möglich. Das ist der Ausgangspunkt eines Großteils unserer heutigen Soziologie. Es ist auch die Prämisse, welche die Sozialwissenschaften, von einigen sentimentalen Schlagworten abgesehen, wehrlos machte gegenüber solchen totalitären Visionen des menschlichen Wohles, wie sie Faschismus und Kommunismus darstellen. Wenn alles möglich ist, dann ist auch das möglich.

Die Hypothese der Sexualität ist heute unhaltbar geworden. Masons Untersuchungen des Springäffchens bewiesen den dauernden Zusammenhalt der Familie *außer* während der Paarungszeit. Petters uralte Lemuren besitzen, im Gegensatz zu den jüngeren Affen und Menschenaffen, noch das allgemeine Merkmal der Säugetiere: jahreszeitlich bedingte Paarungsbereitschaft und Brunft. Trotzdem zeigt ihre Gesellschaft einen von den Jahreszeiten unabhängigen Zusammenhalt. Das gleiche gilt für den Rhesusaffen und den ihm verwandten Japanischen Rotgesichtmakaken. Kürzlich durchgeführte Studien an weniger zeitlich gebundenen Primaten (Gorilla, Pavian und Schimpanse) erbrachten nicht den geringsten Beweis für die veraltete Behauptung, Geschlechtlichkeit sei das zentrale Anliegen der Primaten und die zentrale Kraft, die ihre Gesellschaft zusammenhalte. Dessenungeachtet bildet diese überholte Annahme noch heute einen Eckpfeiler der meisten psychologischen Schulen, der meisten anthropologischen Richtungen und fast der gesamten Soziologie.

Die Annahme wurde natürlich bereits 1934 durch Carpenters Beobachtungen der Brüllaffen ad absurdum geführt. Er ging einen Schritt weiter und zeigte, daß es die Gruppe selbst ist, die den Brennpunkt des Primatenlebens darstellt. In den von ihm beobachteten Brüllaffenverbänden gab es keine sexuelle Eifersucht. Kein Männchen besaß ein sexuelles Monopol über die Weibchen, und die sexuellen Aktivitäten waren freundschaftliche Unterhaltungen, bei denen sich alle Männchen in alle Weibchen teilten. Die Gruppe aber war eine andere Sache. Eifersucht, Vernachlässigung der Kinder, Auflehnung gegen die Führung oder fehlende Kommunikation mußten das Wohl der Gruppe gefährden und wurden daher nicht geduldet. Viele Jahre später stellten S. L. Washburn und Irven DeVore fest, daß ein Pavian ohne

Herde so gut wie tot sei. Nicht anders war es bei Carpenters Brüllaffen. Ganz selten einmal entdeckte er ein Männchen allein im Wald. Aber einen solchen Einzelgänger hatten meist dauernde Konflikte mit seiner Herde dazu veranlaßt, diese zu meiden. Eines Tages, nach hartnäckigem Bemühen, würde er sich einer anderen Bande anschließen, oder, falls dies nicht gelingt, einsam zugrunde gehen. Aber diese Fälle waren selten. Ein Brüllaffe ohne Herde ist ein Mensch ohne Heimat, und was für Menschen und Brüllaffen zutrifft, gilt universell für alle Primatenarten.

Schließlich zeigten Carpenters sorgfältige Beobachtungen, daß die Verteidigung des sozialen Territoriums der Mechanismus ist, der die Brüllaffengesellschaft zusammenhält und von den übrigen Gruppen isoliert. Die Territorien des Springäffchens, des Sifaka, des Mohrenmaki sind klein und ihre Grenzen klar bestimmt. Die Territorien der Brüllaffenherden sind groß und ihre Grenzen vage. Aber die Banden müssen einander nur irgendwo im Niemandsland zu Gesicht bekommen, und schon bricht die Hölle los. Maßlose Wut läßt den Wald erzittern. Doch diese Wut findet nur ein vokales Ventil. Wie schon im ersten Kapitel erwähnt, verfügt der Brüllaffe über eine Stimmkapazität von erschreckendem Ausmaß, und seine Schreie erreichen eine einzigartige Lautstärke. Die Mohrenmakis vereinen ihre Stimmen zum allabendlichen *cri du soir;* Brüllaffen erheben ihre ohrenbetäubenden Stimmen als Warnung für etwaige Eindringlinge sowohl des Morgens wie des Abends. Sollte eine Ruhestörung stattfinden, dann bildet dieser Stimmenchorus die Artillerie der Schlacht. Und nach den Regeln des territorialen Prinzipes wird die beheimatete Partei immer gewinnen, die eindringende immer zurückweichen.

Ich möchte den Brüllaffenverband als die Gesellschaft mit dem perfektesten extravertierten Antagonismus bezeichnen, die gleichzeitig eine vollkommene innere Harmonie erreicht hat. Völlig anders als beim *noyau* richten sich alle aggressiven Kräfte der biologischen Nation auf äußere Feinde und niemals auf innere. In der Brüllaffensozietät ebenso wie in der Gesellschaft der Mohrenmakis herrscht eine Art von demokratischer Geruhsamkeit. Wohl ist eine Führung vorhanden, aber ihre Autorität ist beschränkt. Meinungsverschiedenheiten werden durch Murren und Grunzen ausgetragen. Obwohl das Weibchen niemals dominierend ist, erfreut es sich eines erstaunlich hohen Ansehens. Und was die Jungen betrifft, so sind sie der Obhut aller Erwachsenen der Gruppe anvertraut. In Beantwortung eines bestimmten Rufes werden alle ausgewachsenen Männchen einem Jungen, das vom Baum gefallen ist, zu Hilfe eilen; alle Männchen werden es gemeinsam gegen ein sich näherndes Raubtier verteidigen.

Derartige Beobachtungen waren ausgeschlossen, solange wir unsere Folgerungen aus dem Tierverhalten im Zoo abgeleitet haben. Dort ist die Bildung einer natürlichen Gesellschaft nicht möglich. Weder Angst vor dem Raubtier noch bohrender Hunger, weder Grenzstreitigkeiten, benachbarte Horden noch die Unbilden der Witterung beschäftigen die Energien des Primaten. Scheint er vollkommen vom Sexus besessen, so deshalb, weil ihm das Leben in der Gefangenschaft kein anderes Ventil für seine Energien bietet. Unsere Ansichten über das Wesen der Primaten, die uns zu so zweifelhaften Schlüssen über das Wesen der Menschen führten, stammten aus Beobachtungen an gelangweilten, frustrierten, neurotischen Tieren. Carpenter gab anläßlich eines Kongresses im Jahre 1933 eine erste Zusammenfassung seiner neuen Erkenntnisse. »Sie irren«, behauptete ein bekannter Vertreter der alten Biologie. »Ich berichte nur, was ich gesehen habe«, entgegnete Carpenter. »Dann haben Sie eben falsch gesehen«, antwortete der berühmte Biologe.

Carpenter kehrte in seine Regenwälder zurück. In den folgenden Jahren beobachtete er den Gibbon in Thailand und den Rhesusaffen sowohl in Indien wie in einem geräumigen Reservat, das er selbst auf einer Insel nahe Puerto Rico errichtet hatte; ebenso den roten Spinnenaffen in Panama und den Orang-Utan in Sumatra. Die Vielzahl und Vielfalt seiner Erfahrungen ließen ihn standardisierte, quantitative Methoden zur Beobachtung und Aufzeichnung des Tierverhaltens in freier Wildbahn entwickeln, die heute allgemein anerkannt sind. Er führte bis zu einem gewissen Grad die mathematische Genauigkeit des Laboratoriums in das Chaos des Dschungels ein, und es gibt heute kaum Untersuchungen in der freien Natur, die nicht wenigstens teilweise auf der in den dreißiger Jahren von Carpenter entwickelten Technik beruhen.

Die wirkliche Bedeutung seiner Arbeit lag natürlich weniger auf dem Gebiet der Natur- als auf dem der Sozialwissenschaften; sie betraf weniger das Tier als den Menschen. Spätere Beobachtungen mochten Primatenarten zeigen, die durch andere Kräfte als das soziale Territorium zusammengehalten werden. Spätere Beobachtungen mochten auf Spezies stoßen, deren soziales Zusammenleben weit weniger harmonisch ist als das der Brüllaffen oder der Gibbons. Aber Carpenters Entdeckungen überbrückten die bis dahin unüberbrückbare Kluft zwischen dem Menschen und seinen Primatenverwandten; sie machten eine Betrachtung der lebenden Welt als evolutive Ganzheit nicht nur möglich, sondern notwendig.

Wie war die Wirkung seiner Entdeckungen auf die Wissenschaft und das allgemeine Denken? Sie läßt sich sehr kurz zusammenfassen.

Seine Arbeiten waren ungefähr 1940 abgeschlossen. Als ich 1961 mein Buch ›Adam kam aus Afrika‹ veröffentlichte, waren seine gesamten Arbeiten nicht erhältlich; einige konnte man in Fachbibliotheken finden, in der des Britischen Museums zum Beispiel, andere existierten nur mehr als Belegexemplare in Carpenters Bücherstellage. Es freut mich, feststellen zu können, daß jetzt alle Arbeiten in einem Band ›Naturalistic Behavior of Nonhuman Primates‹ von der Pennsylvania State University Press herausgebracht wurden.

Unter den Tierverhaltensforschern war es W. C. Allee, der sofort die volle Bedeutung von Carpenters Arbeiten erfaßte und sie in seiner Besprechung der tierischen Soziologie in der ›Encyclopaedia Britannica‹ ausführlich würdigte. Sonst aber fand man in den dem Laien zugänglichen Arbeiten kaum eine Erwähnung.

Man sollte annehmen, daß sich unter den Doktoren der Politischen Wissenschaften, die sich mit Nationen und Nationalismus, mit den erhebenden Visionen einer Weltföderation und den weniger erhebenden Nöten der UNO auseinanderzusetzen haben, einige Außenseiter finden, welche die Bedeutung des sozialen Territoriums der Tiere erkennen. Sollte es einen solchen Mann geben, dann gehört ihm meine ganze Bewunderung. Ich selbst habe noch niemals festgestellt, daß die Nation als biologischer Ausdruck jemals in den langatmigen Diskussionen aufgetaucht wäre.

Man sollte ebenso annehmen, daß die Anthropologie, die Wissenschaft vom Menschen, durch Carpenters Entdeckungen revolutioniert wurde. Für einen ihrer Begründer, Sir Arthur Keith, fand eine derartige Revolution tatsächlich statt. Wir werden noch auf ihn zurückkommen. Hier genügt die Feststellung, daß er, als er 1948 mit 82 Jahren sein Meisterwerk ›A New Theory of Human Evolution‹ veröffentlichte, Carpenters soziales Territorium als einen Katalysator für seine Gedankengänge bezeichnete. Leider wird sein Buch praktisch nicht gelesen.

Natürlich gibt es Anthropologen, die in den letzten Jahren durch die ethologischen Untersuchungen des Tierverhaltens und die verblüffenden paläontologischen Entdeckungen über die Entstehung des Menschen neue Anregungen gefunden haben. Aber die Behauptung, daß der Name C. R. Carpenter auf die Wissenschaft im allgemeinen einen nennenswerten Einfluß gehabt hätte, wäre eine Übertreibung. Zum Beispiel hielt die amerikanische Association of Physical Anthropologists im Jahre 1965 ihre jährliche Zusammenkunft an Carpenters Universität ab. Der offizielle Tagungsbericht wurde von einem Anthropologen der benachbarten Universität von Pennsylvania verfaßt und in dem Organ der American Association for the Advancement of Science, der Zeitschrift ›Science‹, veröffentlicht. Ein Vortrag über das Primatenverhalten von »Clarence S. Carpenter« anläßlich dieser Tagung wurde flüchtig erwähnt.

In dem sich rasch entwickelnden Spezialgebiet der Ethologie allerdings wurde Carpenters Name, richtig geschrieben, schnell berühmt. Aber sogar hier gab es seltsame Lücken. Als ich 1960 Feld- und Quellenforschungen für mein eigenes Buch vollendete, stand ich dem unerklärlichen Fehlen weiteren Materials über wilde Primaten gegenüber. Niels Bolwig hatte seine Beobachtungen der Chacmapaviane, die von den Misthaufen eines Camps im Krüger-Park angelockt werden, im vorangegangenen Jahr veröffentlicht. Mir schienen die Begleitumstände dieser Untersuchung zu unnatürlich. Eine japanische Gruppe hatte Beobachtungen an halbwilden Makaken, die sich in den traditionellen Tempelgebieten herumtrieben, begonnen, aber ihre ersten Berichte waren mir noch nicht untergekommen. Das Fehlen weiteren Materials ließ mich einige unrichtige Schlüsse ziehen: Ich unterschätzte die sozialen Fähigkeiten der Primaten und nahm an, daß sie ihre Gesellschaften immer auf einem Territorium begründeten. Ich überschätzte die wahrscheinliche Bedeutung der Familie als soziale Einheit.

Während ich meine Arbeit beendete, begann eine neue Generation von Primatenforschern die ihre. Petter war in Madagaskar, K. R. L. Hall auf dem Kap der Guten Hoffnung, um Paviane zu studieren, George Schaller war auf den Högen der Kongovulkane mit den Berggorillas beschäftigt. Jane Goodall begann ihre Beobachtungen der Savannenschimpansen nahe dem Tanganjikasee, Adriaan Kortlandt die der Waldschimpansen in der Umgebung einer Plantage im Kongo. Im folgenden Jahr, zu spät für mein Buch, brachten Washburn und DeVore die erste der neuen Publikationen heraus, ihre prachtvolle Schilderung des sozialen Lebens der Paviane. Aber das war nur der Anfang einer neuen Welle; dann kam die Flut: Es schrieben K. R. L. Hall über Husarenaffen und Paviane, Schaller über den Orang-Utan und den Gorilla, Stuart A. Altmann über den Rhesusaffen in Puerto Rico, Charles H. Southwick über den Rhesus in Indien, Stephen Gartlan und Brain über die Meerkatzen, V. Reynolds über den Waldschimpansen, H. Kummer und F. Kurt über den Hamadryaspavian, Mason über das Springäffchen, Phyllis Jay über Languren und Ellefson über den Gibbon in Malaya. Heute sieht es fast so aus, als gäbe es kaum einen Busch oder einen Strauch, der nicht einen Forscher verberge oder einen Affen, eifrig damit beschäftigt, Aufzeichnungen über das seltsame Verhalten des Menschen zu machen.

Der Primat kam sehr plötzlich in Mode. Und wir dürfen annehmen, daß ein so weltweiter Trend spontan und spektakulär wie ein Fieberthermometer einen Wandel in der öffentlichen Meinung registriert hat. Affen und Menschenaffen sind die umstrittensten aller Geschöpfe, da sie fatalerweise mit dem Menschen sehr nahe verwandt sind. Und wenn sich die Menschen plötzlich eingehend mit ihnen befassen, dann erleben wir – so scheint es mir – das erste Stadium einer vorläufig wahrscheinlich noch unbewußten Revolution, das erste Symptom einer tiefen Unzufriedenheit mit den althergebrachten Antworten.

Wir dürfen aber nicht vergessen, daß sich vor zwanzig Jahren, als Ray Carpenter aus den Regenwäldern auftauchte, kein Forscher fand, der seinen Platz eingenommen hätte. Er lieferte den Stoff für ein Drama, aber er fand kein Publikum. Zu glauben, die Wissenschaften seien streng objektiv und unbeeinflußt von den Strömungen intellektueller Moden, von öffentlicher Meinung, politischem Klima und persönlichem Vorurteil, hieße die Welt mit sehr naiven Augen betrachten. Zu glauben, ein Wissenschaftler wäre unberührt von der Gunst der Öffentlichkeit, von Anerkennung oder Ablehnung seiner Kollegen, vom Fehlen oder reichlichen Vorhandensein finanzieller Unterstützung, hieße aus dem Wissenschaftler einen Übermenschen machen. Wir, die Laien dieser Welt, bestimmen die Atmosphäre, in der der Wissenschaftler atmet. Du und ich, wir alle sorgen für Freiheit und Beschränkung, Bereitschaft und Intoleranz, Überfluß und Mangel, Ehrungen und Schmähungen; wir sind es, die die Wissenschaften veranlassen, einem Ziel zuzusteuern, ein anderes fallenzulassen. Und wir waren es auch, die es, bewußt oder unbewußt, verabsäumten, im kritischen Jahr 1940 und in den folgenden Jahrzehnten unsere Wissenschaften zur weiteren Erforschung bestimmter, wenn auch noch vager Möglichkeiten zu ermutigen: daß Menschen und Affen mehr Gemeinsames besitzen könnten als nur die Anatomie; daß unsere junge Spezies sich noch nicht aus dem evolutiven Prozeß gelöst habe; daß Nationen, die der Menschen wie die der Tiere, den Gesetzen des territorialen Imperativs folgen.

Das Versäumnis kam uns teuer zu stehen.

3

In Primatengruppen wird eine wirksame soziale Organisation durch ein Territorium oder durch eine Tyrannis erreicht. Die moderne Forschung hat gezeigt, daß es eine dritte Möglichkeit nicht gibt.

Als ich vor einigen Jahren zum erstenmal Tinbergens Arbeit ›The Study of Instinct‹ las, erschien mir seine Ansicht, es gäbe keinen sozialen Instinkt, völlig absurd. Generationen hindurch waren wir der Meinung, soziale Geschöpfe besäßen einen geselligen Instinkt. Wir sprachen von Herden und Rudeln in der Annahme, diese Gruppen seien einfache Anhäufungen von Individuen, die von dem Wunsch nach Geselligkeit zusammengehalten würden. In späteren Jahrzehnten legte man uns als Alternativlösung die These von der sexuellen Anziehung vor; diese Anziehung sei es, welche die Primatengruppe zusammenschmiede. Aber heute ist auch diese Hypothese kaum mehr zu halten. Was sonst verbindet die Primatengesellschaft, wenn es nicht der soziale Instinkt ist?

Zu meinem Glück blieb es mir erspart, meine Zweifel über Tinbergens Ansichten öffentlich kundzutun; es ist eine der Sünden, für die ich keine Buße tun muß. Jedenfalls aber war ich im Irrtum. Das reiche Material, das uns seit 1961 zur Verfügung steht, zeigt eindeutig, daß der soziale Instinkt, sollte er einen Teil des Primatenerbes bilden, jedenfalls nur ein schwaches Licht in einer sehr dunklen Nacht ist. Wir *brauchen* die Gesellschaft. Vom Eigentlichen Lemuren bis zum echten Menschen waren wir Geschöpfe, die einen unspezialisierten Körper – ohne Panzer und Bewaffnung, ohne große Stärke oder besondere Schnelligkeit – mit einem einzigen spezialisierten Merkmal, dem immer besser werdenden Gehirn, vereinten. Für so verwundbare Lebewesen, wie wir es sind, gab es keinen andern entwicklungsgeschichtlichen Weg, als sich zusammenzutun und mit vereinten Kräften und vereinter Klugheit das Bestmögliche zu erreichen. Das Tier kann allein nicht bestehen; keine zoologische Gruppe liefert eine bessere Bestätigung für diese Feststellung als die Primaten. Ein unspezialisierter, für alle Zwecke tauglicher, aber verletzbarer Körper, ein durch offene Instinkte und größere Lernfähigkeit ausgezeichnetes Gehirn und eine kooperative Gesellschaft, welche eine maximale Ausnützung der Kräfte von Körper und Gehirn gewährleistet – das war das Dreigestirn des Primatenerfolges. Aber nach 60 Millionen Jahren der Versuche und Fehlschläge scheint dieses Geschöpf nichts anderes entwickelt zu haben als einen äußerst heftigen Skeptizismus in bezug auf diese Kombination. Um den Primaten zu einer anderen als einer asozialen Haltung zu veranlassen, mußte die Natur zu jeder List greifen, ihn erschrecken, bedrohen, verlocken und, wenn nötig, niederzwingen.

Wie also wird die lebenswichtige Gesellschaft gebildet, wenn der Primat im Grunde seines Herzens nicht das geringste für sie übrig hat? George Schaller sagte mir einmal, die einzige Verallgemeinerung, die man über die Sozietäten der Affen machen könne, sei die, daß der Primat alle Möglichkeiten versucht habe. Und das ist richtig. Die reiche Fülle neuer Primatenbeobachtungen liefert uns Beispiele jeder nur erdenklichen sozialen Form. Wir haben die biologische Nation des Brüllaffen, in ihrer frühesten Form bereits von den Lemuren verwirklicht, in der gutes Einvernehmen und Zusammenwirken durch extravertierten Antagonismus erreicht wird und der territoriale Besitz die Kraftquelle darstellt. Gehen wir in der Größenordnung abwärts, so kommen wir zu den Husarenaffen, deren recht große Gruppen nur ein einziges starkes, dominierendes Männchen und seinen Harem umfassen. Die Husarenaffen gehören zu den wenigen uns bekannten Primatenarten mit polygamen Sitten. Es können bis zu einem Dutzend Weibchen vorhanden sein, aber die Gruppe ist streng territorial, und Zusammenhalt sowie gegenseitige Hilfe sind ebenso stark wie in der biologischen Nation. Noch kleinere territoriale Gesellschaften bilden jene monogamen Einfamilieneinheiten, die wir bei Springäffchen, Gibbon und Sifaka finden; sie alle waren Gegenstand von Untersuchungen. Alle verteidigen ein Territorium, erreichen gutes Einvernehmen durch extravertierte Feindseligkeit und sind fähig, ohne Anwendung von Zwang gemeinsam zu handeln. Die Beziehungen zwischen Männchen und Weibchen sind harmonisch, die Führung muß nur selten Gewalt anwenden. Kommt es gelegentlich zu Konflikten, dann meistens zwischen ausgewachsenen und jugendlichen Tieren.

Auf der anderen Seite des sozialen Spektrums steht die Zwangsgesellschaft, deren Struktur nicht durch die organisierende Kraft des extravertierten Antagonismus entstanden ist. Der einzige dieser Art, der weder ein Territorium verteidigt noch Anhänglichkeit an ein eigenes Gebiet zeigt, ist der umherziehende, scheue, langsam aussterbende Gorilla. Gorillabanden können groß sein – oft umfassen sie bis zu neun erwachsene Männchen –, aber immer werden sie mit absoluter Autorität von einem einzigen Anführer beherrscht. Es ist ein friedlicher Despotismus, bei dem es kaum Streit gibt, denn jeder beugt sich dem Willen des Herrschers. Beim angriffslustigen Pavian finden wir anderseits die unerbittlichste aller Primatenautoritäten. Die große Pavianherde – oft bis zu hundert Tiere – bewohnt ein riesiges Gebiet, das insofern ihr Besitz ist, als andere Paviane niemals eindringen. Da die Gefahr fehlt, wird das Gebiet nicht verteidigt, und weder gemeinsame Abwehr noch extravertierte Feindseligkeit geben der Herde eine Organisation. Die Kooperation beruht auf der Angst vor einer Oligarchie von drei, vier oder fünf mächtigen Männchen. Unter diesen herrscht Einvernehmen, und ihrem gemeinsamen Herrschaftsanspruch wagt sich niemand zu widersetzen. Es ist eine autoritäre Gesellschaft, aufgebaut auf Zwang und Unterwürfigkeit, Drohung und Bestrafung. Die japanischen Rotgesichtmakaken bilden ähnliche unantastbare Oligarchien und ebenso, unter bestimmten Umständen, die afrikanischen Meerkatzen. Sie alle sind ihrem Wesen nach Gewaltherrschaften, wenn auch der Druck, den die dominierenden Tiere auf ihre Untergebenen ausüben, variiert. Sie alle sind nicht territorial, und es fehlt die gemeinsame Verteidigung, die Energien in Anspruch nimmt und ein Zusammenwirken fördert.

Zwischen diese beiden Extreme fallen jene Arten, deren Gruppen eine bestimmte Entfernung voneinander einhalten; in der Wirkung entspricht diese ungefähr der individuellen Distanz. Das ausschließlich von einer Gruppe bewohnte Gebiet verlagert sich, sobald der Druck der mächtigeren Gruppen zu stark wird. Der extravertierte Antagonismus mag extrem sein wie beim Rhesusaffen oder weniger offensichtlich wie beim Languren, in beiden Fällen entspringt er weniger der Verteidigung eines bestimmten Gebietes als der Verteidigung der Gesellschaft selbst. Es ist bezeichnend, daß für eine derartige soziale Organisation eine strenge hierarchische Ordnung, mehr auf Drohung als auf Strafe basierend, notwendig ist.

Der Primat hat in der Tat alle Möglichkeiten versucht. Der freundliche Schimpanse zum Beispiel scheint seine Gesellschaft auf nicht viel anderem als auf seiner Gutmütigkeit aufzubauen. Wohl gibt es eine Rangordnung, aber sie ist nicht sehr strikt. Treffen zwei Banden einander im Wald oder auf der Savanne, so gerät alles in höchste Erregung, aber die Feindseligkeit ist gering, und oft sitzen am Schluß alle in denselben Bäumen, um zu fressen. Der Schimpanse ist – so scheint es mir – ein Beweis, daß ein gewisses Ausmaß an angeborener Freundlichkeit in der Primatenausstattung vorhanden ist; aber, wie schon gesagt, es ist ein schwaches Licht in großer Finsternis. Der Schimpanse ist der einzige Primat, der jenes arkadische Dasein ursprünglicher Unschuld erreicht hat, das wir einmal für das dem Menschen verlorengegangene Paradies hielten. Was er erreicht hat, ist für seine Überlebenschancen nicht sehr vielversprechend. Wir mögen die Tyrannis der Paviane mit ihrem Klan von Machthabern an der Spitze bedauern; dessenungeachtet ist der Pavian vom Sudan bis zum Kap der Guten Hoffnung ein unerhörter evolutiver Erfolg, und die Durchschlagskraft seiner Gesellschaft hat ihn dem Leoparden und beinahe dem Menschen ebenbürtig gemacht. Der Schimpanse hingegen ist trotz seiner Klugheit und seiner Stärke auf einige ferne, immer kleiner werdende Plätze Afrikas beschränkt. Die Banden sind nicht zu gemeinsamen Handlungen fähig. Ist Gefahr im Anzug, so wird sich der Waldschimpanse verstecken, bevor er seinen Warnruf ertönen läßt; der Savannenschimpanse aber verhält sich überhaupt still und überläßt seine Gefährten ihrem Schicksal. Das freundliche und ansonsten bewundernswerte Tier ist ein evolutiver Fehlschlag. Obwohl es nur dem Menschen an Intelligenz nachsteht, hat es die Fähigkeit für soziales Zusammenwirken entweder verloren oder nie besessen. Umfängt die dunkle Nacht seine Waldgebiete, so wird sein Nest nur von einem flackernden Licht erhellt.

Wenn auch der Primat nichts unversucht gelassen hat, so darf man meiner Ansicht nach doch zwei Verallgemeinerungen machen. Keine ein Territorium verteidigende Art ist vom Aussterben bedroht. Bei keiner Spezies, deren territoriale Verteidigung einen extravertierten Antagonismus bedingt, wird das Zusammenwirken durch Zwang erreicht. Alle tierischen Gesellschaften mit Ausnahme einiger schwarmbildender Fische sind durch eine feste Rangordnung charakterisiert. Die Ethologen bezeichnen diese Hierarchien als Rangordnungen mit starkem oder schwachem Gefälle. Die Haushühner zum Beispiel haben eine gutbekannte Hackordnung, in welcher A wohl B hacken, B aber nicht zurückhacken darf; ist B erbost, so muß es C suchen, um seinen Zorn auszulassen. Das ist eine Rangordnung mit starkem Gefälle, wie wir sie auch vom Pavian kennen. Obwohl künftige Studien vielleicht einige Ausnahmen finden werden, darf man, so glaube ich, nach dem heutigen Stand unserer Erkenntnisse behaupten, daß durch die große Vielfalt funktionierender leistungsfähiger Primatengesellschaften eine klare Linie verläuft: Territoriale Gesellschaften tendieren zur Gleichberechtigung ihrer Mitglieder, zeigen das schwächste Gefälle in der Rangordnung, weisen die wenigsten Konflikte oder Bestrafungen auf und opfern bei einem Maximum an sozialer Solidarität ein Minimum von dem, was wir als persönliche Freiheit bezeichnen.

In Primatengruppen reflektiert die Stellung des Weibchens sehr eindrücklich den Kontrast zwischen Freiheit und Unterdrückung. Bei territorialen Lemurengruppen kann, wie wir gesehen haben, ein Weibchen sogar zur Anführerin werden. Aber hier herrschen Zustände, wie sie einmal waren, als das Schicksal die Primaten noch nicht mit Jungen beglückt hatte, die Ewigkeiten brauchen, um heranzuwachsen. Der evolutive Fortschritt mag den intellektuellen Möglichkeiten der Primaten zum Wohle gereicht haben, die Primatenmutter reduzierte er zu einem Bürger zweiter Klasse. Bei jeder Affen- oder Menschenaffenart ist sie allen erwachsenen Männchen untertan, und bei den meisten Arten hat sie der sexuelle Dimorphismus kleiner und völlig wehrlos werden lassen. Wie findet sie sich mit ihrer untergeordneten Rolle ab?

Soweit wir wissen, wird das Weibchen bei keiner territorialen Spezies wirklich unterdrückt. Carpenter konnte bei seinen Brüllaffenherden weder einen Fall von männlicher Gewalttätigkeit gegen ein Weibchen feststellen, noch fand er jemals einen weiblichen Tierkörper, der Spuren einer Bestrafung aufgewiesen hätte. Auch die Streitereien zwischen den Weibchen sind nicht schlimm; das unter ihnen herrschende Einvernehmen hält sogar während der Brunftperiode an, in der man die Aufmerksamkeit des Männchens auf sich zu ziehen sucht. Ronald Hall stellte anderseits fest, daß bei seinen Chacmapavianen auf dem Kap der

Guten Hoffnung zwei Drittel aller Aggressionen von Weibchen gegen Weibchen begangen wurden und daß sich mehr als die Hälfte aller von den ranghöchsten Männchen ausgeführten Strafaktionen gegen Weibchen richteten.

Einen noch deutlicheren Gegensatz bieten die Husarenaffen, die Hall in Norduganda untersuchte, und die Hamadryaspaviane, die Kurt und Kummer in Äthiopien beobachteten. Der männliche Hamadryas, auch Mantelpavian genannt, ist jenes große Tier mit Mähne, das wir oft im Zoo sehen; den alten Ägyptern war er heilig. Der männliche Husarenaffe ist ein schlankes, hübsches Geschöpf, der schnellste aller Affen. Seine Laufgeschwindigkeit beträgt 45 Kilometer in der Stunde. Beide Arten leben auf dem Boden. Beide bewohnen dieselbe Landschaft, die offene, gelegentlich von ein paar Baumgruppen unterbrochene Savanne. Beide bilden polygame Gesellschaften, in denen ein starkes, absolut dominierendes Männchen einen Harem von Weibchen besitzt. Aber damit hört die Ähnlichkeit auf. Die Husarenaffen sind territorial gebunden, die Mantelpaviane sind es nicht.

Eine Husarenaffenherde kontrolliert oft ein 12 Quadratmeilen umfassendes Gebiet, das häufig und regelmäßig durchstreift wird. Das Wachestehen und das Lauern auf Raubtiere oder feindliche Artgenossen scheint die Hauptbeschäftigung des Anführers zu sein. Kommt ein Raubtier, so sind seine Bewegungen schnell und auffällig, um die Aufmerksamkeit des Feindes auf sich zu ziehen, während sich die Weibchen verstecken; kommt ein Artgenosse, so beteiligt sich der ganze Harem an der wilden Jagd. Innerhalb dieser Gesellschaft mit extravertiertem Antagonismus wird der Frieden, wie bei den Brüllaffen, durch nichts gestört. Obwohl die Männchen zehn bis zwölf Weibchen besitzen, herrschen Harmonie und Ruhe. Ganz selten einmal mag das Männchen ein Weibchen bedrohen, aber niemals kommt es zu Gewalttätigkeiten. Ja es gibt nicht einmal vokale Ausbrüche; die Husarenaffen sind die stillsten unter den Affenarten.

Im Haushalt des Mantelpavians aber herrscht ein Regime der Furcht. Während der Husarenaffe ständig den Feind beobachtet, beobachtet der Hamadryas ständig seine Frauen. Nachts schlafen alle eng aneinandergedrängt, bei Tag bewegen sie sich in einer geschlossenen Gruppe und nehmen von den übrigen Artgenossen keinerlei Notiz. Nur selten wird ein Weibchen 3 Meter von der Seite ihres Gebieters weichen. Sollte es sich weiter entfernen, so stürzt sich der Herrscher sofort auf die Abtrünnige und versetzt ihr einen Biß in den Nacken. Meistens aber kommt es gar nicht so weit; es genügt, daß er seinen schwarzen Kopf mit der prächtigen Mähne hebt und ihr seine hundeartige Schnauze zuwendet. Mit einem Schreckensschrei springt sie zurück an seine Seite.

Wie Darling zwei Lebensweisen feststellte, anzugreifen oder sich zu fügen, so fanden die Primaten zwei Möglichkeiten, jene Organisation zu erreichen, die für sie lebenswichtig ist: die Gewaltherrschaft, aufgebaut auf Furcht und Fügsamkeit, oder das Territorium und eine freiwillige Vereinigung von Partnern, denen Kampf und Verteidigung einen nahezu gleichartigen Rang verleihen und damit eine Art jener persönlichen Würde, die dem Menschen so teuer ist. Der Mensch hat die in Wald und Busch geltenden sozialen Mechanismen wenig verändert; er hat sie nur komplexer gestaltet. Auch wir haben ein weitverzweigtes Netz von Beziehungen innerhalb unserer Gesellschaft: Mann und Frau, Mann und Mann, Frau und Frau, Mutter und Kind, Jugendliche und Erwachsene. Wie in jeder Affengesellschaft entstehen auch bei uns die heftigsten Konflikte zwischen Erwachsenen und Halbwüchsigen. All diese Beziehungen werden wir eines Tages erforschen, wenn wir, die Fülle neuer Informationen über die Primaten voll ausnützend, unsere Gesellschaft als evolutiven Mechanismus begreifen und untersuchen werden.

Daß die biologische Nation in dem Augenblick in Erscheinung trat, in dem die Lemuren die lange Nacht der Säugetiere hinter sich ließen, gehört zu den rätselhaften Wundern der Natur, die keine einfache Antwort erlauben. Wüßten wir mehr über die tierische Psyche, dann würden wir vielleicht feststellen, daß der Schrecken des hellen Tages und die unbewußte Erinnerung an riesenhafte Ungeheuer die beste aller Verteidigungswaffen der Primaten schufen, obwohl eine wirkliche Notwendigkeit hierfür vor der Zeit des Leoparden gar nicht vorhanden war. Ließe sich eine derartige Hypothese beweisen, sie würde wesentlich zu unserer Selbsterkenntnis beitragen. In Wahrheit aber mußte der verwundbare Hominide während seiner langsamen Entwicklung auf dem afrikanischen Hochland dem Schrecken der Nächte wie der Tage trotzen; und als der echte Mensch aus dem hominiden Schatten hervortrat, brauchte er keine unbewußte Erinnerung an furchtbare Ungeheuer. Wir behielten und perfektionierten die wirksamste Verteidigungswaffe unseres Primatenerbes, denn das Ungeheuer lauerte in uns selbst.

VII
Schau heimwärts, Engel

1

Am Tage des Waffenstillstandes von 1918 war ich zehn Jahre alt und spielte auf einem Lagerplatz von Grabsteinen in der 67. Straße von Chicago. Meine Volksschule war, zum Entzücken aller Betroffenen, mitten im Krieg bis auf den Grund abgebrannt. Es war ein herrliches Feuer gewesen, denn in diesen Tagen wurden die Löschwagen noch von Pferden gezogen und der Wasserdruck von einem mit Kohle geheizten Ofen erzeugt. So bot sich uns, als die Wagen durch die langweilige Geometrie der Straßen Chicagos fuhren, ein geradezu hinreißendes Bild von Funken und Rauch. Ein Glücksfall hatte das Feuer bei Nacht ausbrechen lassen, so daß die züngelnden Flammen des Schulhauses ein weiteres Schauspiel von solcher Großartigkeit boten, wie wir es nie zuvor gesehen hatten. Hoch schossen die Flammen über die Bäume hinaus, Funkenregen sprühten gegen den dunklen Himmel, und die versammelten Kinder brachen bei jedem einstürzenden Balken in lauten Jubel aus. Ich glaube, wir hofften, nie wieder in die Schule gehen zu müssen. Leider hofften wir vergebens. Innerhalb weniger Wochen hatte die Schulbehörde von Chicago unsere Erwartungen zunichte gemacht, und wir saßen wieder auf unseren Schulbänken; auf einem Grundstück an der Ecke der 67. Straße, dem Oakwoods-Friedhof gegenüber, hatte man ein Dutzend transportabler Klassenzimmer aufgestellt.

Das also war die Schule, die ich besuchte, als eines Novembermorgens die Sirenen aller Fabriken verkündeten, der Krieg sei vorüber. Wir besaßen keinen Schulhof, aber in der Nähe gab es eine Grabsteinwerkstatt, und einige von uns spielten auf dem Lagerplatz, einem Trümmerfeld riesiger Granitblöcke; frisch aus dem Steinbruch gekommen, lagen sie überall umher, dazwischen gebrochene Kreuze und nasenlose Engel – mißlungene Werkstattprodukte, die für den Schmuck der Gräber nicht taugten. Es war kein schlechter Spielplatz, denn unter den Granitblöcken gab es Höhlen, geheimnisvolle Gänge und Schlupfwinkel; aus diesen tauchte ich auf, um unter dem Sirenengeheul einen Haufen von Grabsteinen zu ersteigen und den Frieden zu begutachten. Und ich konnte nicht an ihn glauben.

Schon einige Tage vorher waren die Leute infolge einer verfrühten Nachricht über einen Waffenstillstand umhergerannt und hatten sich in sinnloser Aufregung heiser geschrien. Jetzt, wo der Waffenstillstand tatsächlich da war, fehlte die Sensation. In meinem Blickfeld bekundete nur ein einziger Mann, der die Friedhofsmauer entlangrannte, Erregung. Ich fand, er mache sich lächerlich. Nichts verspürte ich, nichts. Natürlich war ich erst zehn Jahre alt, und solange ich denken konnte, gab es den Krieg. Ich hatte ihn hingenommen, wie ich das Geratter der Hochbahn hinnahm, die über die 63. Straße fuhr. Da ich nichts anderes kannte als den Krieg – und was für eine trübe, langweilige Sache war er doch gewesen –, besaß ich auch keine Vorstellung vom Frieden. Aber dahinter gab es noch etwas anderes: ich war zynisch.

Ein Erwachsener, der nicht um den Zynismus der Kinder weiß, kennt sie nicht wirklich. Es mag ein ebenso kleinlicher wie unfundierter Zynismus sein, aber trotzdem enthält er etwas von der Erfahrung junger Lebewesen, die mehr gesehen haben, als sie zu erzählen bereit sind. Ich war zum Beispiel eines Abends, mit dem Luftgewehr eines Freundes bewaffnet, bei einer Parade mitmarschiert. In dem Gedränge auf dem Gehsteig hatte ich einen jungen Mann gesehen, der einen älteren niederschlug, weil dieser nicht den Hut vor der Fahne abnahm. Ich reagierte auf diesen Vorfall mit dem gleichen Mißfallen, mit dem ich noch heute an ihn denke. Aber es wäre mir nicht eingefallen, zu meinen Eltern oder zu einem Lehrer zu laufen, um ihnen meine Reaktion auf das sonderbare Verhalten der Erwachsenen mitzuteilen. Wie ein Eichhörnchen seine Nuß, so legte ich das Erlebnis in eine Vorratskammer, auf deren Eingang »Zynismus« stand.

Jetzt war der Krieg vorüber, und die Sirenen heulten. Ich stand auf meinem Steinhaufen und sah einen einsamen Mann die Friedhofsmauer entlanglaufen, und ich blieb unberührt von dem Glück des Friedens, wie ich unberührt von den Schrecken des Krieges gewesen war. Ich konnte nicht daran glauben. Woran? Ich weiß es nicht zu sagen. Aber zurückblickend möchte ich annehmen, daß ich in meiner Ungläubigkeit nicht allein war. Die Sirenen, die das Ende des Ersten Weltkrieges verkündeten, leiteten auch die Zeit der Ungläubigkeit ein, diese notwendige Periode der Vorbereitung für das Zeitalter des Alibis.

Da wir uns jetzt mit dem Krieg und jenen Kräften beschäftigen müssen, die Menschenwesen dazu veranlassen, ihre Heimat zu verteidigen, wollen wir uns dem Thema auf Umwegen nähern. Von der Grabsteinwerkstatt in Chicago im Jahre 1918 möchte ich den Leser in das Zimmer eines New-Yorker Hotels im Jahre 1941 führen. Es war ein Sonntagnachmittag im Dezember, aber das Wetter war freundlich, und die meisten meiner Bekannten verbrachten das Wochenende auf dem Land. Die Straßen New Yorks trugen ihr ruhiges Sonntagsgesicht, so daß man sich fragte, ob die Bewohner der Stadt vielleicht endlich Vernunft angenommen und die Insel wieder an die Indianer abgetreten hätten. Ich genoß meine Einsamkeit, denn ich war damit beschäftigt, meinem fünften Theaterstück den letzten Schliff für eine Broadway-Aufführung zu geben. Ja, ich war außerordentlich zufrieden mit mir, denn mein letztes Theaterstück hatte in London einen unerwarteten Erfolg gehabt und war Abend für Abend während des »Blitzes« vor einem Publikum mit Gasmasken auf den Knien aufgeführt worden. Auch hatte ich vor kurzem mit Hollywood Bekanntschaft gemacht und war zum erstenmal in meinem Leben wohlhabend; meinem Film war es sogar gelungen, ein gewisses künstlerisches Niveau mit einer langen Laufzeit im größten Premierenkino New Yorks zu verbinden. Ich war vergnügt. Mein Telefon läutete, und es war mein Agent mit einer Nachricht über die Besetzung des Stückes, die meine Stimmung noch verbesserte. Allerdings schien er in Eile und meinte, er müsse zur Bombardierung zurückkehren. Zu welcher Bombardierung?

»Sie wissen noch nichts?« fragte er in einem Tonfall, den man für Schwachsinnige reserviert. »Die Japaner bombardieren Pearl Harbor. Drehen Sie das Radio an.« Damit hängte er ein.

Ich besaß kein Radio. Natürlich glaubte ich kein Wort, aber trotzdem ging ich etwas beunruhigt im Zimmer auf und ab und überlegte, was ich tun sollte. Ein Freund fiel mir ein, ein Anwalt, der das Wochenende in der Stadt verbrachte. Ich rief bei ihm zu Hause an. Im Hintergrund hörte ich das Radio. Die Übertragung kam von Hawaii, und es war alles wirklich wahr. Ich kann mich nicht erinnern, wie ich meine Wohnung verlassen und ein Taxi gefunden habe; ich glaube, mein Gehirn war für eine Weile außer Funktion. Als ich die Wohnung meines Freundes erreichte, hörte er Radio. In New York war es Nachmittag, in Hawaii früher Morgen. Der Sprecher hatte wenig mehr zu bieten als eine wirre Beschreibung des brennenden Flottenstützpunktes, der gesunkenen Flotte – wie viele Schiffe waren es wohl? –, der

Spitäler, die mit verwundeten und sterbenden Amerikanern angefüllt waren – wie viele waren es wohl? –, der Wellen und Wellen von japanischen Bombern, die vom Meer her eingeflogen waren, um eine plötzlich aufflammende Morgenröte zu schaffen.

Rückblickend ist es immer schwierig, den genauen Augenblick festzustellen, in dem ein Schlag mit einemmal in seiner vollen Stärke spürbar wird. Worte drangen an mein Ohr, und ich war zu betäubt, um sie zu begreifen. Da plötzlich, mitten in den Meldungen, kam die Nachricht, Ekuador habe Japan den Krieg erklärt. Mir kamen die Tränen. Ich sah meinen Freund an. Er versuchte, seine Bewegung zu verbergen. Es war eine absurde Vorstellung, daß das kleine Ekuador den Vereinigten Staaten zu Hilfe kam – wie eine schlechte Pointe in einem Stück. Aber das, was meine Gefühle bewegte, hatte nichts mit Überlegung oder Stückeschreiben zu tun. Irgend etwas in mir brach hervor, und ich war erfüllt von Dankbarkeit für Ekuador, ich war erfüllt von der Liebe zu meinem Land und von Empörung über den japanischen Verrat, erfüllt von Schmerz über die amerikanischen Verluste. Zum erstenmal verspürte ich den territorialen Imperativ in seiner ganzen Macht.

Erst nach geraumer Zeit, als wir die ständig wiederholten Nachrichten oft genug gehört hatten, waren wir imstande, eine vernünftige Feststellung zu machen: Was wir soeben erlebt hatten, sei der größte politische Fehler des Jahrhunderts. Die öffentliche Meinung Amerikas stand damals einem Kriegseintritt zum überwiegenden Teil negativ gegenüber. Vielleicht hätten wir im Laufe der Zeit Hitler den Krieg erklärt; es wäre möglich, aber nicht wahrscheinlich gewesen. Daß wir jemals gegen Japan Krieg geführt hätten, war praktisch undenkbar. Wir waren unserem isolationistischen Glauben so treu ergeben – dem Glauben, es könne einem nichts geschehen, wenn man sich aus allem heraushalte –, daß unsere Regierung auch die minimalsten Verteidigungsmaßnahmen gegen einen unwilligen Kongreß nur mit Mühe durchsetzen konnte. Noch vor wenigen Wochen war ein Versuch, die Einberufungen zu beenden und die Armee auf ihren Friedensstand zu reduzieren, mit einer Majorität von nur vier Stimmen abgelehnt worden. Aber mit einem einzigen Schlag hatte Japan dafür gesorgt, daß die mächtigste Nation der Welt an beiden Fronten in den Krieg eintreten, als geeintes Volk kämpfen und ihre Entschlossenheit bis zum Ende des Krieges unerschütterlich beibehalten würde.

Natürlich hatte ich damals noch nicht gewußt, welche Wirkung ein territorialer Angriff auf die Energien und die Entschlossenheit eines territorialen Besitzers hat; und ebensowenig wußten die Japaner darum. Im vorangegangenen Jahr war C. R. Carpenter zum letztenmal aus den Regenwäldern zurückgekehrt, aber seine Botschaft hatte uns noch nicht erreicht. Das japanische Oberkommando nahm, wie wir annehmen müssen, das Risiko auf sich, daß die Amerikaner mehr oder weniger so reagieren würden, wie es tatsächlich der Fall war. Aber jede vernünftige Einschätzung des amerikanischen Widerstandswillens, jede Beurteilung der damals vorherrschenden Stimmung wies darauf hin, daß das Risiko gering war; wahrscheinlicher schien, daß eine japanische Machtdemonstration unser Volk noch stärker spalten und den Gedanken an ein militärisches Abenteuer in weite Ferne rücken würde. Mit der Macht des Irrationalen hatte man nicht gerechnet – mit dem Verhalten eines Rotkehlchens auf den Wiesen von Devon, mit dem einer Herde brauner Lemuren in den Wäldern Madagaskars.

Gleichmütig zurückblickend, neigen wir heute dazu, das japanische Oberkommando als eine Gruppe von Narren abzutun und die Ereignisse von Pearl Harbor einfach als die Folgen eines unglaublichen Irrtums zu betrachten. Dieser Gleichmut ist gefährlich. Die Geschichte des Zweiten Weltkrieges war vom Anfang bis zum Ende eine schwindelnde Folge ähnlicher Irrtümer. Und obwohl ein Vierteljahrhundert vergangen ist, obwohl die neue Biologie und die Geschichte ein so reiches Beweismaterial erbracht haben, sind wir heute noch ebenso unwissend wie die Japaner damals. Ich glaube, wir werden im Laufe dieser Untersuchung feststellen, daß unsere heutigen Regierungen auf diese oder jene Weise, in kleinerem oder größerem Umfang von denselben Illusionen befangen, den Fehler der Japaner wiederholen. War das japanische Oberkommando eine Gruppe von Narren, so ist das unsere heute nicht besser. Und der Gleichmut, der der Betrachtung vergangener Zeiten so gut ansteht, mag zum Leichentuch für kommende Zeiten werden.

Ich behaupte natürlich, daß die Kontinuität der menschlichen Evolution von der Welt der Tiere bis zur Welt der Menschen dafür sorgt, daß eine im Besitz eines sozialen Territoriums befindliche Menschengruppe sich nach den universellen Gesetzen des territorialen Prinzips verhalten wird. Mit anderen Worten, was wir als Patriotismus bezeichnen, ist eine berechenbare Kraft, die, von einer bestimmten Situation ausgelöst, den Menschen ebenso beeinflußt wie jede andere territoriale Spezies. Es ist mir natürlich klar, daß keine der heutigen Lehrmeinungen irgendeines Erdteiles meine Behauptung als richtig ansieht. So muß ich mich dem Ziel meiner Beweisführung mit der Vorsicht eines lauernden Leoparden nähern. Ich werde kurzfristig den Amerikaner zu der untersuchenden Art machen, Pearl Harbor zu meinem Laboratoriumsexperiment und mich selbst zu dem Exemplar, das getestet, gemessen, geprüft, elektrisiert, seziert und wenn nötig durch den Fleischwolf gedreht und meinen Freunden zum Fraß vorgeworfen werden muß.

War meine Reaktion auf Pearl Harbor angeboren oder erworben? Das ist die Frage, die wir uns stellen müssen. War es etwas, mit dem ich geboren, oder etwas, das mir beigebracht wurde? War es wirklich ein Gebot genetischen Ursprungs, das Erbe aus Erfahrung und natürlicher Auslese von Zehntausenden Generationen meiner menschlichen und hominiden Vorfahren? Oder war es der Ausdruck eines kulturellen Erbes, das ich zu Lebzeiten erworben hatte?

Vorerst müssen wir festhalten, daß meine Reaktion unmittelbar war. Weder hatte ich Meinungsbefragungen nötig noch Beratungen mit den Nachbarn oder auch nur mit meinem Freund. Wir entschieden uns in aller Stille. Und diese Entscheidung war nicht das Resultat eines inneren Kampfes rationeller Erwägungen. Blitzschnell, von einem Augenblick zum andern, hatte sich der Übergang vom Frieden zum Krieg in mir vollzogen.

Die Entscheidung war ebenso spontan wie freiwillig. Sie bedurfte keiner Regierungsproklamationen, keiner Sanktionen der Umwelt, keines Wegfalles von Hemmungen durch geheime Schuldgefühle. Dazu war keine Zeit.

Ebenso spontan und freiwillig waren die Reaktionen fast aller meiner Mitbürger. Unter Amerikanern deutscher oder japanischer Herkunft gab es sicherlich Abweichungen; aber sie waren so selten, daß man sie statistisch als nicht vorhanden ansehen kann.

Die Reaktionen waren spontan, freiwillig und universell; sie waren aber auch dem persönlichen Interesse entgegengerichtet. Ich kenne nur wenige Amerikaner, denen ihre Einsatzbereitschaft ein besseres, leichteres oder bequemeres Leben verschafft hätte. Für viele war der Tod die einzige Belohnung.

Meine Reaktion war also keineswegs einzigartig, sondern allgemein verbreitet. Wären die Amerikaner eine Spezies, könnten wir von einer artspezifischen Reaktion sprechen. War diese erstaunlich gleichförmige Reaktion nicht angeboren, so müssen wir fragen, welche sozialen Erziehungsprozesse es waren, die den Amerikanern eine so große Liebe zu ihrem Land eingeflößt hatten, daß jeder von ihnen sofort und spontan auf eine Bedrohung reagierte.

Da das Milieu meiner Kindheit in Chicago leider typisch für viele ist, will ich in meiner Rolle als Versuchskaninchen fortfahren. Als ich zehnjährig, auf einem Berg von Grabsteinen stehend, den Sirenen lauschte, die das Kriegsende verkündeten, brach für mich – ich sagte es schon – das Zeitalter der Ungläubigkeit an. Wann immer wir damals die Nationalhymne singen mußten, ließen wir unsere Stimmen bei den hohen Tönen überschlagen und fügten spöttische Worte zwischen die Verse ein. Marschierende Verbände und Militärmärsche verschwanden aus unseren Straßen; wer gern Blechmusik hörte, ging in den Zirkus. Sah man irgendwo eine Fahne, so nahm niemand von ihr Notiz. Wir stellten fest, daß George Washington zwar der Begründer unseres Staatswesens, im übrigen aber ein mittelmäßiger Mann, gesegnet mit klugen Beratern und schwachsinnigen Feinden, gewesen war. Es war keine Zeit für große Männer. Napoleon hatte viel erreicht, weil er nur 1,60 Meter war. Odysseus schien uns ebenso durchschnittlich wie George Washington, nur bedeutend dümmer. Englands berühmte Männer der Viktorianischen Ära waren in unseren Augen Homosexuelle, Trunkenbolde und Heuchler gewesen.

In der Zeit, in der ich aufwuchs, gehörten Generale zum alten Eisen. Jeder, der Berufssoldat wurde, war entweder ein Verrückter oder ein Versager. In meinem Gymnasium gab es einen Trainingskurs für Reserveoffiziere; wollte man in der Wertschätzung seiner Kameraden auf den Nullpunkt sinken, wollte man als ein Geschöpf gelten, das von niemandem für voll genommen wurde, so mußte man nur in Khakiuniform in der Schule erscheinen. Ich glaube nicht, daß es unter den 3500 Schülern, die mit mir die Oberschule in Chicago besuchten, auch nur einen einzigen gab, der Berufssoldat werden wollte.

In den zwanziger Jahren, in der Zeit der Ungläubigkeit, verschwanden gewisse Worte aus dem amerikanischen Vokabular. »Ehre« war eines davon, »Ruhm« ein anderes. Ein »Ehrenmann« war ein Heuchler. Wer Ruhm erworben, hatte sicherlich ein Holzbein, wer danach strebte, einen Holzkopf. Patriotismus galt als die letzte Zuflucht eines Taugenichts. Es war die Zeit von Watson und seinen gestreiften Muskeln: Das Menschenwesen ist im Grunde gar nicht vorhanden. Watsons Behauptungen liefen darauf hinaus, daß er – ideale Umstände vorausgesetzt – jedes Neugeborene durch das richtige Training einiger grundlegender Reflexe je nach Wunsch zu einem Fleischer oder Finanzmann, zu einem Soldaten, Dieb, Künstler oder Irren machen könne. Die stillschweigende Voraussetzung war natürlich die angeborene Gleichheit der Menschen, da alle von einem Nullpunkt ausgehen. Obwohl Watson seine Lehren an der Universität von Chicago verkündete, bezweifle ich, daß viele von uns seinen Namen kannten. Aber seine Thesen waren populär, und man bekam sie, wie einen Schlagerrefrain, allenthalben zu hören.

Um 1930 wich die Zeit der Ungläubigkeit dem ersten Ansturm der Zeit des Alibis. Watson verschwand von der Bildfläche, aber seine Doktrin der von Reflexen bestimmten menschlichen Nichtigkeit fand Eingang in die weiter gefaßten Begriffe der Umweltstheorien. Wir waren noch immer nichts, aber unsere Nichtigkeit hatte einen Anflug von Würde erhalten. Wir waren von Natur aus edel und gut. Nur die Umwelteinflüsse machten uns habgierig und aggressiv. Endlich konnten wir an etwas glauben: Was auch immer geschieht, es ist die Schuld eines andern.

Im ersten Kapitel habe ich eine kurze Schilderung der trüben, von der großen Armut befallenen Straßen Amerikas gegeben. Aus unser aller Verzweiflung wurde etwas geboren, das wir, im Gegensatz zu dem bisherigen persönlichen Gewissen, das soziale Gewissen nannten. So nahm die politische Richtung, die wir heute als Liberalismus bezeichnen, Gestalt an. Unser Liberalismus beruhte auf einem »Wir« gegen ein »Die anderen«.

Generale und Waffenlieferanten, die Haie in den trüben Gewässern internationaler Politik, gehörten zu den ärgsten »anderen«. Der Liberalismus dieser Zeit war eine Bastion des Pazifismus.

Wir wurden erzogen, das ist richtig. Die Generation, welche die Herausforderung Pearl Harbors bis zum letzten Mann spontan beantwortete, war bis zum letzten Mann dazu erzogen worden, jeden Krieg für vollkommen sinnlos zu halten. Wäre Amerika ein gewaltiges Laboratorium gewesen und wir alle Versuchskaninchen, man hätte kein eleganteres Experiment erfinden können, um die Macht der Umwelterziehung zu testen. Nur der Versuch der Sowjetunion, den russischen Bauern in jahrzehntelangen Anstrengungen dazu zu bringen, mit Freude ein Land zu bestellen, das nicht das seine ist, läßt sich damit vergleichen. Unser Experiment war in seiner Art ebenso total, es dauerte 23 Jahre, und an einem flammenhellen Morgen wurde es zunichte gemacht. Doch die menschliche Unvernunft ist so groß, daß die Generation, die dieses Experiment erlebt hat, die nächste Generation lehren wird, der Patriotismus sei eine erworbene Tugend.

Pearl Harbor war in der Geschichte der Völker keine einmalige Erscheinung. Seine Bedeutung liegt in der Periode, die dem Ereignis voranging; einer Periode, in der die Menschen die Illusionslosigkeit zu ihrer Göttin auserkoren hatten. Ich mag zurückschauen, alte Wege gehen, alte Straßen, alte Klassenzimmer vor mir sehen, mir die Sprache Chicagos in Erinnerung rufen; kein einziger Hinweis auf das Verdienst, für sein Land zu sterben, kommt mir in den Sinn. Ich kann mich an New York erinnern und an die Jahre des Protests gegen die Ungerechtigkeit der Menschen. Ich kann mich an Kalifornien erinnern und an das wachsende Entsetzen, als das Grauen des Krieges ganz Europa umfing. Ich erinnere mich unserer Sympathien für Frankreich und England. Aber, abgesehen von den höchst unpopulären Prophezeiungen einiger weniger voraussehender Männer, waren wir, trotz unserer Sympathien, Ängste und Empörung, nicht davon zu überzeugen, daß der Krieg eine Lösung für die Probleme der Menschen darstellen könne. Bis zum allerletzten Augenblick ließen wir, wie die Versuchskaninchen, den vollkommenen Erfolg unserer vollkommenen Erziehung erkennen. Und dann übernahm schlagartig die Evolution die Führung.

Wenn das Leben weitergehen soll, muß es in der Geschichte der Lebewesen Augenblicke geben, in denen die Natur die perfekteste Erziehung und die kunstvollste Philosophie zunichte macht, um ältere, verläßlichere Mechanismen an ihre Stelle zu setzen. Herrliche Konstruktionen der Vernunft, fehlerlos in ihrem Aufbau, zerfallen in einem Augenblick zu Staub. Die Höhenflüge unseres Idealismus und unserer Moral, die unsere ewige Sehnsucht und unsere geheimsten Hoffnungen zu verwirklichen scheinen, werden morgen nur noch der Schimmer einer schwachen Erinnerung sein – eine Fata Morgana in der Wüste. Denn der Feind hat angeklopft.

Der territoriale Imperativ ist blind wie ein Grottenolm und unaufhaltsam wie eine Dampfwalze. Seine Gebote stehen jenseits von Vernunft und Logik, sie korrumpieren jede Moral und kennen kein anderes Ziel als das nackte Überleben. Die Amerikaner von heute dürfen dankbar sein, daß es am 7. Dezember 1941 so war. Aber sie dürfen nicht vergessen, daß *alle* Mitglieder der menschlichen Art vom territorialen Prinzip motiviert werden. Es ist keine Erfindung der Amerikaner wie etwa Wolkenkratzer und Coca-Cola. Ob wir dafür oder dagegen sind, ob wir es wollen oder nicht, diese Kraft ist ebenso ein Verbündeter unserer Feinde wie der unsere und der unserer Freunde.

2

Daß die angreifende Macht die Kraftreserven des territorialen Verteidigers zumeist unterschätzt, ist eine der wesentlichsten Ursachen der modernen Kriege. Der Energiezuwachs, den der bedrohte Gebietsinhaber erhält, die durch den ersten Schuß ausgelöste Einigkeit der Partner, die biologische Moral, die von jedem einzelnen die größten Opfer und oft sein Leben fordert – all diese Mechanismen des territorialen Imperativs wirken zusammen, um eine ungeheure Verstärkung der vorhandenen Mittel des Verteidigers hervorzubringen. Wir haben die territoriale Kraft über Menschenaffen und Affen bis zum Lemuren zurückverfolgt. Wir haben sie bei anderen Säugetieren gesehen – bei Bibern und Antilopen, Rehen und Eichhörnchen. Wir haben sie bei Vögeln und Reptilien beobachtet, ja sogar bei bestimmten Insekten wie bei der Grille und einer Wespenart. Die Kraft ließ sich bei den Schleimpilzen nachweisen, Geschöpfen, die so alt sind, daß wir ihre evolutive Genesis nicht feststellen können. Trotzdem wollen jene, die die Territorien ihrer Mitmenschen überfallen, diese Kraft nicht wahrhaben.

»Es ist höchste Zeit, daß sich die Sozial- und Gruppenpsychologie mit den physiologischen Verhaltensaspekten und insbesondere mit den angeborenen Prozessen beschäftigt«, sagte Konrad Lorenz einmal vor einem Symposium. »Bisher scheinen nur die Demagogen eine gewisse Kenntnis von der Materie zu haben.« Lorenz hat weitgehend recht, denn es ist das intuitive Wissen des Demagogen um die wahre Beschaffenheit der Menschen – im Gegensatz zu dem, was sie gerne sein möchten und zu dem, was man ihnen zu sein einredet –, dem sie ihre Erfolge verdanken. Aber in einer Hinsicht war Lorenz im Irrtum: Während der große Politiker erstaunlich genau weiß, wieweit er sich die Kräfte des extravertierten Antagonismus nutzbar machen kann, um das Volk unter seiner Führung zu vereinen, liefert die Geschichte kaum ein Beispiel, daß er sich auch darüber klar ist, was dieselben Kräfte für seine Feinde zuwege bringen können.

Als Carpenter 1940 seine Untersuchungen des sozialen Territoriums der Primaten abschloß, bot die Geschichte soeben eine Ausstellung von unvergleichlicher, blutgetränkter Vielfalt, um die Gültigkeit seiner Ergebnisse für den Menschen zu dokumentieren. In einer Zeitspanne von wenigen Jahren zeigte das Laboratorium des Krieges fast jede mögliche Kombination von territorialem Überfall und territorialer Abwehr. Das Überraschungsmoment im Verein mit einem weit überlegenen Kriegspotential kann natürlich die Verteidigung einer Nation zerschlagen; das waren die Merkmale des Blitzkrieges. Polen, Norwegen und Holland fielen, weil der Steigerung der territorialen Verteidigungsmöglichkeiten letztlich Grenzen gesetzt sind. Auch kann sich eine große Population, die von der Welt traditionsgemäß als Nation angesehen wurde, plötzlich als *noyau* entpuppen.

Was den Fall von Frankreich betrifft, war es, meiner Ansicht nach, der Zusammenbruch des französischen Verteidigungswillens, der die Welt viel tiefer erschütterte als das Versagen der französischen Waffen. In den geheimsten Tiefen unserer animalisch-unbewußten menschlichen Natur – in den Eingeweiden unseres Gehirns, wie jemand es einmal formulierte – nehmen wir den territorialen Imperativ als selbstverständlich hin (zumindest bei unseren Freunden; bei unseren Feinden heißt er Fanatismus), obwohl wir keinen Namen für ihn haben und in einer Gesellschaft leben, die sein Vorhandensein leugnet. Der französische Zusammenbruch schien wie ein Verstoß gegen die Natur, wie eine evolutive Sünde, deren Folgen – Schuldgefühle und Neurosen – die Franzosen bis heute nicht vollständig überwunden haben. Aber es muß darauf hingewiesen werden, daß der Zusammenbruch Frankreichs, territorial gesprochen, ein weniger dramatisches Ereignis war, als es den Anschein hat. Frankreich war in den Zwischenkriegsjahren, wie Italien, zu einem *noyau* geworden, zu einer Gesellschaft mit introvertiertem Antagonismus, und wird es aller Wahrscheinlichkeit nach bleiben.

Was immer für den Zusammenbruch Frankreichs verantwortlich sein mag – die Verwundbarkeit des *noyau*, der Schock des Blitzkrieges, der durch den Ersten Weltkrieg hervorgerufene Männermangel –, jedenfalls war es der letzte territoriale Zusammenbruch des Zweiten Weltkriegs. Die nachfolgenden Ereignisse, unter denen der folgenschwere Irrtum von Pearl Harbor nur eine Episode darstellt, liefern ein klassisches Beispiel für die Unfähigkeit des Angreifers, die vervielfachten Kräfte, denen er gegenübersteht, richtig einzuschätzen. Obwohl der Angreifer immer der Versuchung ausgesetzt ist, in der gegnerischen Nation einen hilflosen *noyau* zu sehen – und gelegentlich mag er damit Recht haben –, zeigt die Geschichte, daß der Aggressor, der bei einer Invasion mit einem Verlauf der Ereignisse wie 1940 in Frankreich rechnet, ein gefährliches Spiel treibt.

Man vergißt gern den Finnischen Krieg, doch ist zu hoffen, daß die Russen ihn nicht vergessen haben. Wann hat in der Neuzeit ein kleines, schwaches Volk die Invasion einer Großmacht mit solcher Entschlossenheit zurückgeschlagen? Die freie Welt war begeistert, wie sie es immer ist, wenn David dem Goliath die Stirn bietet. Es ist schwer, sich vorzustellen, welche Fassungslosigkeit im Kreml geherrscht haben muß, als man, auf einen kleinen Raubzug ausgehend, mit ansehen mußte, wie die eigenen Divisionen in Finnlands eisigen Wäldern dahinstarben. Warum hat Finnland gekämpft? Nur eine zehn Millionen Jahre zurückgehende Erklärung kann die Antwort geben.

Die Schlacht um England habe ich bereits flüchtig erwähnt. Stellt man die Frage, warum Finnland gekämpft hat, so liefert die Feststellung, daß Finnland nichts zu verlieren hatte, wenigstens den Schatten einer Erklärung. Die Alternative hieß: kämpfen und im schlimmsten Fall vernichtet werden, oder sich ergeben und im besten Fall verschluckt werden. Nicht den Schatten einer Antwort gibt es auf die Frage: Warum hat England gekämpft? Durch Hitlers Vormachtstellung auf dem Kontinent waren die Engländer auf ihrer Insel trotz ihrer Stärke ebenso isoliert, ebenso hilflos und verlassen wie die Finnen in ihren Wäldern. Es ist dieses Merkmal wahnwitzigen Starrsinns, das die Verteidigung eines sozialen Territoriums kennzeichnet. Die Briten hatten allen Grund, mit den Deutschen zu einer Verständigung zu kommen, und Hitler wäre, so meinen viele, durchaus dazu bereit gewesen. Hitler hatte seinerseits allen Grund, eine derartige Verständigungsbereitschaft vorauszusetzen. Abgesehen von allen anderen Erwägungen, mußte die deutsche Vorliebe für das Prinzip des ökonomischen Determinismus, das bereits den Gesichtskreis von Marx eingeengt hatte, einen Adolf Hitler dazu bringen, in den Engländern nur ein Volk von Krämern zu sehen und nichts weiter. Daß sie sich als eine Nation von Wahnsinnigen erweisen würden, war nicht vorauszusehen. Man kann nur vermuten, daß die Evolution in ihrer konsequenten Logik – unberührt von dem Schicksal des einzelnen – bestimmte Vorgänge für das Überleben von Populationen gutheißt, die der menschlichen Vernunft in bezug auf unsere Lebensspanne als heller Irrsinn erscheinen. England wählte den Kampf, und eine Welt wurde gerettet.

In unserem furchtbaren Laboratorium des Zweiten Weltkrieges sehen wir immer wieder das gleiche Schauspiel: Räuberische Mächte greifen mit den raffiniertesten Kriegsmaschinen an, die der Menschengeist erfunden hat, und stoßen wieder und wieder auf Kräfte, die von einem tierischen Instinkt durchdrungen und organisiert werden, dessen Existenz die gelehrtesten Köpfe der Zeit nicht wahrhaben wollten. Auf Pearl Harbor habe ich schon hingewiesen. Eine weniger bekannte Episode in Südeuropa ist ebenso bezeichnend.

Mussolini war einer der größten Zyniker dieses Jahrhunderts. Sein Prestige beruhte ebenso auf der Leichtgläubigkeit der Welt wie auf dem Geschick seiner politischen Berechnungen und der Gewalt seiner Stimmkraft. Ich lebe in Italien und habe die größte Hochachtung vor dem einmaligen Talent der Italiener, zwischen Pose und gefährlicher Handlung zu unterscheiden; eine *bella figura* zu machen, ohne dabei zu riskieren, daß daraus ein *bello cadavere* werden könnte. Ich kann nicht glauben, daß ein Mann wie Mussolini Griechenland angegriffen hätte, wäre ihm die Invasion nicht als gefahrloser Spaziergang erschienen. Eingedenk der Thermopylen und Marathon schlug die kleine griechische Armee die Italiener an der ersten Bergkette zurück. Es war der peinlichste Moment des Zweiten Weltkrieges. Ein wütender Hitler, damit beschäftigt, die Invasion Rußlands vorzubereiten, mußte seinem Partner zu Hilfe eilen. Von diesem Augenblick an war Mussolini in aller Augen außer seinen eigenen vollkommen und restlos erledigt.

Griechenland wurde von der deutschen Waffengewalt vernichtet, so wie Polen, Norwegen und Holland zerschlagen wurden. Das soziale Territorium gebietet dem Besitzer, sich gegen den Angreifer zur Wehr zu setzen, auch wenn die Erfolgschancen gleich Null sind. Reicht die unerklärliche Kräftevermehrung, welche das Territorium dem Gebietsinhaber verleiht, nicht aus, so muß die Verteidigung natürlich zusammenbrechen. Das Territorium kann keine Wunder wirken, aber es kann für Schwierigkeiten von erstaunlichen Ausmaßen sorgen. Auf derartige Schwierigkeiten stieß Hitler zu einer kritischen Stunde in

Griechenland; griechische Unvernunft im Verein mit einer jugoslawischen Leidenschaft für Unfug brachten es zuwege, Hitlers Angriff auf Rußland um fünf Wochen zu verzögern.

Rückblickend geschriebene Analysen des Kriegsgeschehens vergessen leicht die Ungewißheiten der damaligen Situation. Heute mag es als zwangsläufig erscheinen, daß die Sowjetunion mit ihrer gewaltigen Macht den deutschen Ansturm überlebt hat. Es gab eine Zeit, da es undenkbar schien. Ich arbeitete damals in der Überseeabteilung des amerikanischen Informationsdienstes, und obwohl es sicher einige Weise gab, die anderer Meinung waren, erinnere ich mich an keine maßgebende Autorität, die etwas anderes als den totalen russischen Zusammenbruch erwartete. Einige Wochen nach dem Beginn der Invasion erschien in einer bekannten amerikanischen Zeitschrift eine in der *Mitvergangenheit* verfaßte Analyse, wie Hitler die Russen besiegt hatte. Diese Nummer ist heute ein gesuchtes Objekt für Sammler. Und wenn das Unvermögen Amerikas, den russischen Verteidigungswillen richtig einzuschätzen, von unserer Antipathie gegen das politische System beeinflußt gewesen sein mag, so liefert dies keine Erklärung dafür, daß die gesamte Welt den Verteidigungswillen der Finnen unterschätzte, den der Briten, der Griechen, der Jugoslawen – und letztlich auch unseren eigenen.

Unser Unvermögen, die Kraft zu begreifen, die unsere Rettung war, hatte keinen Einfluß auf das Kriegsgeschehen. Unser Verhalten gehorcht instinktiven Geboten. Ganz gleich, ob wir wissend oder unwissend, bewußt oder von Selbsttäuschungen befangen, in klarer Erkenntnis oder in dunkler Ignoranz handelten – wir hätten auf jeden Fall so gehandelt. Beim Angreifer aber verhält es sich anders.

Es wäre niemals zum Krieg gekommen, so vermute ich, hätten die Führer der aggressiven Mächte des Zweiten Weltkrieges gewußt, was sie erwartete. Ich bin mir darüber klar, daß die menschliche Torheit ganz erstaunliche Ausmaße annehmen kann. Ich bin mir darüber klar, daß kaum eine menschliche Eigenschaft so tief verwurzelt ist wie die Überheblichkeit und daß Hitler, Mussolini und die japanische Militärclique reichlich damit gesegnet waren. Aber sie alle waren keine Narren. Sie waren Männer des Krieges, und der Krieg war ihr Handwerk. Die Pläne wurden sorgfältig ausgearbeitet, Menschen- und Kriegsmaterial, vorhandene und benötigte Reserven überprüft, die eigenen und die Möglichkeiten des Feindes abgewogen. Aus der Bilanz dieser Überlegungen wurde abgeleitet, was man riskieren könne. Ich empfinde es als bedauerlich, daß die additiven Kräfte der territorialen Verteidigung in ihre Statistik der Aggression nicht mit einbezogen wurden.

Der Verlauf des Zweiten Weltkrieges läßt auf seiten des Angreifers auf eine vollkommene Ignoranz des wahrscheinlichen Verhaltens des Verteidigers schließen. Ebenso weisen die Geschehnisse darauf hin, daß sich die Berechnungen der Aggressoren – wären die Menschen wirklich so beschaffen, wie wir es gern glauben möchten – nicht als überheblich, sondern als völlig korrekt erwiesen hätten. Wären wir von bedingten Reflexen bestimmte Geschöpfe, wären wir ausschließlich die Produkte unserer Umwelt, wären wir Lebewesen, die sich, den Planetensystemen gleich, um diese oder jene Sonne drehten, um die Sexualität, um materiellen Gewinn oder um andere Belange – wären wir so beschaffen, die Struktur der Aggression hätte der Struktur des Menschen wunderbar entsprochen, und eine Welt, die die unsere war, wäre heute die Welt der anderen. Aber wir sind mehr als all das, und mit der Fehleinschätzung des Menschen mußte die Aggression versagen.

Jede Spezies ist der Ausdruck der Summe ihrer evolutiven Möglichkeiten. Die komplexe Vielfalt der menschlichen Vergangenheit entspricht der komplexen Vielfalt der menschlichen Gegenwart, und so muß der Mensch als unberechenbar gelten. Die Untersuchung einer einzigen angeborenen Verhaltensform wird uns nur wenige exakte Aussagen liefern, um das Elektronengehirn der menschlichen Zukunft damit zu füttern. Wir können zum Beispiel nicht wissen, was 1940 geschehen wäre, hätte Frankreich einen Alphafisch von der Größe eines Churchill, eines de Gaulle oder nur eines Joffre besessen. Die so grundlegend verschiedene Haltung der Belgier in den beiden Kriegen – im Ersten unter der Führung von Albert I., im Zweiten unter der Führung einer Null – weist auf die Bedeutung eines Alphafisches im territorialen Aquarium hin. Über derartige Dinge können wir ohne eine genaue Kenntnis des sozialen Mechanismus keine Vermutungen anstellen. Aber eines dürfen wir mit Sicherheit behaupten: Das Vorhandensein einer einzigen dominierenden, ja sogar überragenden Persönlichkeit in einer Gesellschaft wäre bedeutungslos, könnte sie nicht in den sozialen Partnern den territorialen Imperativ zur Auslösung bringen.

Der Mensch mag unberechenbar sein. Aber innerhalb seiner Möglichkeiten sind bekannte Faktoren vorhanden, die zur Entfaltung kommen können. Sie waren den Angreifern von 1940 ebenso unbekannt, wie sie es den Angreifern von heute sind. 22 Jahre nach Dr. Carpenters letzter Rückkehr aus den Regenwäldern in die intellektuelle Wildnis unseres Jahrhunderts war es immer noch möglich, daß sich ein militärischer Abenteurer in eine Katastrophe stürzte, ohne eine Ahnung von den gewaltigen Kräften des territorialen Imperativs zu haben.

Wir müssen nicht in halbvergessenen Erinnerungen kramen, um uns zu vergegenwärtigen, daß ein völlig ahnungsloser Kreml im Herbst 1962 die geheime Aufstellung nuklearer Raketen auf gewissen versteckten Plätzen Kubas anordnete. Da die Geschosse gegen verschiedene amerikanische Städte gerichtet waren, stellten sie eine territoriale Bedrohung erster Ordnung dar. Aber man hielt die Amerikaner für fett, reich und nur mit den materiellen Gütern des Lebens beschäftigt, uneins in ihrer Innenpolitik, unsicher in ihrer Außenpolitik. All das läßt sich nicht bestreiten, aber diese Charakteristika ergeben noch keinen *noyau*, denn die amerikanische Gesellschaft wurde nicht durch introvertierten Antagonismus zusammengehalten und blieb eine biologische Nation. Die Bedrohung wurde offenbar. Und während eine hilflose Welt zusah – herzklopfend und mit kaltem Schweiß auf der Stirn –, stellten die Amerikaner den Cadillac in die Garage, legten die dicken Steaks in den Kühlschrank, drehten Fernsehapparat und Klimaanlage ab, sagten Weib, Kind und der Börse Lebewohl und traten geschlossen der Bedrohung entgegen. Die Russen zogen sich zurück. Und die Welt erwachte aus ihrem ohnmächtigen Schrecken.

Jeder Mensch mußte dem Kreml für seine Bereitschaft dankbar sein, einen Irrtum einzusehen und mit dem Rückzug eine Demütigung auf sich zu nehmen, von der sich das Prestige der Sowjetunion nur schwer erholen konnte. Aber kein Mensch darf erwarten, daß ein nächster Angreifer ebenfalls die Bereitschaft oder die Möglichkeit haben wird, eine ähnliche Demütigung auf sich zu nehmen. Und so stehen wir vor der einfachen Wahl: Wir können uns und allen potentiellen Aggressoren unter uns Informationen zukommen lassen, die eine bessere Beurteilung des Menschen ermöglichen, oder wir können, wenn der große Augenblick gekommen ist, zum letztenmal auf der Tribüne sitzen und uns die Ohren zuhalten. Dann haben wir die Katastrophe selbst heraufbeschworen. Dann haben wir nichts anderes verdient.

Das Territorium ist nicht die Ursache der Kriege, oder nur in dem Sinn, daß es zwei Gegner braucht, um einen Streit anzufangen. Das Territorium beinhaltet die große Wahrscheinlichkeit, daß es im Falle eines Angriffs zum Krieg kommt. In seinem kurz nach dem letzten Krieg erschienenen Buch ›Essays on Human Evolution‹ äußert Sir Arthur Keith die Ansicht, daß man nur die Territorialität in Rechnung stellen müsse, um die Ursache der Kriege zu finden. Sein letztes, einige Jahre später erschienenes Werk ›A New Theory of Human Evolution‹ verband das territoriale Prinzip mit einer allgemeinen Hypothese über die Entstehung des Menschen aus seinen subhumanen Primatenvorfahren. Es ist das einzige bedeutende Werk, in dem der moderne Begriff des territorialen Prinzips – Darwin kannte ihn noch nicht, als er ›The Descent of Man‹ schrieb – als eine Kraft erkannt wird, die sowohl unsere Abstammung wie die Entwicklung neuer und alter Gesellschaftsformen beeinflußt hat. Vieles ist etwas wirr; viele der vorzeitigen Schlüsse erwiesen sich als falsch; vieles sind die Gedanken eines sehr alten Mannes, der, sich dessen bewußt, daß er die letzten Worte schreibt, zu viele von ihnen zu Papier bringt. Dennoch stellt das Buch unter den Arbeiten der modernen Anthropologie ein Meisterwerk dar, eine Erinnerung an die Zeit der Titanen. Aber dieses letzte, gewaltige Werk des größten Anthropologen wurde 1948 veröffentlicht, gerade als die Umweltstheoretiker beim Austausch der Lehrmeinungen ihre Kartelle zu errichten begannen; so blieb das Meisterwerk praktisch ungelesen.

Ich stimme mit vielen Ansichten Keith' überein. Mit seiner Behauptung, das Territorium sei die Ursache der Kriege, bin und war ich nie einverstanden. Meine Ansichten wurden des öfteren falsch interpretiert, obwohl ich in meinem Buch ›Adam kam aus Afrika‹ unmißverständlich sage:

»Ich würde heute sagen, daß Sir Arthur . . . zu früh sprach. Die jüngsten Erkenntnisse unseres afrikanischen Ursprungs haben zu den tierischen Instinkten, die unser Verhalten beeinflussen, viel schreckerregendere Faktoren beigesteuert als die Territorialität. Wie wir noch sehen werden, müssen wir den Trieb, ein Territorium zu gewinnen und zu besitzen, ja sogar die Bereitschaft, in tödlicher Feindschaft mit dem Nachbarn zu leben, als eine konservative Kraft in dem breiten Spektrum der Arten ansehen.«

In einem späteren Abschnitt des Buches heißt es:

»Aber der Trieb zum Besitz und zur Verteidigung eines Territoriums kann nicht als die Ursache, sondern bloß als eine Bedingung für die Kriege der Menschen angesehen werden. Das Wirken dieses Triebes wurde in dem Ungestüm sichtbar, mit dem das kleine Finnland einem ungeheuer überlegenen Feind die Stirn bot; in dem wahnsinnigen Versuch der Ungarn, ihrem Land die Selbständigkeit zurückzuerobern; in dem irrationalen, einsamen Heldentum jener wenigen, die in der Schlacht um England so viele retteten. Das waren soziale Verteidigungsaktionen in völliger Übereinstimmung mit dem territorialen Gesetz, die ihre unwahrscheinliche Kraft und Größe aus den Tiefen des Instinkts bezogen. Aber in all diesen Fällen war das Territorium die *Bedingung* für den Krieg, nicht seine Ursache.«

Seit ich diese Zeilen schrieb, haben unsere neuen Erkenntnisse über Affen und Menschenaffen den konservativen Charakter des territorialen Prinzips noch unterstrichen. Die biologische Nation, deren Entstehung wir verfolgt haben, ist einerseits der beste Garant für die Integrität einer Population, anderseits – infolge des extravertierten Antagonismus – die stärkste Quelle innerer Eintracht. Vielleicht ist die biologische Nation bei den Primatengesellschaften zu einem allzu perfekten Hüter der Sicherheit geworden, denn die Stimulierung, die zweite Funktion des Territoriums, wurde vernachlässigt. Die Grenzen bieten sozusagen keine Unterhaltung mehr. Die gemeinsame Verteidigung einer Grenze durch 40, 50 oder 100 Tiere versetzt den Angreifer eher in einen Zustand der Betäubung als in den der Stimulierung. Und so verzichten die höher entwickelten unter den Primatenarten – die großen Menschenaffen, Paviane, Languren, Meerkatzen und Rhesusaffen – auf den Angriff und vermeiden jedes Eindringen in fremdes Gebiet.

Sollte es sich so verhalten – ich stelle nur Vermutungen an, da wir kein fossiles Material besitzen, das diesen evolutiven Fortschritt von der Verteidigung zum Verzicht auf einen Angriff bestätigen könnte –, dann steht ein großes Fragezeichen über der menschlichen Art: Warum ist der Mensch mit allen seinen intellektuellen Fähigkeiten nicht imstande – sei es durch Intuition, sei es durch Erfahrung –, eine Lehre zu beherzigen, die Affen und Menschenaffen längst begriffen haben? Warum greifen wir noch immer an, obwohl die Folgen mehr Tränen als Triumphe bringen?

Das Beispiel der Primaten ist nicht ganz so vage, wie es das

Fehlen einer fossilen Geschichte vermuten läßt. Washburn nimmt an, daß wir in zwei Jahren unser heutiges Material verdoppelt haben werden, während es vor zwei Jahren mangels an Beobachtungen noch schwierig war, eine allgemeine Vorlesung über das Primatenverhalten zu halten. Es ist heute eine äußerst riskante Zeit, Verallgemeinerungen über das Primatenverhalten oder seine Entstehung zu machen. Zahlreiche Hinweise haben sich bereits angesammelt. Gibbon- und Springaffenpaare lieben Angriff und Verteidigung ebenso heiß wie die Möwen oder die Sumpfhühner. Die lärmenden, kriegerischen biologischen Nationen beschränken sich auf Arten, die nicht in großen Gruppen leben, während die mächtigen Sozietäten – größere und stärkere Individuen oder eine größere Anzahl von Tieren – mit Ausnahme des Rhesusaffen die Verteidigung durch den Verzicht auf Angriff ersetzt haben, nach außen gerichtete Feindseligkeit durch nach außen gerichtete Gleichgültigkeit.

Der Humanverhaltensforscher – beunruhigt durch die Aussicht auf weitere Kriege, durch die scheinbar unabänderlichen Gesetze des territorialen Konfliktes und die nicht vorhandene Bereitschaft der Menschen, auf den Angriff zu verzichten – wird vom Studium des Pavians am meisten profitieren. Unter den Primaten wird seine Aggressionslust nur vom Menschen übertroffen. Er ist ein geborener Raufbold, ein geborener Verbrecher, ein geborener Anwärter auf den Strick des Henkers. Im Gegensatz zum Gorilla – jenem sanften, harmlosen Geschöpf, bei dem ein Minimum an Tyrannis ein Maximum an Wirkung erzielt – verkörpert der Pavian die Antwort der Natur auf den Polizeistaat. Er ist gefügig wie eine Wildkatze, harmlos wie eine Sandviper, sanft wie ein Mörderwal. Er ist häßlich. Seine bernsteingelben Augen besitzen jenes Funkeln, das in Romanen gern den Piraten zugeschrieben wird. Er hat räuberische Neigungen, und zu gewissen Zeiten macht es ihm ein besonderes Vergnügen, die neugeborenen Gorillakinder umzubringen und zu verschlingen. Er stiehlt, was ihm über den Weg kommt. Der große Dieb von Afrika besitzt einen unersättlichen Appetit auf alles, was eine Farm bietet, vom Maiskolben bis zu den Früchten des Obstgartens. Seit die ersten schwarzen oder weißen Farmer ihre erste Ernte einbrachten, herrscht Krieg zwischen dem Menschen und dem Pavian. Doch das Tier ist schlau. Beim Plündern der Obstgärten läßt es sich von Frauen nicht stören. Erscheint aber ein erzürnter Farmer als Frau verkleidet, so entlarvt ihn die Herde sofort auf eine Entfernung von 30 Meter und verschwindet im Hügelland.

Es ist dieses Tier, dieser übergroße Erdaffe, dessen Verhalten dem des Menschen so unangenehm ähnlich ist, das bewiesen hat, wie vorzüglich die Primatenkombination von Körper, Gehirn und hochorganisierter Gesellschaft funktionieren kann. Es ist dieses Tier mit seiner skrupellosen Führerclique an der Spitze – ebenfalls in unerfreulicher Weise an den Menschen erinnernd –, das bewiesen hat, wie wirksam Tyrannis und Angst die unverbesserlichsten Galgenvögel zu einer Gesellschaft formen können. K. R. L. Hall, S. L. Washburn und Irven DeVore veröffentlichten gemeinsam die Ergebnisse ihrer insgesamt 2000 Stunden lang durchgeführten Beobachtungen des aggressivsten aller subhumanen Primaten. Niemals konnten die Forscher einen territorialen Konflikt feststellen. Die Gebiete der Herden sind groß, so groß, daß sie sich manchmal an den Rändern überschneiden. Aber die Herde respektiert den Besitz des Nachbarn, indem sie ihn meidet. Sogar bei den Wasserstellen ignorieren die Tiere einander.

Hat der Pavian gelernt – wie es der Mensch lernen könnte –, daß das Eindringen in ein fremdes, von fünfzig oder hundert Bewohnern verteidigtes Territorium ein so undankbares Geschäft ist, daß man es lieber bleibenläßt? Ist es der Fall, dann muß diese Erfahrung so alt sein, daß das Meiden der Grenze zu einem Teil der angeborenen Pavianausstattung wurde. Die Beobachter konnten keinen Hinweis auf Erlernen durch Erfahrung finden. Oder hat sich der Pavian seit eh und je so verhalten? Bietet er dem menschlichen Eindringling keine Hoffnung? Eine einzige Beobachtung läßt die optimistische Schlußfolgerung zu, daß der Pavian in seinen Reaktionen ebenso territorial ist wie der kriegslustigste aller Besitzer und daß es die Erfahrung war – wahrscheinlich eine sehr frühzeitige Erfahrung –, die seiner Art den Frieden gebracht hat.

Kurz nachdem Hall seine Untersuchungen des Chacmapavians auf dem Kap der Guten Hoffnung abgeschlossen hatte, wandte er seine Aufmerksamkeit den Husarenaffen in Nordwestuganda zu. Ronald Hall gilt allgemein als *die* Autorität auf dem Gebiet der Primatenbeobachtung in freier Wildbahn; vielleicht wegen seiner unermüdlichen Energie, vielleicht wegen seiner Einstellung zu der Wissenschaft, die einen unglaublichen Einfallsreichtum mit der Objektivität eines Kriminalbeamten verbindet. Wir lernten einander in der brütend heißen Buschsteppenlandschaft des Rift Valley kennen und schlossen – warum, wußten wir beide nicht – sofort Freundschaft. Später, im Frühjahr 1964, erzählte er mir anläßlich eines kurzen Aufenthaltes in Rom den folgenden Vorfall, dem er eine außerordentliche Bedeutung beimaß.

Da Paviane und Husarenaffen in dieser Gegend dieselben Gebiete bevölkern, konnte Hall seine alten wie seine neuen Lieblinge im Auge behalten. Die Husarenaffenverbände bewegen sich so schnell, daß es einen sportlichen Beobachter erfordert, um mit ihnen Schritt zu halten. Trotzdem hatte Hall Zeit gefunden, auch mit allen Pavianherden der Gegend vertraut zu werden; er kannte ihre Gebiete und die ungefähre Größe der Populationen. Damit beschäftigt, einem Husarenaffentrupp zu folgen, traf er eines Morgens auf eine Pavianherde, die friedlich im Herzland einer anderen Herde Futter suchte. Er wußte, daß die in dem Gebiet ansässige Population klein war und nicht mehr als 25 Tiere umfaßte. Die eingedrungene Gruppe war groß – mehr als doppelt so groß. Niemals zuvor hatte er ein so tiefes Eindringen in fremdes Gebiet gesehen, und seines Wissens hatten auch Washburn und DeVore nichts Ähnliches beobachtet. Die Bewohner waren irgendwo weit weg und nicht zu sehen. Was würde geschehen, wenn sie zurückkämen? Die mögliche Aussicht auf ein Drama war zu verlockend für Hall. Er ließ seine Husarenaffen ihrer Wege ziehen und setzte sich nieder, um zu warten.

Der Morgen ging vorüber, und die betäubende Hitze des afrikanischen Mittags setzte ein. Die Paviane, die in den Bäumen nach Früchten suchten, fraßen friedlich weiter. Und dann geschah es. Über eine ferne, fahle Bodenerhebung kamen ein paar junge Männchen – die übliche Vorhut eines umherziehenden Paviantrupps. Sie erblickten die Eindringlinge, sie begannen zu bellen und vorzurücken. Das genügte. Von den Bäumen regnete es Paviane wie Kokosnüsse von sturmgepeitschten Palmen. Innerhalb von Minuten waren die ungebetenen Gäste eine Meile weit entfernt.

Nach Halls Ansicht hatte sich hier ein Territorialverhalten im striktesten Sinn manifestiert: der Angriff des Verteidigers trotz geringer Chancen; das sofortige Erkennen der Besitzrechte seitens des Eindringlings; die panische Flucht. Die bei Pavianen so seltene Gebietsverletzung mag zufällig durch eine Unachtsamkeit der Anführer zustande gekommen sein. Aber der Vorfall liefert den Beweis, daß der Pavianfriede nicht durch Kampfunwilligkeit aufrechterhalten wird, nicht durch das Fehlen jenes angeborenen territorialen Gebotes, welches das Leben von Rehen und Gibbons, Stichlingen und Haubentauchern beherrscht, sondern einfach durch die Abneigung, fremdes Gebiet zu betreten.

Der angeborene Trieb, seinen Besitz zu verteidigen, ist natürlich der Kern des territorialen Prinzips; aber von ebenso zentraler Bedeutung ist die Anerkennung der Rechte des Nachbarn. Auch diesem Umstand muß der Politiker, der Staatsmann und jeder an der Zukunft der Menschheit Interessierte – ob Laie oder Fachmann – Rechnung tragen. Stephen Gartlan, einer von Halls Studenten, verbrachte fast zwei Jahre inmitten des Viktoriasees auf einer kleinen, nur von ihm und 1500 Meerkatzen bewohnten Insel. Sie ist 30 Meilen von der Küste Kenias entfernt; wann und wie die Vorfahren der heutigen Meerkatzenpopulation auf der Loluiinsel isoliert wurden, wissen wir nicht. Die natürliche Vermehrung hat jedenfalls fast eine Übervölkerung hervorgebracht, denn die Insel mißt 11 Quadratmeilen, und nur die Randgebiete sind ein für Meerkatzen geeignetes Habitat. Diese Randgebiete wurden von den Herden in kleine Territorien von je etwa einem halben Morgen unterteilt, und Gartlan erzählte mir, die Grenzen seien so bestimmt und unveränderlich, daß man sie leicht mit Farbe markieren könne. Der ökonomische Druck mußte Grenzverletzungen sehr verlockend machen. Aber Gartlan konnte keinen einzigen territorialen Konflikt, keine einzige Grenzverletzung beobachten. Selten einmal geschah es, daß ein Trupp das Randgebiet des benachbarten Reiches betrat, aber kaum sah er die Bewohner, schon ergriff er die Flucht.

Jean Jacques Petter beobachtete auf Madagaskar, daß die Mohrenmakigruppen bei ihren regelmäßigen Ausflügen auf der Suche nach Wasser die Gebiete der anderen Gruppen umgingen, obwohl der Weg dadurch bedeutend länger wurde. Durward Allen und seine Studenten von der Purdue-Universität beobachteten Jahr um Jahr zwei Wolfsrudel auf einer großen Insel im Lake Superior. Die Wölfe hatten die Insel in zwei Jagdterritorien unterteilt, eines ungefähr doppelt so groß wie das andere. Das große Gebiet wurde von einem etwa 15 Tiere umfassenden Pack bewohnt, das andere von einer kleinen Gruppe von 3 oder 4 Wölfen. Trotz des geringen Widerstandes, den die kleine Gruppe leisten konnte, betrat das große Rudel niemals das Reich der anderen. Farley Mowat stellte auf Kanadas verlassenen Landstrichen der Keewatinhalbinsel die gleiche Anerkennung von Gebietsrechten bei Polarwölfen fest. In einem der heitersten und klügsten Bücher über das Tierverhalten (›Never Cry Wolf‹) schildert er die Ankunft eines auf Besuch kommenden Wolfsrudels an der Grenze der einheimischen Wölfe. Beriechen, Nasenreiben, Schwanzwedeln – alle Freundschaftsbezeigungen werden pflichtgemäß, ja zeremoniell ausgeführt. Hierauf erhalten die Besucher – man ist schließlich nicht ungastlich – ihre Visa.

Eine ähnliche zeremonielle Versammlung konnte P. O. Swanberg bei einem außerordentlich spezialisierten Vogel, dem Tannenhäher *(Nucifraga caryocatactes)*, beobachten. Dieser Vogel, ein Bewohner der mittel- und nordeuropäischen Wälder, baut sein Nest in Baumlöchern und sucht seine Nahrung in den umliegenden Haselnußsträuchern. 13 Jahre lang beobachtete Swanberg seine Paare auf ihren Besitztümern und fand keine einzige Grenzverletzung außer kurz vor der Nistzeit. Zu diesem Zeitpunkt pflegten sich alle Besitzer der Umgebung auf dem Hoheitsgebiet eines gastlichen Vogels zu einem – wie Swanberg es interpretierte – zeremoniellen Fest einzufinden.

Mögen auch zeremonielle Ausnahmefälle vorkommen, finden wir dennoch die Anerkennung des Besitzrechtes bei Art um Art. Baumgarten beobachtete Virginische Uhus *(Bubo virginiarus)* in Kansas. Niemals entfernten sie sich weiter von ihren Jagdterritorien, als sein Beobachtungsfeld reichte. Loye Miller studierte die gleichen großen Raubvögel in den San-Bernardino-Bergen Kaliforniens. Er lernte ihren Ruf nachzuahmen, und sie folgten ihm nach, aber niemals konnte er sie veranlassen, den neutralen Streifen zwischen ihrem und dem Jagdterritorium des nächsten Paares zu überfliegen. Buschmänner mögen ein Tier in der Kalahari verwunden; doch auch wenn sie noch so ausgehungert sind, werden sie es niemals verfolgen, wenn das Tier die neutrale Zone zwischen ihrem und dem Territorium des benachbarten Verbandes überschreitet.

Bei unseren gesamten Beobachtungen der Arenaarten, der Paare und sozialen Tierverbände haben wir die Hemmung angetroffen, die dem Eindringling das Selbstvertrauen raubt; seine Respektierung der Rechte des Besitzers. Seit dem Beginn territorialer Beobachtung finden sich in den Aufzeichnungen der Forscher Hinweise auf das Vorhandensein eines Schuldgefühls auf seiten des Rechtsbrechers. Vor langer Zeit berichtete Kenneth Gordon über das Verhalten eines Diebes auf einem seinem Camp in Oregon benachbarten Territorium. Bei dem Dieb handelte es sich um ein Douglaseichhörnchen, das die hohen Wipfel der Douglastannen bewohnt. Der Besitzer des Territoriums befand sich auf einem fast 70 Meter hohen Baum, eifrig damit beschäftigt, Zapfen zu schälen, und nicht in der Lage, zu sehen, was unten vor sich ging. Herabfallende Schuppen ließen keinen Zweifel an seinem Aufenthaltsort und seiner Beschäftigung. Trotzdem waren die Bewegungen des einfallenden Diebes, der einen auf der Erde liegenden Zapfen stahl, zögernd, nervös und »schuldbewußt«.

Stevenson-Hamilton, der Begründer des berühmten Krüger-Parks, hatte schon früher auf das offensichtliche Schuldbewußtsein des blauen Wildebeest hingewiesen, das in das Reich einer anderen Herde eindringt. Und jener mit kriminalistischen Fähigkeiten ausgestattete Beobachter der Springäffchen, William Mason, hatte in einem *noyau* das gleiche Verhalten bei einem Dieb festgestellt. Wir erinnern uns, daß die normale Grenzverletzung ritualisiert ist, zu bestimmten Stunden und niemals in Abwesenheit des Gegners stattfindet, da dieser den Dingen erst die rechte Würze verleiht. Aber zwischendurch kann ein anderes motiviertes Eindringen völlig verschiedenartig verlaufen. Das Springäffchen mag versucht sein, sich ein paar Früchte aus dem Gebiet des Nachbarn anzueignen. Es wird seinen Diebstahl nur begehen, wenn weit und breit niemand zu sehen ist, der den Frevel beobachten könnte. Und wieder ist »Schuldbewußtsein« der einzige Ausdruck, um seine Handlung zu beschreiben. Ängstlich, vorsichtig, aufs höchste angespannt wird es die gestohlene Frucht verzehren, um schnell wieder auf jenes Stück Erde zurückzuspringen, wo seine Anwesenheit keine Rechte verletzt.

Der gestrenge Niko Tinbergen verurteilt in seinem Buch ›The Study of Instinct‹ jede subjektive Auslegung von tierischen Handlungen. »Da sich subjektive Phänomene bei Tieren der objektiven Beobachtung entziehen, ist es müßig, ihr Vorhandensein zu behaupten oder zu bestreiten.« Und doch zeigt sich die universelle Anerkennung territorialer Rechte so deutlich, daß er in einem späteren Buch ausführt: »Grenzüberschreiter sind die Verkörperung des schlechten Gewissens, Territoriumsbesitzer die Verkörperung berechtigter Empörung.«

Ich habe gesagt, das Gebot, seinen Besitz zu verteidigen, sei der Kern des territorialen Prinzips. Die Anerkennung der Rechte des anderen Tieres ist das zweite fundamentale Gesetz. Wir können es auch vom Standpunkt des Eindringlings aus formulieren. Zwei einander entgegengesetzte Impulse bilden die Basis des territorialen Prinzips: der Trieb, das Gebiet des Nachbarn zu betreten, und der Trieb, es zu meiden. Die psychologische Notwendigkeit der Stimulierung oder die unwiderstehliche Lust auf Beute verändern das Gleichgewicht zugunsten des Eindringens. Aber wenn die Lebensweise seiner Art das Tier mit dem Sammeln von Haselnüssen in entfernten Sträuchern in Atem hält oder es sonst mit genügend Abenteuern und Aufregungen versorgt, um seinen täglichen Bedarf an Sensationen zu befriedigen, wenn die Verteidigungsmittel des Besitzers – scharfe Krallen, ein mörderisches Temperament, eiserne Fänge oder die geschlossene Phalanx der biologischen Nation – eine Beute unwahrscheinlich und einen Raubzug selbstmörderisch werden lassen, dann wird sich das Gleichgewicht der angeborenen Triebe zugunsten des Verzichts verschieben. Tierverträge werden geschlossen, Rechte anerkannt und respektiert. Uneingeladene Gäste sind selten.

Das territoriale Prinzip ist dem Frieden zwischen den Nationen in keiner Weise abträglich. Der Erforscher der evolutiven Natur des Menschen kann getrost seine Großtante bitten, diese Tatsache in Kreuzstich festzuhalten, so daß sie eingerahmt an der Wand hängen mag, so wie einst der sinnige Spruch vom »Trauten Heim, Glück allein«. Alle Beispiele im Primatenleben und in dem ihrer entwicklungsgeschichtlichen Vorgänger weisen darauf hin, daß die Territorialität eine konservative, defensive Kraft ist, daß die biologische Nation den besten natürlichen Mechanismus zum Schutz der sozialen Gruppe darstellt und der territoriale Imperativ eine Grenzverletzung nicht mehr fördert, sobald diese gefährlich wird und ihren arterhaltenden Wert verliert.

Es bleibt daher die Frage offen: Warum begehen Menschen aggressive Akte? Wieder einmal müssen wir uns erinnern, daß wir nicht die Nachfahren jener Affen und Menschenaffen sind, die wir heute so eifrig studieren. Wir sind ganz entfernte Verwandte mit unserem eigenen Stammbaum evolutiver Erfahrung und Selektion. Wir müssen uns erinnern, daß der Mensch nicht nur von der Sexualität geprägt wurde, nicht nur vom materiellen Streben, nicht von der kulturellen Tradition oder der Umwelt allein; und auch nicht nur von der Territorialität. Wir sind Räuber.

4

Das Miozän war eine Epoche weltweiten Überflusses. Der Regen fiel reichlich, Seen und Flüsse waren übervoll. Üppig wuchsen die Wälder und versorgten die Baumbewohner mit Früchten und

Blättern. Neue Gräser und Halme schossen empor, die Prärien dehnten sich aus; grün waren die Weiden und fett die Tiere, die auf ihnen grasten. In dieser paradiesischen Zeit sagte der Affe, der einmal zum Menschen werden würde, dem Affen, der einmal zum Schimpansen und Gorilla werden würde, Lebewohl.

Es war vor sehr langer Zeit. Das Miozän endete, soweit wir dies bestimmen können, vor etwa 12 Millionen Jahren, um der verzweiflungsvollen Zeit des Pliozäns und seiner weltweiten Dürre Platz zu machen. Aber die fetten Jahre hatten lange gedauert – fast 20 Millionen Jahre. Perioden von solchen Ausmaßen zu erfassen ist für den menschlichen Geist ebenso schwer, wie eine Vorstellung von den interstellaren Distanzen zu gewinnen. Wir können Zeit und Raum mathematisch erfassen, aber unsere Vorstellungskraft streikt, wollen wir uns einen Begriff von diesen Größenordnungen machen. Doch die Dauer von 20 Millionen Jahren – eine kurze Spanne im unendlichen Zeitablauf – ist ebenso real wie das Fallen des bunten Laubes im nächsten Herbst. Tiere pflanzten sich fort und starben. Generationen von Affen und Mäusen, Reptilien und Pferden lösten einander ab. Die fortschreitenden Küsten des Lebens formten neue Nischen und neue Buchten, alte Strandplätze blickten zurück auf das weite Meer der unbekannnten Vergangenheit.

Wir gingen unseren Weg. Auf diesem Bergrücken, an jenem See ließen wir unsere Knochen zurück. Mehr und mehr lebten wir unter freiem Himmel, immer öfter traten wir aus dem Dikkicht des Waldes hervor. Wir waren die Abenteurer, wir suchten nach fernen Weiten; unsere Vettern blieben als Hüter des traditionellen Baumlebens der Primaten in den Wäldern zurück. Da und dort erhielten glückliche Umstände unsere Knochen für eine fossile Ewigkeit. Der Baumaffe, inmitten der Fäulnis und Verwesung fallender Blätter und morscher Zweige, konnte nicht auf solche Unsterblichkeit rechnen. Besitzen wir nur spärliche Hinweise auf unsere eigene Entwicklungsgeschichte, so wissen wir von der seinen fast nichts.

Aber aus den wenigen Überresten, die uns aus der ältesten Vergangenheit geblieben sind, können wir doch einige sichere Schlüsse ziehen. Als unser hominider Zweig während des Miozäns – vor 20 oder 25 Millionen Jahren – auf das Baumleben verzichtete und ein Leben auf dem Boden begann, nahmen wir Gefahren und Anforderungen auf uns, die sich von jenen des Baumlebens ganz wesentlich unterschieden. Die unbarmherzigen Gesetze der natürlichen Auslese drängten uns auf diesen Weg, den

Waldaffen auf jenen. Wir behielten den verwundbaren Primatenkörper, aber jede dem Überleben auf der feindlichen Erde dienliche Mutation verbreitete sich im Laufe der Generationen über ganze Populationen, im Laufe der Jahrtausende über die ganze Art. Unsre Füße waren flacher, unser Rücken richtete sich auf; stärkere Gesäßmuskeln erlaubten uns zu laufen. Immer mehr wurden wir zu spezialisierten Bodengeschöpfen, immer unmöglicher wurde es für uns, jemals zum Leben in den Bäumen zurückzukehren. In unserer ständigen Veränderungen unterworfenen Welt sind derartige Trends nicht selten. Eine unbedeutende Veränderung von Verhalten und Körperbau, eine Veränderung von zweifelhaftem Wert, mag weitere genetische von arterhaltender Leistung bewirken, bis die Entwicklungsrichtung festgelegt ist, Pferde dem einen Weg folgen, Menschen einem andern. Jetzt ist die Evolution irreversibel geworden.

Ebenso wichtig wie die anatomischen Anpassungen an das Bodenleben waren die psychologischen Veränderungen, die dieses Leben hervorbrachte. Der Berggorilla in seinen fernen, bambusbeschirmten Höhen kann sich den Luxus leisten, scheu zu sein. Die Bescheidenheit, die einst dem kleinen, primitiven Säugetier in seiner von Monstern beherrschten Epoche wohl anstand, behielt im Leben der Dschungelprimaten, im grünen Dickicht der Schlingpflanzen, das ein Verschwinden so einfach macht, ihren Wert. Aber für den Affen, der sich im Miozän auf die freien Felder hinauswagte, war ein Versteck nicht leicht zu finden. Ähnlich wie bei den Pavianen heute wurde die Aggressivität eine arterhaltende Notwendigkeit. Wieder und wieder blieb uns keine andere Wahl – wir mußten uns zum Kampf stellen. Der Überlebenswert einer sozialen Organisation – sie ist seit der Zeit der Eigentlichen Lemuren ein Gebot der Primaten – verdoppelte und vervielfachte sich rasch.

So hatten wir, die sich entwickelnden Hominiden, uns einer ganz anders gearteten Lebensweise verschrieben als unsere Verwandten in den Bäumen. Immer mehr entfernten wir uns von ihnen. Mühsam suchten wir unsere Nahrung. Wie der Pavian waren wir mit allem zufrieden. Affen und Menschenaffen in den Wäldern konnten ihre Vorliebe für Früchte und Schößlinge beibehalten. Wir fraßen alles, was uns unterkam. Wahrscheinlich entwickelten wir bereits vor der klimatischen Katastrophe des Pliozäns einen gewissen Geschmack für Fleisch. Jane Goodall beobachtete, daß Savannenschimpansen einen jungen Buschbock oder einen kleinen Affen mit Vergnügen töten und verspeisen. Beschert der Zufall dem Pavian ein Opfer, verhält er sich nicht anders. Zu bestimmten Zeiten kann er ein systematisches Raubtier werden. Aber weder Schimpanse noch Pavian sind vom Fleisch abhängig, und ebensowenig waren wir es, wenigstens nicht, solange das freundliche Miozän unsere Tafel so reichlich deckte.

Jahrtausende vergingen. Etwas Neues trat in unser Leben – neu in der Geschichte der Primaten –, und dieses Neue hieß Freiheit. Unsere zunehmende Anpassung an das Bodenleben gab uns Bewegungsfreiheit. Unsere wachsende Unabhängigkeit von einer bestimmten Nahrung erlaubte uns eine Anpassung an diese oder jene Umwelt. Unser immer aggressiver werdendes Naturell machte uns frei, zu erforschen und zu erproben. Noch vor zehn Jahren hätten wir den Tieren derartige Eigenschaften niemals zugebilligt. Aber heute wissen wir, daß zahllosen Arten ein angeborener Trieb, Neues zu erforschen, innewohnt, ein Trieb, der weder von einem ökonomischen Druck noch von dem Streben nach materieller Belohnung motiviert wird. Das Abenteuer – es gibt kein anderes Wort dafür – befriedigt das tief verwurzelte Bedürfnis nach Stimulierung. Ob wir in den längst vergangenen, goldenen Tagen das Abenteuer suchten, wissen wir nicht. Aber wir hatten die Möglichkeit dazu. Und dann kam das Pliozän.

Die glückliche Zeit einer guten, fruchtbaren Erde ging langsam zu Ende. Die Regenfälle auf dem afrikanischen Hochplateau wurden kürzer und unregelmäßiger. Seespiegel fielen, Flußläufe trockneten aus. Wälder wichen zurück und mit ihnen die an ein Waldleben gebundenen Primatenpopulationen. Die Steppe breitete sich aus, unwegsame Wüsten wie die Sahara und die Kalahari entstanden und verwandelten weite afrikanische Landstriche in undurchdringliche Sandmeere. Vielleicht war das die Zeit, in der die Vorfahren unserer heutigen Paviane die Wälder verließen und Husarenaffen und Meerkatzen sich teilweise dem Bodenleben anpaßten. Es fehlte an Wasser und damit an Kalk, um die Knochen in Steine zu verwandeln.

Was können wir, die wir uns über eine Dürre von vier oder fünf Jahren beklagen, über eine Trockenperiode aussagen, die zehn oder zwölf Millionen Jahre andauerte? Und doch war dies die Zeit, die den Menschen erstehen ließ, wie wir ihn heute kennen. Er wurde zum Raubtier. Noch waren die Graslandschaften mit jenen genießbaren, äsenden Geschöpfen bevölkert, denen ein evolutiver Glücksfall erlaubte, sich mit den bescheidenen Gaben des Pliozäns zu begnügen. Vielleicht füllten wir unsere

Mägen vorerst mit den Überresten der Beute von Löwen, Panthern und Geparden; vielleicht stritten wir mit Hyänen, Schakalen und Geiern um die letzten Krumen. Noch waren wir Allesfresser, die Vorliebe für Beeren und Gräser, Wurzeln und Schößlinge hatten wir beibehalten. Auch der Schimpanse, der einen kleinen Affen verspeist, pflegt nach jedem Bissen ein Blatt zu fressen, ähnlich wie der Mensch heute sein Steak mit Salat ißt. Aber bald wurde das Fleisch immer unentbehrlicher für uns, und wir wurden zu Jägern. Wann geschah es? Auch das wissen wir nicht. Es war Raymond Dart, der den Vorläufer des Menschen im Hominidenstamm entdeckte – jene *Australopithecinen* des südlichen Afrika mit ihren kleinen Gehirnen. Er war es auch, der die Theorie des räuberischen Überganges vom Affen zum Menschen formulierte. In den letzten fünf Jahren – in der gleichen Periode, in der die Wissenschaft Licht in das dramatische Leben der Affen und Menschenaffen brachte – gelang es ihr auch, den hominiden Schauplatz, auf dem sich das dramatische Leben des Menschen vorbereitete, zu erhellen. Die unglaublichen Funde von Louis B. Leakey und seiner Familie in den ostafrikanischen Fossilienbetten haben die Theorien von Raymond Dart bestätigt. Aber sie sagen uns nicht, wann der Protomensch zu einem Raubtier wurde, dessen Überleben von der erfolgreichen Jagd abhing.

Ich habe schon meinem Bedauern Ausdruck gegeben, daß wir uns in diesem Buch auf das Thema der Territorialität beschränken müssen und uns nicht mit der Evolution der Gesellschaft und dem Einfluß der tierischen Rangordnung auf das Leben des heutigen Menschen beschäftigen können. Weniger bedauere ich es, eine Untersuchung der Beziehung zwischen Raub- und Beutetier und ihrer Bedeutung für unser Verhalten um fünf Jahre verschieben zu müssen. In ›Adam kam aus Afrika‹ sagte ich voraus, die Olduvaischlucht würde zum Grand Canyon der menschlichen Evolution werden. Damals war sie so gut wie unbekannt; fünf Jahre später wurde sie von Touristen überschwemmt. Wieweit sich unsere Erkenntnis der menschlichen Evolution in den nächsten fünf Jahren vertiefen wird, kann niemand voraussehen. Die Entdeckungen häufen sich, der Zeitmangel läßt keine ausreichenden wissenschaftlichen Beschreibungen zu. Die größten Kapazitäten können sich nicht über die Auslegungen einigen; in den wissenschaftlichen Zeitschriften erscheinen einander widersprechende Ansichten. Wahrlich, es ist keine gute Zeit, um Behauptungen aufzustellen.

Eine das Territorium betreffende Schlußfolgerung aber scheint unumstößlich: Mit dem beginnenden Jagdleben des Hominiden entstand jene Treue zu einem Territorium, die wir als spezifisch menschlich ansehen. S. L. Washburn und V. Avis gaben, kurz bevor die Vielzahl der Entdeckungen einsetzte, eine hervorragende Schilderung der Wirkungen des Jagdlebens:

»Die Jagd als wichtige Beschäftigung zeitigte drei bedeutsame Wirkungen auf das menschliche Verhalten und das menschliche Wesen: eine psychologische, eine soziale und eine territoriale. Der Mensch findet Vergnügen daran, andere Tiere zu jagen. Wenn eine sorgfältige Erziehung den natürlichen Trieb nicht unterdrückt, gereichen Jagd und Töten dem Menschen zur Freude. Bei vielen Kulturen werden Folter und Leiden zu einem öffentlichen Schauspiel, an dem sich alle ergötzen; die Opfer können Menschen oder Tiere sein. Dieses Verhalten weist verblüffende Ähnlichkeit mit dem der Raubtiere auf; bei wilden Primaten läßt sich kein derartiges Verhalten feststellen ... Die Jagd erforderte nicht nur neue Aktivitäten und eine neue Art des Zusammenwirkens, sie veränderte auch die Stellung des ausgewachsenen Männchens in der Gruppe. Bei den vegetarischen Primaten teilen die Männchen nicht die Nahrung. Sie nehmen beim Mahl die besten Plätze ein und eignen sich gelegentlich auch die Nahrung von rangniederen Tieren an. Da aber das Teilen der Beute für viele Raubtiere zum normalen Verhalten gehört, resultieren die ökonomische Verantwortung der Männchen und die Gewohnheit, die Beute unter der Gruppe zu verteilen, wahrscheinlich aus der Lebensweise des Raubtieres. Dieselben Handlungen, welche die Tiere den Menschen fürchten ließen, führten zu einem engeren Zusammenschluß, zum Teilen der Nahrung und zur gegenseitigen Abhängigkeit innerhalb der Gruppe ... Der Beginn des Jagdlebens muß von einer starken Vergrößerung des Territoriums begleitet gewesen sein, da die Nahrungsquelle damit zufälliger und beweglich wurde.«

Abschließend stellen sie fest:

»Die Lebensweise des frühen menschlichen Raubtieres muß sich von dem seiner vegetarischen Verwandten sehr wesentlich unterschieden haben. Die Bedürfnisse des letzteren ließen sich in einem verhältnismäßig kleinen Gebiet befriedigen, und andere Tiere hatten keine Bedeutung, mit Ausnahme der wenigen, von denen ein Angriff drohte. Aber der Appetit auf Fleisch ließ die Tiere größere Landstriche und die Gewohnheiten vieler Tiere kennenlernen. Das territoriale Verhalten des Menschen unterscheidet sich grundlegend von dem der Affen und Menschenaffen. Mindestens seit 300000 Jahren (und vielleicht seit doppelt so langer Zeit) kamen Abenteuerlust und Aggressivität des Raubtieres zu der Neugierde und dem Rangordnungstrieb der Menschenaffen hinzu. Diese Psychologie der Karnivoren war im Mittleren Pleistozän bereits vollständig ausgebildet; ihr Beginn mag in den Raubzügen der *Australopithecinen* zu finden sein.«

Ich habe Washburn so ausführlich zitiert, weil er über eine weitreichende Kenntnis des menschlichen Standortes in der Natur verfügt. Er schrieb diese Gedanken 1958 nieder, kurz vor Leakeys Entdeckung des *Zinjanthropus* in der Olduvaischlucht. Dieser Fund führte zu der 1964 veröffentlichten Entdeckung des *Homo habilis* in den ältesten Schichten der Schlucht. Ob man den *Homo habilis* tatsächlich als Menschen oder als fortschrittlichen *Australopithecinen* bezeichnet, ist im wesentlichen ein wissenschaftlicher Streit und ein Streit um Worte. Aber weder über sein Alter noch über seine Lebensweise läßt sich streiten. Er lebte vor ungefähr zwei Millionen Jahren – ein Datum, das durch zwei unabhängige Altersbestimmungen bestätigt wird: durch die Isotopenanalyse und die Kalium-Argon-Methode. Und er war ein Jäger.

Die Datierung der räuberischen Lebensweise und die damit verbundene Anhänglichkeit an ein Territorium wurden durch die Entdeckung des *Homo habilis* nur einige hunderttausend Jahre zurückverlegt. Ein kleines, Werkzeuge machendes Wesen mit einem halb so großen Gehirn wie der moderne Mensch hatte Ostafrika anderthalb Millionen Jahre vor dem nachweisbaren Auftreten jener höher entwickelten Geschöpfe, die wir Menschen nennen, bevölkert. Wie die Knochenhaufen auf seinen Wohnplätzen beweisen, hatte es zumindest teilweise vom Töten gelebt. Aber wie weit läßt sich die Lebensweise der »Killers«, des Totschlägers in der Ahnenreihe des Menschen, zurückverfolgen?

Hier treffen wir wieder einmal auf einen jener Widersprüche, die für die neuen Entdeckungen charakteristisch sind. In seinen ersten Publikationen und in zwei Vorträgen, die ich selbst in London hörte, betonte Leakey, daß die auf den Wohnplätzen gefundenen, fossilierten Knochen *kleinen* Tieren gehörten; man müsse daher annehmen, der *Homo habilis* sei ein unerfahrener, ungeübter Jäger gewesen – ein Anfänger auf diesem Gebiet. 1965 aber veröffentlichte die Cambridge University Press den ersten Band eines großen Werkes über Geologie, klimatische Bedingungen und fossile Funde der Olduvaischlucht. Hier erwähnt Dr. Leakey das Vorhandensein der *Bovidae*, jener zoologischen Familie, die in Afrika alle Arten von Büffeln und Antilopen umfaßt. Er schreibt:

»In den Ablagerungen von Olduvai sind fossile Überreste von *Bovidae* überaus zahlreich. Dies hat zwei Gründe. Erstens haben die *Bovidae* immer einen Großteil der tierischen Gesamtpopulation der meisten afrikanischen Habitate mit Ausnahme der Wälder gebildet. Daher war zu erwarten, daß die fossilen Überreste dieser Gruppe wesentlich zahlreicher sein müssen, als jene der anderen Guppen es sind. Zweitens stammt der überwiegende Teil dieser Fossilien von den Wohn- und Lagerstätten des prähistorischen Menschen, und zwar von den Resten seiner Mahlzeit. Der Mensch bevorzugte anscheinend das Fleisch der *Bovidae* dem aller anderen Tiere, wie es auch heute überall auf der Welt der Fall ist.«

Am Ende seiner unerhört ausführlichen Untersuchung der ausgestorbenen Stämme und Arten der *Bovidae*, die man bis heute gefunden und klassifiziert hat, schreibt er:

»Das bisher vielleicht erstaunlichste Ergebnis ist die Seltenheit der Fossilien von kleineren Angehörigen der *Bovidae*-Familie, zum Beispiel der Ducker, Zwergspringer, Oribi und Klippspringer. Dies kann nicht auf die Zartheit ihrer Knochen zurückzuführen sein, da Tausende viel kleinerer Knochen in der Sammlung vorhanden sind. Es muß einen andern, bisher nicht geklärten Grund für den Mangel an Überresten kleiner Antilopen auf den Wohnstätten der frühen Hominiden geben.«

Es mag uns unangenehm berühren, daß sich unsere räuberische Lebensweise so weit zurückverfolgen läßt; wir mögen persönliche Vorurteile gegen die von Dart so lange verfochtene und von der Wissenschaft so lange abgelehnte Theorie hegen, daß es die selektiven Notwendigkeiten des uralten Totschlägers waren, welche die Verwandlung des Affen zum Menschen hervorbrachten; die Spärlichkeit der kleinen Antilopenknochen auf den Lagerstätten der frühen Hominiden aber geben dem Laien keine Rätsel auf. Der *Homo habilis* tötete die Büffel, Gnus und Kudus, weil sie mehr Fleisch hatten als die Ducker, Zwergspringer und Steinböcke. Weit davon entfernt, ein Anfänger in dem Sport des Tötens gewesen zu sein, weit davon entfernt, nur Hasen und Kaninchen zu jagen, war dieser kleinwüchsige Räuber der Savanne vor zwei Millionen Jahren ein geübter, erfolgreicher Großwildjäger. Man muß annehmen, daß er sich schon damals recht gut auf sein Gewerbe verstand.

Wir töteten Tiere, die zehn- oder zwanzigmal so groß waren wie wir. Töteten wir auch einander, oder war dies eine spätere menschliche Erfindung? Als Leakey zum erstenmal von seinen sensationellen Funden sprach, aber noch nicht sicher war, ob seine Entdeckung den Titel *Homo* beanspruchen konnte, sagte er anläßlich einer Pressekonferenz in Washington, das Kind – der *Homo habilis* war etwa zwölf Jahre – sei ermordet worden. Schreiende Schlagzeilen und schreiende Kollegen waren die Reaktion. Leakey hatte der Wissenschaft keinerlei Beweise für seine Behauptung angeboten. Meines Wissens wiederholte er sie auch niemals in der Öffentlichkeit, und ebensowenig lieferte er Beweise. Allmählich vergaß man die Sensation. Nur die wenigsten erfaßten, daß das von Leakey im Jahre 1961 »Pre-Zinj« getaufte ermordete Kind mit dem *Homo habilis* von 1964 identisch ist.

Ich habe das Fossil untersucht; dieses Lebewesen starb an einer Schädelfraktur. Rannte das Kind in der Finsternis gegen einen Baum? Die Fraktur befindet sich im Zentrum der Schädeldecke, eine merkwürdige Stelle für eine derartige Verletzung. Rollte vielleicht ein Stein in die Schlucht und traf direkt auf seinen Kopf? Vor zwei Millionen Jahren gab es keine Schlucht; damals war dort ein See mit flachen Ufern.

Ich glaube, daß Leakey mit seiner ursprünglichen Feststellung recht hatte, und solange keine überzeugenden Beweise für das Gegenteil erbracht werden, müssen wir annehmen, daß das älteste bekannte Exemplar unserer wahrscheinlichen Vorfahren an einem Schlag gestorben ist, der von einem andern wahrscheinlichen Vorfahren wahrscheinlich mit einer Waffe ausgeführt wurde. Warum dieser äußerst aufschlußreiche Begleitumstand des berühmtesten Fossils der Welt in Vergessenheit geraten ist, darüber kann sich jeder seine eigenen Gedanken machen.

William James nahm bereits 1910 die Entwicklung der neuen Anthropologie vorweg. Er schrieb: »Unsere Vorfahren haben uns die Kampfeslust in Mark und Bein gezüchtet. Tausend Jahre Frieden werden sie nicht wegzüchten können.« Der Mensch ist ein Raubtier mit einer langen Raubtiervergangenheit. Dieses Merkmal ließ uns zu dem werden, was wir sind. Wir können hier nicht weiter in die näheren Umstände unserer Raubtiervergangenheit eindringen, und das sich auftürmende, noch kaum ausgewertete Material läßt eine derartige Untersuchung auch nicht zu. Aber einige allgemeine Feststellungen seien uns erlaubt:

Die Abhängigkeit vom Jagdleben unserer hominiden Vorfahren mit den kleinen Gehirnen geht wahrscheinlich Millionen Jahre zurück in die grausame Zeit des Pliozäns. Seit so langer Zeit sind wir Jäger, daß der spezifische Instinkt zu einem Teil unserer evolutiven Ausstattung wurde. Sogar Tinbergen sagt: »Der Mensch ist ein jagendes Tier.«

Unser Primatenerbe bot uns weder Waffen noch Panzer, und auf der offenen Savanne waren wir für Angriff und Verteidigung nur kläglich ausgerüstet. Im Mittleren Miozän besaßen wir, wie der heutige Pavian, noch gewaltige Reißzähne. Aber die Waffe in der Hand machte diese Zähne überflüssig. Die Eckzähne des *Homo habilis* sind ebenso klein wie die des heutigen Menschen. Und ein erstaunliches, in Kenia gefundenes Fossil aus dem späten Miozän – vierzehneinhalb Millionen Jahre alt – zeigt dieselben rückgebildeten Eckzähne. Waren wir, vielleicht nur zur Verteidigung, schon zu diesem frühen Zeitpunkt bewaffnet?

Wir waren klein und verwundbar. Nur Verbände unter einer verläßlichen Führung konnten auf erfolgreiche Großwildjagd gehen – Verbände, deren Mitglieder bereit waren, auch den Tod auf sich zu nehmen, um der Gruppe zum Erfolg zu verhelfen. Die Lebensweise des Schimpansen war nicht die unsere.

Wir waren Raubtiere, aber wir waren auch Beutetiere. Während wir die grasenden Geschöpfe der Savanne verfolgten, wurden wir von Raubtieren gejagt, denn wir waren eßbar. Es ist unwahrscheinlich, daß der Löwe in jenen fernen Tagen *vor* der Entwicklung tödlicher Waffen vor dem Menschen Furcht empfunden oder etwas anderes in ihm gesehen hat als eine ordentliche Mahlzeit.

Daß wir Jagd aufeinander machten, ist ebenfalls wahrscheinlich, und die Hypothese beruht nicht allein auf dem zertrümmerten Schädel eines vergessenen Kindes. In der Geschichte der Menschheit gehört der Kannibalismus zu den beliebtesten Beschäftigungen. Vor einer halben Million Jahren ließ der Pekingmensch die ersten Überreste des echten Menschen in den Höhlen von Chou Kou Tien zurück. Die Schädel waren geöffnet, das Gehirn war entfernt worden.

Vor die Notwendigkeit der Aggression und der erfolgreichen Verteidigung gestellt, mußten sich die Verbände der Hominiden der Notwendigkeit sozialen Einvernehmens und sozialer Kooperation beugen. Und sie mußten ihren Verstand gebrauchen. Ist es erstaunlich, daß sich die Menschen der biologischen Nation zuwandten, der Verteidigung eines sozialen

Territoriums und einer Gesellschaft mit extravertiertem Antagonismus, um so zu einer Einheit zu verschmelzen?

Von den Anfängen in den Tagen des Miozäns, durch die Entbehrungen des schreckerfüllten Pliozäns, durch die Stürme, Eiszeiten und Regenfälle des Pleistozäns führte die Evolution den Menschen zu seinem heutigen Zustand. Er ist der Welt erfolgreichster Räuber und der Welt reichste Beute.

Kann es uns wundernehmen, daß er ein Aggressor ist?

5

Die Ile Rousseau mißt kaum mehr als 30 Meter im Durchmesser. Im Hochsommer werfen die Pappeln ihren scharfen, dunklen Schatten über die Insel, der einen köstlichen Kontrast zu dem hellen Glanz des Wassers bildet. Ob man sagt, die Insel befinde sich im Genfer See oder in der Rhône, ist Geschmackssache; der See verengt sich hier, wo er in seinen Ausfluß, die Rhône, übergeht, so sehr, daß die Frage nicht ganz geklärt ist. Eine lange, flache Brücke mit einer leichten Krümmung in der Mitte verbindet die beiden Stadtteile von Genf und macht die an der Biegung gelegene kleine Insel zu einem friedlichen Platz der Besinnung.

Als ich zum erstenmal nach Europa übersiedelte, lebte ich zwei Jahre lang in einem ehrwürdig altmodischen Hotel an dem einen Ende der Brücke; zum Bedauern von vielen wurde es später niedergerissen. Jetzt ziehe ich es bei meinen gelegentlichen Besuchen vor, in einem Hotel am anderen Ende der Brücke zu wohnen. Trotz der recht häufigen Erinnerungen an Verzweiflung und Enttäuschung, die ich, wie die ganze Welt, mit Genf verbinde, liebe ich diese Stadt. Und trotz der sorgsam genährten Feindseligkeit, die ich für den Mann hege, dessen Namen die Insel trägt, liebe ich die Ile Rousseau. Sie bietet dem Reisenden, wie der Brücke, einen Augenblick der Besinnung – die seltene Gelegenheit, nichts anderes zu tun, als den Schwänen zuzusehen.

In dieser liebenswerten Stadt wurde ich kürzlich auf dem Rückflug nach Rom durch einen Streik der Fluggesellschaften ein, zwei Tage festgehalten. Es gibt Freuden, die man sich nicht gönnt, sondern zu denen man gezwungen werden muß. Ich saß auf einem meiner Lieblingsplätze unter den Platanen am Flußufer und las die Zeitung; ich genoß den Orangenkuchen, den man nur in Genf richtig zubereiten kann; ich trank *renversé*, das lokale Gebräu aus heißer Milch und Kaffee, das weder ein *café au lait* noch ein *cappuccino* ist. Ich ging im *Jardin des Anglais* spazieren und dachte mit leiser Wehmut an die Gipfelkonferenz von 1955, als Eisenhower hier mit Bulganin und Chruschtschow zusammentraf, um einige territoriale Differenzen zu bereinigen; ihre freundschaftliche Übereinstimmung – man nannte sie den »Geist von Genf« – hielt, soweit ich mich erinnere, ungefähr sechs Wochen an. Und mit größter Trauer dachte ich an eine Nacht, in der die Stadt des Friedens und der Vernunft ihre Fassung verlor. In Budapest hatten 4000 russische Panzer die ungarischen Träume zunichte gemacht. Kein einziges Licht brannte in der Stadt. Niemals vorher und niemals nachher habe ich die Schweizer weinen gesehen. Aber in dieser Nacht legten die Genfer schwarze Kleider an und zogen schweigend durch die verdunkelten Straßen. Kein Laut war zu hören außer dem Schlurfen der Schritte und den schweren, hallenden Glockenschlägen von der Kathedrale auf dem Hügel. In dieser Nacht weinten die Menschen, und auch die alten Mauern weinten.

Man sitzt unter den Pappeln der Ile Rousseau oder an einem Tisch des kleinen Restaurants auf der Insel. Man bestellt einen Punt e Mes oder ein mittelmäßiges Omelett. Feierlich und langsam zieht ein Schwan vorüber. Man träumt, man sieht auf die Stadt, die einmal für kurze Zeit das Zuhause war. Nicht die Vernunft hat versagt in dieser Stadt, die ob ihres Versagens weltberühmt wurde, sondern die Unvernunft. Sentimentalität, Ignoranz, Heuchelei, Illusionen – das waren die Legionen, die auf den Feldern über dem leuchtenden See aufmarschierten. Auf dem Paradeplatz vor dem Palais des Nations konnte sich rohe Gewalt den Mantel der Zivilisation umhängen, konnte sich Brutalität als Edelmut tarnen und Habgier und Egoismus hinter hohlen Phrasen verstecken. An diesem neutralen Ort konnten sich die Spione aller Nationen ein Stelldichein geben, um einander ihre Geheimnisse abzukaufen, hier durften die Diplomaten menschliche Rationalisierungen tierischer Forderungen verkünden. Die Selbsttäuschung, die größte aller Lügen, feierte fröhlichen Urstand und versagte kläglichst. Ehrlichkeit und Vernunft kamen nur selten zu Wort.

Es klingt paradox, wenn jemand, der den Vorrang der Instinkte in menschlichen Belangen verteidigt, auch den Vorrang der Vernunft zu verteidigen versucht. Ich war im Laufe meiner Überlegungen immer wieder gezwungen, neue Begriffe zu prägen oder alten Begriffen eine neue Deutung zu geben. Zwischen den Natur- und den Sozialwissenschaften, zwischen Realität und Illusion liegt ein so großes Niemandsland, daß nicht einmal ein gemeinsames Vokabular existiert. Ich habe aus der Ethologie Ausdrücke wie Alphafisch, Rangordnung, Ersatzhandlung und Territorium entliehen und mich bei ihrer Anwendung auf den Menschen striktest an die biologische Definition gehalten. Ich habe den Begriff des Territoriums zum Beispiel niemals über seine biologische Bedeutung hinaus – Verteidigung eines Gebietes – erweitert. Aber für andere Situationen ist überhaupt keine Terminologie vorhanden. So habe ich Bezeichnungen wie *noyau* und »biologische Nation« eingeführt sowie den Begriff der Gesellschaft mit introvertiertem oder mit extravertiertem Antagonismus. Ich habe von einer »biologischen Moral« gesprochen, um jenes von einem inneren Gebot diktierte Verhalten zu beschreiben, das individuelle Interessen zugunsten des Allgemeinwohles zurücktreten läßt. Bald muß ich mich dem Freundschaft-Feindschaft-Komplex zuwenden.

So habe ich auch die Bezeichnung »offener Instinkt« eingeführt, um jene angeborenen Verhaltensweisen der höheren Tiere schärfer zu definieren, bei denen die angeborene Struktur durch Erfahrung ergänzt werden muß. Ein Franzose muß lernen, daß er Franzose ist. Die Leidenschaft für das Territorium ist angeboren; die Kenntnis seiner Grenzen wird erworben. Der Deutsche muß Deutsch sprechen lernen; seine Fähigkeit zu sprechen, sein Bedürfnis, sich mit seinesgleichen zu verständigen, sind angeboren, aber er muß die Worte lernen. Und so kommt es, daß jemand, der das Primat der menschlichen Instinkte verteidigt, gleichzeitig die Vernunft verteidigt, die letztlich die angeborenen Strukturen ergänzen wird.

Das Versagen von Genf ist symbolisch für ein weltweites Versagen der Vernunft; für die Nichtanerkennung jener angeborenen Strukturen, welche die menschliche Erfahrung ergänzen müssen. Wir haben unseren Kindern eingeredet, der Mensch sei von Natur aus gut, und wenn ihn sein Verhalten später im Gefängnis landen lasse, müsse es die Schuld der anderen sein. Wir haben niemals von dem Aggressor gesprochen, der in jedem Menschenherz verborgen ist und für den jeder Mensch die Verantwortung übernehmen muß. Viele von uns haben ihre Kinder in dem Glauben erzogen, der territoriale Mensch sei ein grausames, habgieriges Geschöpf. Wir haben nicht erwähnt, daß Aggressor und territorialer Mensch Zwillingsbrüder sind, die auf den uralten, trockenen Savannen Afrikas geboren wurden: Kain und Abel der menschlichen Psyche.

Genf ist ein Symbol. Hier haben wir unserem Versagen ein Denkmal gesetzt, hier haben wir unsere Träume begraben. Die Wahrheit wurde niemals erforscht, niemals erwähnt, nie erprobt. Warum nicht? Ich glaube, weil wir uns den Luxus der Lüge leisten konnten. Das Schicksal der Nationen ist ständig gefährdet, aber nicht das Schicksal der Menschheit. Diese Zeiten sind vorbei. Wir wissen, daß wir in einer Periode seltsamer Gnade leben. Es ist eine Zeit des Friedens, aufrechterhalten durch ein Gleichgewicht des Schreckens; eine Ära, wie es sie nicht gab, seit jene Erdaffen, die einmal zu Menschen werden würden, zum erstenmal die Wälder des afrikanischen Miozäns verließen. Es ist ein Intermezzo, das nach der mathematischen Wahrscheinlichkeit zu einem nicht voraussagbaren Zeitpunkt in zehn oder hundert Jahren enden muß – oder vielleicht schon morgen –, wenn sich das Rad zu drehen aufhört und die Kugel auf *Zero* stehenbleibt, wenn das Haus gewinnt und alle Spieler verlieren, wenn die Stunde der totalen Katastrophe oder des totalen Zynismus schlägt. Wenn das Jüngste Gericht naht. Und wenn dieser Tag kommt, steht die natürliche Auslese vor einer schweren Entscheidung. Abgesehen von allen großartigen Darbietungen und Leistungen – wieviel war das Experiment der Natur mit dem großen Gehirn wirklich wert?

Die großen Menschenaffen haben versagt. Der Orang-Utan, der Gorilla, der Schimpanse, sie alle gehen, schneller oder langsamer, dem Untergang entgegen, der vom Menschen beschleunigt, aber nicht verursacht wurde. Kein fernes Fatum, kein orthogenetischer Glücksfall aus uralten Zeiten garantiert uns, daß das Geschick des Menschen anders verlaufen wird als das des Gorillas. Jede Art trägt ihren *Dies irae* in sich, den Tag, an dem eine sich ständig verändernde Umwelt die große Bilanz von Soll und Haben fordert. Was den Menschen von allen anderen Spezies unterscheidet, ist seine Fähigkeit, das Große Gericht selbst einzuberufen, anstatt zu warten, daß die Natur es für ihn tue.

Wie sollen wir uns in diesem Zeitraum, in dem uns nochmals eine Chance geboten wird, verhalten? Sollen wir den Weg der Täuschung weitergehen und mit bemerkenswerter Konsequenz immer das genaue Gegenteil unserer besten Absichten erreichen? Oder sollen wir all unseren Mut zusammennehmen und unser Inneres erforschen? Wollen wir die Weisheit uralter Naturkräfte mit jener Vernunft vereinen, die uns zu Menschen gemacht hat, und darauf vertrauen, daß eine Hand in das Spiel eingreifen und den Lauf der Kugel aufhalten wird, bevor sie *Zero* erreicht? Wenn wir dieses Vertrauen aufbringen, dann müssen wir uns darüber im klaren sein, daß das Spiel weitergeht. Der *Homo sapiens* muß nicht nur lernen, mit der großen Angst zu leben, sondern auch sie zu nützen. Er muß sich darüber klarwerden, daß er von Hiroshima bis in alle Ewigkeit in dem Bewußtsein leben wird, daß das Jüngste Gericht, von ihm selbst heraufbeschworen, sein Versagen richten und an jedem grauen Morgen die Bilanz fordern kann.

Im Konflikt zwischen Trug und Wahrheit gibt es keine Neutralität. Man kann diese Jahre der Gnade nicht auf einer kleinen Insel im blauen Genfer See verbringen, und sei sie auch noch so geruhsam. Das intensive Blau des Sees geht allmählich in das Grün des Flusses über. Drüben, auf dem linken Seeufer, stehen die gewichtigen Bauten nebeneinander wie ältere Damen auf dem Opernball: Sie sehen dem Tanz zu, aber sie nehmen nicht teil. Darüber liegt die Altstadt mit ihrer Kathedrale und der Erinnerung an Calvin. Du und ich, wir müssen weitergehen: Wir müssen beim großen Tanz dabeisein.

VIII
Der Freundschaft-Feindschaft-Komplex

1

Plutonium ist eine Substanz, die in der Natur normalerweise nicht vorkommt. Man kann sie aber aus Uran, einem in der Erdkruste häufigen Element, herstellen. Erzeugt man genug davon, kann man seine Freunde einladen, sich vergewissern, daß die Kinder gut schlafen, einige traurige Lieder singen und unsere Erde in die Luft sprengen.

Beton ist eine andere Substanz, die in der Natur nicht vorkommt. Aber da sie sich aus Stoffen mischen läßt, die überall reichlich vorhanden sind, kann man, so man die richtige Formel hat (die übrigens ganz einfach ist), genug Beton erzeugen, um eine neue Welt zu bauen.

Freundschaft ist eine Substanz, die, falls sie in der Natur überhaupt vorkommt, nicht in genügenden Mengen vorhanden ist, um von Nutzen zu sein. Auch sie muß erzeugt werden. 50 oder 60 Millionen Jahre lang experimentierte unsere Primatenfamilie mit verschiedenen Methoden, den Stoff zu erzeugen. Den Arten, die überlebt haben, ist es ausnahmslos gelungen. Jene Spezies, die zugrunde gingen, hinterließen keine genauen Informationen. Vielleicht waren einige so überklug, daß sie zu Romantikern wurden und glaubten, die Freundschaft wachse auf den Bäumen; so sahen sie keine Notwendigkeit, sie zu erzeugen, und starben an sozialen Mangelerscheinungen.

Der Herstellungsprozeß der Freundschaft ist ganz einfach und erfordert, wie das Beispiel der Lemuren zeigt, keine außerordentlichen Geistesgaben. Jedes Kind kann die Formel verstehen, und um ihre Einfachheit zu betonen, hat meine Frau die Gleichung des Freundschaft-Feindschaft-Komplexes auf Bauklötze gemalt:

$$Fr = Fe + G$$

Mit anderen Worten, die Freundschaft, die ein Tier für einen Artgenossen zeigt, ist gleich der Kräftesumme von Feindschaft und Gefahr, der es sich gegenübersieht. Mit Feindschaft meine ich die Kräfte des Antagonismus und der Feindseligkeit, die von den eigenen Artgenossen herrühren. Unter Gefahr verstehe ich jene Bedrohungen, die nicht von den Artgenossen stammen. Sie können natürlicher oder übernatürlicher Art sein. Da ist zum Beispiel die Bedrohung durch das Raubtier. Im Leben des Pavians zählen Leoparden, Menschen und Pythons zu den natürlichen Gefahren. Im Leben des Vogels werden Schlange und Habicht die größte Bedrohung darstellen. Im Leben des Hominiden kamen zu den Raubtieren – Löwen, Wildhunden, Geparden und Panthern – die mächtigen Verteidigungswaffen seiner Beute hinzu, die Hörner des Bisons und des Kudus, die Hauer von Flußpferd und Pavian, die alles zertrampelnden Füße von Elefant und Rhinozeros. Auch allen Tieren gemeinsamen anderen Gefahren mußte der Hominide begegnen: der Dürre und dem Austrocknen der Wasserstellen; den Überschwemmungen und den reißenden Flüssen; der Kälte und den Stürmen, die alles Leben zum Erlahmen brachten. Und als der Mensch in seiner Entwicklung weiter fortschritt, begegnete er Gefahren, die den übrigen Tieren fremd sind: Seuchen, die seine Felder verwüsteten, Raubtieren wie Wolf und Fuchs, denen nicht er selbst, aber sein Vieh zum Opfer fiel. Stürme bedrohten seine Abenteuer auf dem Meer, Feuersbrünste vernichteten sein Heim und seine Wälder, Dürre und Überschwemmungen machten sein Leben auf neue Art gefahrvoll. Als seine technischen Fähigkeiten sich mehr und mehr vervollkommneten, wurden die Unglücksfälle größer und unberechenbarer. Zertrümmerte Autos, Züge und Flugzeuge kennzeichnen seine neuen Begegnungen mit der Gefahr. Jedes Unglück läßt für den Augenblick oder für eine kurze Zeit unter den Menschen Freundschaft entstehen.

Wir dürfen auch nicht die übernatürlichen Gefahren vergessen, die ebenso real waren wie die natürlichen, solange der Mensch an sie glaubte. Zauberkunst und Hexerei, Weissagungen und Omen, Jehovas Donner und des Teufels List, Pech, Schwefel und Höllenqualen – sie alle übten einen mächtigen Einfluß auf die Menschen aus. Ob unseren hominiden Vorfahren die Fähigkeit eigen war, die Gefahren des Übernatürlichen zu fürchten, wissen wir nicht. Aber in der Geschichte des Menschen trug diese Angst einen beachtlichen Teil zu der Freundschaft unter den Menschen bei, und die Tatsache, daß sie in unserer aufgeklärten Zeit an Macht verliert, ist kein Grund, ihr Verdienst zu schmälern.

So sind die vielfältigen Gefahren beschaffen, die in unserer Gleichung des Freundschaft-Feindschaft-Komplexes als G zusammengefaßt sind. Aber es ist Fe – Feindseligkeit, Antagonismus, Aggression oder wie immer man es nennen will –, das die wesentliche Komponente im Aufbau der Freundschaft darstellt. Und Fe wächst buchstäblich auf den Bäumen. Gefahren von außen treten sporadisch auf, ihr Einfluß variiert, ihre Wirkungen sind vorübergehend. Aber die Feindschaft ist ein verläßlicher Faktor, sie ist das Zaubergespinst, aus dem die Freundschaften gewoben sind. Ohne Feindschaft wären wir wie die Nachtigall ohne Flügel, der Stichling ohne Wasser, der Borkenkäfer ohne Rinde. Ohne Feindschaft wären wir Primaten verloren und vergessen wie der *Pterodactylus;* denn die wirksame Freundschaft ist der Lebensfaden, der aus untauglichen Körpern und beschränkten Gehirnen ein vielfältiges, dauerhaftes Gewebe flicht; ein Gewebe, dessen Festigkeit einzigartig ist. Wir Primaten können – und das ist eine Gunst des Schicksals – diesen künstlichen Stoff aus einem Material herstellen, das überall in der Natur vorhanden, das auf jedem Baum, in jedem Strauch zu finden ist, das in jedem Tal und auf jedem Hochland blüht, längs der Flußufer, im Dunkel der Wälder und auf den Bergeshöhen; in der Blindheit der Molche und dem scharfen Blick des Adlers, im Gebrüll der Kühe und im Knurren des Panthers, in den Kämpfen der Ratten und Eidechsen. Dieses Material heißt: Feindschaft gegen den Artgenossen.

Ich will nicht leugnen, daß Freundschaft in der Natur vorhanden ist, wie Spuren von Gold in allen Meeren vorhanden sind. Wir haben eine soziale Gruppe kennengelernt, die des Schimpansen, in der Freundschaft die dominierende Kraft zu sein scheint und die Individuen durch nicht viel mehr als ihre Gutmütigkeit zusammengehalten werden. Es ist durchaus möglich, daß in manchen Arten ein kleiner Bestand von Freundschaft vorhanden ist, der stets erhalten bleibt. Ist dies der Fall, so dürfen wir annehmen, daß ein derartiger angeborener Freundschaftstrieb jene Freundschaft, welche durch die Feindschaft entsteht, ein wenig fördert und jene, die im Augenblick der Gefahr auftritt, vielleicht noch etwas mehr verstärkt. Bezeichnen wir diese natürliche Freundschaft als n, so können wir die Gleichung erweitern und sie so formulieren, daß sie nur mehr einem Mathematiker verständlich ist:

$$Fr = n\,(Fe) + n^2\,(G)$$

Wir können sie gleich wieder vergessen. Ich spreche von der brauchbaren Freundschaft, von der wirksamen, sozialen Freundschaft, welche die Überlebenschancen des Individuums und der Population erhöht. (Wir wissen, daß sich der Schimpanse angesichts der Gefahr versteckt, ohne seine Freunde zu warnen.) Der

Faktor n der angeborenen Freundschaft, einfach oder als Quadrat in die Gleichung eingeführt, verändert diese zuwenig, um von Bedeutung zu sein. Und wenn wir uns schon mit derartigen Feinheiten abgeben, dürfen wir nicht vergessen, daß die Gleichung ursprünglich auf Bauklötzen für Kinder aufgemalt war. In solchen Fällen muß ich stets an meinen alten Freund und Berater William Fielding Ogburn denken. Ein großartiger Soziologe und Leiter des Instituts für Sozialwissenschaften an der Universität von Chicago, pflegte er zu sagen: »Es tut nicht gut, einen Einfall zu weit zu verfolgen.« Wir müssen bedenken, daß das Menschenwesen ein unberechenbares Gemisch von evolutiver Ausstattung, individueller genetischer Variation und persönlicher, nicht einmal bei eineiigen Zwillingen gleichgearteter Erfahrung ist und daher mathematisch nicht erfaßbar sein kann. Die Gleichung $Fr = Fe + G$ soll erläutern, nicht definieren. Sie gibt einer Wahrscheinlichkeit Ausdruck, nicht einer Gewißheit. Bevor wir also unseren Einfall zu weit verfolgen, kehren wir lieber zum Freundschaft-Feindschaft-Komplex in seiner allgemeinen Bedeutung zurück.

Feindschaft ist der biologische Zustand einander widersprechender Absichten. Es ist die angeborene Reaktion eines Organismus auf jeden und alle Artgenossen; sie wird für eine bestimmte Zeitspanne ganz oder teilweise aufgehoben, während der zwei oder mehrere Individuen einen gemeinsamen Zweck verfolgen. Dieser Zweck hemmt die gegenseitige Animosität ganz oder teilweise und konzentriert die gehemmten Energien auf den Versuch, ein gemeinsames Ziel zu erreichen. Da die Freundschaft nur so lange hält, als es für das Streben notwendig ist, endet sie, sobald das Ziel erreicht oder aufgegeben wird. Taucht kein neuer, gemeinsamer Anlaß auf, um die Energien zu sammeln, dann werden die Individuen in den Normalzustand gegenseitiger Feindseligkeit zurückfallen.

Ich bin sicher, daß der Ethologe, an alle jene Arten denkend, denen die Fähigkeit der Voraussicht fehlt, es vorziehen würde, bei einer derartigen Verallgemeinerung von Appetit und Befriedigung zu sprechen anstatt von Zweck und Erfüllung. Denken wir an unser eigenes Sexualverhalten, klingt es in der Tat etwas merkwürdig, das, was in den Blicken von Mann und Frau liegt, wenn sie einander fragend ansehen, als sexuellen Zweck zu bezeichnen. Es klingt vielleicht übertrieben, von Erfüllung zu sprechen, wenn die Feindseligkeiten eingestellt und die Energien gesammelt sind; wenn aus dem fragenden Blick der gemeinsame

Orgasmus geworden ist. Aber das Schema ist auch hier eingehalten. Mit der Befriedigung verschwindet die Freundschaft, und Feindseligkeit und Mißtrauen erwachen von neuem, es sei denn, die Erfüllung hat weitere gemeinsame Wünsche geweckt. Dann wird daraus eine Affäre. Aber früher oder später endet auch eine Affäre; sie wird ihrer und er wird seiner Wege gehen. Nur selten bleibt ein Freundschaftsrest zurück. Natürlich können neu auftretende Umstände ihr gemeinsames Leben beherrschen: Kinder, Ehe, ein Heim, das Paarterritorium. Nur wenn die Verteidigung dessen, was ihnen gemeinsam gehört, ihren Antagonismus nach außen wendet, dürfen wir von einer effektiven sozialen Freundschaft sprechen.

Obwohl ich gerne zugebe, daß zwischen Appetit und Zweck ein Unterschied vorhanden ist, glaube ich nicht, daß er für unsere Untersuchungen von Belang ist. Ich glaube auch nicht, daß der Humanpsychologe, an Lernprozesse und den bedingten Reflex denkend, stichhaltige Einwände erheben kann. Er wird wahrscheinlich fragen: Gibt die Gewohnheit des Zusammenseins und die Gewohnheit, gemeinsam zu handeln, der freundschaftlichen Verbindung nicht ein gewisses Maß von Beständigkeit? Angenommen, die Feindschaft sei die Wurzel alles Guten – und er wird dies nicht gerne zugeben –, wird nicht ein erworbener Anteil von Zuneigung, Loyalität und Vertrauen das Paar, die Familie oder die größere soziale Gruppe auch dann noch motivieren, wenn sie nicht mehr durch eine gemeinsame Verteidigung geeint sind? Muß es immer Feindschaft geben? Und was ist mit der Liebe?

Ich beeile mich festzustellen, daß ich nicht das geringste gegen die Liebe einzuwenden habe, ja daß ich nicht den Mut besitze, mir ein Leben ohne sie vorzustellen. Trotzdem glaube ich nicht, daß eine Erziehung zur Freundschaft das Schicksal der Menschheit sehr wesentlich beeinflussen kann.

Die Mutter-Kind-Beziehung ist durch eine einzigartige Freundschaft gekennzeichnet – eine Zeitlang. Sollen wir ein Schiedsgericht von Müttern fragen, was normalerweise geschieht, wenn die Zeit der Abhängigkeit vorüber ist? Den Wert lange währender Freundschaftsverbindungen können wir aus zwei Beispielen ersehen. In einer Familie mag ein Leben lang Freundschaft geherrscht haben, in einer Ehe viele Jahrzehnte lang. Aber wenn in dem einen Fall der Tod, in dem anderen die Scheidung eintritt, sträuben sich dem Beobachter die Haare. Alles hatte darauf hingewiesen, daß die Beziehungen nur von

Zuneigung, Loyalität und Verständnis geprägt waren. Aber in einem dunklen Augenblick ist alles dahin. Besitz ist Trumpf. Verbittert und mißtrauisch stehen sich die Menschen gegenüber, während sie einander dieses Bild und jenes Silberbesteck aus den Händen zu reißen suchen.

Das Rehwild nimmt, wie mancher weise Beobachter der menschlichen Natur, diesen Ausgang als gegeben hin. Wenn die Ricke mit ihrem Kitz durch den Wald zu ihren Winterplätzen zieht und der Bock von seinen herbstlichen Wanderungen zurückkehrt, mögen sie einander wohl an einem trüben Nachmittag, wenn die Nächte länger werden, treffen. Er wird sie nicht erkennen, und sie wird ihn nicht erkennen. Keine Tränen werden das fallende Laub nässen, keine Vorwürfe werden die Stille des Waldes stören. Die Natur, die den Liebenden eines Sommers im Herbst kein Erkennen erlaubt, schenkt ihnen damit die Weisheit der Tiere: wo der Besitz dahin ist, ist die Liebe dahin.

Der Freundschaft-Feindschaft-Komplex muß nicht das Produkt des territorialen Prinzips sein; wir dürfen die Komponente G in unserer Gleichung nicht vernachlässigen. Die einfachste Arithmetik zeigt, daß, geht man von einem gegebenen Maß an Freundschaft in einer sozialen Gruppe aus, jedes Ansteigen der Gefahr die Notwendigkeit der Feindschaft reduziert; je größer G, desto geringer Fe. Eine menschliche Gemeinschaft, die außerordentlichen Gefahren ausgesetzt ist, kann auf jede Feindseligkeit verzichten und wird trotzdem ein vollkommenes soziales Einvernehmen und allgemeine Einsatzbereitschaft erreichen. Aber dies ist ein Ausnahmefall der *conditio humana*. Der Freundschaft-Feindschaft-Komplex war der angeborene Verhaltensmechanismus, der die Verteidiger eines vom Angreifer bedrohten sozialen Territoriums motivierte. Jeder Wertzuwachs von Fe brachte einen Wertzuwachs von Fr. Unsere Neigung, den Artgenossen zu berauben, brachte die Identität des Territoriums und den Freundschaft-Feindschaft-Komplex hervor.

Der territoriale Imperativ mag für verschiedene Spezies verschiedene Arten von biologischer Moral hervorgebracht haben. Aber das territoriale Prinzip hat jedenfalls für unsere Art den Freundschaft-Feindschaft-Komplex zur obersten Moral ernannt.

Drei Beispiele werden, glaube ich, ausreichen, um zu zeigen, daß der Freundschaft-Feindschaft-Komplex bei anderen Tieren ebenso am Werk ist wie bei den Primaten. Das erste Beispiel verdanken wir einer sorgfältigen Beobachtung in Chicagos Jackson Park, einer mir wohlvertrauten Gegend in jenen Jahren, als ich die Trümmer der Grabsteinwerkstatt verlassen hatte, aber noch keine Reisen in interessantere Felslandschaften unternehmen konnte. Der Park liegt nahe dem Michigansee, und man sieht die Küste mit ihrer Brandung, man kann auf verschlungenen Wegen unter Eichen und Ulmen spazierengehen. Es gibt grüne Senken mit richtigen Eichhörnchen, und es gibt breite, friedliche Lagunen. Es war ein guter, schöner Platz, wenn man sonst nichts hatte als die trostlose Geometrie der South Side. Ich wünschte nur, die Lagunen und Inseln wären schon zu meiner Zeit ein Vogelschutzgebiet gewesen, wie sie es zu Dale Jenkins' Zeiten wurden.

Jenkins muß ein anderer der Studenten von Allee an der nahe gelegenen Universität von Chicago gewesen sein. Um 1940 hatten Gänse und Enten die Lagunen zu ihrer dauernden Wohnstatt gemacht. Es gab Kanadagänse, Schneegänse, Ringelgänse, Wild- und Baumenten. Alle diese Arten gehören zu der Familie der *Anatidae*, und sie streiten so häufig miteinander, als gehörten sie einer einzigen Familie an. Dale Jenkins verbrachte einen Herbst und einen Winter damit, eine Familie von Blaugänsen – Vater, Mutter und zwei fast ausgewachsene Kinder – und ihre Beziehungen zu den Nachbarn – Angehörige verschiedener anderer Arten – zu beobachten. Das Wasserterritorium der Blaugansfamilie hatte einen Durchmesser von etwa 12 Meter und war von sechs Territorien, den Liegenschaften 26 größerer Kanadagänse, umgeben. Die Blaugansfamilie konnte die Kanadagänse nicht leiden und duldete nicht die geringste Grenzverletzung. Waren die Kanadagänse auf Nahrungssuche, mochte die Familie gelegentlich einer Schneegans, ja sogar einem Paar der eigenen Art gestatten, das Territorium zu überschwimmen. Aber kaum kehrten die Kanadagänse zurück, verjagten sie alle und jeden. Nach guter territorialer Tradition war es der Nachbar, der sie am meisten irritierte.

Die Heldentaten der temperamentvollen Blaugansfamilie waren bewunderungswürdig. Sie triumphierte bei jeder Gelegenheit über die viel größeren, viel stärkeren Kanadagänse, sogar in jenen zwei Fällen, als die vierköpfige Familie eine gleichzeitige Invasion aller 26 Nachbarn abzuwehren hatte. Die Familie beschloß die Saison mit einem durchschlagenden Erfolg: Sie hatte die Kanadagänse zweihundertneunundfünfzigmal gehackt und war selbst nicht ein einziges Mal angegriffen worden. Ihre weniger wütende Reaktion gegenüber anderen Spezies war fast ebenso erfolgreich: gegen die Wildenten hatte sie 44:0 und gegen andere Enten 13:0 gesiegt. Von anderen Blaugänsen mußte sie einige Hacker einstecken, aber das Resultat war immer noch 99:6 zu ihren Gunsten. Die Schneegänse schlug sie 185:3 zurück. Unnachahmlich war die Blaugansfamilie auch in der Abstimmung ihres Vorgehens. Die vier griffen als Gruppe an, teilten sich aber sofort, wenn sie an zwei Grenzen gleichzeitig attackiert wurden.

Man muß einen so ruhmreichen extravertierten Antagonismus bewundern, aber es ist das daraus resultierende Einvernehmen untereinander, dem der Goldpokal gebührt. Während die Familie im Laufe eines Herbstes und Winters etwa sechshundert »Hacker« austeilte, hackten sie einander nur zweimal; und nicht einmal diese zwei Fälle – es handelte sich um die Jungen – konnte Jenkins mit Sicherheit feststellen.

Wenn der Skeptiker nun einwendet, es ließe sich keine Ursache und Wirkung feststellen, und was da beobachtet worden sei, könne sehr wohl das natürliche Verhalten einer von Natur aus liebevollen, freundschaftlichen Familie gewesen sein, dann ist meine Antwort sehr einfach. Seit es Aufzeichnungen über Tiere gibt, ja seit Noah seine Passagiere in die Arche trieb, ist noch niemals eine von Natur aus friedliche Gans aus einem Ei geschlüpft.

Ein anderer merkwürdiger Vogel mit einem merkwürdigen Namen ist der Ani, ein entfernter Verwandter des Kuckucks. D. E. Davis, heute Carpenters Kollege an der Pennsylvania State University, verbrachte 1300 Stunden damit, das exotische Verhalten dieses Vogels in freier Wildbahn zu beobachten. Der Ani lebt in Gruppen von sieben bis zwölf ausgewachsenen Vögeln, die gemeinsam ein soziales Territorium verteidigen. Sie bilden echte biologische Nationen, komplett mit Freundschaft-Feindschaft-Komplex, und die Weibchen legen ihre Eier in ein Nest, das die ganze Gruppe gemeinsam baut. Die Weibchen wechseln einander im Brüten ab, und wenn die Jungen geschlüpft sind, beteiligen sich alle oder die meisten an der Fütterung.

Die Verteidigung seiner Jungen mag den Primaten zu Höchstleistungen sozialer Verträglichkeit angespornt haben, aber keine Affengruppe stand jemals vor dem Problem, alle Eier in einem einzigen Nest unterbringen zu müssen. Für den Ani gibt es nur zwei Möglichkeiten: Freundschaft oder Vernichtung. Und so herrscht Freundschaft. Niemals wurde Davis während seiner langen Beobachtungen auf Kuba Zeuge eines Konfliktes. Jeder Vogel putzt das Gefieder des andern; wird ein Vogel verletzt, umringen ihn die andern mit Anzeichen äußerster Erregung. Die Gruppe besitzt ein großes soziales Territorium, etwa 5 Morgen, aber sie schläft zusammen auf einem Baum oder in einem Bambusgestrüpp. An der territorialen Verteidigung beteiligen sich alle, einschließlich der Kinder und Jugendlichen.

Und diese Verteidigung ist furchterregend. Ein eindringendes Individuum wird von einem oder mehreren Mitgliedern der Gruppe, manchmal von der ganzen Gruppe verjagt. Wie ein Rotkehlchen einen ausgestopften Köder attackiert, so greift auch der Ani jede Attrappe auf seinem Besitz an und zerfetzt sie in Stücke. Ein lebender Köder wird auch dann von der Gruppe getötet, wenn zur selben Zeit ein Mensch das gemeinsame Nest bedroht. Die Hierarchie der Instinkte bestimmt die territoriale Verteidigung, und der extravertierte Antagonismus steht an erster Stelle; die Eintracht folgt. Muß eine Brut im Laufe der Ereignisse geopfert werden, so bleibt doch das soziale Gefüge intakt, und eine neue Brut kann aufgezogen werden. Es ist dies eine Hierarchie der Instinkte, die dem kriegführenden Menschen nicht unbekannt ist.

Eine andere Gemeinschaft, in welcher der Freundschaft-Feindschaft-Komplex zur vollen Entfaltung kommt, ist die Stadt des Präriehundes. Diese soziale Organisation gleicht der des modernen Menschen mehr als irgendeine andere Primatensozietät. John A. King lieferte um 1950 mit seiner Untersuchung einer Stadt im Custer Country, South Dakota, einen wertvollen amerikanischen Beitrag zur Ethologie. Seine Stadt erstreckte sich über 30 Morgen mit einer Population von 800 Mitgliedern, eine bei den Fortpflanzungsgemeinschaften der Populationsgenetik häufig anzutreffende Zahl. Aber einzigartig und vielleicht ideal an der Präriehundestadt ist die Tatsache, daß es hier gelingt, für den Wettkampf der biologischen Nationen untereinander die Struktur des *noyau* zu verwenden, während gleichzeitig eine gemeinsame Verteidigung gegen Feinde von außen erreicht wird.

Jede Nation – jede Koterie, um einen Terminus von King zu

verwenden – besitzt ein Territorium von ungefähr einem halben Morgen mit 40 bis 50 Bauen. Allen Mitgliedern steht es frei, jeden Bau zu benützen. Kind unterteilte seine Stadt in »Höfe«. Auf Hof A, dem Gebiet seiner Untersuchungen, gab es eine in vier große Koterien gegliederte Population von etwa 60 Mitgliedern. In jeder Koterie war ein dominierendes Männchen vorhanden, das die meiste Zeit damit verbrachte, die Grenzen zu patrouillieren. Es führte alle Verteidigungsaktionen an, war am Morgen als erstes zur Stelle und am Abend als letztes im Bau. Geriet einer der Kumpane in eine Grenzstreitigkeit, so vertrieb es oft den Partner, um den Kampf selbst auszutragen. Nicht einmal in der Pavianherde nimmt die Führungsgruppe eine größere Verantwortung auf sich.

Im allgemeinen aber ist die Verteidigung eine gemeinsame Angelegenheit, an der sich alle Männchen, alle Weibchen und alle heranreifenden Jungen beteiligen. Sie wird von einem bestimmten Ruf ausgelöst, auf den *nur* die Mitglieder der Koterie reagieren. Dieser Ruf ist völlig verschieden von den kurzen Bellauten, die das Herannahen eines Geiers, eines Adlers, eines Kojoten oder eines Menschen ankündigen. Auf diese reagiert die gesamte Stadtbevölkerung und steht wachsam auf den Hügeln, so sich der Feind auf der Erde nähert, oder verschwindet in den Schächten, wenn er aus der Luft kommt. Hier haben wir einen *noyau* vor uns, der zwei scheinbar unvereinbare Vorteile verbindet; da ein aufmerksames Augenpaar genügt, die gesamte Population zu warnen, ist der *noyau* praktisch unverwundbar. Da aber die Organisation einer Gesellschaft mit introvertiertem Antagonismus entspricht, wird diese Sicherheit erreicht, ohne auf die Stimulierung verzichten zu müssen.

Die Stimulierung ist außerordentlich heftig. Innerhalb der Stadt geschieht das Eindringen einer Nation in das Territorium der andern meist zufällig oder nur versuchsweise. Aber es kommt auch zu Eroberungen. In der Stadt der Präriehunde begegnen wir dem einzigen Äquivalent zu menschlichen Eroberungen, das mir jemals untergekommen ist. Einmal betraten zwei Löwenmännchen den Tierschutzpark von Nairobi, vertrieben alle andern Löwen und nahmen das Gebiet in Besitz. Aber es waren außergewöhnliche Löwen. Als C. R. Carpenter seine Kolonie von Rhesusaffen auf einer Insel des Karibischen Meeres gründete, errichteten die Affengruppen ihre Territorien, und eine von einem ganz besonders dominierenden Alphamännchen angeführte Gruppe führte immer wieder erfolgreiche Überfälle auf benachbarte Gebiete aus. Wurde das Männchen versuchsweise abgesondert, blieb die Gruppe auf ihrem Territorium; kaum war es zurück, begannen die Eroberungszüge von neuem. Carpenters Experiment ist von augenfälliger Bedeutung für den Menschen, doch zeigten spätere Untersuchungen, daß sich das Leben der Rhesusaffen auf dieser Insel nicht unter natürlichen Bedingungen abspielte, die territoriale Verteidigung daher nicht normal und wahrscheinlich ungenügend war. Auch Garibaldi war ein bemerkenswertes Alphatier.

Unter all meinen Aufzeichnungen über das territoriale Verhalten sind die eben geschilderten Vorfälle die einzigen Ausnahmen der Regel, die besagt, daß der Territorialität ausschließlich defensive Funktionen zukommen. Im Fall der Löwen und der Affen waren besondere Umstände vorhanden; bei den Präriehunden aber sind die Lebensbedingungen vollkommen natürlich. Wie in der Geschichte der menschlichen Aggression ist auch hier die Bedrohung durch einen Angriff normal, dauernd vorhanden und nicht durch außerordentliche oder künstliche Umstände hervorgerufen. Jeder Anführer scheint über die Verteidigungsbereitschaft seiner Nachbarn bestens informiert zu sein. Immer wieder wird sie auf die Probe gestellt. Jedes Anzeichen von Krankheit, Unfähigkeit oder sozialer Unruhe kann eine Invasion auslösen. Ebenso wie alte und junge Mitglieder in der Verteidigung vereint sind, ist auch die gesamte Koterie an der Invasion beteiligt. Und sie kann zum Erfolg führen; der siegreiche Eroberer mag seinem Gebiet einen Teil des benachbarten Grundstückes einverleiben.

Eine derartige Verstärkung der territorialen Animositäten durch ständige Bedrohung hat eine Steigerung der inneren Eintracht zur Folge, wie sie kaum eine andere Tiergesellschaft aufweisen kann. Ist Fr gleich Fe + G, dann muß aus der Vergrößerung von Fe eine Vergrößerung von Fr resultieren. Niemals setzt die Wachsamkeit des Verteidigers aus; niemals vernachlässigt er seine Pflichten. Es bedarf auch keiner Drohung, um die Disziplin aufrechtzuerhalten. Wie beim Ani putzen und beschnuppern die Mitglieder einander fortwährend. Sie spielen, und gelegentlich tauschen sie Küsse aus, den berühmten Kuß des Präriehundes. Ich nehme an, daß er als Identifizierungshilfe in den dunklen Schächten entstanden ist. Durch den richtigen Geruch vergewissern sich die Präriehunde, daß kein Fremder eingedrungen ist. Was immer der Ursprung, was immer die arterhaltende Leistung sein mag: wenn zwei Mitglieder einer

Koterie einander treffen, tauschen sie etwas aus, das einem menschlichen Kuß sehr ähnlich ist – mit geöffnetem Mund und sichtlichem Vergnügen. Aber der Wert der außergewöhnlichen Eintracht in der Präriehundegesellschaft muß sich genauer ausdrücken lassen, als nur durch das mehr oder minder große Vergnügen am Küssen. Auf Kings Hof A wurden im ersten Jahr 58 Junge geboren, und alle bis auf eines überlebten. Ich weiß von keiner Parallele in der Tierwelt.

Die Stadt der Präriehunde ist wie eine idealisierte menschliche Gesellschaft, ja wie eine ganze Zivilisation. Die Nationen wetteifern miteinander bis zur äußersten Konsequenz der Eroberung. Wie in einem gewaltigen *noyau* wird ein Höchstmaß an Stimulierung durch ein Höchstmaß an Rivalität erreicht. Und da der Wettstreit zwischen biologischen Nationen stattfindet, erzeugt der Freundschaft-Feindschaft-Komplex innerhalb der Gruppen jene sozialen Imperative der Zusammenarbeit und des individuellen Opfers, die für die Sicherheit und das Überleben der Gemeinde so wichtig sind. Wie bestimmte Regeln, Vorschriften und stillschweigendes Einvernehmen eine ganze Zivilisation gegen eine Bedrohung von außen einigen können, so rufen die bellenden Warnlaute die gesamte Gemeinschaft auf und lösen angeborene Reaktionsweisen aus, die allen verständlich sind. Dem Geier wird zuvorgekommen, der Kojote an der Nase herumgeführt. Die Gefahr wird instinktmäßig richtig erkannt, und alle internen Feindseligkeiten werden eingestellt.

Die Stadt der Präriehunde ist ein Wunder der Natur – in ihrer Nagetiervollkommenheit vielleicht unerreichbar für den geplagtesten aller Primaten, den Menschen.

3

Der Freundschaft-Feindschaft-Komplex ist die Lösung eines Paradoxons, das von Darwin aufgestellt, von Wallace gelöst, von Spencer und Sumner untersucht, von Keith erweitert und in den letzten 20 Jahren unter dem Vorwand beiseite geschoben wurde, daß es nicht vorhanden sei.

Das Paradoxon läßt sich einfach formulieren: Wie können menschliche Eigenschaften – Altruismus, Loyalität, Mitleid, Barmherzigkeit – entstanden sein, wenn der evolutive Prozeß ein unbarmherziger Überlebenskampf zwischen den Individuen ist, in dem die natürliche Auslese den Tauglichsten bestimmt? Wie kam jemals ein Rudel zustande, wenn der Hund den Hund frißt?

Für den in die Geschichte des evolutiven Begriffes nicht Eingeweihten mag es schwierig sein, die Qualen zu verstehen, welche diese eine Frage der Philosophie verursacht hat. Wie können die ethischen Werte des Menschen ein Produkt der Evolution sein? Wie kann es zum Beispiel so etwas wie ein Gewissen geben, wenn die natürliche Auslese von den Individuen, um zu überleben, krassesten Egoismus verlangt? Ich werde die Frage nicht allzulange ausspinnen, da der aufmerksame Leser dieser Seiten die Antwort wahrscheinlich längst weiß. Aber es besteht die Gefahr, daß derselbe aufmerksame Leser die Antwort als selbstverständlich ansieht. Die Philosophie tut es nicht. Um die zweifellos moralische Natur des Menschen zu erklären, nahm sie zu den verschiedensten Behauptungen Zuflucht: daß sich der Mensch in einem ständigen Kampf mit dem evolutiven Prozeß befinde; daß er durch seinen Geist von den evolutiven Gesetzen ausgenommen sei und die natürliche Auslese nunmehr auf dem Gebiet der Ideen stattfinde; daß eine göttliche oder kulturelle Intervention zwischen dem Menschen und den übrigen Tieren eine Kluft geschaffen habe. Alle oder einige dieser Behauptungen beeinflussen in einem ungeahnten Ausmaß die Erziehung unserer Kinder und liefern uns dubiose Lösungen für die uns umgebenden Probleme. Selbstverständlich sind alle diese Behauptungen falsch. Was niemandem – außer vielleicht Keith – eingefallen zu sein scheint, ist die Tatsache, daß das Tier ein moralisches Geschöpf ist und die menschliche Moral nur eine evolutive Erweiterung einer Verhaltensform, die in der Natur seit 100 Millionen Jahren vorhanden ist. Aber wir müssen sowohl die Geschichte der Wahrheit wie die Geschichte des Irrtums verfolgen, um unsere gegenwärtigen Schwierigkeiten verstehen zu können. Wir wollen mit der Geschichte der Wahrheit beginnen, denn sie ist einfacher und von bedauerlicher Kürze.

Alfred Russel Wallace war Darwins großer, aber vernachlässigter Zeitgenosse, der Miterfinder der Theorie von der natürlichen Auslese. Er war es auch, der dem Paradoxon bereits vor 100 Jahren eine vorläufige Lösung zu geben suchte; die Antwort sei nicht in der Selektion innerhalb der Individuen, sondern in der Selektion innerhalb der Gruppen zu suchen.

Als Darwin sein Werk ›The Origin of Species‹ veröffentlichte, sah er in der Evolution ohne Zweifel einen »Hund-frißt-Hund«-Prozeß. Am Ende seines Kapitels über die Instinkte schreibt er:

»Es scheint kein Instinkt zum Wohle der anderen Tiere vorhanden zu sein, obwohl sich die Tiere die Instinkte der anderen zunutze machen ... (Es gibt) ein allgemeines Gesetz, das zur Weiterentwicklung aller organischen Lebewesen führt, und zwar: Vermehrt euch, verändert euch, laßt die Stärksten überleben und die Schwächsten sterben.«

Diese Sätze sind nicht irgendwo in einem langatmigen Werk vergraben. Die modernen Biologen mögen behaupten, das Darwinsche Weltbild sei weniger hart gewesen, es handle sich um einen milderen Konflikt, in dem die Tauglichen den folgenden Generationen zahlreichere Nachkommen hinterließen. Das alles mag richtig sein. Aber ich bin ein Stückeschreiber, und wenn ich wissen will, was die Essenz eines Stückes ist, höre ich auf die Worte, bevor der Vorhang fällt. Darwin läßt den Vorhang über eine aufrührerische Definition fallen. Und ich kann verstehen, warum sein Apostel T. H. Huxley die Evolution Darwins als das Gesetz des Dschungels interpretierte. Ich kann auch den Pessimismus begreifen, den Darwin bei vielen Viktorianern auslöste, und begreifen, warum Tennyson seinen berühmten Satz »Natur, Zähne und Klauen blutigrot« schrieb.

›The Origin of Species‹ erschien 1859, ›The Descent of Man‹ 1871. Zwischen diesen Daten ging etwas mit Darwins Überlegungen vor sich; er begann die Möglichkeit einer Gruppenselektion in Betracht zu ziehen. Wallace hatte sich vor Darwin als dem legitimen Vater der Theorie der natürlichen Auslese verneigt. Jetzt verneigte sich Darwin vor Wallace als dem Begründer der Gruppenselektion. Die Verbeugung war deutlich und selbstlos. Aber um 1871 war kaum jemand daran interessiert. Das Melodram der Natur mit blutigroten Zähnen und Klauen war zum Unterhaltungsstoff der Zeit geworden. Das Publikum, an eine blutrünstige Auslegung der Evolution gewöhnt, verlangte nach mehr Blut, nicht nach weniger. Die Intellektuellen, an die Wehmut des Pessimismus gewöhnt, wollten mehr Wehmut, nicht weniger. Aber ich lebe ein Jahrhundert nach Darwin in einer Welt, in der Blut und Schrecken zu Allgemeinplätzen geworden sind. Im Zeitalter der *pax britannica* war Pessimismus ein Luxus, den man sich leisten konnte; im Zeitalter der *pax atomica* ist sein selektiver Wert gering.

Die ursprüngliche Niederschrift von Wallaces Gedanken zu finden ist ein Unternehmen, das nur jenem zu empfehlen ist, der über eine freie Woche in London verfügt. Er hatte seine Arbeit am 1. März 1864 einer Versammlung der damals erst drei Jahre alten Anthropologischen Gesellschaft von London vorgelegt. Sie wurde in der Zeitschrift ›Journal‹ veröffentlicht, und in der behüteten Bibliothek der heutigen Royal Anthropological Society in Bedford Square fand ich endlich ein Exemplar dieses Blattes.

Man muß sich durch eine Menge Schlacke durcharbeiten, um auf das Erz Wallaces zu stoßen. Aber man findet es. Der große, heute vergessene Naturforscher, der uns von der Schönheit der Paradiesvögel von Neuguinea berichtete, schreibt über die Bedeutung der evolutiven Gruppenselektion:

»Je mehr die physischen Merkmale an Bedeutung verlieren, desto mehr steigt die Bedeutung der geistigen und moralischen Eigenschaften für das Wohl der Rasse. Die Fähigkeit, gemeinsam zu handeln, die Fähigkeit, Nahrung und Wohnplätze zu schützen; das Mitgefühl, welches die gegenseitige Hilfe fördert; ein Rechtsgefühl, das den Überfall auf den Nachbarn verhindert ... alle diese Eigenschaften müssen der Gemeinschaft von ihrem ersten Auftreten an nützlich gewesen und daher von der natürlichen Selektion gefördert worden sein.«

Wallaces Ausführungen machten auf die im Jahre 1864 anwesenden Mitglieder der Gesellschaft nur wenig Eindruck. Der Präsident, ein Dr. Hunt, bemerkte, »man wirft Mitgliedern dieser Gesellschaft vor, sich in Spekulationen zu ergehen, aber noch nie hat jemand eine auch nur annähernd so vage Vermutung aufgestellt wie diese«. Nur Darwin war von den Gedankengängen beeindruckt. Er schreibt in ›The Descent of Man‹:

»Wenn einer von zwei benachbarten Stämmen an Stärke oder Macht gegenüber dem anderen verliert, wird die Rivalität bald durch Krieg, Gemetzel, Kannibalismus, Sklaverei und Absorbierung gelöst.

... (Aber) wenn zwei Stämme des frühen Menschen, die im selben Gebiet lebten, miteinander in Streit gerieten, erging es jenem Stamm besser, der die größere Anzahl tapferer, ergebener und loyaler Mitglieder aufwies; er besiegte den anderen.«

Weder Wallace noch Darwin kam eine Anwendung dieses Prinzips auf den Präriehund, den Brüllaffen, den Eigentlichen Lemuren, die Blaugans oder den Ani in den Sinn. Sie sahen in ihm ein charakteristisches Merkmal der menschlichen Evolution zum Zeitpunkt, als sich die eigentliche Menschwerdung vollzog. Aber jedenfalls hielt man an dem Prinzip fest, daß der Freundschaft in einem Wettkampf der Gruppen ein ähnlicher selektiver Wert zukomme wie der Feindschaft. Die tiefe Kluft zwischen biologischer Evolution und menschlicher Ethik wurde überbrückt. Leider fand die Brücke keine Beachtung. In seiner 1893 gehaltenen »Romanes«-Vorlesung ›Evolution and Ethics‹ nahm T. H. Huxley keinerlei Notiz von ihr und behauptete, die Zivilisation müsse ewig im Kampf mit dem evolutiven Prozeß liegen.

Ein Denker, der die Brücke nicht ignorierte, war Herbert Spencer, Darwins Zeitgenosse und der durch die Evolutionstheorie am stärksten beeinflußte Philosoph. Da sein Name mit der Theorie der sozialen Evolution verbunden ist, genießt er in der modernen Soziologie nur wenig Ansehen. Wir wollen aber daran denken, daß er der Mann war, der meinte, es gäbe keine größere Sünde als die Angst vor der Wahrheit. Spencer gab uns die Begriffe »Freundschaftskodex« und »Feindschaftskodex«.

Die dualistische Natur des Menschen hat die Philosophen seit dem Anbeginn der Philosophie beschäftigt. Wir finden in denselben Individuen unendliche Möglichkeiten zu Zärtlichkeit, Mitgefühl, Erbarmen und Liebe, ebenso aber unendliche Möglichkeiten zu Grausamkeit, Bosheit, Zerstörung und Haß. Herbert Spencer sah hierin die natürliche Folge des Lebens in der Gemeinschaft, welches die Einhaltung zweier Verhaltensformen verlangt: den Kodex der Freundschaft, der in den Beziehungen zu den Partnern einzuhalten ist, und den Kodex der Feindschaft, der für die Beziehungen zur Außenwelt Gültigkeit hat. Der Mensch befolgt sie, ohne zu denken, da er keine andere Alternative hat. Mißachtet eine genügend große Anzahl von Mitgliedern einer Gemeinschaft den Kodex der Freundschaft, so wird sich die Gesellschaft auflösen; ignorieren zu viele den Feindschaftskodex, so wird die Gesellschaft zerschlagen werden.

Ein anderer Denker des 19. Jahrhunderts, dessen Ansichten über das menschliche Paradoxon denen von Spencer ähnlich sind, dessen Ansehen aber weniger gelitten hat, ist Yales William Graham Sumner, Ökonom, Anthropologe und Soziologe. Er prägte um die Jahrhundertwende die Ausdrücke »Innengruppe« und »Außengruppe«, die noch heute gebraucht werden. Sumner kam einer Formulierung des Freundschaft-Feindschaft-Komplexes sehr nahe:

»Die Beziehung der Eintracht und des Friedens in der Wir-Gruppe und jene der Feindseligkeit und des Krieges gegenüber den Fremdgruppen sind voneinander abhängig. Die Erfordernisse des Krieges bewirken den inneren Frieden, so daß kein interner Konflikt die Wir-Gruppe schwächen kann. Diese Erfordernisse sorgen auch für Führung und Gesetz in der Innengruppe, um Streitigkeiten zu vermeiden und die Disziplin aufrechtzuerhalten. So wirkten Krieg und Frieden aufeinander ein und förderten einander, diesen innerhalb der Gruppe, jenen in der Inter-Gruppenbeziehung.«

Die Erkenntnisse von Spencer und Sumner sind bewunderungswürdig, aber ihre Schwäche liegt in der Annahme, es mit spezifisch menschlichen Gegebenheiten zu tun zu haben. Sumner scheint geglaubt zu haben, Erziehung, Reisen und wachsender Erfahrungsreichtum würden letztlich die primitive, beschränkte Innengruppenmentalität ausmerzen. Merkwürdigerweise war es Spencer, der Evolutionist, der sich von dem Glauben an die angeborene Güte des Menschen nicht freimachen konnte. Er sah in dem Feindschaftskodex etwas, das dem Menschen auferlegt wurde und von der Geschichte eines Tages weggewaschen werden würde. Keiner von beiden erlebte die aufschlußreichen Ereignisse des 20. Jahrhunderts.

Sir Arthur Keith war der letzte in der Reihe. Schon 1940 war er zu einer Art von lebendem Fossil geworden, zu einem mahnenden Andenken an die Tage, als Ehrlichkeit, Tapferkeit und intellektuelle Schärfe noch allgemein bewundert wurden. »Die menschliche Evolution basiert auf der Ungerechtigkeit, und die Mentalität der Menschen formte sich solcherart, daß sie ihn zu einem willigen Objekt des dualistischen Kodex machte.« Solche Dinge sprechen wir heute nicht aus – zumindest nicht laut. »Wir sind bereit, von unseren Freunden alles Gute, von unseren Feinden alles Schlechte zu glauben. Der menschliche Geist ist in einem viel stärkeren Maß von Vorurteilen versklavt, als man allgemein annehmen möchte.« Sein Glaube an die Evolution kannte keine Zweifel: »Eine lebende Gruppe ist nur ein Bindeglied zwischen den toten Vorfahren und der noch ungeborenen Nachkommenschaft.«

Keith, der letzte in der Reihe, war der erste, der erfaßte, daß die Territorialität den Doppelkodex von Spencer und die Innen- und Außengruppen von Sumner zu einer biologischen Einheit verschmilzt. Sofort erkannte er die Bedeutung von Carpenters Untersuchungen über Gibbons und Brüllaffen. »Jedes Territorium ist eine Wiege der Evolution«, schreibt er. Für die zunehmende Tendenz der Anthropologie, Sippenbeziehungen zu untersuchen, um die soziale Organisation der ersten Menschen zu erkennen, hatte er nur wenig übrig. »Der Mensch mußte eine beachtliche geistige Höhe erreicht haben, bevor er zu einem Genealogen werden konnte.« Sein Aufgreifen von Carpenters Konzept des sozialen Territoriums führte ihn unweigerlich zu einer einheitlichen Auffassung der Dualität: »Zwischen den ethischen und den kosmischen Ordnungen ist kein größerer Gegensatz als zwischen dem Innen- und dem Außenministerium einer Regierung: sie sind voneinander abhängig. Das Resultat ihrer gemeinsamen Handlungen bestimmt den evolutiven Weg und das Geschick einer Nation.«

Ich glaube, Sumner wäre damit einverstanden gewesen. Aber Keith' Auffassung des Territoriums als vereinendes Prinzip zog ebenso unvermeidlich eine biologische Interpretation der Dualität nach sich; eine Ablehnung der Meinung, der doppelte Kodex sei etwas spezifisch Menschliches; die Überzeugung, daß seine Wurzeln in der Evolution lägen. Weder Sumner noch Spencer konnten ohne die Hilfe der neuen Untersuchungen über das Tierverhalten zu einer derartigen Schlußfolgerung kommen, es sei denn durch reine Spekulation.

Keith schreibt: »Spencer meinte, unsere geistige Unterwerfung unter den dualistischen Kodex sei jungen Datums; der Kodex sei praktiziert und letztlich in unseren Erbanlagen verankert worden. Er war sicher, der kosmische Kodex (der Feindschaft) würde eines Tages verschwinden und der ethische Kodex zum Alleinherrscher über unsere Handlungen werden. Ich hingegen sehe in dem Gehirnmechanismus, der den dualistischen Kodex bedingt, etwas Uraltes, denn auch primitive soziale Tiere gehorchen diesen Gesetzen; sie sind in der menschlichen Natur zutiefst verwurzelt.«

In seinen beiden letzten Büchern, ‹Essays on Human Evolution‹ von 1946 und ›A New Theory of Human Evolution‹ von 1948, tat Keith den letzten, unwiderruflichen Schritt, zu dem ihn seine Gedankengänge zwingend führen mußten. Das Gewissen, sagt er, ist nichts anderes als der menschliche Mechanismus, der das Befolgen des dualistischen Kodex vorschreibt. Jene, die behaupten, das Gewissen sei angeboren, sind daher im Recht. Aber wieweit zwingt uns das Gewissen, unsere Handlungen auf eine allgemeine Verbrüderung der Menschen zu richten? Nicht sehr weit. Das Gewissen ist nur ein Gruppeninstrument.

»Der Mensch besitzt eine dualistische Natur; Haß und Liebe sind gleichermaßen vorhanden, und das Gewissen kann den Haß ebenso zur Pflicht machen wie die Liebe. Im Soldaten hat das Gewissen eine Doppelfunktion: Es ist die Pflicht des Soldaten, seine eigenen Leute zu retten und zu schützen; ebenso ist es seine Pflicht, die Feinde zu vernichten ... So dient das Gewissen der doppelten Moral des Gruppenverhaltens; es wird den Kodex der Freundschaft ebenso gutheißen wie den Kodex der Feindschaft.«

Das sind Keith' letzte Worte über dieses Thema. Hatte der große alte Mann Anlagen zur Selbsttäuschung, so sind sie jedenfalls nicht zu sehen. Als er einige Zeit später im Alter von 90 Jahren starb, endete auch die kurze Geschichte der Wahrheit. Zu diesem Zeitpunkt wurden seine Gedanken bereits von dem neuen Romantizismus überwuchert, der dem Irrtum zur vollen Blüte verhalf. Seine Gedanken wurden von jener akademischen Gruppe verdammt, die große Geistesgaben durch eifriges Lernen ersetzte. Wie zwanzig Jahre lang niemand C. R. Carpenter in den Regenwald folgte, so folgte fast zwanzig Jahre lang niemand Sir Arthur Keith in den Dschungel wahrhaftiger Überzeugungen.

4

David Hume schreibt in seinen ›Essays‹: »Sollte ein Reisender von Menschen berichten, die keinerlei Habgier, Machtstreben oder Rachegefühle besitzen, die kein anderes Vergnügen kennen, als sich freundschaftlich, großzügig und hilfsbereit zu verhalten, wir würden die Falschheit sofort erkennen und ihn so sicher einen Lügner nennen, als hätte er von Drachen und Zyklopen berichtet.« Das war im Jahre 1722. Fast 200 Jahre später gab Ashley Montagu seiner bereits zitierten Überzeugung Ausdruck, die menschliche Aggressivität sei nicht angeboren, sondern, wie alle Formen der Gewalttätigkeit, erworben. Mit Schaudern wird man daran denken, wie Humes Kommentare zu einer derartigen Behauptung gelautet hätten. Aber Montagu, einer der berühmtesten zeitgenössischen Anthropologen, geht in einer anderen Arbeit, in der er sich mit Freud auseinandersetzt, noch weiter:

»Das vorliegende Material über die biosoziale Natur des Menschen, wie wir sie heute kennen, gibt keinen Hinweis auf einen aggressiven, destruktiven oder Todestrieb des Menschen. Die ganze Auffassung der prädeterminierten Verhaltensformen im Menschen ist überholt, denn die menschliche Einzigartigkeit beruht unter anderem auf der Tatsache, daß er von allen jenen

Prädeterminaten frei ist, die das Verhalten nichtmenschlicher Wesen bestimmen ... Das Material zeigt völlig eindeutig, daß die Menschenwesen alles, was sie *als Menschenwesen* tun, von anderen Menschenwesen lernen mußten ... Was eine in der Evolution verankerte Aggression des Menschen betrifft, kann dieser Gedanke ein für allemal fallengelassen werden.«

Die geistigen Wurzeln derartiger Ansichten gehen natürlich auf Jean-Jacques Rousseau zurück, der Humes Zeitgenosse und Freund in der Aufklärung des 18. Jahrhunderts, aber kein Anhänger seiner Philosophie war. Jede einflußreiche und populäre Gedankenrichtung von heute geht – mag es auch noch so lautstark geleugnet werden – auf die angeborene Güte Rousseaus zurück. Nur wird der angeborenen Güte der Mantel eines »wissenschaftlichen« Vokabulars umgehängt. Montagu sagt über den Ursprung der menschlichen Aggression:

»Wir besitzen heute ein überwältigendes Beweismaterial dafür, daß ein Kind geliebt werden muß, um sich zu einem gesunden, freundlichen, ausgeglichenen Menschen zu entwickeln. Kein Kind wird aggressiv oder feindselig geboren. Es wird nur dann so, wenn sein Wunsch, zu lieben und geliebt zu werden, frustriert wird, wenn die erwarteten Befriedigungen ausbleiben – und das Ausbleiben einer erwarteten Befriedigung ist die Definition der Frustration. Dies ist Freud entgangen. Was er für angeborene Feindseligkeit hielt, ist in Wahrheit eine erworbene Verhaltensform, die der Frustration einer Befriedigung folgt.«

Nicht weil seine Behauptungen sich wesentlich von denen der Mehrzahl seiner Kollegen unterscheiden, habe ich Professor Montagu so ausführlich zitiert, sondern weil er seine Ansichten so wortreich und prägnant formuliert. Ist er im Recht, so wächst die Freundschaft tatsächlich auf den Bäumen und mein Freundschaft-Feindschaft-Komplex ist völlig falsch. In diesem Fall würde die Feindschaft erzeugt, nicht die Freundschaft, und ihr Herstellungsmechanismus hieße Frustration. Die Gerechtigkeit verlangt, daß wir diese Theorie – warum Menschen so sind, wie sie sind – etwas näher betrachten.

Die Frustration-Aggression-Hypothese ist eine relativ neue Auslegung des Menschen. Sie wurde von einer Gruppe von Psychologen unter der Führung von John Dollard entwickelt und mit dem Erscheinen des revolutionären Buches ›Frustration und Aggression‹ geboren. Ich zitiere zwei Sätze aus der ersten Seite dieses Buches. Die hier kursiv gesetzte Stelle ist auch im Original hervorgehoben.

»Die vorliegende Untersuchung geht von der Voraussetzung aus, daß *die Aggression immer eine Folge der Frustration ist*. Genauer formuliert lautet unsere Behauptung: Das Auftreten eines aggressiven Verhaltens setzt immer die Existenz einer Frustration voraus, und umgekehrt führt das Vorhandensein einer Frustration immer zu einer Form der Aggression.«

Ganz zufällig erschien das Buch 1939, ungefähr zu dem Zeitpunkt, in dem Hitler seine erste Stadt, Warschau, eroberte. Das Zusammentreffen konnte den Enthusiasmus der amerikanischen Psychologie für das Buch nicht dämpfen. Die Dollard-Gruppe kann heute mit Stolz behaupten, auf Psychologie, Sozialwissenschaften und informierte Laienkreise mehr Einfluß ausgeübt zu haben als Freuds gesamtes Lebenswerk. Aber Dollards Name blieb relativ unbekannt, und da das Buch heute in einer billigen Taschenbuchausgabe erhältlich ist, empfehle ich jedem Leser, es sich zu beschaffen. Kein Mensch – bestürzt über die Terrorwellen, über die Herrschaft der Straße, über die Zunahme der Gewaltverbrechen in einer Zeit des Überflusses, über die soziale Verantwortungslosigkeit alter und junger Gruppen, ja sogar über gewisse Kunstrichtungen – sollte bei seiner Suche nach den Ursachen versäumen, ›Frustration and Aggression‹ zu lesen, verfaßt von John Dollard, Neal E. Miller, Leonard W. Doob, O. H. Mowrer und Robert R. Sears.

Ein bemerkenswertes Merkmal dieses einflußreichen Elaborats – fast so bemerkenswert wie die Behandlung des Beweismaterials – ist die Behandlung, die Freud zuteil wird. Wie schon gesagt, Montagu brachte den Mut auf, Freud lautstark ob seiner Ablehnung der Frustration als Ursache der Aggression zu verdammen. Trotzdem lautet der erste Satz der Einleitung Dollards:

»Unter den vielen Forschern, die sich mit dem Problem der Frustration und der Aggression auseinandergesetzt haben, gebührt unser besonderer Dank Sigmund Freud, der die Formulierung unserer grundlegenden Hypothese mehr als irgendein anderer beeinflußt hat.«

Der Hinweis, Freud habe die Thesen unterstützt, ist deutlich. Stimmt es oder stimmt es nicht? In den labyrinthischen Eingeweiden des Dollard-Buches wird man – so man genau sucht – die Bemerkung finden, »in den letzten Jahren« hätten andere Überlegungen Freud zu einer anderen Auslegung der Aggression geführt; der Dank gelte seinen frühen Werken. Daß Freud bereits 1913 die Frustration als die Ursache der Aggression fallengelassen hatte und seine Ablehnung einer derartigen Interpretation aus seinen späteren Arbeiten absolut eindeutig hervorgeht, bedrückt die Dollard-Gruppe nicht sonderlich. Doch uns können die Ansichten Freuds über die Aggression nicht gleichgültig sein.

Wie weitgehend bekannt, gehöre ich nicht zu den bedingungslosen Anhängern Freuds. Aber sein Verdienst ist es, die Aufmerksamkeit der Menschen auf drei unumstößliche Wahrheiten gelenkt zu haben – auf die Rolle des Unbewußten im menschlichen Verhalten, auf die Rolle des Instinkts als wesentliche Energiequelle der unbewußten Vorgänge, schließlich auf die Rolle der Evolution in der Entwicklung des Unbewußten selbst. Was man von einem Mann im Laufe eines Lebens mehr verlangen könnte, weiß ich nicht. Doch ein Problem ist vorhanden. Freuds Betonung eines einzigen Aspektes des Instinktverhaltens, der Sexualität, fand in der nachviktorianischen Ära einen so sensationellen Widerhall, daß der harmlose Beobachter ständig auf der Hut sein muß – wie gegen umherfliegende Steine bei einem Handgemenge. Aber diese defensive Haltung darf der Würdigung seines Genies keinen Abbruch tun. Seine Erkenntnisse waren großartig, nur seine Erklärungen, durch die zu seiner Zeit vorherrschende Auffassung der Evolution behindert, gingen manchmal daneben.

In seinem Buch ›Totem und Tabu‹ (1913) – ein Werk, bei dem mich immer eine Art von Katzenjammer befällt – ließ Freud die Frustration als Ursache der Aggression bereits fallen. Die Söhne, frustriert in ihrem sexuellen Verlangen nach der Mutter, werden aggressiv und wenden sich daher gegen den Vater. Aber warum ist der Vater überhaupt feindselig eingestellt? Daß der Konflikt zwischen den Generationen nicht ein einziger Ödipuskomplex sein kann, ist ein weiteres Problem. Was Freud hier vorwegnahm, ist die Hühnerhoffrage: Henne B peckt Henne C, weil sie von A gepeckt wurde. Das läßt sich als Frustration-Aggression auslegen. Aber warum begann A überhaupt B zu pecken? Freud war ein ehrlicher Mensch. Niemals wieder kehrte er zur Frustration als Ursache der Aggression zurück.

Sigmund Freuds Problem bestand darin, daß er, obwohl er die Frustration für eine unzureichende Erklärung der Aggression hielt, keine bessere Antwort wußte. Er behalf sich mit dem nach außen gerichteten Todestrieb, aber diese Lösung schien ihn niemals vollkommen zu befriedigen. Wenden wir uns den letzten Ausführungen in seinem 1930 veröffentlichten Werk ›Das Unbehagen in der Kultur‹ zu. Gibt es einen festumrissenen, unabhängigen Aggressionstrieb, oder gibt es ihn nicht? Ganz beiläufig sagt Freud:

»Ich habe mich einmal mit dem Phänomen beschäftigt, daß gerade benachbarte und einander auch sonst nahestehende Gemeinschaften sich gegenseitig befehden und verspotten, so Spanier und Portugiesen, Nord- und Süddeutsche, Engländer und Schotten und so weiter. Ich gab ihm den Namen ›Narzißmus der kleinen Differenzen‹, der nicht viel zur Erklärung beiträgt.«

In seinen Schriften gibt es keinen Hinweis, daß Freud jemals von dem sozialen Territorium in der Tierwelt gehört hätte, in bezug auf das private Territorium aber sind seine Erkenntnisse klar und scharfsinnig. Er schreibt über den Kommunismus:

»Ich habe nichts mit der wirtschaftlichen Kritik des kommunistischen Systems zu tun, ich kann nicht untersuchen, ob die Abschaffung des privaten Eigentums zweckdienlich und vorteilhaft ist. Aber seine psychologische Voraussetzung vermag ich als haltlose Illusion zu erkennen. Mit der Aufhebung des Privateigentums entzieht man der menschlichen Aggressionslust eines ihrer Werkzeuge ... Sie ist nicht durch das Eigentum geschaffen worden, herrschte fast uneingeschränkt in Urzeiten, als das Eigentum noch sehr armselig war.«

Sich mit allgemeineren Formen der Feindseligkeit befassend, schreibt er über das Gebot, seinen Nachbarn zu lieben, und das Dilemma gegenüber Fremden:

»Dieser Fremde ist nicht nur im allgemeinen nicht liebenswert, ich muß ehrlich bekennen, er hat mehr Anspruch auf meine Feindseligkeit, sogar auf meinen Haß. Er scheint nicht die mindeste Liebe für mich zu haben, bezeigt mir nicht die geringste Rücksicht. Wenn es ihm einen Nutzen bringt, hat er kein Bedenken, mich zu schädigen ... Ja er braucht nicht einmal einen Nutzen davon zu haben; wenn er nur irgendeine Lust damit befriedigen kann, macht er sich nichts daraus, mich zu verspotten, zu beleidigen, zu verleumden, seine Macht an mir zu zeigen, und je sicherer er sich fühlt, je hilfloser ich bin, desto sicherer darf ich dies Benehmen gegen mich von ihm erwarten ... Das gern verleugnete Stück Wirklichkeit hinter alledem ist, daß der Mensch nicht ein sanftes, liebebedürftiges Wesen ist, das sich höchstens, wenn angegriffen, auch zu verteidigen vermag, sondern daß er zu seinen Triebbegabungen auch einen mächtigen Anteil von Aggressionsneigung rechnen darf ... Wer die Greuel der Völkerwanderung, der Einbrüche der Hunnen, der sogenannten Mongolen und Dschingis-Khans und Timur-Lengs, der Eroberung Jerusalems durch die frommen Kreuzfahrer, ja selbst noch die Schrecken des letzten Weltkriegs in seine Erinnerung ruft, wird sich vor der Tatsächlichkeit dieser Auffassung demütig beugen müssen.«

Vor diesen Einsichten eines Mannes, der die Schrecken des Zweiten Weltkrieges nicht mehr erlebte, aber keines Auschwitz bedurfte, um die ewige Wahrheit zu erkennen, kann ich mich nur demütig verneigen. Doch bevor er zu Ende ist, schleicht sich ein Widerspruch ein:

»Ich habe bei keiner Arbeit so stark die Empfindung gehabt wie diesmal, daß ich allgemein Bekanntes darstelle, Papier und Tinte, in weiterer Folge Setzerarbeit und Druckerschwärze aufbiete, um eigentlich selbstverständliche Dinge zu erzählen. Darum greife ich es gerne auf, wenn sich der Anschein ergibt, daß die Anerkennung eines besonderen, selbständigen Aggressionstriebes eine Abänderung der psychoanalytischen Trieblehre bedeutet.

Es wird sich zeigen, daß dem nicht so ist, daß es sich bloß darum handelt, eine Wendung, die längst vollzogen worden ist, schärfer zu fassen und in ihre Konsequenzen zu verfolgen.«

In seinem Werk ›Jenseits des Lustprinzips‹ führt Freud den Begriff eines Todesinstinktes ein, der dem lebenserhaltenden Instinkt als zerstörendes Prinzip gegenübersteht und sich, wenn er gegen die Außenwelt gerichtet ist, als Aggression und Vernichtungswille manifestiert. Er faßt die Entwicklung seiner Theorie und die daraus resultierenden Kontroversen zusammen und bekräftigt seinen Standpunkt. Aber seine Ansichten sind ambivalent:

»Für alles Weitere stelle ich mich also auf den Standpunkt, daß die Aggressionsneigung eine ursprüngliche, selbständige Triebanlage des Menschen ist ... Diesem Programm der Kultur widersetzt sich aber der natürliche Aggressionstrieb der Menschen, die Feindseligkeit eines gegen alle und aller gegen einen. Dieser Aggressionstrieb ist der Abkömmling und Hauptvertreter des Todestriebes, den wir neben dem Eros gefunden haben, der sich mit ihm in die Weltherrschaft teilt.«

Freuds Arbeiten kamen zu früh. Die meisten dieser Worte stammen aus dem Jahr 1930, als die Populationsgenetik und die neue Biologie soeben geboren wurden. Er starb 1939, zu der Zeit, als die Dollard-Gruppe ihren Bastard mit der Behauptung präsentierte, er sei ein Kind des Meisters. Das Zeitalter des Alibis sparte nicht mit Beifall; Freud, der Alibis nicht schätzte, hätte nur Buhrufe dafür übrig gehabt. Wäre er heute am Leben und an der Arbeit, würde er sein Genie, seine Ehrlichkeit, seine Bescheidenheit und seinen Mut auf das Material der neuen Biologie und die Probleme unseres heutigen Lebens verwenden, wir würden Wunderbares erleben. Würde ein Mann von Freuds Format sich der Probleme annehmen, es gäbe – das ist meine Überzeugung – kein Niemandsland zwischen den Natur- und Sozialwissenschaften. Auch kann ich mir nicht vorstellen, daß Freud die Arbeiten von Lorenz und Tinbergen, von Howard, Carpenter, Allee, Hediger und Wynne-Edwards anders begrüßt hätte als mit dem lauten Jubelruf: »Warum hat man mir das nicht schon längst gesagt?«

Die Biologie lieferte Freud nichts anderes als Sexualität, Familie und überholte Ansichten über die Evolution. Von diesem tristen Standort aus mußte Freud die Antworten suchen, warum sich die Menschen so verhalten, wie sie es tun. Einige dieser Antworten sind unverdaulich. Wenn er die Freundschaft mit Hilfe eines zielgehemmten Erotizismus zu erklären sucht und den Wunsch nach Besitz als die nie aufhörende Verbundenheit des Kindes mit seinen Exkrementen, müssen wir bedenken, daß es damals noch keine Ethologie gab, um ihm das weitere Panorama evolutiver Möglichkeiten zu erschließen.

Trotz der Einschränkungen, welche die alte Biologie und seine eigene Vorliebe für die Sexualität dem Werk auferlegen, waren Freuds Gedanken der letzte frische Wind des Naturverstandes, der die dunklen, unterirdischen Gänge der modernen Psychologie erreichte. Gewisse Veränderungen und Modifizierungen der Dollard-Theorie wurden vorgeschlagen und teilweise auch angenommen. Miller, ein Mitglied der ursprünglichen Gruppe, meldete sofort Bedenken an und zeigte, daß die Frustration unter gewissen Umständen andere Folgen als die Aggression haben könne. P. McKellar wies darauf hin, daß die Aggression stärker werde, wenn sie keinem Widerstand begegnet, ein lebenswichtiger Punkt, den niemand beachtete. Ein anderes Mitglied der Dollard-Gruppe, R. R. Sears, versammelte eine Anzahl neuer Mitarbeiter um sich und suchte genau das Gegenteil zu beweisen: je mehr die Aggression bestraft oder frustriert werde, desto größer sei der Reiz der Aggression. Gemeinsam mit einem anderen Kollegen zeigte er, daß das Ansteigen und Abnehmen der Lynchjustiz in den amerikanischen Südstaaten mit dem Fallen und Steigen der Baumwollpreise in Beziehung stehe. Man kann nicht umhin, an Raymond Pearls berühmte Korrelation zwischen der Überlebensrate von Küchenschaben und Autos zu denken. Pearls Beweisführung stammt allerdings aus einer Zeit, da die Wissenschaft noch Humor hatte.

Die ergreifenden literarischen Produkte über Frustration-Aggression, kurz F.-A. genannt, beschränkten sich nicht auf die Vereinigten Staaten, sondern fanden in der gesamten englischsprachigen Welt Verbreitung. Außerhalb des englischen Sprachraumes gab es noch einige von hartnäckigen Barbaren gehaltene Bastionen, in denen aufgeklärte Geister an der Meinung festhielten, unsere Handlungen könnten vielleicht nicht nur auf fremdes, sondern auch auf eigenes Versagen zurückzuführen sein. Aber die Angelsachsen stürzten sich mit all der rührenden Begeisterung, die normalerweise der Entdeckung einer neuen Religion vorbehalten bleibt, in die Ekstasen der F.-A., klatschten im Takt der dröhnenden Trommeln des Alibis in die Hände und badeten in den süßen Gewässern der Verantwortungslosigkeit. So wie den Etruskern einst die Leber von Schafen genügte, um die Zukunft vorauszusagen, verließ man sich nun auf die Umweltfrustrationen, um von der friedlichen Zukunft überzeugt zu sein.

Es war dies natürlich eine gefährliche Orgie zu einem gefährlichen Zeitpunkt. Das Verständnis der Aggression war zum Schlüssel des allgemeinen Problems menschlichen Überlebens geworden. Mit dem plötzlichen amerikanischen Machtzuwachs kam der Rolle der amerikanischen Wissenschaften eine schwere Verantwortung zu. 1958 erschien eine Arbeit mit dem Titel ›Aggression‹ von John Paul Scott. Scott ist eine Weltautorität in Hundefragen und vielleicht der am meisten zitierte Forscher auf dem Gebiet des Tierverhaltens. Verleger war die angesehene University of Chicago Press, und auf dem Buchumschlag stand zu lesen: »Alle Forschungsergebnisse zeigen, daß es keinen physiologischen Anhaltspunkt für eine innere Notwendigkeit oder einen spontanen Trieb zum Kämpfen gibt, daß jede Aggression letztlich von Umweltkräften ausgelöst wird.«

Die Worte »alle Forschungsergebnisse« erinnern an Montagus »Wir besitzen heute ein überwältigendes Beweismaterial«. Ist dem wirklich so? Der Teilnehmer an unserer Untersuchung wird etwas verwirrt die Frage stellen: »Vielleicht *gewisse* Forschungsergebnisse, aber *alle* Forschungsergebnisse? Heißt das Wissenschaft?« Wir müssen milde sein und uns erinnern, daß Scotts Buch 1958 erschien, also zu einem Zeitpunkt, der in der rasanten Entwicklung der neuen Biologie bereits zum Neandertaleralter gehört, und jeder Mensch kann seine Meinung ändern. Drei Jahre später brachte unsere vielgelesene, maßgebliche Zeitschrift ›Scientific American‹ eine Arbeit von Irenaeus Eibl-Eibesfeldt mit dem Titel ›Fighting Behavior of Animals‹. Der Verfasser ist einer der bekanntesten Ethologen Europas und ein Mitarbeiter von Konrad Lorenz am Max-Planck-Institut in Deutschland. Er weist darauf hin, daß Scotts Beweisführungen im wesentlichen auf einem 1951 durchgeführten Experiment mit Mäusen basieren, das vermuten ließ, die Aggressivität der Tiere sei von vorausgegangenen schlechten Erfahrungen mit anderen Nestinsassen ausgelöst worden. Eibl-Eibesfeldt zog seine Ratten vollkommen isoliert auf, um jede Möglichkeit einer Frustration im zarten Kindesalter auszuschalten. Beim ersten Kontakt mit anderen Ratten zeigten die Tiere das gesamte Repertoire artspezifischer, aggressiver Verhaltensformen – die schrillen Schreie, das Krümmen des Rückens, das Fletschen der Zähne. In freier Wildbahn sammelte er Erfahrungen mit den verschiedensten Tieren – mit Iguanas, Eidechsen und Klapperschlangen. Er beobachtete das aggressive Verhalten der Oryxantilopen, des Damwildes und der Buntbarsche. Abschließend stellt er fest:

»Ein immer größer werdendes Tatsachenmaterial, teils aus Beobachtungen in freier Wildbahn, teils aus Laboratoriumsexperimenten gewonnen, läßt darauf schließen, daß diese lebenswichtige Verhaltensform nicht von dem Individuum erworben wird, sondern der Art angeboren ist, wie es die für den Kampf geeigneten Organe vieler Tiere sind.«

Im März des folgenden Jahres erschien in der Zeitschrift ›Scientific American‹ eine Arbeit des verstorbenen Erich von Holst mit dem Titel ›Electrically Controlled Behavior‹. 20 Jahre vorher war es dem Schweizer Forscher W. R. Hess gelungen, mittels kleiner in das Gehirn einer Katze eingeführter Elektroden, die er unter Strom setzte, ein voraussagbares Verhalten auszulösen. Jetzt hatten von Holst und ein Kollege eine Versuchsreihe mit Hühnern durchgeführt. Eine in eine bestimmte Region des Hypothalamus eingeführte Elektrode rief ein aggressives Verhalten gegen ein ausgestopftes Huhn – normalerweise ein Rivale in der Hackordnung – hervor; die Reizung einer anderen Region resultierte in einem andersgearteten Angriff gegen ein ausgestopftes Wiesel, normalerweise ein bedrohliches Raubtier. Dessenungeachtet behauptet Scott im selben Jahr in seinem Beitrag zu einem Sammelband namens ›Roots of Behavior‹ seelenruhig:

»Unsere gesamten Ergebnisse bis heute zeigen, daß das Kampfverhalten bei allen höheren Säugetieren einschließlich des Menschen durch äußere Reize ausgelöst wird und die Annahme eines spontanen inneren Auslösens nicht gerechtfertigt ist.«

Nun ist es richtig, daß ein Huhn kein Säugetier ist und daß ein äußerer Reiz vorhanden war. Aber da dem Huhn die ausgestopften Objekte völlig gleichgültig waren, bevor es den elektrischen Reiz empfing, ist die Behauptung, es gäbe keine Beweise für spontane innere Auslösung, etwas fadenscheinig. Als Abschluß desselben Bandes schrieb David E. Davis, der über den Ani berichtet hatte, eine hinreißende Arbeit mit dem Titel ›The Phylogeny of Gangs‹. Hier handelt es sich um eine Analyse der biologischen Motivierung von Straßenbanden, und wir werden uns später einmal genauer mit dieser Untersuchung beschäftigen. Davis weist darauf hin, daß Rangordnung und Territorium die Streitobjekte der menschlichen Banden seien, wie sie auch die Ursache der meisten Tierkämpfe sind. Abschließend meint er:

»Eine Vielzahl von Beobachtungen läßt vermuten, daß der Kampf um Rang und Territorium ein angeborenes Merkmal ist ... Im Gegensatz zu den Behauptungen vieler Forscher scheint die Aggression genetisch verankert zu sein. Wahrscheinlich werden nur die Mittel zum Kampf und die Objekte des Angriffs erlernt.«

John Paul Scott blieb ungerührt. In einer in ›Science‹ erschienenen Buchbesprechung schreibt er am 7. Mai 1965:

»Alles, was wir wissen (und das umfaßt bei vielen Arten ein beachtliches Beobachtungsmaterial), zeigt, daß ... uns kein physiologischer Mechanismus bekannt ist, durch den von innen ein kämpferisches Verhalten ausgelöst wird. Die physiologischen Kampfmechanismen werden vielmehr durch direkte äußere Reize ausgelöst.«

»Alles, was wir wissen, ...«, »das gesamte vorliegende Material«, »die Beweise sind überzeugend«, »alle unsere Forschungsergebnisse«; was sich in der amerikanischen Wissenschaft breitmacht, muß als eine Art von Parteidoktrin bezeichnet werden, die von ihren Anhängern mit Phrasen wie »alles, was wir wissen, ...« genährt wird. Die Phrasen sind unrichtig. Kann man damit Erfolg haben? In dem an den amerikanischen Colleges benützten Lehrbuch der Psychologie heißt es auf Seite 51: »Obwohl die Untersuchungen noch nicht vollkommen abgeschlossen sind, scheint es klar zu sein, daß es bei den

Menschen kein instinktives Verhalten gibt und wahrscheinlich auch nicht bei den Tieren.«

Ich sagte schon, daß wir Schwierigkeiten haben würden, unsere gegenwärtige Krise zu begreifen, wenn wir uns nicht über das Ausmaß klar sind, in dem der wissenschaftliche Irrtum heute über die wissenschaftliche Wahrheit triumphiert. In den Vereinigten Staaten werden jährlich Milliarden Dollar für die Erziehung unserer Kinder ausgegeben. Fragen wir uns, wenn wir unsere Steuern bezahlen, woraus diese Erziehung besteht? Wird unser von den Kräften einer romantisierten Wissenschaft beeinflußtes Erziehungssystem die Möglichkeiten, sich mit einer bedrohlichen Zukunft auseinanderzusetzen, stärken oder schwächen? Wir fragen nicht danach. Und doch ist unsere Zukunft ein Hasardspiel, und einmal kann die Kugel auf *Zero* haltmachen.

Noch immer sind wir nicht imstande, unsere gegenwärtige Bedrängnis ganz zu überblicken. Beträfe es nur die Erziehung unserer Kinder, wir könnten das Problem der Aggression der Zukunft überlassen. Aber es betrifft uns selbst, es ist ein Teil unserer Gegenwart. Und wenn wir damit nicht fertig werden, mag die Frage, welcher Art die Erziehung unserer Kinder ist, eines Tages bedeutungslos werden.

Wir wollen uns einmal das Symposium ansehen, das im Oktober 1963 in London abgehalten wurde. Die Einladungen zu diesem Kongreß waren vom englischen Institute of Biology ausgegangen. Das vielversprechende Thema des Symposiums hieß ›The Natural History of Aggression‹ und bezog sich auf das noch nicht ins Englische übersetzte Buch von Konrad Lorenz ›Das sogenannte Böse‹. Fünf Jahre früher hätte ein derartiges Treffen, meiner Ansicht nach, noch gar nicht stattfinden können, jedenfalls nicht unter einem so ehrwürdigen Patronat. In einer akademischen Atmosphäre psychologischer Gewißheiten, in der Instinkte Seltenheitswert besitzen, klingt der Titel ›The Natural History of Aggression‹ wie einem utopischen Roman entnommen. Daß das Institute of Biology unter diesem Banner das Niemandsland zwischen Sozial- und Naturwissenschaften zu betreten wagte, daß es Vertreter aus beiden Disziplinen aufforderte, ihre Ansichten darzulegen, daß es als heroische Geste ein kleines Publikum aus der wissenschaftlichen Elite einlud, um an der Saalschlacht teilzunehmen und die Verwundeten wiederaufzurichten, gehört zu jenen Akten grandioser Tapferkeit, die, wie die Vernichtung der spanischen

Armada oder die Schlacht um England, der englischen Geschichte gelegentliche Glanzlichter aufsetzen.

James Fisher, D. J. Wallis, Harrison Matthews, K. R. L. Hall und Konrad Lorenz vertraten die Universalität des angeborenen aggressiven Verhaltens in der Tierwelt und erläuterten die fast universellen Mittel, welche die Evolution hervorbrachte, um die Aggression zu ritualisieren, sie Regeln und Vorschriften zu unterwerfen und in unschädliche Bahnen zu lenken. Stanislaw Andreski, John Burton, Denis Hill und Cecily de Monchaux brachten die wesentlichsten Argumente für eine ausschließlich auf den Menschen bezogene Auslegung der Aggression vor. Derek Freeman, ein australischer Psychologe, rief eine Sensation hervor, als er die Reihen seiner Kollegen verließ, sich zu den Ethologen schlug, Darts Theorie von der räuberischen Übergangsstufe zwischen Affen und Menschen darlegte und ein schreckliches Bild von den Folgen entwarf, die ein Nichterkennen der tierischen Gesetzmäßigkeiten für den Menschen mit sich bringen müsse. Ein anderer Wissenschaftler, der Londoner Psychiater Anthony Storr, schloß sich ebenfalls dem Standpunkt der Ethologen an und stellte die verblüffende Behauptung auf, das Wettrennen im Weltall, das nicht nur unsere Phantasie gefangennimmt, sondern auch einen beachtlichen Teil des amerikanischen und russischen Budgets verschlingt, sei in Wahrheit eine Ritualisierung des Kalten Krieges.

Sonst aber ereignete sich nichts. Die Einstellung der nur am Menschen interessierten Wissenschaftler änderte sich in keiner Weise. Zur Zeit des Kongresses war ich in Afrika und kehrte erst einige Wochen nach seiner Beendigung nach London zurück. Gerüchte gingen um, daß das Symposium für viele illustre Namen, die ihm beigewohnt hatten, nicht zu existieren schien; daß man meinen könnte, die Theorie der Evolution sei niemals erfolgreich bewiesen worden und wir lebten noch in der Zeit von Bischof Wilberforce. Es war zu keiner historischen Auseinandersetzung gekommen; keine Verwundeten wurden zu nächtlicher Stunde aus den gotischen Hallen des South Kensington Museum getragen. Es war, als hätte irgendein geheimnisvoller Defekt in der Akustik des Saales die eine Seite daran gehindert, die Worte der anderen Seite zu hören.

Die Gerüchte waren unfair. Wenigstens hatte eine Konfrontation stattgefunden – eine Konfrontation der beiden Standpunkte: daß die Aggression des Menschen angeboren sei und einen Teil seines stammesgeschichtlichen Erbes bilde, so die

Meinung der einen Seite; daß die menschliche Aggression erworben und ein Produkt der Frustration sei, so die der anderen Seite. Eine derartige Gegenüberstellung erreicht zu haben bedeutete, daß der eiserne Vorhang, mit dem sich die Umweltstheoretiker so gerne umgeben, für eine kurze Zeit gelüftet wurde und das Niemandsland zwischen den beiden wissenschaftlichen Richtungen klar zutage trat. Es mag genügen, wenn ich die Ansichten der Wortführer der beiden Gruppen kurz zusammenfasse, die von Konrad Lorenz als Vertreter der Ethologie und die von John Burton, dem Historiker von Londons University College, dessen Vortrag den Abschluß der Tagung bildete.

Lorenz äußerte in seinem Vortrag ebenso wie in seinem Buch die Überzeugung, der selektive Wert der Aggression für das Wohl der Individuen, Populationen und Arten sei so groß, daß nur wenige Tiere ohne Aggression überleben könnten. Sie führe ganz augenscheinlich zu einer gerechten Verteilung der Individuen in einem gegebenen Lebensraum, zur Auslese der tauglichsten Männchen durch den Rivalenkampf und bei sozialen Tieren zur Bildung einer Rangordnung. Diese Rangordnung sorge für Führung und Disziplin und gewährleiste die optimale Nutzung der überlegenen Erfahrung und Weisheit der Führer im Dienste der Gemeinschaft. Aus der ungeheuren Fülle seiner Erfahrungen mit Tieren zitierte Lorenz Fall um Fall, um die Naturgeschichte der Aggression zu demonstrieren und die Mittel aufzuzeigen, durch welche die Natur den offenen Kampf einschränkt und ritualisiert, so daß das Individuum die Werte der Aggression genießen kann, während der Art der Blutzoll der Aggression erspart bleibt. Er führte aus:

»Für den biologisch orientierten Forscher kann kein Zweifel darüber bestehen, daß der innerartliche Kampf im Menschen ebenso auf einem spontanen, instinktiven Trieb beruht wie bei den meisten höheren Wirbeltieren. Die sich anbahnende Synthese zwischen den Erkenntnissen der Ethologie und der Psychoanalyse erlaubt keinen Zweifel, daß das, was Sigmund Freud als den ›Todestrieb‹ bezeichnete, nichts anderes ist als die Fehlorientierung eines Instinktes, der an sich ebenso unerläßlich für das Überleben der Art ist wie jeder andere Instinkt.«

Mit anderen Worten, wer ist der Vater, wer ist das Kind? Freud sah in dem Todesinstinkt etwas Grundlegendes und in der Aggression einen nach außen gerichteten Todesinstinkt. Für Lorenz ist die Aggression der normale, natürliche Instinkt und jeder Todestrieb eine neurotische, frustrierte Folge, eine nach innen gerichtete Aggression. Lorenz' Theorie besagt erstens, daß die Aggression gesund, notwendig, angeboren und unausrottbar sei; zweitens, daß die Lösung der menschlichen Probleme in einer Nachahmung der Natur zu suchen sei, mit anderen Worten, durch die Erweiterung aller jener unblutigen Rivalenkämpfe, Ritualisierungen und Schaustellungen – sei es zwischen Individuen oder Gruppen –, die unsere feindseligen Energien absorbieren und sie unschädlichen oder konstruktiven Zielen zuwenden. Zu leugnen, daß die menschliche Aggression angeboren sei, hieße ihre mögliche Kontrolle von einem unmöglichen Ausgangspunkt versuchen; zu glauben, daß ihre Ursache in der Frustration liege, käme einer moralischen Rechtfertigung der Aggression gleich und hieße die stärksten, wildesten, gegen die Gemeinschaft und das Überleben gerichteten Kräfte auf eine wehrlose Welt loslassen.

Sollte Konrad Lorenz' Buch in England und Amerika nicht als Markstein in der Geschichte des menschlichen Denkens gewürdigt werden, dann glaube ich trotz meines angeborenen Optimismus, daß – was immer das Schicksal von Lorenz' Graugänsen sein mag – unser Schicksal jedenfalls besiegelt ist. Anläßlich des Symposiums formulierte Lorenz sogar das Wesen dessen, was ich den Freundschaft-Feindschaft-Komplex nenne: »Es ist eine Tatsache, die ernster Überlegung wert ist, daß sich das Band der persönlichen Freundschaft bei vielen Tieren aus der Notwendigkeit entwickelte, die Kämpfe untereinander einzustellen, um andere Artgenossen um so wirkungsvoller anzugreifen.«

Mein Optimismus hinsichtlich der Fähigkeiten meiner Artgenossen, mit ihren Problemen fertig zu werden, dürfte aus physiologischen Quellen gespeist werden, denn die intellektuelle Nahrung ist wahrlich gering. Der Historiker Burton beendete die Konferenz mit einem Vortrag, den man in seiner Art auch als historisch bezeichnen kann: »Die Ansichten über die Aggression bei Tieren mögen sich letztlich als richtig erweisen«, sagt er, »aber es darf unserer Aufmerksamkeit nicht entgehen, daß der heutige Stand unseres Wissens keine schlüssigen Beweise dafür liefert.«

Man könnte meinen, die für das Symposium aufgewendeten Summen seien sinnlos vergeudet worden. Die ein Leben lang durchgeführten Beobachtungen von Männern wie Lorenz, Hall und Fisher wurden kurzerhand von einem Historiker abgetan, der nicht die geringste Autorität auf dem Gebiet der Biologie besitzt. Burton fährt in seinen Ausführungen fort und meint, sollte eine derartige angeborene Feindseligkeit bei niederen Tieren eines Tages tatsächlich bewiesen werden, so könne das für den Menschen keinesfalls von Belang sein. Er bedient sich der beliebten akademischen Verteidigung, gleichgesinnte Autoritäten zu zitieren, die die vorgelegten, gegenteiligen Informationen nicht kennen, in diesem Fall eine Behauptung des Psychologen F. H. Stanford, daß »es keinen direkten, physiologischen Beweis für die Aggression gibt, obwohl die Emotion bei einem blockierten oder frustrierten Organismus im allgemeinen von physiologischen Veränderungen begleitet wird«. Mit einem einzigen Satz sind wir wieder im Jahre 1939, bei Dollard und der F.-A.

Wenn wir aber die Kosten der Konferenz als hinausgeworfenes Geld betrachten, begehen wir einen Irrtum. Denn Burtons weitere Ausführungen, in aller Unschuld und in bester Absicht dargelegt, zeigen klar, wohin der gefährliche Weg der angewandten F.-A. führt:

»Die akademische Auffassung der Aggression als eine sekundäre oder abgeleitete Motivierung kann nicht verhindern, daß die Aggression von dem Gesetz und von der Gesellschaft im allgemeinen als eine primäre Motivierung behandelt wird, für die das Individuum selbst verantwortlich ist. Wir versuchen noch immer die Aggression des Individuums unter Außerachtlassung der umweltbedingten Ursachen zu kontrollieren und zu unterdrücken. Wie man einstmals Landstreicher als faules Gesindel verjagte und in ihnen nicht ein Produkt des Systems und der Arbeitslosigkeit sah, so sind aggressive Menschen heute noch der Verdammung durch die Gesellschaft ausgesetzt und leiden unter Gesetzen, die sie zu unterdrücken suchen.

Diese Kluft zwischen akademischer Theorie und sozialer Praxis, die innerhalb der Gesellschaft existiert, ist unbedeutend im Vergleich zu der Kluft, die zwischen derselben Theorie und Praxis in internationalen Beziehungen besteht. Wir haben uns niemals um die Feststellung bemüht, bis zu welchem Grad die westlichen Nationen für die italienischen, deutschen und japanischen Aggressionen und alle damit verbundenen Grausamkeiten verantwortlich waren.«

Dr. Burton fährt fort, uns über den Koreakonflikt und die indisch-chinesischen Grenzstreitigkeiten aufzuklären und zu behaupten, die bisher bekannten »Tatsachen« deuteten nicht auf unprovozierte Aggressivität oder Expansionsdrang von seiten Chinas hin, eine Ansicht, die für die Sowjetunion von größtem Interesse sein muß.

»In beiden Fällen waren wichtige innenpolitische Erwägungen der Länder, die China gegenübertraten (Amerika und Indien), für die Maßnahmen ausschlaggebend, die den gespannten Beziehungen mit China vorangingen.«

Und er beschließt seinen Vortrag und das Symposium mit den Worten:

»Eine Anwendung der Ergebnisse von Biologie und Psychologie auf die internationalen Beziehungen ist möglicherweise falsch; aber als Analogie mag der Hinweis von Nutzen sein, daß die Aggression bei Tieren und Menschen eine nicht passive Reaktion auf die Wahrnehmung einer Bedrohung oder auf eine erlebte Frustration darstellt. Staatsmänner und Politiker, die andere Nationen der Aggression beschuldigen, sollten wissen, wo die Verantwortung für die Aggression letztlich zu suchen ist.«

Wir sind, wie ich meine, von unserer ursprünglichen Untersuchung hinlänglich abgewichen, um den Leser mit der Entwicklung zweier gegensätzlicher Standpunkte innerhalb der Wissenschaft vertraut zu machen; mit dem dazwischenliegenden Niemandsland, mit den weitreichenden Folgen für unser Erziehungssystem und dem Einfluß auf unser tägliches Leben; mit der unerträglichen Belastung, die ein derartiger Konflikt in der akademischen Welt für die Hoffnung auf das Überleben der Menschheit darstellt, einer Menschheit, die vertrauensvoll an die Wissenschaft glaubt. Der Leser, der sich genauer über den gegenwärtigen Konflikt informieren möchte, kann einen vollständigen Bericht über dieses außergewöhnliche Londoner Symposium, erschienen bei der Academic Press in London und New York, studieren.

Da sich aber die für unsere Untersuchung wesentlichen Beobachtungen und Schlußfolgerungen nicht so sehr auf die aggressiven Triebe des Menschen beziehen als auf die Verteidigungsmechanismen, mit denen die Natur ihn ausgestattet hat, ist es, glaube ich, an der Zeit, zum territorialen Imperativ zurückzukehren. Es besteht wohl kein Zweifel darüber, daß ich mit Dr. Burtons Behauptung, eine Anwendung der Erkenntnisse der Biologie auf internationale Beziehungen sei unzulässig, nicht übereinstimme. Es läßt sich meiner Ansicht nach leicht beweisen, daß es unser Unvermögen ist, den angeborenen Mechanismus des Freundschaft-Feindschaft-Komplexes zu begreifen, ein Unvermögen, das uns immer wieder dazu führt, in der internationalen Politik genau das Gegenteil von dem zu erreichen, was wir anstreben.

5

Programmiert man das territoriale Elektronengehirn mit der Freundschaft-Feindschaft-Gleichung und füttert es mit dem Staate Israel und dem jüdischen Volk, so wird das Ungeheuer zweimal husten und die wahnwitzige Antwort geben, es habe niemals so etwas wie einen Juden gegeben und wahrscheinlich gäbe es auch keinen Staat Israel, wären nicht die Araber vorhanden. Ganz gleich, wieviel Fachleute zu Hilfe gerufen werden, ganz gleich, ob man den Computer der Trunkenheit oder der Tollwut bezichtigt, er wird immer dieselbe Antwort produzieren.

In seinem Elektronengehirn sieht die Geschichte ungefähr so aus: Eine sehr lange Zeit hindurch hat sich die menschliche Natur mit Juden wie mit Nichtjuden einen grotesken Scherz geleistet. Die Juden wurden allgemein für eine Rasse gehalten, obwohl sie weniger rassische Besonderheiten aufweisen als ein Süditaliener oder ein Schwede. Sie sind die Nachfahren einer Mischung von Stämmen aus dem Nahen Osten, wie ich der Nachfahre einer Mischung von schottischen Klans bin, und eine genetische Verschiedenartigkeit besitzen sie ebensowenig wie du oder ich. Dessenungeachtet gab es wesentliche Unterscheidungsmerkmale zwischen ihnen und uns. Wir besaßen Territorien, sie besaßen keine. Sie waren einzigartig unter den modernen Kulturvölkern. Was wir als Jude bezeichnet haben, war nichts anderes als ein »de-territorialisierter« Mensch.

Die jüdischen Schwierigkeiten mit dem Territorium scheinen schon frühzeitig begonnen zu haben, nämlich als Gott Abraham, dem Anführer einiger umherziehender Hirtenstämme, das Anrecht auf eine bescheidene Liegenschaft an der Küste des Mittelmeeres versprach. Kein Volk nahm ein Versprechen jemals ernster. Sie nahmen von dem Land Besitz und wurden seßhaft, aber sie waren ein so streitlustiges, rabiates Völkchen, daß immer wieder irgend jemand auftauchte und sie in die Knechtschaft verschleppte. Zuerst waren es die Ägypter, bei denen es ihnen nicht schlecht erging; doch der Traum von dem Gelobten Land verließ sie nicht. Nach einigen haarsträubenden Erlebnissen gelang es ihnen, ihr Territorium zurückzuerobern; prompt kamen die Chaldäer, Nebukadnezar verschleppte die meisten Juden nach Babylon. Später waren es die Römer, die sich der jüdischen Starrköpfigkeit nicht gewachsen sahen und sie daher gewaltsam vertrieben, um sie an den verschiedensten Plätzen im Westen anzusiedeln. 2000 Jahre lang hatten die Juden des Orients und die Juden Europas etwas gemeinsam: Sie sahen das Gelobte Land niemals wieder.

An den Wassern von Babylon sangen sie ihr Lied: ›Wenn ich deiner vergesse, o Jerusalem ...‹ Sie vergaßen nicht.

Die Juden nennen es die Diaspora – die Zerstreuung des jüdischen Volkes. Als Population war ihnen ein Territorium versagt. Als Individuen war ihnen – die längste Zeit hindurch und an den meisten Plätzen – sogar das Recht verwehrt, Land zu besitzen und ein privates Territorium zu errichten. Trotz aller Erniedrigungen hatten die Juden im Orient das leichtere Leben, da Mohammed sie aus Ehrfurcht vor der jüdischen und der christlichen Religion zum »Volk des Buches« erklärte. Es waren nicht die Mohammedaner, sondern die Christen, die die Juden aus Spanien vertrieben. In allen christlichen Ländern war ihr Leben hart; vielleicht verlangte die christliche Eintracht nach einem äußeren Feind, um ihren Freundschaft-Feindschaft-Komplex zu ergänzen. Wie immer es gewesen sein mag, die weltliche Gesellschaft hatte jedenfalls nichts gegen die christliche Schöpfung eines Omegafisches einzuwenden.

Man kann den Verdacht nicht loswerden, daß der Antisemitismus, der den Christen viele angenehme Vorteile verschaffte, auch für die Juden gewisse, wenn auch weniger angenehme Vorteile mit sich brachte. Die Juden standen einem genetischen Problem gegenüber, das kein anderes Volk des Westens kannte: Wie ließ sich ihre genetische Integrität ohne die reproduktive Isolierung des Territoriums erhalten? Sie besaßen nichts als ihre Erinnerungen. Der Antisemitismus half; sie akzeptierten das Ghetto. Ehen mit Nichtjuden wurden verboten. Rabbis und Schriftgelehrte hielten die Erinnerungen wach. Die jüdische Familie wurde ebenso unbezwinglich wie die griechische Phalanx. Bewußt lehnte man jede Anpassung ab; die Juden trugen eine fremde Kleidung und eine fremde Haartracht, sie aßen fremde Speisen. Während wir damit beschäftigt waren, Kriege zu führen, waren sie damit beschäftigt, Bücher zu studieren. Sie schwelgten in Erziehung, während wir im Analphabetentum schwelgten. Es entging ihnen nichts, und sie vergaßen nichts.

Während Jahrhundert um Jahrhundert verstrich und ein Jahrtausend das andere ablöste, machten die Juden, wie alte Zaubermeister, aus dem Staub der Jahre lebendige Erinnerungen.

Die Juden waren anders – darüber besteht kein Zweifel. Und sie hielten dieses Anderssein mit unerschütterlicher Entschlossenheit aufrecht. Wir sahen in ihnen eine eigene Rasse; es lag im Interesse der Juden, nicht zu widersprechen. Wir verspotteten die »jüdische Persönlichkeit«, sie betonten die »jüdische Persönlichkeit«. Niemand, weder sie noch wir, konnte ahnen, daß die jüdische Persönlichkeit nichts anderes war als ein Bündel von Eigenarten, das die Identität des »de-territorialisierten« Menschen aufrechterhielt. Dann kam der Zionismus.

Hier muß ich eine Warnung einschalten. Meine Sympathien galten immer dem Zionismus. Aber weder meine Sympathien noch die des Elektronengehirns haben den geringsten Einfluß auf die Auswirkungen der Freundschaft-Feindschaft-Gleichung. Wir werden sehr bald sehen, was geschieht, wenn sich die Sympathien abkehren.

Der Zionismus nahm mich jedenfalls gefangen, wie der Traum eines Freundes oder das Abenteuer eines Romanhelden unsere Phantasie fesselt. Als der große Tag des britischen Rückzuges aus Palästina nahte, gerieten meine Freunde in Washington in Panikstimmung. Sie erwarteten ein arabisches Massaker an wehrlosen Juden, das jeden Pogrom der Geschichte übertreffen würde. Ich war skeptisch. Damals wußte ich natürlich noch nichts über das Territorium, aber ein Dramatiker hat die Tendenz, dem irrationalen Moment eine größere Bedeutung beizumessen. Die Geschichte der Pogrome könne – so schien es mir – nicht viel darüber aussagen, was geschieht, wenn ein durch zwei Jahrtausende heimatloses Volk wieder die Möglichkeit erhält, sein Gelobtes Land zu verteidigen.

Was den Arabern geschah, erstaunte mich nicht allzusehr. Aber viele Jahre später – Israel hatte ich damals noch immer nicht besucht –, als sich mein Elektronengehirn und ich mit dem Menschen und seinem Territorium zu befassen begannen, machte ich eine kleine Aufstellung. Wenn eine territoriale Interpretation der jüdischen Frage richtig war, müßten sich daraus gewisse reale Konsequenzen ergeben.

Erstens: Ein Territorium ist ein Gebiet, das verteidigt wird. Zur Verteidigung bedarf es feindlicher Nachbarn. Die Araber sorgten, zum Glück für die Juden, nicht nur für feindliche Nachbarn in reichem Ausmaß, sondern sie boten damit auch die Möglichkeit, das jüdische Territorium im strengen biologischen Sinn zu legitimieren.

Zweitens: Wenn ein zivilisierter Mensch jemandes Anspruch auf ein Territorium anerkennen soll, bedarf es mehr als eines uralten, fraglichen Paktes mit dem lieben Gott. Mit anderen Worten, er muß mit eigenen Augen sehen, daß der Gebietsinhaber imstande ist, eine möglichst große Zahl seiner Mitmenschen umzubringen. Auch hier erwiesen sich die Araber als unerhört kooperativ; sie starben in Massen.

Drittens: Eine so erstaunliche Umkehr dessen, was wir immer als »jüdische Persönlichkeit« bezeichnet hatten, mußte die Welt erschüttern. So war es auch. Manche mögen den Antisemitismus auch nach 1948 als liebe Gewohnheit beibehalten haben; eine zugkräftige Institution aber war er nicht mehr. Wir bilden uns ein, Hitlers Brutalitäten hätten das Weltgewissen aufgerüttelt. Nichts dergleichen geschah. Ich erinnere mich, daß der Antisemitismus in Amerika kurz nach dem Zweiten Weltkrieg, ungeachtet aller nationalsozialistischen Beiträge zu unserem Weltgewissen, hohe Wellen schlug. Die Literatur dieser Periode beweist es. Es waren die Bilder der toten Araber, nicht die der verkohlten Juden, die unser berühmtes Gewissen berührten. 1948 nahm eine verblüffte Welt zur Kenntnis, daß Juden sich ebenso verhalten wie andere Menschen auch.

Viertens: Die Erwerbung und Verteidigung eines Territoriums mußte den Israelis den üblichen Kraftzuwachs verleihen. So war es auch. Das Gelobte Land war die tristeste Ansammlung von Felsblöcken, Sand, malariaverseuchten Sümpfen und weiten Wüsten, die die Mittelmeerküste zu bieten hat, und wäre ich Abraham gewesen, ich hätte eine freundlichere Gegend verlangt. Aber das Volk, das 2000 Jahre lang kein Land besitzen durfte und fast ausschließlich in Städten gelebt hatte, dem jede landwirtschaftliche Überlieferung und Erfahrung fehlte, dieses Volk machte sich in der Nahrungsversorgung fast autonom und eroberte mit seinen Agrarprodukten einen europäischen Markt nach dem anderen. Ich habe den Kibbuz erwähnt. Es ist verständlich, warum die kollektive Farm nur hier und nirgends sonst in der westlichen Welt Erfolg haben konnte. Man kann einen Kibbuz namens Sha'ar Hagolam, nahe dem See Genezareth und in Schußweite von der jordanischen Grenze, besuchen. Man kann die neolithischen Funde besichtigen, die die Mitglieder in ihrer Freizeit aus den Feldern ausgegraben und, passenderweise, in einem Bombenunterstand zur Schau gestellt haben. Man muß sich nicht mit dem Biber beschäftigen, um den Energiezuwachs des territorialen Verteidigers bestätigt zu sehen.

Fünftens, ein äußerst wichtiger Punkt: Wenn es den Juden an sich niemals gab, sondern nur einen de-territorialisierten Menschen, dann müßte er theoretisch aufhören, ein Jude zu sein, sobald er re-territorialisiert wird. Kommt man nach Israel, so stellt man bald fest, daß die beliebtesten Witze der jungen Nation darauf beruhen. Man erzählt sich die Geschichte eines jüdischen Arztes aus Frankreich, der zu Besuch kam und im Hafen von Haifa von seinem Freund empfangen wurde. Erstaunt blickt der Arzt auf die hünenhaften Träger, die mit dem Gepäck um sich werfen. »Wer sind sie?« fragt er. »Juden«, antwortet der Freund.

Es ist nicht nur das Äußere. Es ist die Haltung, die Art zu sprechen, die Art zu denken. Die »jüdische Persönlichkeit« ist verschwunden; sie wurde durch den Israeli ersetzt, durch ein selbstbewußtes, entschlossenes Lebewesen, kampfbereit wie ein Rehbock in seinem Waldland. Man wird in Tel Aviv eingeladen, und jemand stellt die unvermeidliche Frage: »Wie gefällt Ihnen Israel?« – »Gut, aber wo sind die Juden?« Alles bricht in schallendes Gelächter aus, denn es ist *der* Witz der Nation.

Sechstens: Wenn das Territorium den Juden psychisch und physisch verwandelt und zu einem anderen Wesen, dem Israeli, gemacht hat, dann müßte sich theoretisch eine immer weitere Kluft zwischen den Israelis und den Juden der Diaspora auftun. Diese Kluft ist keineswegs theoretisch, sondern sehr real; viele Israelis sehen sie als das zweitgrößte Problem an, unter dem die junge Nation zu leiden hat. Viele englische, amerikanische und europäische Juden sehen in den Israelis einen Chauvinisten, einen Menschen, der seine Weltanschauung verloren hat und nicht mehr nach seinem Gewissen handelt, der irgendwie die höchsten Ideale seines Volkes verraten hat. Für den Israeli ist der Glaubensgenosse in der Diaspora ein Moralist, dessen Predigten, würde man sie in die Praxis umsetzen, zum Untergang Israels führen müßten. Da es die finanzielle Großzügigkeit des Weltjudentums war, welche die Geburt von Zion ermöglicht hat, zeigen sich beide Seiten gekränkt und verletzt. Daß sich hier ein Naturgesetz vollzogen hat, wird von niemandem verstanden; ebensowenig, daß sie nicht mehr dem gleichen Volk angehören, nicht mehr das gleiche Gewissen teilen und auch nicht mehr den gleichen Freundschaft-Feindschaft-Komplex. Nähme man dies zur Kenntnis, es wäre für beide Teile leichter.

Diese Spaltung zwischen Juden und Israelis zeigte sich auf

erschütternde Weise während des Eichmann-Prozesses. Ich hatte es in meiner kleinen theoretischen Aufstellung nicht vorgesehen, aber die älteren Israelis wußten intuitiv darum und fürchteten die Reaktion, wenn die unvermeidliche Dokumentation der Greueltaten beginnen würde. Diese Angst erwies sich als durchaus berechtigt. Als der Prozeß seinen Lauf nahm, stellten verwirrte junge Menschen – die Sabres, die in Israel geboren waren – ihren Eltern in Familie um Familie die gleiche Frage: »Warum habt ihr nichts unternommen?« – »Ihr versteht das nicht«, sagten die Eltern, »man konnte nichts machen.« – »Aber da ihr wußtet, daß ihr sterben müßt, warum seid ihr nicht wenigstens kämpfend gestorben?« – »Ihr versteht das nicht«, sagten die Eltern. Und es ist wahr, der Sabre wird es niemals verstehen, denn zum Unterschied von den Juden der Gaskammern ist er ein territoriales Tier.

Den letzten Punkt habe ich nicht vorhergesehen, die Israelis sahen ihn nicht vorher, niemand außer dem Computer konnte ihn vorhersehen. Es ist das vordringlichste aller Probleme der Israelis, und es muß gelöst werden, oder es wird die Nation vernichten. Die Araber sind kaum ein Problem, abgesehen von den hohen militärischen Ausgaben, die sie dem Staatshaushalt auferlegen. Das Problem der Israelis heißt Rasse.

Wäre ich Jude und ein Pionier des Zionismus gewesen, auch ich hätte keine Ahnung von dem Schreckgespenst gehabt, das sich eines Tages wieder blicken lassen würde. In seiner Unwissenheit nahm der Zionist den Juden als Juden hin, wie es auch die Christen taten. Natürlich erwartete er gewisse Schwierigkeiten, die sich bei der Verschmelzung von Menschen aus hundert verschiedenen Ländern mit hundert verschiedenen Sprachen ergeben würden. Er wußte um die Starrköpfigkeit seines Volkes und war auf Streitigkeiten gefaßt. Aber er erwartete keine schwerwiegenden Probleme, wenn einmal alle im Gelobten Land beisammen sein würden, das Hebräisch zu ihrer gemeinsamen Sprache gemacht hätten, die Kinder dieselben Schulen besuchten. Daß es in Wahrheit keine jüdische Rasse gibt, zog er nicht in Betracht. Er bedachte nicht, daß aus den verschiedenen Weltgegenden zwei vollkommen verschieden geartete Völker einströmen würden – die Juden des Orients und die Juden Europas.

Der Trugschluß der Zionisten wurde nicht sofort offenbar. Die 650000 Israelis, die im Unabhängigkeitskrieg von 1948 kämpften, kamen fast alle aus Europa. Ungefähr achtzig Generationen lang hatten sie die grimmige, umweltbedingte Auslese, die ihnen die christlichen Länder auferlegten, überlebt; sie waren zäh, findig, gebildet, und keiner von ihnen schreckte vor einem arbeitsreichen Leben zurück. Mit ihrer großzügigen Blutspende, welche die Israelis zu einer legitimen Einheit werden ließ, trugen die Araber das ihre zum erfolgreichen Stapellauf des Schiffes Israel bei. Erst dann setzte die massive Immigration der anderen Juden ein. Israel machte sich bereit, den Bruder, der an den Wassern von Babylon gesungen hatte, zu umarmen. Niemand kam auf den Gedanken, der orientalische Jude könne nach hundert Generationen des Überlebens und der natürlichen Auslese in einer von der westlichen so grundverschiedenen Umwelt – in einer Gesellschaft, in der man das Arbeiten wenn möglich den Frauen überläßt und das Lernen den Schreibern – diese oder jene genetische Narbe davongetragen haben, die kein Schulzimmer so leicht auslöschen kann.

Heute gibt es an der Hebräischen Universität so wenige orientalische Juden, daß sie den Arabern an Zahl weit unterlegen sind. Abba Eban, bis vor kurzem Unterrichtsminister, erklärte, 30 Prozent der Kinder aus dem Orient, die mit 14 Jahren 8 Schuljahre in Israel absolviert haben, seien nicht imstande, einen einfachen hebräischen Text zu lesen, einen ordentlichen Brief zu schreiben oder die vier mathematischen Grundoperationen auszuführen. Die Einstellung zur Erziehung sei ebenso unterschiedlich wie der Arbeitseifer. Während die europäischen Juden, das Ghetto hinter sich lassend, Wunder in der Landwirtschaft vollbrachten, schafften die orientalischen Juden, die sich in dem Gebiet um Tel Aviv zusammendrängten, neue Ghettos. Mischehen sind selten. Weniger als 5 Prozent der europäischen Frauen heirateten Männer aus dem Orient. Die Bemerkung einer Studentin an der Hebräischen Universität, »der orientalische Jude sei von anderer Art«, klingt nach einer Diskriminierung. Aber es ist nur natürlich, daß der Mann aus dem Orient, der selbst keine Erziehung wünscht, keine Frau mit Erziehung verträgt.

Der orientalische Jude besitzt heute eine Majorität von 55 Prozent und beschwert sich bitter über rassische Diskriminierung. Die Führungsschicht Israels muß vor diesem Schlagwort zurückschrecken, das in jedem Juden furchtbare Erinnerungen wach werden läßt. Michael Selzer berichtet in der Londoner Zeitung ›Jewish Observer‹ von einer Wohnsiedlung in Jerusalem, aus der die *Schwarzim*, die Schwarzen, ausgeschlossen sind. Bezeichnungen wie *Cushim* und *Frankim* sind nichts Außergewöhnliches und entsprechen ungefähr dem von den Engländern gebrauchten Schimpfwort *Kaffir*. In ihrem ahnungslosen Idealismus vergaßen die Zionistenführer, daß die Juden in dem Augenblick, in dem sie zu Israelis wurden, auf ihre jetzt gestrafften Schultern jene Bürde aufladen würden, die allen Menschen gemeinsam ist.

Aber trotzdem: trotz der Enttäuschung über den geringen Erfolg der Erziehung, trotz des Versagens der ausgleichenden Umwelteinflüsse, trotz tiefverwurzelter »rassischer« Animositäten, trotz des immer größer werdenden Pessimismus in vielen informierten Kreisen Israels, trotz allem blüht Israel und wird viel früher eine Integrierung erreichen, als die Pessimisten glauben. Warum? Wegen des Freundschaft-Feindschaft-Komplexes; weil die Araber, auf ihrer feindseligen Einstellung beharrend, weiterhin das Gegenteil von dem erreichen, was sie wollen, und am Ende das schaffen werden, was den Israelis aus eigener Kraft kaum gelingen kann – eine echte, dauerhafte, geeinte Nation.

Wie der kluge Israeli den Tag fürchten muß, an dem die Araber mit einem Ölzweig in der Hand an der Schwelle des Gelobten Landes erscheinen, so muß der Südafrikaner den Tag fürchten, an dem südlich des Limpopo eine Verständigung der Nation möglich wird. Es könnte sein letzter Tag sein.

Durch viele Jahre bin ich kreuz und quer durch Afrika gereist, um meine Tiere und meine Fossilien aufzuspüren, und habe so nebenher mit ungläubigem Staunen die verschiedenen Einrichtungen und Systeme des *Homo sapiens* beobachtet; mit einem Staunen, das von meinem Computer nicht geteilt wird. Als ich meine Reisen begann, war Ghana noch die Goldküste und die Mau-Mau das Tagesgespräch in Kenia und der Weltpresse. Als mein Verständnis des Territoriums zunahm, wurden mir zwei verhängnisvolle Fehler der Unabhängigkeitsbewegung klar: Erstens akzeptierten die schwarzen Nationen jene willkürlichen Grenzen, welche die Kolonialmächte bei der Aufteilung der großen Beute festgelegt hatten. Im Kongo zum Beispiel wurde der große Stamm der Bakongo auf die von den Europäern geschaffenen Staatengebilde Angola, Belgisch-Kongo und Französisch-Kongo aufgeteilt; anderseits schlug man, um die belgische Verwaltung zu erleichtern, eine nach Ethnologie, Geographie und Tradition vollkommen getrennte Einheit wie Katanga zu einem Gebiet, das von allen, außer den Kongolesen selbst, als der Kongo anerkannt wurde. Und der zweite große Fehler war, daß keiner der neuen Staaten auch nur im entferntesten einer biologischen Nation glich; die Zusammengehörigkeit beschränkte sich auf Stämme und lokale Gruppen.

Die lineare soziale Evolution – von vielen Sozioanthropologen als eine Beleidigung der Menschenwürde abgelehnt – ging bei den meisten Völkern von einer Vereinigung primitiver Jagdverbände aus, die sich weder in ihrem Umfang noch in ihrer Organisation wesentlich von den Tiergesellschaften unterschieden. Hierauf bildeten sich größere Klans mit gemeinsamen Territorien, und aus ihrem Zusammenschluß entstanden allmählich die Stämme, vielleicht noch in lose Gruppen unterteilt, die mit unterschiedlicher Strenge die alten Grenzen anerkannten. Schließlich entwickelten sich aus diesen losen Vereinigungen die modernen Nationalstaaten, bei denen verschiedene politische und historische Mechanismen darauf hinwirkten, daß einem einzigen geeinten Territorium die Verbundenheit, Opferbereitschaft und Ergebenheit aller Mitglieder gehört. Die normale Voraussetzung für einen Zusammenschluß ist gegeben, wenn benachbarte Gruppen von einem Feind bedroht werden, den die einzelne Gruppe allein nicht abwehren kann. Es kommt also zu einem freiwilligen Zusammenschluß. Hält der Freundschaft-Feindschaft-Komplex lange genug an, so entsteht eine dauerhafte Koalition. Die Unterwerfung einer schwachen Gruppe durch eine stärkere kann Vereinigungen temporärer Natur hervorbringen, aber in der Regel muß eine dauerhafte Vereinigung durch einen freiwilligen Zusammenschluß angesichts einer gemeinsamen Bedrohung besiegelt werden.

Es ist schwer zu erklären, warum die Geschichte der afrikanischen Völker südlich der Sahara so wenige Beispiele einer Koalition auf einer breiteren als der Stammesebene hervorgebracht hat, während anderseits der afrikanische Kontinent das älteste Denkmal einer derartigen gesellschaftlichen Entwicklung bietet. Kaum eine Autostunde von Kairo entfernt steht das älteste monumentale Steinbauwerk der Welt, die berühmte Stufenpyramide, die vor fast 5000 Jahren für König Djoser der dritten Dynastie errichtet wurde. Djosers Vorgängern war es gelungen, alle Stämme Ober- und Unterägyptens, deren Territorien den Nil säumten, zu vereinigen. Die einzelnen Gaue nannte man »Nomes«. Als Djoser die Herrschaft übernahm, muß die nationale Einigung bereits ziemlich weit fortgeschritten gewesen sein. Inmitten des heißen, gleißenden Wüstensandes, das grüne Niltal überschauend, steht jene uralte Gemeinschaft der Toten, die Nekropole namens Sakkara. Hier errichtete der erste

Baumeister der Geschichte, Imhotep, jenen einzigartigen Monumentalbau, das Grabmal seines Königs, und meißelte in Stein, zur ewigen Unterhaltung des Herrschers, das Leben des Hofes, über den Djoser in Memphis geherrscht hatte. Die Politik muß eine der liebsten Beschäftigungen des Königs gewesen sein. Man wandert in dem von einer Umfassungsmauer begrenzten Pyramidenbereich umher, in der Kolonnade, die längst vergessenen Zeremonien gedient hatte und rechts und links von je 21 Nischen flankiert wird, deren jede einen der 42 ägyptischen Gaue repräsentiert. In diesen verfallenen Nischen umherstreifend, entdeckte ich zu meiner größten Verwunderung symbolische Einfriedungen, welche die Nischen trennten; unsere erste Nation hatte die territoriale Integrität jedes einzelnen Nome der Föderation anerkannt und die territorialen Grenzen in dem Monumentalbau der Menschheitsgeschichte symbolisch verewigt.

Das Datum war ungefähr 2750 vor Christus. Die Stämme anerkannten die zentrale Autorität, während sie – wie die Vereinigten Staaten von Amerika – ihre territoriale Identität beibehielten. Heute, fast 5000 Jahre später, sind die afrikanischen Staaten nicht imstande, einen ähnlichen Zustand zu schaffen. Die Stammesloyalität steht überall an erster Stelle. Schwarzer Nationalismus ist ein Schlagwort der Weißen aus dem Norden, die meistens keine Ahnung von der Mentalität des Mannes im Busch haben und die Machtgelüste jener Handvoll Männer unterschätzen, die eine weiße Erziehung genossen haben und als schwarze Europäer bezeichnet werden. In den Kreisen des Nordens spricht man von »lebensfähigen Nationen«, als ob ökonomische Faktoren ausschlaggebend für die Schaffung einer nationalen Identität wären. Die Unabhängigkeitsbewegungen sind durchaus vorhanden; ihre emotionelle Basis bildet in erster Linie die Forderung der Stämme nach Befreiung von der Herrschaft der Weißen, zweitens aber auch nach Befreiung von der zentralisierten Regierungsgewalt des schwarzen Mannes.

So sah ich den Hintergrund der chaotischen Zukunft der jungen schwarzen Staatengebilde. Seltsamerweise trifft alles, was man über den schwarzen Staat sagen kann, auch auf den Paria Südafrika zu. Noch vor zehn Jahren war kaum ein Unterschied vorhanden, ja die Zwistigkeiten zwischen den Stämmen waren hier vielleicht noch offensichtlicher als in den meisten schwarzen Staaten. Es gab zwei weiße Stämme, die Buren und die Briten. Der Afrikaander, eine Mischung aus Holländern und Franzosen, war seit so vielen Jahrhunderten im Besitz des Landes, daß seine

Solidarität und politische Macht größer war. Doch der britische Stamm war reicher, und die beiden hatten füreinander nur herzhafte Verachtung übrig. Von ähnlicher Größe waren zwei schwarze Stämme, die Zulu und die Kosa, die zu den fähigsten Gruppen des afrikanischen Kontinents zählen.

Ihre gegenseitige Animosität ist der zwischen Buren und Briten zu vergleichen, und die Zulu können überdies auf eine grausame Geschichte blutiger Fehden zurückschauen, die in der ganzen Welt bekannt ist. Eine andere beachtliche Gruppe stellten die Mischlinge der Kapprovinz dar, mehr ein Gemisch als ein Stamm, die wenig Beziehung zu dem modernen Afrika haben. Abkommen von Hottentotten, von malaiischen Sklaven, die im 17. Jahrhundert in die holländische Kolonie gebracht wurden, und von den Weißen selbst, haben diese Mischlinge kaum etwas mit den anderen Gruppen gemein. Und dazu kamen noch die Inder und kleine, schwarze Stämme, um das »nationale« Mosaik zu vervollständigen.

Ein wesentlicher Unterschied aber war vorhanden. Während die Sympathien der ganzen Welt auf seiten der neuen schwarzen Staaten standen, brachte man der gesellschaftlichen Struktur Südafrikas eine ebenso große Antipathie entgegen. Mein Computer, die Daten nach seiner Gleichung verarbeitend, kannte wahrscheinlich alle Antworten. Ich wußte sie nicht oder zumindest nicht, bevor die Resultate klar zutage traten.

Heute bewegt sich jeder afrikanische Staat – trotz Sympathien und materieller Hilfe aus der ganzen Welt – entlang eines schmalen Pfades zwischen Ordnung und Chaos, Lebensfähigkeit und Bankrott, Frieden und blutigem Aufruhr. Anderseits erfreut sich Pariastaat Südafrika eines unglaublichen Wohlstandes und eines Maßes an Ordnung, Sicherheit und innerer Solidarität, wie es kaum eine der seit langem bestehenden Nationen kennt. Sicherlich hat ein bestimmtes Maß an Diktatur zu dieser Veränderung beigetragen, aber ihr Anteil ist wesentlich kleiner, als es die Welt wahrhaben möchte. Was seit 1960 einen uneinigen, unstabilen, fast bankrotten Staat am Rande einer rassischen Explosion zu einer geeinten, stabilen, blühenden Nation gemacht hat, in der die Gefahr eines rassischen Konfliktes praktisch nicht vorhanden ist, läßt sich einfach aufzählen: der erzwungene Austritt Südafrikas aus dem Commonwealth, die von einem mehr lautstarken als realen Weltgewissen ausgelösten Boykotte und Handelsembargos, die sinnlosen Kriegsdrohungen der machtlosen schwarzen Staaten, die einstimmig angenommenen feindseligen

Resolutionen der Vereinten Nationen, die Errichtung von Trainingslagern für Saboteure und Guerillakämpfer in ganz Afrika, die in Europa durchgeführten Sammlungen zur Finanzierung einer Revolution, die nie stattfinden wird. All dies stellt in einer Welt, der die souveränen Rechte der Nation heilig sind, eine Verletzung des Territoriums dar. Jedes Gesetz des territorialen Prinzips trat in Kraft: die angeborene Verteidigungsbereitschaft des Besitzers, der Energiezuwachs, der Zusammenschluß, die Akzeptierung einer einheitlichen Führung und die große Gleichung $Fr = Fe + G$.

Hätte sich die Welt verschworen, die Apartheid zu einer dauernden Institution Südafrikas zu machen, es hätte ihr nicht besser gelingen können. Wie die Araber in Israel das genaue Gegenteil ihrer Ziele erreichten, so haben über 100 Nationen, die in New York ihre Stimme abgaben, das Gegenteil ihrer Intentionen erreicht. In den letzten Monaten hörte ich aus Quellen, die ich für absolut verläßlich halte, die unglaublichste aller Vorhersagen: Fielen weiße Kräfte tatsächlich in Südafrika ein, so würden sich 80 Prozent der schwarzen Südafrikaner an der Landesverteidigung beteiligen; würde eine Invasion von schwarzen Kräften angeführt, so wäre die Verteidigung total. Die Richtigkeit dieser Vorhersage ist schwer festzustellen, da sie aber mit der Wahrscheinlichkeit der Freundschaft-Feindschaft-Gleichung zusammenfällt und die Geschichte sie eines Tages einer Prüfung unterziehen mag, ist es vielleicht doch von Wert, sich diese scheinbar irrwitzige Behauptung zu merken.

Die Motive des Angreifenden mögen moralisch, politisch und ideologisch überlegen sein; die Motive des Verteidigers mögen beschränkt, verächtlich, für die Weltmeinung mit Recht unannehmbar sein; oder es mag sich umgekehrt verhalten – wie dem auch sei, es spielt keine Rolle, denn unsere Sympathien sind vollkommen bedeutungslos. Wenn der Angreifer, dem der biologische Kraftzuwachs des defensiven territorialen Prinzips fehlt, nicht bereit ist, so große Opfer auf sich zu nehmen, daß er die natürlichen Vorteile des Gebietsinhabers überwiegen kann, wird der Angriff nicht nur fehlschlagen, sondern aller Wahrscheinlichkeit nach das Gegenteil dessen erreichen, was er beabsichtigte.

Ein anderes ausgezeichnetes Beispiel bietet das amerikanische Abenteuer in Vietnam. Meine Sympathien lagen anfangs ganz eindeutig auf seiten des Angreifers. Ich teile nicht Dr. Burtons Ansicht, daß der chinesische Expansionsdrang nur eine Folge der Frustration-Aggression-Beziehung sei. Der scharfe Wind aus Peking scheint mir nicht den Blumenduft des Friedens zu bringen. Meine Gefühle werden durch Aktionen, die den chinesischen Großmachtstraum zerstören könnten, keineswegs beleidigt. Wenn wir die Absicht hatten, dem chinesischen Expansionsdrang Einhalt zu gebieten, war unser Abenteuer anfangs durchaus erfolgreich. Daß China es verabsäumte, seinem kleinen Verbündeten zu Hilfe zu kommen, hatte in den unwahrscheinlichsten Weltgegenden unmittelbare Folgen; in Algerien rollten Köpfe mit der Aufschrift »made in Peking«, und nicht anders war es in den neuen schwarzen Staaten, in Kuba, Indonesien, in fast allen Gebieten, in denen die Chinesen an Terrain gewonnen hatten. Es ist richtig, daß es die Sowjetunion war, die fast überall dort, wo die Chinesen Prestige einbüßten, deren Platz einnahmen, und bis zu einem gewissen Grad verhalfen wir damit den Russen zu ihrem größten politischen Sieg seit Jalta. Man kann darüber streiten, ob diese Konsequenzen im amerikanischen Interesse lagen; zum Glück gehört dies nicht zum Thema unserer Untersuchung. Jenseits jeder Debatte aber steht fest, daß die »escalation«, jene Politik der allmählichen und fast unmerkbaren Steigerung der Kriegsanstrengungen des Angreifers, zu unserem Thema gehört.

Schon bei dem Wort *escalation* beginnt mein Computer zu stöhnen und wandert auf der Suche nach Aspirin ins Badezimmer. Gibt es eine Aggressionspolitik, deren Scheitern noch unvermeidlicher ist, dann werden es sicherlich die traumverlorenen Amerikaner sein, die sie eines Tages erfinden. Es ist richtig, daß die »escalation« einige Vorteile bietet, aber sie sind alle etwas dubios. Sie gibt die Möglichkeit, einen großen Krieg so unauffällig zu beginnen, daß einen die Verbündeten nicht im Stich lassen – zumindest nicht, bis man sie wirklich braucht. Zunächst erhält man auch die Unterstützung des eigenen Volkes, das, obwohl von keiner territorialen Verteidigung motiviert, zu einer Aggression ohne große Kosten bereit ist. Erst wenn die Investitionen an Menschen und Material so groß geworden sind, daß keine andere Wahl bleibt, als das gute Geld dem schlechten nachzuwerfen, beginnen die Schwierigkeiten im eigenen Land. Finanzielle und emotionelle Opfer zu fordern ist nicht leicht, wenn der für den Krieg essentielle Enthusiasmus fehlt. Ein anderer Vorteil, sichtbarer in der Alltagsroutine als im Erzielen von Erfolgen, ist der, daß die »escalation« es vollkommen überflüssig macht, zu wissen, was man eigentlich tut. Und der größte

Vorteil – für ein so tugendhaftes Volk wie die Amerikaner von unerhörter Anziehungskraft – besteht darin, daß man nach einer Weile nicht mehr unterscheiden kann, wer wen zur Intensivierung des Krieges drängt, so daß es einfacher wird, dem Gegner die ganze Schuld an der Lage in die Schuhe zu schieben. Einen Nachteil gibt es allerdings auch: Sind die Dinge an diesem Punkt angelangt, ist man wirklich zum Opfer der Umstände geworden, hat jede militärische Initiative verloren, und da man vergessen hat, *wer* den Krieg begann, hat man wahrscheinlich auch vergessen, *warum* er überhaupt begonnen wurde.

Worin immer die zweifelhaften Vorteile der »escalation« für den Angreifer bestehen mögen, für den Verteidiger ist sie ein wahrer Segen. Da Fr gleich Fe+G ist und seiner allmählichen Steigerung von Fe das wertvolle Überraschungsmoment fehlt, wächst Fr in einer Weise an, die alle Kraftquellen des Verteidigers – und seien sie noch so bescheiden – in ausreichendem Maße mobilisiert. Jeder kleinste Vorteil, jedes Anwachsen des territorialen Verteidigungswillens kommt dem Feind zugute. Und auch wenn am Ende der scheinbare Sieg steht – ein wahrscheinlicher Ausgang, wenn sich die mächtigste Nation der Welt den schwächsten Gegner aussucht –, sind zwei schwerwiegende Konsequenzen zu erwarten. Der lange Zermürbungskrieg, der einen hohen Preis für den Sieg verlangt, mag das Land des Gegners in Asche gelegt haben. Aber solange es noch eine Glut gibt, wird es Erinnerungen geben, und eines Tages wird aus den rauchgeschwärzten Ruinen ein Phönix auferstehen, der nicht vergessen hat. Und dann beginnt alles von neuem. Die andere Konsequenz ist vielleicht weniger grimmig als grotesk: Während David niemals tapferer schien, war Goliath niemals lächerlicher.

Der Freundschaft-Feindschaft-Komplex, von einem aus der alten biologischen Nation entstandenen Staat voll ausgenützt, hat den Weg des Angreifers nicht mit Rosen gesäumt. Seit dem 18. Jahrhundert erinnere ich mich nur an zwei Eroberungen von dauerhaftem Erfolg, und keine von beiden ist ganz eindeutig. Mein eigenes Land hat Texas und Kalifornien von Mexiko gestohlen und damit Erfolg gehabt; aber Mexiko war damals noch keine echte Nation. Und die Sowjetunion eignete sich nach dem Zweiten Weltkrieg das östliche Europa an; ob diese Eroberung eine dauernde sein wird, bleibt abzuwarten. Ob aus edlen oder niederen Motiven unternommen, der Eroberungskrieg hörte auf, ein einträgliches Geschäft zu sein, als gut durchorganisierte, zur Gänze integrierte territoriale Gesellschaften für die Völker zu Bastionen der Freiheit wurden. Es ist diese biologische Tatsache, die der potentielle Angreifer zur Kenntnis nehmen muß. Wie die Anis ihr Territorium verteidigen, auch wenn ihr gemeinsames Nest in der Zwischenzeit geplündert wird, so können evolutive Prozesse von ewigem Wert einen vorübergehenden Verlust hinnehmen. Weder menschliche Sympathien noch moralische Überzeugungen, weder politische Maximen noch philosophische Gewißheiten können den territorialen Imperativ unterdrücken – jene biologische Moral, die das Verhalten der Lebewesen noch lenken wird, wenn der *Homo sapiens* bereits zu einer Erinnerung der Stammesgeschichte geworden ist.

IX
Janus hat drei Gesichter

1

Es war einmal vor langer Zeit – in meiner Nachbarschaft ging es damals noch sehr ruhig zu – ein König namens Janus. Seine Burg befand sich auf einem Hügel in der Nähe meines heutigen Hauses; man nennt ihn das Janiculum. Es war lange vor den Tagen von Romulus und Remus, als Rom noch ein kleines Dorf an einer Biegung des Tiber war. In der Ägäis hatten die Griechen gerade Schwierigkeiten mit den Trojanern, und da sich kein Homer für König Janus fand, besitzen wir weder handfeste noch dichterische Beweise für seine Existenz. Aber ich denke gerne an ihn, hoch oben in seiner Zitadelle auf dem Hügel, denn er war – einmal zu einem Gott geworden – eine außerordentliche Persönlichkeit.

Die Römer hatten eine Vorliebe für religiöse Kulte, und der Januskult muß über 1000 Jahre gedauert haben, bis in die Zeiten Hadrians und des späten Kaiserreiches. Sein Machtbereich war von sonderbarer Art: Er war der Gott der Tür und des Torbogens. Darum sehen wir ihn zumeist mit einem Doppelantlitz; so wurde er über den Türen dargestellt – mit einem Gesicht nach außen, mit dem anderen nach innen schauend. Doch abgesehen von den Eingängen erwarb sich Janus einen größeren und prächtigeren Herrschaftsbereich; er wurde zum Gott des Anfangs. Er war der Gott des Tages-, des Monats- und des Jahresbeginns. Nach ihm erhielt der Januar seinen Namen. Janus präsidierte über fast alle Anfänge, über die Grundsteinlegung zu einem Aquädukt, über die Geburt des ersten Kindes in einer Familie, über das Streuen des ersten Samens im Frühling. Die Römer liebten ihn, und regelmäßig erstiegen sie das Janiculum, um seiner zu gedenken. Ich empfinde eine heimliche Bewunderung für ein Volk, dem die Anfänge so wichtig waren, und ich empfinde Bewunderung für einen Gott, der, auf seinem Hügel sitzend, diesem Problem seine ungeteilte Aufmerksamkeit widmete.

Wir erleben – ich erwähnte es schon – Jahre seltsamer Gnade, gleichsam eine zweite Chance, während das Damoklesschwert über unseren Köpfen hängt. Ich glaube nicht, daß wir zu ängstlich sind; vielleicht sollten wir öfter daran denken. Aber es liegt eine gewisse Weisheit darin, sich heute mit den aktuellen Problemen zu beschäftigen – vorausgesetzt, daß wir dies auch wirklich tun – und die Probleme von morgen in Ruhe an uns herankommen zu lassen. Sonst laufen wir Gefahr, in lähmende Apathie zu versinken und nur noch leises Stöhnen, klägliches Jammern und unverständliches Gestammel hören zu lassen, wie es in der zeitgenössischen Literatur so oft der Fall ist. Im allgemeinen aber scheinen wir uns wie jene jugendliche Spezies zu verhalten, die wir ja tatsächlich sind, vielleicht etwas zu selbstsicher, vielleicht etwas gefühllos, aber jedenfalls davon überzeugt, daß eine so junge Art nicht dem Tod geweiht sein könne. Vielleicht ist es gut so.

Wie immer es um unsere Ängste und Hoffnungen bestellt sein mag, wie berechtigt oder falsch sie auch sein mögen – in den Menschen ist heute eine Unruhe zu verspüren. Es ist eine Unzufriedenheit universeller Art, nicht ein Merkmal bestimmter Menschen oder Völker. Ihre Manifestationen sind zumeist sinnlos, ihre Ursachen nicht bestimmbar. Es ist ein unbewußtes *malaise*, ein vages Verlangen – wie der Hunger eines Mannes, der nachts den Kühlschrank öffnet, nichts findet, worauf er Lust hätte, und die Tür wieder schließt, um sich niederzulegen. Es ist eine unbestimmbare Stimmung, die sich verdüstert, während nach außen hin alles ruhig bleibt – wie eine Ladung Sprengstoff, die niemand berührt.

Vielleicht war es eine ähnliche Stimmung, die die Römer dazu trieb, das Janiculum zu ersteigen, um dort unter den hohen, kühlen Pinien von einem alten Gott neue Kraft zu schöpfen. Vielleicht kann ich das Gefühl klarer definieren, wenn ich mir ein Ereignis ins Gedächtnis zurückrufe, das in Rom – und in der ganzen Welt – vor einigen Jahren stattfand.

Die Italiener haben eine ganz besondere Einstellung zu den Päpsten, eine Einstellung, die mit der katholischen Kirche an sich nichts zu tun hat. Die meisten von ihnen schätzen die Kirche nicht, obwohl sie ihr angehören. Ich lebe in einem Stadtteil Roms, der den Namen Trastevere – »jenseits des Tiber« – trägt und einstmals jenes kleine Dorf am Fluß des Hügels war, auf dem der alte König residierte. Die Trasteverini sind sehr arm und sehr stolz. Sie verachten alle anderen Römer als Immigranten und hassen die Kirche so sehr, daß sie fast ausnahmslos für die Kommunisten stimmen. Doch sogar sie haben eine besondere Beziehung zum Papst, die sich von freundlicher Toleranz bis zur Liebe erstreckt. Zu seinen Lebzeiten nahmen sie Johannes XXIII. nicht sehr ernst; er machte ihnen Vergnügen, und sie reagierten mit aufrichtiger Zuneigung. Da er selbst einmal arm gewesen war, fühlten sie sich ihm – so scheint es mir – wirklich verbunden. Aber all dies reicht nicht aus, um zu erklären, was mit den Trasteverini, ja mit den meisten Menschen auf der Welt geschah, als der alte Mann im Sterben lag.

In der Nacht, die seinem Tod voranging, wanderte ich hinüber zur Peterskirche, die in der Nähe des Janiculum und meiner unruhigen Nachbarschaft liegt. Viele Trasteverini waren da und viele Römer, auch Fremde, die sich eben in Rom aufhielten. Wir standen auf dem weiträumigen Petersplatz, den die Säulenhallen Berninis wie weitgeöffnete Arme umfassen. Es war ein Erlebnis, das sich nicht leicht vergessen läßt. Der Platz war fast dunkel, nur einige Straßenlampen verbreiteten einen matten Schein. Der Vatikan ist ein rechteckiges Gebäude, das hinter den Kolonnaden aufragt. Das Gebäude war dunkel; nur in einem Zimmer, dessen Fenster geöffnet waren, brannte ein Licht. Im angrenzenden Zimmer lag Johannes XXIII. im Sterben.

Im Gegensatz zu den in der Weltpresse erschienenen Berichten war es kein religiöses Erlebnis. Nur wenige knieten. Ich hege den Verdacht, daß die Fotos kniender Kinder, die in allen Zeitungen zu sehen waren, nachträglich gestellt wurden. Aber es herrschte eine für italienische Verhältnisse unfaßliche Stille – so, als ob der *noyau* für eine kurze Weile außer Betrieb gewesen wäre. Niemand rauchte. Trotz der Menschenmenge, die auf dem Platz versammelt war, verhielten sich alle ruhig. Stieß jemand zufällig seinen Nachbarn an, so entschuldigte er sich flüsternd. Die Menschen standen in dunklen, engen Gruppen beisammen und sahen zu dem erleuchteten Fenster empor, die Köpfe leicht zur Seite geneigt, sie lauschten den gedämpften Transistorradios, die manche bei sich trugen, um die letzten Krankenbulletins über den sterbenden Papst zu hören.

Ich wartete und wartete. Ich konnte nicht nach Hause gehen. Eine absurde Emotion hatte von mir Besitz ergriffen, ein Gefühl von solcher Reinheit, wie ich es kaum je erlebt hatte; ich glaube, es unterschied sich kaum von dem der frömmsten Katholiken. Ich konnte nicht weggehen und den alten Mann allein sterben lassen. War es eine religiöse Erfahrung, die uns vereinte und sogar den *noyau* unterdrückte, dann war es eine Erfahrung heidnischer Art. Wir waren Bürger uralter Zeiten, die das Janiculum erklommen hatten. Johannes, der sterbende König, war in den langen, qualvollen Stunden seines Todeskampfes fast überall auf der Welt zu unserem Gott des Anfangs geweiht worden.

Der Tod eines Papstes, ja sogar der eines Präsidenten, kann die Welt in Schrecken und Trauer vereinen. Die Einigung mag nur Stunden oder Tage dauern, aber auch wenn sie nur kurz ist, dürfen wir sie nicht außer acht lassen. Sie überwindet alle Grenzen, alle Meere, alle Bergketten. Sie setzt sich über religiöse Überzeugungen und beschränkte territoriale Gefühle hinweg, über Freundschaft und Feindschaft, über soziale und rassische Schranken. Vielleicht ist es die unfaßbare Bedrohung des Todes, die alle Menschen einen Augenblick lang zur Besinnung ruft und sie eins werden läßt. Doch obwohl dies ein Teil der Antwort sein mag, befriedigt sie mich nicht ganz, denn zumeist entdecken wir unsere Sehnsucht nach diesen Menschen erst dann, wenn sie von uns gegangen sind.

Und was ist diese Sehnsucht? Worin besteht dieses verzweifelte Verlangen, das sogar Feinde vereint? Ich weiß es nicht. Aber bevor wir unsere Untersuchung abschließen, die uns so lange beschäftigt hat, wollen wir drei Fragen stellen, auf die es keine Antwort gibt und die alle mit dem Anfang zu tun haben.

2

Ich glaube, eines Tages wird ein Symposium stattfinden, zu dem man nicht nur Vertreter aller Wissenschaften einladen wird, sondern auch Philosophen und Geistliche, ja vielleicht sogar einige Künstler. Diese Konferenz wird wohl kaum zu unseren Lebzeiten stattfinden, aber irgendeinmal muß es dazu kommen. Und das Thema wird lauten: Die »Ersten Ursachen«.

Zwei Ereignisse der jüngsten Zeit – eines fand in der Physik statt, das andere in der Biologie – haben leuchtende Wegweiser aufgestellt, die auf eine solche Zusammenkunft hindeuten. Das eine geschah am Abend des 6. September 1965, als der große Astronom Fred Hoyle anläßlich eines Vortrages vor der British Association for the Advancement of Science in Cambridge seine Theorie des stationären Weltalles fallenließ. Wie es so oft der Fall ist, wenn ein Blitzstrahl den wissenschaftlichen Himmel erhellt, läßt der nachfolgende Donner lange auf sich warten. Noch ist sein Grollen kaum zu hören.

Vor ungefähr 20 Jahren stellten Hoyle und seine Mitarbeiter

die durchaus einleuchtende Theorie auf, das Universum sei immer schon vorhanden gewesen und werde immer weiterbestehen. Es befände sich in fortwährender Ausdehnung. Sterngalaxien wie unsere Milchstraße entfernten sich immer mehr von ihren Nachbarn. Aber während sich die leeren Räume vergrößerten, entstünden aus den Gaswolken neue Sterne und neue Galaxien, um diese auszufüllen. Zeit und Materie, wie wir sie kennen, seien unendlich. Und die Welt, von der die Erde nur ein winziger Teil ist, sei eine Welt ohne Anfang und Ende.

Die Theorie des stationären Weltalls, für deren Richtigkeit es viel Beweismaterial gab, bot dem rationalen Geist unendlichen Trost. Das Unerklärliche beugte sich vor dem Ewigen. Die Gesetze der Wissenschaft mochten modifiziert, verändert oder sogar zugunsten neuer Gesetze fallengelassen werden. Aber die Wissenschaft selbst ruhte auf der absolutesten aller Grundlagen, auf der Unendlichkeit. Dann kam die Radioastronomie, eine neue Technik, bei der gigantische Antennen mittels Aussendung von Radiowellen die fernsten Sterne entdecken und untersuchen können. Mit der Radioastronomie kamen Martin Ryle und die große Explosion.

Ryle erklärte, unsere Welt, weit davon entfernt, ohne Anfang und Ende zu sein, sei vor etwas mehr als 10 Milliarden Jahren entstanden (mit anderen Worten, vor mehr als dem doppelten Erdalter), und zwar durch eine gewaltige Explosion. Vor dieser Zeit sei alle vorhandene Materie in eine Masse gepreßt gewesen, deren Dichte uns nicht beschäftigen muß, da sie nicht vorstellbar ist. Hierauf sei es zu einer Explosion gekommen, deren Ausmaß uns nicht beschäftigen muß, da es ebenfalls unvorstellbar ist. Hat Ryle recht, so befinden wir uns, während wir auf einem Hügel stehen und unsere Phantasie in die Weiten des Firmaments schweifen lassen, zwischen den Trümmern jener uralten Explosion, die alles hervorbrachte, was heute vorhanden ist.

Die Namen Ryle und Hoyle mögen uns an Clowns in einem Zirkusakt erinnern, und auch die Bezeichnungen »große Explosion« kontra »Gleichgewichtstheorie« verleihen der berühmten Debatte keine besondere Feierlichkeit. Doch ihre Konsequenzen sind weitreichend und für den Laien ebenso unberechenbar wie die Gleichungen der Astronomen. Sollte Ryle recht behalten und die Schöpfung in einem bestimmten Punkt des Kontinuums von Raum und Zeit stattgefunden haben, dann bekämen alle verblaßten Argumente der metaphysischen Überlieferung neue Nahrung; alle unumstößlichen, auf den ewigen

Dimensionen der Unendlichkeit beruhenden Gesetze der Wissenschaft würden, gleich einem von Menschenhand errichteten System von Dämmen und Deichen, an einem schwachen Punkt durchbrochen, von der allmächtigen Flut uralter, unberechenbarer Ströme hinweggespült werden. Aber man konnte Ryle nicht ernster nehmen als einen Streit über die wörtliche Auslegung der ersten Worte der Genesis.

Dann kam 1960. In diesem Jahr gelang es den vereinten Kräften der visuellen und der Radioastronomie, einen sonderbaren Himmelskörper zu entdecken; so weit entfernt, daß Milliarden Jahre vergangen sein müssen, seit das Licht, das wir sehen, entstanden ist. Wir sahen in die Vergangenheit. So schwach das Licht war, so groß war seine Energie, und es war die Energie eines Körpers, der sich in rasender Eile entfernte. Es war kein Stern; es war keine Galaxis; wir nannten es einen quasistellaren Körper, ein Ausdruck, der bald zu Quasar abgekürzt wurde. Und als mehr und mehr Quasars im Raum jenseits des Raumes entdeckt wurden, sich mit einer Geschwindigkeit entfernend, die sich der des Lichtes näherte, tat sich eine furchtbare Möglichkeit auf – ein Schreckgespenst stand vor den Pforten der Kosmologie: Ryle könnte recht haben. Die Quasars verhielten sich in Übereinstimmung mit seinen Gleichungen: Hier waren die fernsten, von der einstigen Explosion herausgeschleuderten Projektile, die Urkörper des Uraugenblicks, gesichtet und gesiebt von dem großen Ordner, der Zeit. So weit entfernt waren manche von ihnen, so lange hatte ihr Licht gebraucht, um uns zu erreichen, daß das, was wir sahen, fast die Schöpfung selbst war.

Die Himmel schließen uns ein und doch befreien sie uns, wie die Sterne uns einkerkern und frei machen. Wie der *Homo sapiens* ein Zufall in der Geschichte des organischen Lebens war, wird das organische Leben zu einem Zufall – vielleicht einem häufigen Zufall – in der Geschichte der Materie, der Zeit und der Energie. Wir existieren; wir sind vorhanden. Die Wahrscheinlichkeit mag für oder gegen unser Dasein sprechen, sie unterstreicht nur unsere Rolle. Die Geburt der Sterne mag eine zufällige sein, aber wie die Sterne vorhanden sind, so sind auch wir vorhanden. Wir sind hier, triumphierend oder zitternd, dank eines göttlichen Gesetzes oder einer einzigartigen Anomalie: Wir sind hier und behaupten unsere Stellung in jenem fliehenden Kosmos, dessen Teil wir sind.

Vor diesem philosophischen Hintergrund vollzog sich die

Kabarettnummer Ryle versus Hoyle, Explosion versus Gleichgewicht. Unaufhaltsam ging die Entwicklung weiter; immer zahlreicher wurden die Beobachtungen der Quasars. Fünf Jahre Arbeit in den Observatorien genügten. Fred Hoyle erschien in Cambridge, um den Zuhörern eine Zusammenfassung des Beweismaterials für seine Theorie eines logischen, rationalen, stationären Kosmos und für Ryles unlogisches, irrationales, unerklärliches Weltbild zu geben. Mit einer Ehrlichkeit, die man in der Wissenschaft zwar voraussetzt, aber nicht häufig antrifft, gab er sich geschlagen: »Das Material, das ich vorgelegt habe, macht es wahrscheinlich, daß meine Theorie fallengelassen werden muß, jedenfalls in der Form, in der sie bekannt wurde – als Theorie des stationären Weltalls.«

Heute werden verschiedene Alternativen vorgebracht, die versuchen, wenigstens irgendeine Form der Ordnung aufrechtzuerhalten – ein oszillierendes Universum zum Beispiel, das explodiert, sich ausdehnt und in einem ungeheuren Zyklus zusammenfällt, um von neuem zu explodieren und sich auszudehnen. Aber diese Alternativen sind kaum mehr als wissenschaftliche Rationalisierungen – Strohhalme in der kosmischen Flut. Mit dem Triumph von Martin Ryle ist das Problem der »Ersten Ursachen« wiedergekehrt – nicht von der Religion her, nicht aus der Mönchszelle, sondern aus den Laboratorien und Observatorien der Wissenschaft selbst. Und es kann nicht beiseite geschoben werden.

Unabhängig von der Entwicklung in der Astronomie hat sich zur selben Zeit das alte Gespenst des großen Rätsels vom Anfang auch in die Biologie eingeschlichen. Ich habe bereits zweimal die amerikanischen Experimente mit den Plattwürmern erwähnt. Ich habe ihr Gefühl der Sicherheit in vertrauter Umgebung geschildert und ihre Fähigkeit, die Zeit zu bestimmen. Obwohl immer mehr darauf hindeutet, daß dieses primitive Lebewesen seine Erinnerungen in molekularen Strukturen speichert, die von einem Lebewesen auf das andere übertragen werden können, werde ich auf diese umstrittenste aller Laboratoriumsentdeckungen nicht eingehen; erstens erscheint sie mir noch nicht hinreichend belegt, zweitens ist sie für unsere Untersuchung belanglos. Aber die Lernfähigkeit des Plattwurms ist nicht nur wichtig für uns, sondern sie wurde auch gründlich geprüft. Und sie wurde glänzend bewiesen. Mit dem Beweis taucht das Gespenst der »Ersten Ursachen« wieder in unserer Mitte auf.

Wir wollen uns erinnern. Der Plattwurm ist ein so primitives

Wassertierchen, daß er kein Zentralnervensystem besitzt und sein Gehirn nur aus zwei vergrößerten Ganglienzellen besteht, welche die beiden lateralen Nerven verbinden; er hat kein Rektum, keinen Magen, keinen Verdauungstrakt, und obwohl er ein Ei legen kann, ist er auch imstande, sich zu teilen, in welchem Fall sein altes Hinterende einen neuen Kopf erhält. Da sich ein neuer Kopf innerhalb von sechs Tagen bildet, dürfen wir annehmen, daß das Gehirn des Plattwurms nicht zu den größten Wundern der Natur zählt. Ebenso dürfen wir vermuten, daß der Plattwurm – hätte er im Laufe der letzten halben Milliarde Jahre fortschrittliche Anlagen gezeigt – sich diese oder jene moderne Errungenschaft zugelegt hätte. Es ist daher anzunehmen, daß dieses Geschöpf ein Überbleibsel aus den fernen Tagen des Präkambriums ist, aus den Anfängen des Lebens, über die wir kaum etwas wissen. Wenn wir dies feststellen, sprechen wir von Zeiträumen, mit denen sich sonst nur der Kosmologe beschäftigt. Sehen wir uns den Plattwurm an, so schauen wir zurück auf den Beginn des Lebens, ebenso wie wir den Beginn aller Dinge vor uns haben, wenn wir einen Quasar beobachten.

Jay Boyd Best und sein Mitarbeiter Irvin Rubinstein begannen ihre Experimente mit dem Plattwurm im Jahre 1958 in Washington. Ihr wesentlichstes Interesse galt der Frage, inwieweit ein praktisch gehirnloses Wesen lernfähig sei. Die meisten Gedächtnis- und Lernexperimente mit dem Plattwurm hatten daran gekrankt, daß das Lernen in der Auslösung eines bedingten Reflexes bestanden hatte, jenem beliebtesten Werkzeug in der Werkstatt der amerikanischen Psychologie. Aber diese Art des Lernens, das sogenannte »klassische Lernen«, wird von den modernen Verhaltensforschern mehr und mehr abgelehnt. Best interessierte weit mehr die kompliziertere Methode, das sogenannte »instrumentelle Lernen«. Bei dieser Methode wird in der Verfolgung eines erwünschten Ziels gelernt, den richtigen Weg zu wählen und den falschen sein zu lassen. Man kann sich vorstellen, daß auch ein so primitives Geschöpf wie der Plattwurm mittels eines elektrischen Schocks durch einen Reflex »erlernt«, dieses zu meiden und jenes zu tun. Aber kann dieses geschlechtslose Geschöpf – ohne Verdauungsapparat, ohne Kreislauf, ohne Rektum – zwischen Belohnung und Strafe unterscheiden lernen? Und wenn ja, womit unterscheidet es?

Es kostete Best und Rubinstein nicht viel Mühe, zu zeigen, daß der Wurm nicht nur zu unterscheiden lernte, sondern sich dabei sogar als höchst geschickt erwies. Sie konstruierten ein

Labyrinth mit einem Y-förmigen Tunnel, der drei Gräben verband. Der Wurm wurde in einen Graben des mit Wasser angefüllten Labyrinths gesetzt, worauf man das Wasser ausließ. Da der Plattwurm auf dem Trockenen nicht lange überleben kann, kroch er auf der Suche nach Wasser aus dem Graben in den Tunnel. Aber der Y-förmige Tunnel gabelte sich. Der Wurm mußte sich für eine von zwei Möglichkeiten entscheiden. Jetzt beleuchteten die Forscher den einen Graben an einem Ende und ließen den anderen im Dunkel. Wählte der Wurm den hellen Graben, wurde das Labyrinth als Belohnung sofort mit Wasser angefüllt.

Das Training eines Wurmes bestand aus zehn bis fünfzehn Versuchen und fand jeden zweiten Tag statt. Um eine angeborene Vorliebe für Helligkeit oder Dunkelheit zu berücksichtigen, wurde eine Hälfte der Würmer dazu »erzogen«, den hellen Graben aufzusuchen, die andere mußte den dunklen wählen, um Wasser zu erhalten. Um eine etwaige Vorliebe für rechts oder links auszuschalten, wurde einmal der linke, einmal der rechte Graben beleuchtet. Am ersten Trainingstag wurden alle Entscheidungen zufällig getroffen; Erfolg und Mißerfolg verhielten sich 50:50. Aber bereits während des zweiten Trainings entwickelten sich Vorlieben; diejenigen, die man lehrte, zum Licht zu kriechen, wählten diesen Weg öfter als den anderen; ebenso verhielt es sich bei den Würmern, die den dunklen Weg zu nehmen hatten. Bereits bei der dritten Übungsstunde – eine unglaublich kurze Lernzeit – erreichten die meisten Würmer ihre Bestleistung und wählten bei fünf Versuchen viermal richtig. Und dann plötzlich kam, unerklärlich und unvorhergesehen, der Zusammenbruch.

Das ist der Augenblick, in dem wir, wie die Forscher, den gespenstischen Keller der psychologischen Anfänge betreten. Fast ausnahmslos begann jeder Wurm, sobald er einen Erfolg von 80 Prozent erreicht hatte, den falschen Weg dem richtigen vorzuziehen. Daß er »wußte«, was er tat, war unbestreitbar. Hätte er einfach seine Lektion vergessen, wäre er zu dem vom Zufall bestimmten Anfangsresultat 50:50 zurückgekehrt. Das war nicht der Fall; seine Leistung sank bis zu einem Resultat von 1:3, das heißt, er entschied sich *gegen* die richtige Wahl.

Best meint, er und sein Mitarbeiter seien erschüttert gewesen. Ich glaube es gerne. Daß ein solches Geschöpf lernen kann, ist ein Wunder. Daß es so schnell lernen kann, ist unbegreiflich. Daß sich aber alle Plattwürmer knapp vor dem totalen Erfolg plötzlich für eine perverse Verhaltensform entscheiden, spottet jedem Erklärungsversuch. Und um die Dinge vollends zu verwirren, brachten weitere Versuche nicht nur eine Ablehnung der richtigen Antwort, sondern des Experimentes selbst. Wenn das Labyrinth trocken wurde, rollten sich die Würmer zusammen und weigerten sich, irgendeinen Weg zu versuchen; in einmütiger Rebellion zogen sie den unvermeidlichen Tod weiterem Lernen vor.

Die unglückseligen Forscher, die sich so etwas wie nach oben fallenden Äpfeln gegenübersahen, versuchten alles und jedes, um ihre kleinen Rebellen zu beschwichtigen. Vielleicht war es das plastische Material, aus dem man das Labyrinth verfertigt hatte, das den Würmern nicht paßte. Man versuchte es mit anderen Materialien. Die Würmer blieben ungerührt. Vielleicht reichte die Todesdrohung auf dem Trockenen nicht aus, und die Würmer streikten, um sich andere Belohnungen zu verschaffen. Die Versuchsleiter fügten jene begehrte Plattwurmdelikatesse, gehackte Leber, zu dem Wasser in den Gräben hinzu. Die Würmer blieben verstockt und murmelten das Plattwurmsynonym von »Der Teufel soll's holen«. An diesem Punkt des Experimentes angelangt, waren es nicht mehr die Würmer und ihre Mentalität, die auf die Probe gestellt wurden, sondern die Nerven der Wissenschaftler. Eine allgemeine Hysterie war nicht mehr fern. Als jemand die Frage aufwarf, ob die Würmer vielleicht unter Klaustrophobie litten, schien der Wahnsinn tatsächlich ausgebrochen zu sein. Man baute ein anderes Labyrinth. Es bot als Belohnung nicht nur mit Wasser gefüllte Gräben zur Sicherung der nackten Existenz, sondern auch einen vergrößerten Lebensraum, ein Gefühl der Freiheit und Weite, so daß sich ein Wurm wahrhaftig als Wurm fühlen konnte. Und siehe da – es funktionierte. Die Ursache war wirklich Klaustrophobie gewesen, und jetzt waren die Würmer bereit, wieder mitzutun.

Jeder vernünftige Wissenschaftler mußte nach diesem Höhepunkt überzeugt sein, alles nur Mögliche beobachtet zu haben. Aber Best und Rubinstein hatten den Boden der Vernunft längst verlassen. Sie verliebten sich in die Möglichkeit, daß Würmer, die unter Klaustrophobie leiden, vielleicht auch Langweile empfinden könnten, wenn die Lektion zu einfach ist. Zum Glück für die Zukunft der Psychologie war niemand anwesend, um den verrückten Forschern zu erklären, daß ein Geschöpf ohne richtiges Gehirn, ohne echtes Nervensystem, ohne Magen und ohne Geschlechtsleben nicht das geringste besaß, um Langweile empfinden zu können. Da niemand zusah, konstruierten sie ein neues Labyrinth, eine genaue Kopie des ersten, aber aus rauhem anstatt aus glattem Plastik.

Nun begannen sie die ganze Versuchsreihe von neuem. Das alte, glatte Labyrinth benützten sie wie zuvor. Sie trainierten ihre Würmer, zu den dunklen oder hellen Gräben zu kriechen, in denen ihnen Klaustrophobie drohte. Wie vorauszusehen, begannen die Würmer, kaum hatten sie eine Erfolgsrate von 80 Prozent erreicht, wieder schlechter abzuschneiden und die falschen Entscheidungen zu treffen. Aber jetzt kamen die Würmer in das Labyrinth mit den rauhen Wegen. Von diesem Tag an wurde eine Hälfte der Versuche in dem glatten, die andere Hälfte in dem rauhen Labyrinth durchgeführt. Um zum Wasser zu gelangen, mußte der Wurm lernen, zum Licht zu kriechen, wenn er das glatte Plastik unter sich verspürte, aber den dunklen Weg zu nehmen, sobald er das rauhe Plastik fühlte. Bei Tests mit Affen und Kindern nennt man diese Methode »Problem der doppelten Wahl«.

Jeder dritte Wurm löste das Problem der doppelten Wahl. Manchmal zögerten sie, wenn sie die Gabelung erreichten, und streckten ihren Kopf einmal nach dieser, einmal nach jener Richtung, als »dächten sie nach«. Bei Tierbeobachtungen wird dieses Verhalten als »Versuch-Irrtum-Verhalten« bezeichnet. Manchmal kehrten sie, unfähig einen Entschluß zu fassen, wieder zum Ausgangspunkt zurück und versuchten es von neuem. Jedenfalls zeigte keiner der Würmer, denen die Lösung der Aufgabe gelang, jemals wieder Anzeichen von Langweile. Sie verhielten sich nicht pervers, sie rollten sich nicht beleidigt zusammen, sie murmelten keine Flüche.

Wo sind wir? Welchen Kräften stehen wir gegenüber, wenn wir das Verhalten eines Wurmes oder eines Menschen untersuchen? Was bedeutet das Bild, dessen wir gewahr werden? Wohin führen die Stufen, die das Leben erklimmt? Was sind es für Betten, in denen das Leben ruht, was für ein uralter Hausrat ist es, der schon immer zum Leben gehört zu haben scheint?

Wir wissen es nicht. Unsere Ignoranz über den Menschen ist ebenso immens und nachweisbar wie unsere Ignoranz über den Plattwurm. Es sind gleichermaßen unlösbare Rätsel, und wer etwas anderes behauptet, ist der größte *ignoramus* unserer Zeit. Best schreibt:

»Darf man, wenn man bei Plattwürmern Verhaltensformen feststellt, die jenen der höheren Tiere ähnlich sind – man bezeichnet sie als Langweile, Interesse, Konflikt, Entscheidung, Frustration, Rebellion, Angst, Lernen, Erkennen –, behaupten, auch die Plattwürmer wiesen diese Verhaltensformen auf? ... Nehmen wir an, es zeige sich, daß die offensichtliche Ähnlichkeit zwischen den protopsychologischen Verhaltensformen der Plattwürmer und den psychologischen Verhaltensformen der Ratten und Menschen mehr als oberflächlich sei. Dies würde darauf hinweisen, daß die psychologischen Charakteristika älter und weiter verbreitet sind als die neurophysiologischen Strukturen, denen sie, wie man bisher annahm, ihre Entstehung verdanken ... Es ergeben sich daher zwei Möglichkeiten. Diese Verhaltensformen könnten aus primordialen Eigenschaften der organischen Materie stammen und eher auf einem zellulären oder subzellulären Organisationsniveau als auf dem Nervensystem basieren ... Eine andere Möglichkeit wäre, daß sich die Verhaltensstrukturen bei verschiedenen Arten unabhängig voneinander durch eine konvergierende Evolution entwickelt hätten. Mit anderen Worten, die Psychologie der Tiere mag sich als Antwort auf die zwingende Notwendigkeit zu einer optimalen Struktur entwickelt haben, wie Wale und andere *Cetacea* einen fischförmigen Körper entwickelt haben. Beide Möglichkeiten sind wahrscheinlich und schließen einander nicht aus.«

Ob wir zu den Sternen aufblicken oder zu den Würmern hinabschauen – unsere besten Wissenschaftler stellen uns immer wieder vor die uralte Frage nach den »Ersten Ursachen«. Wir alle sind aus dem gleichen Stoff, dessen können wir sicher sein; der fernste fliehende Quasar und der älteste, kleine Wurm. Aber wie steht es um unseren Anfang? Es ist die erste der Fragen, auf die wir keine Antwort wissen, und ich bezweifle, daß wir sie jemals finden werden. Tröstlich allein ist die Aussicht, daß die Menschen eines Tages gemeinsam die Frage stellen werden, nicht als Ignoranten, sondern als Weise; an diesem Tag werden wir uns auf dem Janiculum zusammenfinden, und unter den schlanken, dunklen Pinien wird uns das Wunder gemeinsam umfangen.

3

Es gibt eine andere den Anfang betreffende Frage, von größerer praktischer Bedeutung für unser tägliches Leben, aber vielleicht ebenso unbeantwortbar. Das Verhalten ist der Karren und nicht das Pferd; eine Folge, nicht eine Ursache; ein Ende, nicht ein Anfang. Verhalten ist das, was wir tun, nicht warum wir es tun. Wir können Vermutungen über selektiven Wert und Überlebenschancen anstellen, und da es die Evolution ist, die uns eines Tages erkennen lassen wird, wie sich die Dinge entwickelt haben, sind wir auf dem richtigen Weg. Aber diese Erkenntnis kann auch zu spät kommen, wenn die meisten von uns bereits fein säuberlich ausgerottet sind, und so ist sie ein sehr zweifelhafter Kompaß. Wenn es eine Möglichkeit der Voraussage für uns gibt, dann müssen wir von Anfängen sprechen, nicht vom Ende.

Warum verhalten sich Menschen (und auch Tiere), wie wir uns verhalten? Warum ziehen Mitglieder einer bestimmten Art diese Verhaltensform vor, warum lehnen sie jene ab? Warum verteidigt der Brüllaffe ein soziales Territorium und nicht der Langur? Vorausgesetzt, daß genügend Material vorhanden ist, können wir die Stammesgeschichte einer Art zurückverfolgen und zu vernünftigen Ergebnissen kommen. Aber immer beziehen sich diese Ergebnisse auf Verhaltensfolgen, nicht auf Verhaltensursachen. Wenn uns die ethologischen Studien diesen oder jenen Wegweiser liefern sollen, müssen wir zu einer klareren Erkenntnis der Motive, der Anfänge kommen. Warum handeln Menschen so und nicht anders?

Die Frage erlaubt keine vollständige und vielleicht nicht einmal eine teilweise Beantwortung. Aber ich möchte eine Vermutung äußern, die nur als Hypothese und nicht als Antwort angesehen werden soll. Vorerst muß ich nochmals auf Frank Fraser Darlings Bemerkungen über das Territorium zurückkommen, die ich bereits in einem früheren Kapitel erwähnt habe.

Wie wir uns erinnern, kam Darling zu dem Schluß, die Motivierung für das Territorium sei psychologischer, nicht physiologischer Art; sie entspringe dem tierischen Verlangen nach Sicherheit und Stimulierung, und diese Ansprüche würden durch das territoriale Herzland und die territoriale Peripherie befriedigt. Ich fügte meine eigene Vermutung hinzu, daß das Streben nach Identität ein drittes tierisches Verlangen darstelle, das ebenfalls durch das Territorium erfüllt werde – durch die Identifizierung mit einem bestimmten Stück von etwas Größerem und Beständigerem, als es das Tier selbst ist, mit einem Platz – sei er geographischer oder sozialer Natur –, der ihm und nur ihm allein gehört. Bisher sprachen wir nur von Tieren, jetzt möchte ich das Thema erweitern.

Ich vermute, daß es drei Anfänge gab – daß Janus drei Gesichter besitzt –, welche das Verhalten aller höheren Tiere einschließlich des Menschen psychologisch motivieren. Es sind die Bedürfnisse nach Identität, Stimulierung und Sicherheit. Wie weit sie sich in der Entwicklungsgeschichte zurückverfolgen lassen, können wir heute noch nicht feststellen. Es wäre durchaus denkbar, daß sie die primordialen psychologischen Notwendigkeiten des Lebens selbst darstellen. Wir wollen uns auf die Vermutung beschränken, daß es angeborene, oft miteinander im Widerspruch stehende Impulse sind, die dem Verhalten höherer Lebewesen Übereinstimmung und dem evolutiven Prozeß Kontinuität verleihen. Sie sind der beste Gegenbeweis der Einzigartigkeit des Menschen.

Ich bin dem amerikanischen Psychologen Abraham Maslow für seinen Begriff dankbar, den er zur Beschreibung der allen Arten eigenen Bedürfnisse prägte. Er gebrauchte den Terminus »instinktoide Bedürfnisse«. Allerdings habe ich mit dem Wort instinktoid gewisse Schwierigkeiten, da es aus ungeklärten Gründen in mir sofort das Verlangen nach einem Chirurgen oder nach einer Flasche Worcestershiresauce wachruft. Es ist dies eine durchaus persönliche Reaktion, und sowohl Dr. Maslow wie der Leser mögen entschuldigen, daß ich den Ausdruck nicht mehr weiter gebrauche. Maslows Theorie stammt aus seiner radikalen Betrachtung der Psychologie, die von der Analyse des gesunden Menschen ausgeht. Um festzustellen, was nicht in Ordnung mit uns sei, überkam ihn der häretische Wunsch, festzustellen, was in Ordnung sei. Er ging davon aus, daß die Nichtbefriedigung eines grundlegenden psychologischen Bedürfnisses in der emotionellen Struktur des Menschen Schaden anrichten müsse, wie das Fehlen eines Vitamins im Körper Schaden anrichtet. Nur durch das Studium gesunder Menschen, die durch mannigfaltige Mittel eine Befriedigung ihrer fundamentalen Bedürfnisse gefunden haben, könne man entdecken, wie diese Bedürfnisse beschaffen seien.

Als Humanpsychologe beschränkte Maslow seine Beobachtungen auf den Menschen, und so unterscheiden sich seine Antworten von den meinen. Er sah zum Beispiel in dem Liebesbedürfnis ein instinktmäßiges menschliches Verlangen. Für mich ist es weniger ein menschliches Bedürfnis als eine menschliche Antwort, die ältere und allgemeinere Forderungen erfüllt.

Wie bestimmte, aus der Vergangenheit stammende Strukturen das Verhalten des vierdimensionalen Menschen charakterisieren, so gehen die Anfänge der allgemeineren psychologischen Bedürfnisse, deren Befriedigung sie dienen, auf die Zeit vor der Menschwerdung zurück.

Identität, Stimulierung, Sicherheit: Wenn wir uns nochmals das Gegenteil dieser Begriffe vergegenwärtigen, wird ihre Bedeutung klarer. Identität ist das Gegenteil der Anonymität, Stimulierung das Gegenteil der Langweile, Sicherheit das Gegenteil der Angst. Wir meiden die Anonymität, fürchten die Langweile, suchen die Angst zu vertreiben. Wir verlangen nach Identifizierung, sehnen uns nach Stimulierung, streben nach Sicherheit. Ich mag noch so lange über die drei Gesichter des Gottes grübeln – ein viertes kann ich nicht entdecken.

Das Ausmaß eines Bedürfnisses kann natürlich von Art zu Art, von Population zu Population, von Gruppe zu Gruppe, von Individuum zu Individuum variieren. Das Verlangen nach Sicherheit muß bei Beutetieren größer sein als bei Raubtieren, beim Weibchen größer als beim Männchen, beim Kranken größer als beim Gesunden, beim Besitzlosen größer als beim Begüterten, beim Omegafisch größer als beim Alphafisch. Charakteristisch für ein angeborenes Bedürfnis aber ist, daß es niemals vollkommen fehlt und immer nur vorübergehend befriedigt werden kann. Wie bei einem Vitamin bedarf es einer täglichen Dosis.

Bei den drei Bedürfnissen läßt sich eine Hierarchie der Werte feststellen. Manche Bedürfnisse sind dringender als andere, und auch das ist von Art zu Art, von Individuum zu Individuum verschieden. Aber seltsamerweise entspricht die Unterschiedlichkeit nicht unseren Erwartungen. Im allgemeinen – natürlich gibt es Ausnahmen – ist das Bedürfnis nach Identität das stärkste und unter den Arten am weitesten verbreitet. Kurz darauf folgt das Bedürfnis nach Stimulierung. Das Verlangen nach Sicherheit wird in der Regel geopfert, um einen der beiden anderen Teile zu befriedigen.

Eine Verhaltensforschung oder eine kulturelle Überlieferung ist erfolgreich, wenn sie eine maximale Befriedigung der angeborenen Bedürfnisse erlaubt. Der Krieg zum Beispiel war die erfolgreichste unserer kulturellen Überlieferungen, da er alle drei fundamentalen Bedürfnisse befriedigt. Unser Kampf um Identität ist das unaufhörliche Streben, sowohl in den eigenen wie in den Augen der Mitmenschen Anerkennung zu finden. Der

Krieg bietet vielen die Möglichkeit, sich auszuzeichnen und damit die größtmögliche Identität in den Augen der größten Anzahl zu erwerben. Aber die Angst vor der Anonymität ist nicht gleichbedeutend mit dem Verlangen nach Ruhm. Es ist eher ein Verlangen nach Anerkennung, ja sogar nach Selbsterkenntnis: der Wunsch, zu wissen, wer man ist. Ein Rang befriedigt das Bedürfnis nach Identität, und so gibt der Krieg jedem, vom Oberbefehlshaber bis zum einfachen Soldaten, in gewisser Hinsicht Identität. Züge und Kompanien, Regimenter und Divisionen, Nachrichten- und Versorgungseinheiten – tausendfältig sind die Nischen, die Befriedigung bieten. Es sind Identifizierungen, die in der Anonymität des zivilen Lebens viel weniger leicht zu finden sind.

Der Krieg ist die mächtigste Stimulierung, die jemals von der Geschichte der Arten hervorgebracht wurde. Keine andere Flucht vor der Langweile bietet einer so großen Zahl eine so große Befriedigung. Kein Philosoph, der die Schrecken des Krieges durch die Brille des Schmerz-Lust-Prinzips betrachtet, kann die Anziehung erfassen, die der Krieg auf den zivilisierten Menschen ausübt. Er bietet Befreiung von der Eintönigkeit des Alltags; das ist es, was William James so gut verstand, als er schrieb, ein dauernder Friede könne niemals auf einer Wohlstandsgesellschaft basieren. Der Schmerz kann viel stimulierender sein als das Wohlbehagen: Tod und Unglück können kräftigere Injektionen darstellen als das erfüllteste Leben und der glänzendste Erfolg. In dem reichen Katalog menschlicher Heucheleien findet sich nichts, das sich mit jener zuckersüßen Lüge vergleichen ließe, mit dem Glauben, die Menschen haßten den Krieg.

Letztlich ist das Bedürfnis nach Sicherheit vorhanden. Sein Ziel ist klar. Der Angreifer kämpft um einen Gewinn an Sicherheit, ob es sich um Beute, Land, Sklaven oder Verwirrung der Feinde handelt. Der Verteidiger kämpft um die Erhaltung der Sicherheit und die Abwehr der Bedrohung. An gewissen Orten mag sich Angst einstellen; die Angst der Frauen und Mütter. Aber diese Angst ist unbedeutend im Vergleich zu der Angst, den Krieg zu verlieren.

Der Krieg hat in unserem Jahrhundert kaum eine Prestigeeinbuße erlitten; wie sich sein Ausmaß und seine Schrecken vergrößerten, so gewann er an Stimulierung. Je mehr Menschen teilnehmen, desto mehr Menschen können sich identifizieren. Nur die Sicherheit des Angreifers wurde durch die Entstehung organisierter territorialer Nationen und die selbstmörderischen Folgen einer nuklearen Auseinandersetzung erheblich gefährdet. Obwohl der Krieg in unserer Zeit zu einem allzu riskanten Spiel wurde, ist das Ergebnis weniger ein Verschwinden der Anziehungskraft des Krieges als eine Frustration; wir dürfen nicht mehr tun, wonach es uns gelüstet. Unter der *pax atomica* ist jedes Friedensprogramm von zweifelhaftem Wert, das keinen Ersatz für die Erfüllung jener fundamentalen, angeborenen Bedürfnisse vorsieht, die bisher durch unsere Lieblingsbeschäftigung befriedigt wurden.

Wie sich die Beliebtheit des Krieges erklären läßt, läßt sich auch die Beliebtheit des Territoriums erklären. Nur wenige menschliche oder tierische Einrichtungen gewähren gleichzeitig allen drei Bedürfnissen Befriedigung. Abgesehen von der Sicherheit und der Stimulierung durch die Grenzstreitigkeiten, bietet das Territorium Identität. »Dieser Platz gehört mir; ich gehöre zu diesem Platz«, sagt der Albatros, das Husarenäffchen, der grüne Sonnenfisch, der Spanier, der Venetianer, der Schotte, der Stichling, die Skua, der Regenpfeifer, der Russe, der Lappländer, der Pariser. Ich gehöre zu diesem Platz, der anders und besser ist als alle Plätze der Welt, ich habe teil an seiner Identität, so daß auch ich anders und besser bin, und das ist etwas, das mir niemand nehmen kann, welches Unglück mich auch befallen mag, wo immer ich hingehe, wo immer ich sterben werde. Immer werde ich nur diesem einen Platz angehören.

Ich weiß von keinem objektiven Einwand, der die folgende Behauptung entkräften könnte: Die psychologische Beziehung eines Lungenfisches zu seinem trüben Wasserreich unterscheidet sich kaum von der psychologischen Beziehung eines Mannes von San Francisco zu den Hügeln und der Bucht, die er so liebt. Einige hundert Millionen Jahre biologischer Evolution haben die psychologische Bindung zwischen Besitzer und Besitz nicht im geringsten verändert. Und ebensowenig haben jene unvorstellbar langen Zeitepochen die psychologische Stimulierung verändert, welche die physiologischen Energien des Verteidigers vervielfachen. Es ist auch nicht anzunehmen, daß sich das Gefühl der Sicherheit, das ein Trupp von Mohrenmakis in seinem Herzland empfindet, in irgendeiner Form von dem Gefühl des Matrosen unterscheidet, der den Heimathafen erreicht, oder von dem des Geschäftsmannes, der aus dem Büro nach Hause kommt.

Der Krieg mag die beständigste, die unveränderlichste, die vorherrschendste und darum erfolgreichste unserer kulturellen

Erfindungen sein, aber seine Ursachen sind die gleichen, die das Territorium zu einer so erfolgreichen Institution machen. Beide befriedigen die drei fundamentalen Bedürfnisse; wir besitzen nur wenige Institutionen, die sich mit ihnen messen können.

Wie steht es mit der Liebe? In ihrer Idealform befriedigt sie alle drei Bedürfnisse. Sie gibt Identität durch jene intensive Überzeugung, die wir in dem Blick des Partners lesen, daß niemand auf Erden uns gleichkomme. Sie sorgt für Stimulierung – durch Sehnsucht, Begierde, den schnellen Herzschlag und die Vereinigung im Bett. Und mit der Wahrscheinlichkeit, daß der Befriedigung von heute die Befriedigung von morgen folgen werde, gewährt sie ein gewisses Maß an Sicherheit. Doch in den tragischen Erzählungen der Dichter finden wir eine Bestätigung des Konfliktes zwischen den angeborenen Bedürfnissen. Die Struktur der Sicherheit ist die Geburtsstätte der Langweile. Sie gefährdet die Liebe und macht sie verwundbar. Einem phantasiebegabten Paar mag es gelingen, die Liebe durch sexuelle Stimulierung zu einem Perpetuum mobile zu machen; aber diese Fälle sind selten. Wie die Geschichte des Krieges weitgehend die Geschichte von Menschen ist, die alles aufs Spiel setzen, um der Langweile zu entgehen, so ist die Geschichte des Ehebruchs weitgehend die Geschichte von Individuen, die alles riskieren, um sich für kurze Zeit in einen vagen Traum zu verlieren, sei er auch noch so kläglich.

Die Erzählungen der Dichter bestätigen nicht nur die Verwundbarkeit der Liebe, sie bestätigen auch die Verwundbarkeit der Sicherheit selbst. Daß die Sicherheit in der Hierarchie der Instinkte den untersten Platz einnimmt, ist nicht verwunderlich, denn je vollkommener sie befriedigt wird, desto mehr treibt sie uns, der Langweile zu entfliehen und der Angst vor der Anonymität zu entgehen. Ein minimales Bedürfnis nach Sicherheit muß zweifellos befriedigt werden, sonst verzehrt und lähmt uns die Angst. Aber anders als die Bedürfnisse nach Identität und Stimulierung, die beide unersättlich zu sein scheinen, führt das Verlangen nach Sicherheit bald in eine Sackgasse und erweckt neuerlich das Bedürfnis nach jenen Dingen, die letztlich die Sicherheit wieder zerstören müssen.

Vielleicht bildet all dies einen Teil der Lebensdynamik. Vielleicht bietet der Konflikt zwischen den angeborenen Bedürfnissen die beste Garantie, daß das Leben nicht zum Stillstand kommt. Vielleicht ist das Streben nach Identität in der großen Psychologie des Lebens nicht mehr als die individuelle Rationalisierung der Forderung nach Variation, welche die Evolution allem Lebendigen auferlegt hat. Vielleicht ist das Verlangen nach Stimulierung der Zwang zum Wettstreit, ohne den die natürliche Auslese nicht bestehen könnte. Vielleicht beruht unser beschränktes Bedürfnis nach Sicherheit auf der Rolle der Population als evolutive Einheit, in der dem Schicksal des Individuums nur beschränkte Bedeutung zukommt. All dies sind Vermutungen; doch sollte sich eine Beziehung zwischen unseren angeborenen Bedürfnissen und der Evolution nachweisen lassen, könnte dies verständlich machen, warum erstere seit Anbeginn so eng mit den Lebensprozessen verwoben sind.

Es bedarf keiner Vermutungen, um festzustellen, wie wenig Möglichkeiten wir besitzen, die drei Bedürfnisse gleichzeitig zu befriedigen. Der Krieg ist eine, das Territorium eine andere Möglichkeit, und manchmal ist es auch die Liebe. Es gibt, so glaube ich, noch eine vierte Möglichkeit, auf die wir nicht näher eingehen können, da wir sie zuwenig untersucht haben: Es ist die Erfindung einer Gesellschaftsstruktur. Sie bietet Identität auf zwei Ebenen: durch die Zugehörigkeit zu einer Gesellschaft und den Rang, den man in ihr einnimmt. Sie bietet Stimulierung auf zwei Ebenen: durch den Wettstreit der Gesellschaften als Gruppen und durch den Wettstreit der Individuen innerhalb der Gruppen. Sie bietet Sicherheit auf zwei Ebenen: durch die Stabilität der Gruppe und die Stabilität des Ranges innerhalb der Hierarchie. Sonst aber sind Verhaltensformen oder kulturelle Einrichtungen, die mehr als einen Bruchteil unserer Bedürfnisse befriedigen, rar. Der Alkohol, jene altbewährte Seelennahrung, schenkt uns Stimulierung und in unseren eigenen Augen auch heroische Identifizierung; in den Augen der anderen aber sind wir nur betrunken, und außerdem ist unsere Sicherheit gefährdet. Auch das Verbrechen ist eine alte Einrichtung, die unsere Bedürfnisse nach Identität und Stimulierung auf das beste befriedigt; ist die Gesellschaft hinreichend gleichgültig oder passiv, mag das Verbrechen sogar ein gewisses Maß an Sicherheit gewähren.

Im allgemeinen aber sind die Möglichkeiten, unsere angeborenen Triebe zu befriedigen, gering. Der Verzicht auf Erfüllung muß durch etwas anderes ersetzt werden. Wir können zum Beispiel einsehen, daß das Rauchen gesundheitsschädlich ist; aber wenn wir keine Ersatzstimulierung finden, werden wir mit der Ausmerzung der Gewohnheit durch ein Appellieren an die Sicherheit, das schwächste aller Bedürfnisse, wenig Glück haben.

Wir können zum Beispiel der Meinung sein, daß unsere Gesellschaft dem Individuum die größtmögliche Sicherheit bieten muß; aber wenn wir eine Gesellschaftsstruktur hervorbringen, die nur die Anonymität des einzelnen verstärkt und die Langweile vergrößert, darf es uns nicht wundernehmen, daß der erfindungsreiche Mensch sich neuem, sonderbarem Zeitvertreib zuwendet – Drogen, Einbrüchen, Vandalismus, Protestkundgebungen und Aufständen; seltsamen Haartrachten, ungewöhnlichen Auffassungen über Sauberkeit oder sexuellen Experimenten. Der Mensch ist bestrebt, eine Identität zu erreichen, die ihm sonst verwehrt ist, und Erlebnisbereiche zu entdecken, die er im Rahmen der Gesellschaft nicht findet.

Im Verzicht auf den Krieg stehen wir dem schwersten psychologischen Problem gegenüber. Solange es eine Zivilisation gibt, fast solange gab es auch Kriege; sie boten die vorteilhafteste Möglichkeit, der Anonymität und der Langweile zu entgehen und gleichzeitig ein Maß an Sicherheit zu bewahren oder zu gewinnen. Der Krieg war die umfassendste Antwort auf unsere angeborenen Bedürfnisse. Jetzt scheint uns der Fortschritt der Technik zu einem Verzicht auf die Unterhaltungen des Krieges zu zwingen; aber wir können nicht aus dem menschlichen Inventar an Ausdrucksmöglichkeiten eine so unerhört befriedigende Institution streichen, ohne Ersatzventile zu entdecken und zu fördern. Wie immer wir das Problem darstellen: als Notwendigkeit, unsere Triebe anderweitig zu befriedigen, so daß es nicht zum Kampf kommt; oder, da wir nicht kämpfen dürfen, andere Befriedigungen zu finden, so daß wir nicht ersticken; wie immer wir es formulieren, die Herausforderung an den menschlichen Erfindergeist bleibt dieselbe.

Die Ethologie hat auf diese Herausforderung zwei Antworten, die wahrscheinlich im wesentlichen identisch sind. Konrad Lorenz betont das Individuum und die Möglichkeit und Notwendigkeit einer Ritualisierung der Aggression. Ich habe die Ritualisierung im letzten Kapitel kurz erwähnt; sie ist die normale Methode der Evolution, die Aggressivität als gesund und unentbehrlich für alle Lebewesen zu akzeptieren, aber gleichzeitig für eine Vielzahl anatomischer und Verhaltensmechanismen zu sorgen, die einen tödlichen Ausgang verhindern. Der Husarenaffe besitzt einen winzigen, weißen Strich oberhalb des Augenlids, der nur sichtbar wird, wenn er die Brauen in einer Drohgeste hebt; durch den Anblick des weißen Striches wird der Angreifer sofort entmutigt. Als Zeichen seiner freundlichen

Absichten wedelt der Hund mit dem Schwanz, und die Hunde verstehen es; als Zeichen ihrer unfreundlichen Absichten peitscht die Katze mit dem Schweif, und die Katzen verstehen es. Die Reißzähne des Pavians gleichen florentinischen Dolchen und sind ebenso tödlich für den Panther wie für andere Paviane; aber gegenüber den Artgenossen genügt zumeist ein Zurückwerfen des Kopfes, wodurch das wundervolle Gebiß sichtbar wird.

Der Druck der natürlichen Auslese arbeitet für das menschliche Überleben, nicht dagegen. Wir mögen einwenden: »Der Mensch ist doch ein Jäger, und wie steht es mit seiner angeborenen Neigung zum Töten?« Nun, der Wolf ist auch ein Jäger und ein Töter, dessen Erbe älter ist als das unsere; aber wenn sich ein Kampf zwischen Wölfen dem letzten Stadium nähert, legt sich der Verlierer auf den Rücken und zeigt dem Sieger seinen ungeschützten Körper; diese Demutsstellung macht jeden weiteren Angriff unmöglich, und der Sieger trollt sich fort. Diese Verhaltensform unterscheidet sich in keiner Weise von der menschlichen Geste, zum Zeichen des Friedens die Hände zu erheben.

Wir dürfen uns nicht zu sehr in Beispiele aus der geordneten Welt der Tiere verlieren, sonst wird man uns vorwerfen, an menschliche Möglichkeiten zu glauben, die gar nicht vorhanden sind. Aber da sich die evolutiven Gebote auf einer unbewußten Ebene vollziehen, ist hier der geeignete Augenblick, uns an Storrs Äußerungen anläßlich des Londoner Symposiums zu erinnern, das Wettrennen im Weltraum sei eine Ritualisierung des Kalten Krieges. Sollte das richtig sein – und intuitiv glaube ich, daß es stimmt –, dann fände ein Phänomen, für das es keine vernünftige Erklärung gibt, seine Motivierung in den geheimsten Tiefen evolutiver Gegebenheiten. Die Sowjetunion und die Vereinigten Staaten haben – in ihrem kriegerischen Machtkampf frustriert – ein Ritual angenommen, das ebenso kostspielig ist wie der Krieg selbst. Die Identifizierung mit der einen oder der anderen Seite und die Stimulierung durch den phantasievollsten aller Wettstreite bieten unglaubliche Befriedigung, und abgesehen von dem Verlust einiger Helden wird die Sicherheit der Art nicht aufs Spiel gesetzt. Daß die beteiligten Völker ohne die geringste Aussicht auf materiellen Gewinn mit Begeisterung die immensen Kosten tragen, spricht für eine Befriedigung angeborener menschlicher Bedürfnisse. Daß sich die Ritualisierung unbewußt vollzog – mit anderen Worten, daß wir keine rationale Erklärung für unser Tun besitzen –, wird durch die allgemeine

Verblüffung bestätigt, die Storrs Erklärung auslöste. Und daß sich die Menschen trotz ihres einzigartigen Verstandes auf einen Vorgang einlassen konnten, der so tief verankert ist, stellt das hoffnungsvollste Omen für die menschliche Zukunft dar, das die menschliche Geschichte bisher hervorbrachte.

Lorenz geht zumeist vom Individuum aus, wenn er sich mit der Ritualisierung beschäftigt, die den Wert der Aggression nicht herabsetzt, aber nach Mitteln sucht, ihre schädlichen Auswirkungen zu vermeiden. V. C. Wynne-Edwards geht an das Problem aus der Perspektive der Gesellschaft heran. Ich machte den Vorschlag, seine Definition der Gesellschaft beiseite zu schieben, um sie ausreifen zu lassen; sehen wir sie uns nochmals an: »Eine Gesellschaft kann als Gruppe von Individuen definiert werden, die mit vereinbarten Mitteln um vereinbarte Preise wetteifert.«

Wynne-Edwards' Definition läßt sich auch in Lorenz' Begriffen ausdrücken: als Mittel, die natürlichen und notwendigen Rivalitäten der Menschen zu ritualisieren; oder mit meinen Worten: als eine Einrichtung, die ihren Mitgliedern Identität und Stimulierung ohne allzu großen Verlust der Sicherheit bietet. Eine richtig entstandene Gesellschaft ist daher eine natürliche Gesellschaft – eine Gesellschaft im Einklang mit den evolutiven Prinzipien, die allen Mitgliedern den Anreiz eines nach vereinbarten Regeln verlaufenden Rivalenkampfes um den Preis der Identität bietet. Je klarer die Rivalität ist, desto erstrebenswerter sind die Preise; je fairer die Kampfregeln sind, desto erfolgreicher ist die Gesellschaft und desto größer die Befriedigung der angeborenen Bedürfnisse aller Mitglieder.

Die Geschichte der Menschheit bietet nur wenige Beispiele echter, nach festen Regeln verlaufender Rivalenkämpfe um erstrebenswerte Preise. Die Definition müßte als utopisch abgelehnt werden, gäbe es nicht eine Ausnahme. Trotz aller unserer Bemühungen, den Wettkampf nur auf bestimmte Klassen zu beschränken, trotz unserer erfolgreichen Versuche, alle möglichen unfairen Handikaps einzuführen, trotz unserer sentimentalen Bestrebungen der letzten Jahrzehnte, den Wettkampf überhaupt auszuschalten, hat eine menschliche Tätigkeit allen Versuchen standgehalten: der Sport. Im Athleten haben wir stets ein natürliches Tier und nichts anderes gesehen. Niemand würde behaupten, seine Aggressivität sei erworben. Niemand bietet ihm weniger als die großzügigsten der vereinbarten Preise. Und auf keinem Gebiet menschlicher Aktivitäten werden die Spielregeln strenger festgelegt oder bereitwilliger eingehalten.

Seit dem Beginn der Olympischen Spiele vor 27 Jahrhunderten waren Ethik und Aggression das Alpha und Omega des Sports. Die Selbstverständlichkeit der Rivalität hat hier bis zu einem gewissen Grad die Moral – oder die Ritualisierung – der Vorschriften und Regeln erzeugt und erzwungen. Wohl kommt manchmal ein Betrug vor, aber er wird sofort in Balkenlettern angeprangert. Zeigt sich bei einer sportlichen Disziplin eine Verwässerung der ethischen Prinzipien, so wird das Publikum diese Disziplin ablehnen. So selten ist der Betrug bei internationalen Sporttreffen, daß er über Nacht zu einem internationalen Skandal werden kann. Doch die Moral des Sports hat kaum etwas mit dem Druck der öffentlichen Meinung zu tun; sie ist vielmehr eine angeborene Forderung des geborenen Aggressors, des Athleten.

Storrs Auslegung, das Wettrennen im All sei unbewußt motiviert, ist hoffnungsvoll; und ebenso hoffnungsvoll ist die Bereitschaft des Sportlers – oder vielmehr seine angeborene Fähigkeit –, die Spielregeln anzuerkennen und einzuhalten. Ohne Propaganda, ohne theoretisches oder praktisches Wissen um die Ritualisierung, haben Amerikaner und Russen mit Begeisterung die Kosten des Wettlaufs im All auf sich genommen. Und ebenso nimmt der Sportler, der ehrenwerte Aggressor, die Regeln und Verbote seines Sportes auf sich, oftmals ohne einen besonders hohen Intelligenzquotienten aufweisen zu können. Der offene aggressive Instinkt des Menschen schluckt, wie ein Staubsauger, die kleinsten Partikel des Lernens, um seine Struktur zu ergänzen, wenn er nicht durch soziale Mißbilligung daran gehindert wird. Ob die geistigen Fähigkeiten des Athleten eine *quantité négligeable* oder von beachtenswerten Ausmaßen sind, in jedem Fall wird er mit derselben Leichtigkeit die Schwierigkeiten des Spieles, die Feinheiten der Bewegung, die Komplexität der Vorschriften, die einen Einstein verwirren würden, erlernen. Im normalen Bereich des *Homo sapiens* gibt es keinen Menschen, der nicht die schwierigsten Regeln eines sportlichen Wettkampfes erlernen könnte, und nur wenige, die sich nicht bereitwillig an die Vereinbarungen halten, solange die Gesellschaft dafür sorgt, daß sie von allen befolgt werden.

Hier, in der Welt des Sports, haben wir Wynne-Edwards' Gruppe von Individuen vor uns, die mit vereinbarten Mitteln um vereinbarte Preise kämpfen. Wie in der Tierwelt wird auch hier die Aggression anerkannt, ermutigt und in gefahrlose Bahnen gelenkt. Sollen wir also glauben, die menschlichen Energien könnten nur auf dem Fußballplatz, auf der Rennbahn, im Boxring befriedigt werden? Wäre es nicht möglich, unsere Einstellung zu Wettstreit und Aggression zu ändern und sie in allen Lebensbereichen zu ermutigen und zu fördern? Könnten wir nicht in der Sorge, daß die Teilnahme an diesen Wettkämpfen allen offenstehe und niemand die Spielregeln verletze, die vordringlichste Aufgabe der Gesellschaft sehen? Wäre es nicht denkbar, daß unsere angeborenen Bedürfnisse nach Identität, Stimulierung und etwas Sicherheit solcherart befriedigt würden?

Die Zivilisation beschert uns unsere Stampfplätze und Arenen, unsere Fabriken und Büros, unsere Schulen und Werkstätten, grüne Enklaven der Natur, wo der Mensch sich besinnen darf, und steile Leitern zum Ruhm, wo der Mensch handeln muß; dunkle Alleen, in denen ungehemmte Aggressivität ihr schrecklichstes Gesicht zeigt, sonnige Rasenflächen an den Universitäten, wo die wundersamsten Zukunftsvisionen entworfen werden; Stationen des Kreuzwegs, an denen sich die einen in diese Gebete versenken, und teppichgeschmückte Moscheen, in denen die anderen jenen Glauben preisen, Schaubühnen und Parlamente, traditionelle Plätze des Kräftemessens und Schnabelwetzens. Unsere Kultur ist perfekt in ihrer Nachahmung der Natur; das einzige, was ihr fehlt, ist die Anerkennung des Menschen als Tier.

Was sollen wir tun? Welchen Weg sollen wir einschlagen? Wollen wir einen Menschen erschaffen, der in unsere Welt paßt, oder eine Welt, die zum Menschen paßt? Es ist eine Frage, die sich vielleicht niemals beantworten läßt.

4

Noch eine unbeantwortete Frage ergibt sich aus meiner Freundschaft-Feindschaft-Gleichung, und sie betrifft Unvorhersehbares jenseits unserer Vorstellungskraft. Auch sie hat mit dem Beginn zu tun und bietet ein geeignetes Thema zur Meditation im Pinienschatten des Janiculum. Aber dieser Anfang betrifft nur den Menschen und hat in der Geschichte des Lebens nicht seinesgleichen.

Es ist ein Anfang, der soeben beginnt.

Als ich meine Freundschaft-Feindschaft-Gleichung aufstellte, wollte ich mir einen Scherz mit jenen Psychologen erlauben, die alle menschlichen Eigenschaften auf mathematische Formeln reduzieren möchten. Ich erkannte und amüsierte mich über die Mängel, ich wußte um das Fehlen der angeborenen Freundschaft, die sicherlich vorhanden ist, wenn auch nicht in genügendem Maße, um die soziale Organisation zu beeinflussen; ich wußte um die Nichteinbeziehung des unendlichen Spielraums menschlicher Variabilität, mit anderen Worten, um die Nichtanerkennung der Unberechenbarkeit des Menschen. Ich habe betont, daß ich die Gleichung nicht als Mittel der Vorhersage, sondern nur als Erläuterung einführen wollte. Und so intensiv war meine Beschäftigung mit den Beziehungen zwischen Freundschaft und Feindschaft, daß mir das grelle Schlaglicht entging, das der Begriff der Gefahr auf meine Gleichung warf: $Fr = Fe + G$.

Eine einfache Rechnung zeigt, daß die Freundschaft unberührt bleibt, wenn die Gefahr wächst und die Feindschaft abnimmt. Aber lassen wir die Mathematik überhaupt beiseite. Wir müssen nur an Feuer oder Überschwemmungen, Stürme und Erdbeben denken; alle Naturkatastrophen lösen sofortige Hilfsbereitschaft und Opferwilligkeit aus. Sie zaubern ein Lächeln auf das Gesicht des Fremden, sie erzeugen Vertrauen und Verbundenheit, so daß wir fast so etwas wie Trauer empfinden, wenn der Notstand vorüber ist. Dieses Verschwinden der Feindseligkeit in Augenblicken höchster Gefahr ist kein spezifisch menschliches Merkmal. Wir wollen noch einen letzten Ausflug in die Tierwelt machen.

Die Pinguine gehören zu den ältesten Vögeln. Fossilien aus dem Eozän – so alt wie die ältesten Lemuren – lassen erkennen, daß sich weder ihre damalige Verbreitung noch ihre Anatomie sehr wesentlich von der heutigen unterschied. Alle Arten führen ein Leben, das gewisse Gefahren mit sich bringt. Doch vergleicht man Spezies mit Spezies, so stellt man fest, daß die Mechanismen der innerartlichen Feindseligkeit abnehmen, sobald die Gefahren sehr groß werden.

Alle Pinguine besitzen traditionelle Nistplätze. Datierungen mit der Kohlenstoff-14-Methode, die man an den gefrorenen Mumien der Adélie-Pinguine im McMurdo-Sund vornahm – in jener Gegend, wo Wood seine Skuas einfing, um sie nach dem Südpol zu verfrachten –, ergaben, daß die Brutplätze seit mindestens 600 Jahren bewohnt werden. Wir mögen das Aufziehen der Jungen in dieser Weltgegend als eine derart gefahrvolle

Beschäftigung ansehen, daß Steigerungen nicht mehr möglich sind. Doch stimmt dies nicht. Der Adélie-Pinguin baut auf dem felsigen Boden ein richtiges Nest aus Steinen, wehrt die räuberischen Skuas ab, wird gelegentlich von einem Schneesturm begraben, besitzt aber immer noch genügend Energieüberschuß, die Stimulierung der territorialen Verteidigung zu suchen, mit seinen Nachbarn zu streiten und Steine aus nahe gelegenen Nestern zu stehlen. Ebenso verhält es sich mit den Zügelpinguinen im milderen Grahamsland, bei denen das Männchen sein kleines Territorium gegen jedermann verteidigt – auch gegen sein Weibchen, wenn es vergißt, an der Grenze die vorgeschriebene Verbeugung zu machen. So verhält es sich mit den Kehlstreifpinguinen in Grahamsland, die – wie die Albatrosse – Jahr um Jahr an denselben Platz zurückkehren und alle Eindringlinge verjagen. So ist es beim Eselspinguin der südafrikanischen Inseln, der seinen Namen dem Geschrei in seinem streitlustigen *noyau* verdankt. Wir aber wollen uns den Kaiserpinguin näher ansehen.

Keine Gefahren, die unser Planet bietet, lassen sich mit jenen vergleichen, die das Leben der jungen Kaiserpinguine bedrohen. Der Kaiserpinguin brütet nur auf dem ewigen Eis der Antarktis. Und er brütet im Winter. Wenn der März naht und der Herbst des Südens sich verdunkelt, tritt der Kaiserpinguin mit seiner Frau und seinen Freunden den feierlichen Marsch landeinwärts an, zu jenem Platz, auf dem allein die Tradition ihm zu brüten erlaubt. Dort gibt es kein Nest aus Steinen. Das Weibchen deponiert ihr Ei auf Eis von bodenloser Tiefe, und das Männchen legt es auf seinen Fuß. Dann geht das Weibchen fort, zurück zum Meer, der einzigen Nahrungsquelle. Er bleibt mit einem Ei auf dem Fuß zurück, und die endlose Nacht wird ihn umfangen. Die antarktischen Winterstürme werden heulen und ihn quälen und bedrohen, wie sie es seit eh und je getan haben. Er wird mit dem Ei auf dem Fuß dastehen und ausharren. Um etwas Wärme zu gewinnen, schmiegt er sich eng an seine Freunde. Es wird keine Streitigkeiten geben, keine Konflikte um Besitz, Rangordnung oder Vorrechte. Selten einmal wird sich die Nacht aufhellen, um das Kreuz des Südens in seiner gnadenlosen Klarheit freizugeben. In ironischer Zartheit wird das südliche Polarlicht seine sanften Schleier zeigen – kalt, trügerisch, mitleidlos. Meistens aber werden die Stürme alles einhüllen und verschwinden lassen. Der Wind wird da sein und die Kälte; der Schrecken der tobenden Naturgewalten und der Schrecken der Stille. Der

Schrecken der Dunkelheit. Der Schrecken des trügerischen Lichtes. Und all die Zeit hindurch werden der Kaiserpinguin und seine Freunde beisammenstehen, jeder mit seinem Ei auf dem Fuß, sich langsam drehend, um einmal diese, einmal jene Seite der feindlichen Außenwelt zuzuwenden, einmal dieser, einmal jener Seite einen Augenblick der Wärme und des Trostes im Herzland der Freunde zu gönnen.

Zwei Monate lang wird dies ihr Schicksal sein; dann kehren die Weibchen fett und gesättigt vom Meer zurück. Die Männchen geben die Eier ab und wenden sich ihrerseits den weiten Wassern, der Freiheit und der Fülle des Lebens zu. Wenn sie zurückkehren, werden die Jungen geschlüpft sein. Jetzt beginnen Frühling und Sonnenschein – die günstigste Zeit für das Überleben der Jungen. Und das war schließlich der einzige Sinn der winterlichen Heimsuchungen.

Tiefe Abgründe trennen uns von dem Leiden der Tiere; unser Mitgefühl verhallt im leeren Raum. Kein Mensch kann das Lebensgeheimnis einer Schar von Kaiserpinguinen erfassen, die sich, mit einem Ei auf dem Fuß, in der eisigen Nacht der Antarktis im Kreise drehen – unter den kalten fernen Sternen. Wir kennen es nicht, und wir werden es niemals erfahren. Wir können nur die einfache Feststellung machen, daß Fe gleich Null ist, wenn G unendlich groß wird.

So kann es sein, wenn die Bedrohungen der Natur ihr Maximum erreichen; was aber geschieht mit uns, wenn sie auf ein Minimum fallen; wenn sich G Null nähert? Wie sieht es dann mit Fe aus?

Die Geschichte der Zivilisation ist die Geschichte der Verminderung natürlicher und übernatürlicher Gefahren und ihrer Auswirkungen auf die menschliche Existenz. Die Geschichte jenes Aspektes der Zivilisation, die wir Krieg nennen, war die einer Konsolidierung und Intensivierung der Feindschaft. Ist der eine Umstand eine Folge des anderen? Oder war alles nur Zufall?

Ich will natürlich die Leistungen der Antike in bezug auf Massaker, Töten von Unschuldigen und Dezimierung von Populationen nicht schmälern. Der *Homo habilis* besitzt einen zertrümmerten Schädel; die Gewalttätigkeit scheint schon immer mit uns gewesen zu sein. Die kulturell hochstehenden Griechen diskutierten über Philosophie, Kunst und Wissenschaft, und in den Gesprächspausen vernichteten sie ganze Völkerstämme, deren Ansichten mit den ihren nicht übereinstimmten. Damals begannen die natürlichen Gefahren bereits abzunehmen, sonst hätte sich keine Kunst entfalten können. Ich will auch nicht die Experimente in systematischer Grausamkeit leugnen, die in alten Zeiten vollbracht wurden. In Byzanz regierte vor 1000 Jahren ein fähiger Herrscher namens Basilios II., der andauernd von den aufsässigen Bulgaren geärgert wurde. Als er 15000 von ihnen in einer Schlacht gefangen hatte, ließ er sie blenden. Aber jedem hundertsten Mann wurde ein Auge gelassen, damit er seine Kameraden nach Hause zum Zaren führen konnte.

Wir müssen die Möglichkeit in Betracht ziehen, daß die günstigen Auswirkungen des Gewissens, an dessen universelles Vorhandensein einige Denker glauben, im Laufe der Geschichte mehr Menschen gerettet als getötet haben. Aber die Statistiken sind nicht überzeugend. Die dehnbare Moral des universellen Gewissens hat nur die begrenzten Gebote des Freundschaft-Feindschaft-Komplexes hervorgebracht, so daß Gott stets auf unserer Seite kämpft. Wir müssen auch die Möglichkeit in Betracht ziehen, daß die fortschreitende Aufklärung, die allgemeine Erziehung, die größere Voraussicht der Kunst des Mordens gewisse Beschränkungen auferlegt hat. Doch die von Derek Freeman vorgelegten Zahlen besagen, daß zwischen 1825 und 1945 – ein Zeitraum, der durch die soeben genannte Entwicklung charakterisiert ist – 59 Millionen Menschen das Opfer von »tödlichen Auseinandersetzungen« wurden. Nach Ansicht Freemans handelt es sich hierbei um eine vorsichtige Schätzung. Auch wenn wir in Rechnung stellen, daß der Bevölkerungszuwachs den menschlichen Schießübungen zahlreichere Ziele bietet, bleibt die Statistik beunruhigend. In einer Periode, in welcher der technische Fortschritt die natürlichen Gefahren auf ein historisches Minimum reduziert hat, in der übernatürliche Bedrohungen wie Hexen und Medizinmänner, Hölle und Verdammnis ihre Macht an die unbelastete Vernunft abtreten, haben die tödlichen Feindseligkeiten ein Maximum erreicht.

Der Verdacht ist nicht unberechtigt, daß die Beziehung zwischen Verminderung der Gefahren und Ansteigen der Feindseligkeit, wie sie meine Gleichung andeutet, etwas damit zu tun haben könnte. Vielleicht ist die Ursache auch in der wachsenden Beherrschung unserer Umwelt zu suchen, die uns mehr Zeit für das gegenseitige Umbringen gelassen hat. Ohne Zweifel bieten uns unsere großartigen technologischen Leistungen großartige Möglichkeiten zum Massenmord, wie sie dem Altertum versagt geblieben sind. Aber auch wenn ich die neue Vielfalt an Möglichkeiten und Versuchungen, unsere Befriedigung in gewaltigen Massakern zu suchen, in Rechnung stelle, kann ich das Problem – eine durch die Reduzierung der äußeren Gefahren bedingte Notwendigkeit des Vorhandenseins von Feinden – nicht ganz ausschalten.

Wir sehen uns daher einer unbeantwortbaren Frage gegenüber: Was wird geschehen, wenn unsere Beherrschung der Umwelt jemals die natürlichen Bedrohungen vollkommen beseitigt? Wird der Mensch zum Kontrapunkt des Kaiserpinguins werden? Werden die Feindseligkeiten unendlich anwachsen, wenn die Gefahren auf den Nullpunkt sinken?

Zwei Kräfte kennzeichnen die menschliche Bedrängnis: Einerseits macht das Gleichgewicht des Schreckens – die *pax atomica* – einen Frieden unerläßlich, zumindest bis Zufall oder Zynismus ihm ein Ende bereiten. Der Krieg, wie wir ihn kennen, kann heute nicht mehr als Ventil für unsere angeborenen psychologischen Bedürfnisse dienen und auch nicht mehr als äußerer Druck, um unsere innere Eintracht zu gewährleisten. Anderseits haben die kulturellen Errungenschaften den Menschen schon längst an einen Punkt gebracht, von dem aus es keine Rückkehr mehr gibt; wenn er seinen Weg des technologischen Fortschrittes, der spezialisierten Kenntnisse und der daraus folgenden gegenseitigen Abhängigkeit weitergehen soll, dann wird das soziale Einvernehmen mit jedem Jahr und mit jedem Tag unerläßlicher.

So müssen wir uns fragen: Vertragen sich unsere kulturellen Errungenschaften – jene friedlichen, welche die natürlichen Bedrohungen ausschalten, und jene kriegerischen, welche uns keine Feinde mehr erlauben – nunmehr so, daß wir letztlich einen im Primatenleben unmöglichen Zustand erreichen werden – ein totales Verschwinden der wirksamen Feindschaft?

Es ist dies die bitterste Frage für alle jene, die in der kulturellen Evolution ein Mittel sehen, den Frieden auf Erden zu verwirklichen. Es ist für jedermann eine bittere Frage. Und wenn die Natur nicht mit einem unerwarteten Erdbeben, vulkanischen Ausbrüchen oder Heuschreckenplagen rettend eingreift, sitzen wir hoffnungslos in der Falle. Leider habe ich keine Vorschläge von tiefschürfender Weisheit zu machen, ich kann nur die simple Forderung stellen: In Zukunft müssen wir uns selbst besser verstehen als in der Vergangenheit

Wir müssen uns darüber klarwerden, daß der Mensch – der

Alphafisch unter den Arten – nur in einer Hinsicht einzigartig ist: Im Bestreben, sich in Gefahren zu begeben, für die bei anderen Spezies die Natur sorgt.

Wir müssen uns darüber klarwerden, daß sich Körper und Verhalten des Menschen als eine Einheit entwickelt haben und ebenso von den Gesetzen der Stammesgeschichte bestimmt werden, wie dies bei allen Spezies der Fall ist.

Wir müssen zur Kenntnis nehmen, daß sich das menschliche Gehirn, dessen Möglichkeiten weit größer sind als die aller anderen Tierarten, in seinen psychologischen Prozessen wahrscheinlich nicht von jenen der höheren Tiere, ja vielleicht nicht einmal von denen der niederen Tiere unterscheidet.

Obwohl die mannigfaltigen kulturellen Errungenschaften den Menschen vor allen anderen Tieren auszeichnen, müssen wir uns im klaren sein, daß diese Kulturen – mögen sie auch noch so komplex sein – nur bestimmten Verhaltensformen dienen, deren einige so alt sind wie das Leben selbst.

Wir müssen uns damit abfinden, daß eine unendliche Zeitspanne natürlicher Auslese uns als ihr Vermächtnis die Fundamente der menschlichen Stärke geschenkt hat, obwohl dieses gleiche Erbe unsere menschliche Freiheit beschränkt.

Wieder und wieder müssen wir daran denken – und in diesem letzten Kapitel habe ich es durch verschiedene Beispiele zu illustrieren versucht –, daß der Mensch ebenso wie jedes Tier eine Gesamtheit verschiedenster, oft gegensätzlicher Ausdrucksformen ist, in der kein einzelner Faktor – Territorium, Gesellschaft, Rangordnung, Geschlecht, ökonomische Notwendigkeit – und kein einzelnes angeborenes Verlangen – nach Identität, Stimulierung oder Sicherheit – allein oder auf die Dauer vorherrschend ist. Wie jedes Tier lebt der Mensch das Leben als eine Ganzheit.

Und letztlich müssen wir wissen, daß der territoriale Imperativ – eine der vielen evolutiven Kräfte, die auf unser Leben einwirken – das biologische Gesetz ist, auf dem wir das Gebäude der menschlichen Moral errichtet haben. Eigenschaften wie Opferbereitschaft und Mitgefühl, Nächstenliebe, Verantwortung, Freundschaft, Liebe, soziale Eintracht und gegenseitige Abhängigkeit haben sich, ebenso wie die Form unserer Füße, die Muskeln unseres Gesäßes und die Vergrößerung unseres Gehirns, aus der Begegnung entwickelt, die auf dem alten afrikanischen Hochland zwischen dem biologischen Erbe des Primaten und den Möglichkeiten der Menschwerdung stattfand. Ob im Menschenleben eine Moral ohne Territorialität möglich ist, muß unsere letzte unbeantwortete Frage bleiben.

5

Als Eliot Howard am Ufer eines Tümpels in England saß und still die Moorhühner beobachtete, das Kommen und Gehen, die Paarbildung und die Feindseligkeiten, die rituellen Kriege und den rituellen Frieden, da öffnete er die Seiten eines Buches, das niemand zuvor gesehen hatte; er las das erste Kapitel und verstand es. Es war alles, was er im Laufe eines Lebens tun konnte. Doch dieses erste Kapitel genügte, um ihm, wie uns, eine Ahnung von dem Inhalt des Buches zu geben. Obwohl er nur den Anfang erfahren durfte, war er sicherlich begierig, das letzte Kapitel kennenzulernen. Und ebenso sind wir neugierig, und unser Wissensdurst wird mit jeder Seite zunehmen. Aber wie Eliot Howard werden auch wir niemals Zeit haben, das Buch zu beenden; es mag uns ein Trost sein, daß das letzte Kapitel wahrscheinlich noch gar nicht geschrieben ist.

Das Gute an einer einleitenden Untersuchung der Rolle des Territoriums in tierischen und menschlichen Belangen ist – so scheint es mir – der Vorteil, künftig einen festen Standplatz zu haben. Die Nacht mag nicht weniger dunkel, die Sterne nicht weniger fern sein, das menschliche Schicksal nicht weniger ungewiß und die Stimmen aus der Vergangenheit nicht weniger rätselhaft. Aber wir haben in dem Dickicht eine kleine Lichtung geschaffen, die uns gehört. Wir haben umhergeblickt, einige mögliche Hilfsquellen erkannt, diesen oder jenen Winkel entdeckt, der Sicherheit bietet. So gut wir konnten, haben wir die Grenzen unseres neuen Reiches markiert und unsere Duftmarken auf diesem Baum, in jenem Busch hinterlassen, um dem Eindringling kundzutun, daß jemand hier sei. Natürlich sind wir Räuber; von Zeit zu Zeit werden wir ausbrechen, um zu plündern, zu überfallen, um die Stille der Landschaft zu stören. Natürlich wird die Vergeltung kommen. Und auch darum wird es gut sein, einen festen Platz zu haben, einen Platz, der uns gehört.

Es ist seltsam, so zu überlegen, wie sich die Landschaft verändert, sobald man sich einen Platz zu eigen gemacht hat. Man sieht den Umriß eines Baumes in der Dunkelheit auftauchen, und man weiß, daß es nur eine Eiche sein kann; man sieht das Mondlicht heller werden, und man erkennt mehr Sterne als jemals zuvor. Das Plätschern eines Baches – er muß sehr weit weg sein – tönt an unser Ohr; wir nehmen Gerüche wahr – den Duft von Pfefferminz und taufrischen Blättern, aber auch des Laubes vom letzten Jahr; den süßlichen Geruch von Tod und Vergänglichkeit. Und auf einmal ist da auch ein anderer, fremder Geruch. Ein Tier ist in der Nähe.

Register

(Wortgruppen erscheinen meist unter dem betreffenden Substantiv, Evolutionsprozeß, evolutiv unter Evolution, Aggressivität, aggressiv unter Aggression usw.)